백점 맞는

핵심노하우가

백점의 신 들어있는

백신 과학

중등 2-1

초판 6쇄	2024년 12월 5일
초판 1쇄	2022년 10월 14일
펴낸곳	메가스터디(주)
펴낸이	손은진
개발 책임	배경윤
개발	이지애, 김윤희
디자인	이정숙, 윤인아
마케팅	엄재욱, 김세정
제작	이성재, 장병미
주소	서울시 서초구 효령로 304(서초동) 국제전자센터 24층
대표전화	1661.5431 (내용 문의 02-6984-6915 / 구입 문의 02-6984-6868,9)
홈페이지	http://www.megastudybooks.com
출판사 신고 번호	제 2015-000159호
출간제안/원고투고	메가스터디북스 홈페이지 <투고 문의>에 등록

메가스터디BOOKS

'메가스터디북스'는 메가스터디㈜의 교육, 학습 전문 출판 브랜드입니다.

초중고 참고서는 물론, 어린이/청소년 교양서, 성인 학습서까지 다양한 도서를 출간하고 있습니다.

· **제품명** 백점 맞는 핵심 노하우가 들어 있는 백신 과학 중등 2-1
· **제조자명** 메가스터디㈜ · **제조년월** 판권에 별도 표기 · **제조국명** 대한민국 · **사용연령** 11세 이상
· **주소 및 전화번호** 서울시 서초구 효령로 304(서초동) 국제전자센터 24층 / 1661-5431

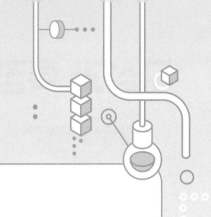

머리말

과학을 준비하는 중학생 여러분, 반갑습니다!
언제나 즐거운 과학 **장풍**입니다!

개정 교육과정에 따라 바뀐 새로운 교과서에 우리 학생들과 학부모님은 무엇을, 어떻게, 어디서부터 공부해야 할지 파악하기가 매우 어려워졌을 것입니다. 이러한 혼란한 시기에 중등 과학만큼은 제가 기준이 되어야겠다고 다짐하며 **"백신 과학"** 교재 작업을 시작하였습니다.

15년 이상 강의를 하면서 많은 학생들이 과학을 단순 암기 과목이라 생각하고 넘어가는 것을 봐왔습니다. 과학은 <u>암기는 기본!!! 이해를 바탕!!!</u> 으로 해야 하는 과목입니다. 암기와 이해를 같이 한다는 것은 정말 어려운 일입니다. 그래서 저희 ZP COMPANY(장풍과학 연구소)에서는 과학을 흥미롭게 접근해야 한다는 것에 초점을 맞추어 교재를 만들었습니다.

이번 **"백신과학"** 교재는 새 교육과정에 기초하여 체계적인 내용으로 구성되어 있습니다. 교과서에 나오는 핵심 내용들이 모두 녹아 있으며, 강의를 하면서 학생들이 궁금해 했던 내용을 바탕으로 저의 비법을 모두 넣었습니다.

중등 과학과 고등 과학은 매우 밀접하게 연계되어 있습니다. **중등 과학의 내용을 잘 정리해 두어야 고등 과학을 쉽게 공부할 수 있다는 점을 꼭 강조하고 싶습니다.** 고등 과학의 밑거름이 될 수 있는 중등 과학을 체계적으로 공부할 수 있도록 정말 열심히 만들었습니다. 교재를 잘 활용하여 과학이라는 과목이 내 인생 최고의 과목이 될 수 있기를 희망합니다.

감사합니다.

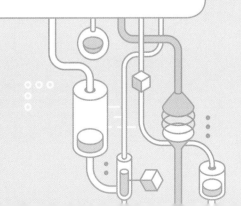

구성과 특징

진도 교재

1 이해 쏙쏙 개념 학습

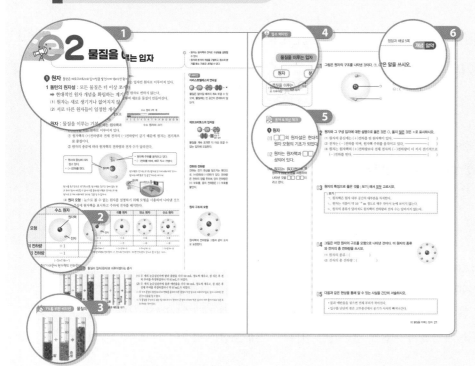

❶ 교과서 개념 학습
5종 교과서를 철저히 분석하여 중요한 개념을 꼭꼭 챙겨서 이해하기 쉽게 정리하였습니다.

❷ 강의를 듣는 듯 친절한 첨삭 설명
어려운 용어와 보충 설명 : 자주색 첨삭
꼭 암기해야 할 내용 : 빨간색 첨삭

❸ 1%를 위한 비타민
보다 심화된 내용을 자세히 설명해 주었습니다.

❹ 필수 비타민
핵심 개념을 한눈에 볼 수 있도록 정리하였습니다.

❺ 용어&개념 체크
핵심 용어와 개념을 정리하고 갈 수 있도록 하였습니다.

❻ 개념 알약
학습한 개념을 문제로 바로 확인할 수 있도록 하였습니다.

2 탐구·자료 정복!

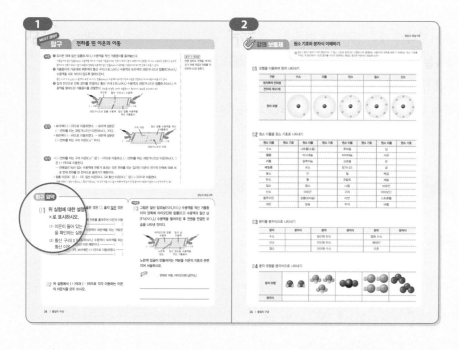

❶ MUST 해부 탐구 & 탐구 알약
교과서에서 중요하게 다루는 탐구를 자세히 설명해 주고, 관련된 탐구 문제를 제시하여 어떤 형태의 탐구 문제가 출제되어도 자신 있게 해결할 수 있도록 하였습니다.

❷ 강의 보충제
이해하기 어려운 개념이나 본문에서 설명이 부족했던 부분을 추가적으로 더 설명해 주었습니다.

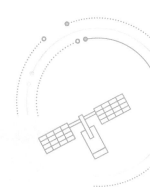

3 유형 잡고, 실전 문제로 실력 UP!

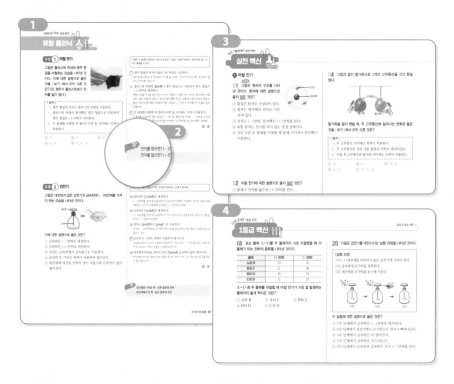

❶ 유형 클리닉

학교 시험 문제를 분석하여 자주 출제되는 대표 유형 문제를 선별하였으며, 문제 접근 방식과 문제와 개념을 연결시키는 방법 등을 자세히 설명해 주었습니다.

❷ 장풍샘의 비법 전수

문제 풀 때 필요한 비법을 정리해 주었습니다.

❸ 실전 백신

학교 시험 실전 문제로 실력을 다질 수 있도록 하였습니다. 중요는 시험에 꼭 나오는 문제이므로 꼼꼼히 체크하도록 합니다.

❹ 1등급 백신

고난도 문제를 통해 실력을 한 단계 더 높일 수 있습니다.

4 1등급 도전 단원 마무~리

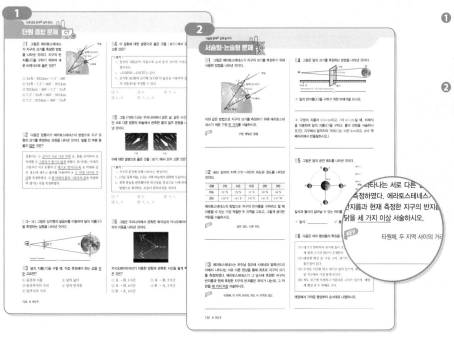

❶ 단원 종합 문제

다양한 실전 문제로 지금까지 쌓아온 실력을 점검하고 부족한 부분을 채우도록 합니다.

❷ 서술형·논술형 문제

다양한 서술형 문제를 완벽하게 소화하여 과학 100점에 도전해 봅시다.

구성과 특징

부록

1 수행평가 대비

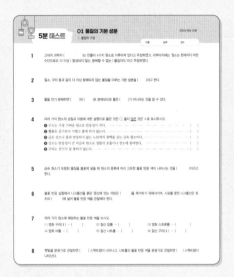

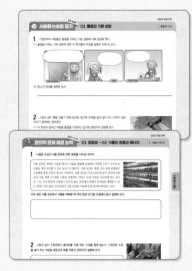

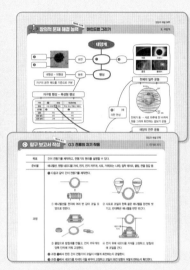

5분 테스트
다음 단원을 학습하기 전, 지난 시간에 배운 기본 개념을 간단히 복습해 볼 수 있도록 하였습니다.

서술형·논술형 평가, 창의적 문제 해결 능력, 탐구 보고서 작성
학교에서 실시되는 수행평가 중 가장 많이 실시되는 형태로 문제를 구성하였습니다. 진도 교재와 함께 학습해 나가면 어떤 형태의 수행평가도 모두 대비할 수 있습니다.

2 중간·기말고사 대비

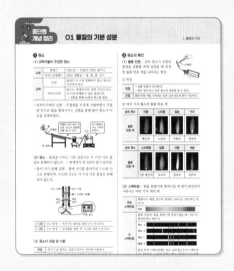

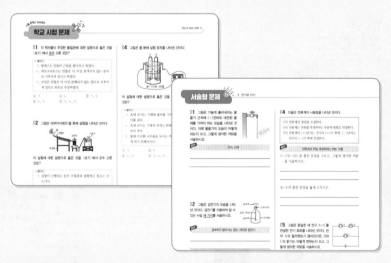

중단원 개념 정리
시험 직전 중단원 핵심 개념을 정리해 볼 수 있도록 하였습니다.

학교 시험 문제
학교 시험에 출제되었던 문제로 구성하여 실제 시험에 대비할 수 있도록 하였습니다.

서술형 문제
대단원별 주요 서술형 문제를 집중 연습할 수 있도록 KEY와 함께 수록해 주었습니다.

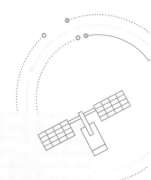

3 시험 직전 최종 점검

시험 직전 최종 점검

시험 직전에 대단원별 핵심 개념을 ○× 문제
나 빈칸 채우기 문제로 빠르게 확인해 볼 수
있도록 하였습니다.

정답과 해설

정답과 해설

모든 문제의 각 보기에 대한 해설과 바로 알기
를 통해 틀린 내용을 콕콕 짚어주었습니다.

차례

백신 과학과
내 교과서 연결하기

교과서 출판사 이름과 시험 범위를 확인한 후 백신 페이지를 확인하세요.

I

물질의 구성

Q. 다양한 원소들을 확인하는 방법에는 어떤 것이 있을까?

1 물질의 기본 성분

> 모든 물질은 원소로 이루어져 있음을 이해하고, 실험을 통해 원소의 종류를 구별할 수 있다.

❶ 원소

1 과학자들이 주장한 원소

구분	학자	내용
고대	탈레스	만물의 근원은 '물'이다. → 1원소설
	아리스토텔레스	만물이 물, 불, 흙, 공기의 4가지 원소로 이루어져 있고, 물, 불, 흙, 공기는 서로 바뀔 수 있다는 4원소 변환설을 주장하였다. 중세 연금술의 이론적 기초가 되었어~
근대	보일	물질은 더 이상 분해되지 않는 원소로 이루어져 있다. 최초로 현대적인 원소의 개념을 제시했지~
	라부아지에	원소는 현재까지의 어떤 수단으로도 더 이상 분해할 수 없는 물질이다. → 실험을 통해 33종의 원소를 발표 33종의 원소에는 지금은 원소로 분류할 수 없는 빛, 열, 알루미나(산화 알루미늄), 실리카(이산화 규소) 등이 포함되어 있었어!

2 라부아지에의 실험

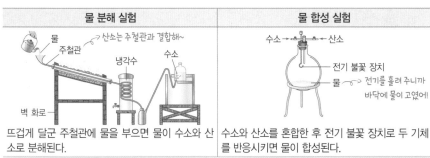

물 분해 실험	물 합성 실험
뜨겁게 달군 주철관에 물을 부으면 물이 수소와 산소로 분해된다.	수소와 산소를 혼합한 후 전기 불꽃 장치로 두 기체를 반응시키면 물이 합성된다.

물은 분해하거나 합성할 수 있으므로 원소가 아니다. → 아리스토텔레스의 4원소 변환설 부정

3 원소 : 물질을 이루는 기본 성분으로, 더 이상 다른 물질로 분해되지 않는다.
(1) 우리 주위의 모든 물질은 원소로 이루어져 있다.
(2) 현재까지 118가지의 원소가 알려져 있으며, 종류에 따라 각 원소의 성질이 다르다.

원소	성질 및 이용	원소	성질 및 이용
수소	가장 가벼운 원소로, 우주 왕복선의 연료로 이용	금	산소나 물과 반응하지 않아 광택이 유지되므로 장신구의 재료로 이용
헬륨	공기보다 가볍고 안전하여 비행선의 충전 기체로 이용	구리	전기가 잘 통하는 성질이 있어 전선에 이용
산소	생물의 호흡과 물질의 연소에 이용	규소	반도체 소재로 이용

4 물질을 이루는 여러 가지 원소 : 우리 주위에 있는 물질은 한 가지 원소로 이루어진 것도 있고, 여러 가지 원소로 이루어진 것도 있다.

물질	구성 원소	물질	구성 원소
비행기	알루미늄, 구리, 마그네슘, 니켈, 타이타늄 등	플라스틱	수소, 탄소, 염소 등
비누	나트륨, 탄소, 수소, 산소 등	바닷물	수소, 산소, 염소, 나트륨, 마그네슘, 황 등
사람	수소, 탄소, 질소, 산소, 칼륨, 칼슘, 철 등	자동차	철, 탄소, 망가니즈, 크로뮴, 바나듐, 텅스텐 등
치약	플루오린, 나트륨, 탄소, 수소 등	다이아몬드	탄소

➕ 비타민

물을 이루는 원소

원소의 종류
지금까지 알려진 원소의 종류는 118가지이다. 이 중 90여 가지는 자연에서 발견된 것이고, 나머지는 인공적으로 만들어 낸 것이다. 이 118가지의 원소들이 모여 세상의 모든 물질을 구성한다.

금속 원소와 비금속 원소

구분	금속 원소	비금속 원소
예	나트륨, 리튬, 구리, 마그네슘 등	수소, 헬륨, 탄소, 염소, 질소 등

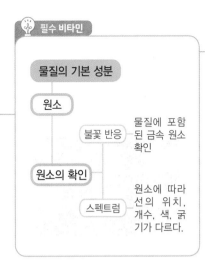

필수 비타민

물질의 기본 성분

원소

불꽃 반응 —— 물질에 포함된 금속 원소 확인

원소의 확인

스펙트럼 —— 원소에 따라 선의 위치, 개수, 색, 굵기가 다르다.

용어 &개념 체크

❶ 원소

01 ☐☐☐☐☐☐☐는 만물이 4가지 원소(물, 불, 흙, 공기)로 이루어져 있다고 주장하였다.

02 라부아지에는 '원소는 현재까지의 어떤 수단으로도 더 이상 ☐☐되지 않는 물질이다.'라고 주장하였다.

03 ☐☐☐☐☐는 실험을 통해 물을 분해하고 합성하면서 아리스토텔레스의 4원소 변환설을 부정하였다.

04 비행기를 구성하는 알루미늄, 구리, 마그네슘 등의 성분을 ☐☐라고 한다.

---

01 다음은 물질을 이루는 기본 성분에 대한 여러 학자들의 주장을 나타낸 것이다.

> (가) 원소를 더 이상 나눌 수 없는 물질로 정의하고, 33종의 원소를 발표하였다.
> (나) 만물은 4가지 원소로 구성되고, 이 원소들은 4가지 성질에 의해 서로 변환된다.
> (다) 모든 물질은 더 이상 분해되지 않는 원소로 이루어져 있다.

(가)~(다) 중 학자들의 주장으로 옳은 것을 각각 기호로 쓰시오.

(1) 아리스토텔레스 : (   )
(2) 라부아지에 : (   )
(3) 보일 : (   )

02 그림은 라부아지에의 물 분해 실험을 나타낸 것이다.

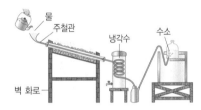

(1) 실험이 진행되는 동안 주철관과 결합하는 원소는 무엇인지 쓰시오.
(2) 라부아지에가 물 분해 실험을 통해 증명한 내용을 서술하시오.

03 원소에 대한 설명으로 옳은 것은 ○, 옳지 않은 것은 ×로 표시하시오.

(1) 물질을 이루는 기본 성분으로, 더 이상 다른 물질로 분해되지 않는다. ···· (   )
(2) 원소가 화학 변화를 거치면 다른 원소로 변한다. ·························· (   )
(3) 현재까지 118가지의 원소가 알려져 있다. ······························· (   )
(4) 원소의 종류가 달라지면 원소의 성질이 달라진다. ······················ (   )

04 원소에 해당하는 것을 | 보기 |에서 모두 고르시오.

보기
ㄱ. 물　　　　ㄴ. 공기　　　　ㄷ. 질소　　　　ㄹ. 암모니아
ㅁ. 헬륨　　　ㅂ. 이산화 탄소　　ㅅ. 탄소　　　ㅇ. 아연

05 원소의 종류는 118가지이지만 물질의 종류는 훨씬 더 많다. 그 까닭을 서술하시오.

1 물질의 기본 성분

❷ 원소의 확인

1 불꽃 반응 : 금속 원소가 포함된 물질을 불꽃 속에 넣었을 때, 물질에 포함된 금속 원소의 종류에 따라 고유한 불꽃 반응 색이 나타나는 현상

➡ 불꽃 속에 넣은 물질의 종류가 다르더라도, 같은 종류의 금속 원소가 포함되어 있으면 불꽃 반응 색이 같다.

불꽃 반응으로 특유의 색을 나타내는 구리선은 물질의 불꽃 반응 색 관찰이 어렵기 때문에 색이 없는 백금선 등으로 니크롬선을 대체할 수 있어!

(1) 불꽃 반응의 특징

장점	실험 방법이 간단하며, 적은 양으로도 금속 원소의 종류를 알 수 있다.
단점	모든 원소를 확인할 수 없을 뿐만 아니라, 불꽃 반응 색을 나타내는 일부 금속 원소만 확인이 가능하다. 불꽃 반응 색을 통해서는 비금속 원소는 확인할 수 없어!

(2) 여러 가지 원소의 불꽃 반응 색

리튬	스트론튬	나트륨	칼륨	칼슘	바륨	구리	세슘
빨간색	진한 빨간색	노란색	보라색	주황색	황록색	청록색	파란색

불꽃 반응 색이 비슷한 리튬과 스트론튬은
선 스펙트럼으로 구별할 수 있어!

빨리 노나 보칼 구청에서 칼을 주었어.
강튬 랑트 라륨 리록　숨　황
　　　　　　　　　　　　륨

2 스펙트럼 : 분광기에 통과시킨 빛이 분산되어 나타나는 색의 띠

연속 스펙트럼	선 스펙트럼
햇빛이나 백열 전구의 빛에서 나타나는 연속적인 색의 띠	불꽃 반응의 빛을 분광기에 통과시켰을 때 나타나는 불연속적인 색의 띠
햇빛의 연속 스펙트럼	나트륨 / 스트론튬 / 리튬 원소의 선 스펙트럼

(1) 선 스펙트럼의 특징 : 원소의 종류에 따라 선의 색, 위치, 개수, 굵기가 다르다. ➡ 선 스펙트럼을 이용하면 불꽃 반응으로 구별하기 힘든 원소도 확실히 구별이 가능하다.

(2) 선 스펙트럼의 분석 방법 : 물질 속에 포함된 특정 원소의 종류를 확인할 수 있다.

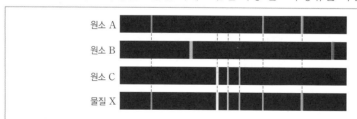

원소 A
원소 B
원소 C
물질 X

➡ 물질 X의 스펙트럼에 나타난 선에서 위로 점선을 그었을 때, 물질 X에 나타난 선과 동일한 선을 갖고 있는 원소 A와 원소 C는 물질 X에 포함된 원소이다. 하지만 물질 X의 스펙트럼에 원소 B의 스펙트럼에 나타난 선이 나타나지 않았으므로 물질 X에 원소 B는 포함되어 있지 않다.

용어 &개념 체크

❷ 원소의 확인

05 원소를 확인하는 방법에는 □□ □□ 색과 □□ □□을 확인하는 방법이 있다.

06 불꽃 반응은 금속 원소가 포함된 물질을 불꽃 속에 넣었을 때, 물질에 포함된 □□ □의 종류에 따라 고유한 불꽃 반응 색이 나타나는 현상이다.

07 □□□□은 분광기에 통과시킨 빛이 분산되어 나타나는 색의 띠로, 원소의 □□에 따라 선의 색, 위치, 개수, 굵기가 다르게 나타난다.

06 다음 원소에 해당하는 불꽃 반응 색을 옳게 연결하시오.

(1) 리튬 •
(2) 칼슘 •
(3) 나트륨 •
(4) 구리 •

• ㉠ 노란색
• ㉡ 주황색
• ㉢ 빨간색
• ㉣ 청록색

07 불꽃 반응 실험을 하였을 때 같은 불꽃 반응 색을 나타내는 물질을 |보기|에서 모두 고르시오.

┌ 보기 ┌
ㄱ. 염화 구리(Ⅱ)   ㄴ. 염화 칼륨   ㄷ. 질산 구리(Ⅱ)
ㄹ. 질산 나트륨   ㅁ. 질산 스트론튬

08 그림은 칼륨 원소가 포함된 물질의 불꽃 반응 실험을 나타낸 것이다.

실험 결과로 나타난 시료의 불꽃 반응 색을 쓰시오.

09 불꽃 반응과 스펙트럼에 대한 설명으로 옳은 것은 ○, 옳지 않은 것은 ×로 표시하시오.
(1) 불꽃 반응은 적은 양의 금속으로도 금속 원소의 종류를 알 수 있다. ┈┈ (   )
(2) 불꽃 반응으로 모든 원소의 종류를 확인할 수 있다. ┈┈┈┈┈ (   )
(3) 햇빛을 분광기로 관찰하면 연속 스펙트럼이 나타난다. ┈┈┈┈ (   )
(4) 선 스펙트럼을 이용하면 불꽃 반응으로 구별하기 힘든 원소를 구별할 수 있다.
┈┈┈┈┈┈┈┈┈┈┈┈┈┈┈┈┈┈┈┈┈┈┈┈ (   )

10 그림은 임의의 원소 A~C와 물질 X의 선 스펙트럼을 나타낸 것이다.

물질 X에 포함된 원소를 모두 쓰시오.

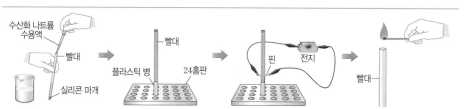

탐구　물의 분해

과정

순수한 물은 전류가 흐르지 않으므로 수산화 나트륨을 녹이면 전류가 잘 흐르게 돼~

❶ 실리콘 마개로 한쪽 끝을 막은 빨대 2개에 수산화 나트륨을 조금 녹인 물을 가득 채운다.

❷ 홈판에 플라스틱병을 꽂고 두 빨대를 뒤집어 세운 다음, 플라스틱병 안에 수산화 나트륨을 조금 녹인 물을 약간 더 넣는다.

❸ 빨대에 각각 침핀을 꽂고, 집게 달린 전선으로 9 V 전지와 연결한 후 빨대 안에 기체가 모이는 것을 관찰한다.

❹ 기체가 충분히 모이면 빨대의 실리콘 마개를 각각 열면서 성냥불을 가까이 가져간다.

탐구 시 유의점
수산화 나트륨을 녹인 물이 손에 묻지 않게 장갑을 끼고 실험하며, 손에 묻으면 즉시 흐르는 물에 씻도록 한다.

→ 물 분자는 수소와 산소가 매우 강한 힘으로 결합되어 있어서 분해하려면 큰 에너지가 필요해~!!
전기 에너지를 이용하면 물이 분해되는 비율이 높아 효율적이고, (−)극과 (+)극에서 각각 수소 기체와 산소 기체를 따로 모을 수 있다는 장점이 있어서 두 기체를 구분하기에 유용하지~!!

결과

기체 발생량 :
(+)극 < (−)극

전극	기체의 확인	기체
(+)극	꺼져가는 불씨가 다시 타오른다.	산소
(−)극	‘퍽’ 소리를 내면서 잘 탄다.	수소

정리 물은 수소와 산소로 분해되므로, 물질의 기본 성분인 원소가 아니라는 것을 알 수 있다.

정답과 해설 2쪽

탐구 알약

01 위 실험에 대한 설명으로 옳은 것은 ○, 옳지 <u>않은</u> 것은 ×로 표시하시오.

⑴ 물은 원소가 아니다. ································· (　　)
⑵ 물의 구성 성분은 수소와 산소이다. ··········· (　　)
⑶ 아리스토텔레스의 4원소 변환설의 증거가 된다. ·· (　　)
⑷ 수소 기체에 성냥불을 가까이 가져가면 ‘퍽’ 소리를 내며 탄다. ······································· (　　)
⑸ (+)극에서 발생한 기체는 반응성이 커 폭발성이 있다. ···
　　　　　　　　　　　　　　　　　　 (　　)
⑹ (−)극에서 발생한 기체는 생물의 호흡이나 연소에 이용된다. ····································· (　　)

[03~04] 그림은 물 분해 실험을 하기 위한 장치를 나타낸 것이다.

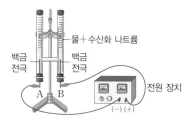

03 A, B의 전극과 각 전극에서 발생한 기체의 종류를 각각 쓰시오.

02 위 실험의 과정 ❶에서 물에 수산화 나트륨을 녹이는 까닭을 서술하시오.

　　KEY　　전류

04 각 전극에서 발생한 기체를 확인하는 방법에 대해 서술하시오.

　　KEY　　꺼져가는 불씨

탐구 | 원소의 불꽃 반응

과정

❶ 니크롬선을 묽은 염산과 증류수로 깨끗이 씻은 후 토치의 겉불꽃 속에 넣고 다른 색이 나타나지 않는지 확인한다.

니크롬선은 자체의 색이 백색이고, 불꽃 반응 색이 없어서 불꽃 반응에 사용하기 적합하지! 니크롬선 대신 백금선을 쓸 수 있어!

❷ 준비된 금속 시료를 니크롬선에 묻혀 토치의 겉불꽃 속에 넣고 불꽃 반응 색을 관찰한다.

겉불꽃은 속불꽃보다 산소 공급이 잘 되기 때문에 온도가 높고, 불꽃 자체의 색이 없어서 금속의 불꽃 반응 색을 정확하게 관찰할 수 있어!

❸ 니크롬선을 묽은 염산에 넣어 깨끗이 씻은 후 증류수로 헹구고, 같은 방법으로 다른 금속 시료의 불꽃 반응 색도 관찰한다.

니크롬선에 다른 종류의 금속 시료를 묻히기 전에 앞 과정에서 묻혔던 시료가 남아 있지 않게 묽은 염산으로 세척하는 거야!

탐구 시 유의점
• 불꽃 반응 색을 관찰할 때는 보안경을 착용한다.
• 화상을 입지 않도록 주의한다.

결과

물질	불꽃 반응 색	물질	불꽃 반응 색	물질	불꽃 반응 색
염화 나트륨		염화 구리(Ⅱ)		염화 바륨	
질산 나트륨	노란색	질산 구리(Ⅱ)	청록색	질산 바륨	황록색

정리

• 물질의 종류가 달라도 같은 종류의 금속 원소가 들어 있다면 불꽃 반응 색이 같다.
• 불꽃 반응 색을 통해 물질에 포함된 일부 금속 원소의 종류를 알 수 있다.

정답과 해설 2쪽

탐구 알약

05 위 실험에 대한 설명으로 옳은 것은 ○, 옳지 않은 것은 ×로 표시하시오.

(1) 실험 과정이 비교적 간단하다. ············ ( )
(2) 모든 물질을 확인하는 데에는 어려움이 있다. ······ ( )
(3) 물질을 충분히 가열해야 하므로 시료의 양이 많아야 한다. ( )
(4) 질산 나트륨과 탄산 나트륨의 불꽃 반응 색은 같은 색으로 나타날 것이다. ············ ( )
(5) 황산 구리(Ⅱ)의 불꽃 반응 색은 보라색으로 나타날 것이다. ············ ( )

06 다음 원소의 불꽃 반응 색을 쓰시오.

(1) 나트륨 (   )   (2) 칼륨 (   )
(3) 칼슘 (   )   (4) 바륨 (   )
(5) 리튬 (   )   (6) 구리 (   )
(7) 세슘 (   )   (8) 스트론튬 (   )

서술형

07 위 실험에서 니크롬선을 겉불꽃 속에 넣는 까닭을 서술하시오.

 KEY

겉불꽃 온도↑, 색 ×

서술형

08 다음은 여러 가지 물질을 나타낸 것이다.

황산 칼륨	질산 리튬	탄산수소 나트륨

이 물질들을 구별할 수 있는 방법을 쓰고, 그렇게 생각한 까닭을 서술하시오.

 KEY

불꽃 반응

유형 ① 불꽃 반응

그림은 불꽃 반응 실험 과정을 나타낸 것이다.

이에 대한 설명으로 옳은 것을 | 보기 |에서 모두 고른 것은?

┌─ 보기 ─────────────────────────┐
ㄱ. 니크롬선 대신 구리선을 사용할 수 있다.
ㄴ. 서로 다른 물질이라도 같은 금속 원소를 포함하면 불
　　꽃 반응 색이 같다.
ㄷ. 시료가 바뀔 때마다 사용한 니크롬선은 묽은 염산에
　　씻은 후 사용해야 한다.
└──────────────────────────────┘

① ㄱ　　② ㄴ　　③ ㄷ　　④ ㄱ, ㄷ　　⑤ ㄴ, ㄷ

금속 원소의 불꽃 반응 실험에 대해 묻는 문제가 자주 출제돼~!! 불꽃 반응 실험 과정에서의 주의점들을 잘 기억해 두자!

✗ㄱ. 니크롬선 대신 ~~구리선~~을 사용할 수 있다.
→ 니크롬선은 불꽃 반응 색이 없는 금속이지만, 구리는 청록색의 불꽃 반응 색을 나타내기 때문에 시료의 색을 정확하게 관찰할 수 없어!

○ㄴ. 서로 다른 물질이라도 같은 금속 원소를 포함하면 불꽃 반응 색이 같다.
→ 예를 들어 염화 구리(Ⅱ)와 황산 구리(Ⅱ)는 종류가 다르지만 구리를 포함하고 있기 때문에 불꽃 반응 색이 청록색이 되겠지~?

○ㄷ. 시료가 바뀔 때마다 사용한 니크롬선은 묽은 염산에 씻은 후 사용해야 한다.
→ 다른 시료의 불꽃 반응 색을 정확하게 관찰하기 위해서는 니크롬선에 묻어 있는 시료를 깨끗이 씻어 줘야 해! 그 역할을 묽은 염산이 하는 거지!

답 : ⑤

포함된 금속 원소 같음 → 불꽃 반응 색 같음
묽은 염산 → 불순물 제거

유형 ② 스펙트럼

스펙트럼에 대한 설명으로 옳은 것은?

① 불꽃 반응의 빛을 분광기에 통과시키면 연속적인 색의 띠가 나온다.
② 선 스펙트럼은 원소의 종류에 따라 선의 색, 위치, 굵기 등이 다르다.
③ 햇빛이나 백열 전구의 빛을 분광기에 통과시키면 선 스펙트럼이 나타난다.
④ 빛을 분광기에 통과시킬 때 빛이 합성되어 나타나는 여러 가지 색의 띠를 말한다.
⑤ 선 스펙트럼 분석으로 물질 속에 포함된 원소를 찾을 수 있지만 불꽃 반응에 비해 정확하지 않다.

스펙트럼의 종류와 스펙트럼을 이용한 원소의 확인에 대해 묻는 문제가 출제돼~

✗① 불꽃 반응의 빛을 분광기에 통과시키면 ~~연속적인~~ 색의 띠가 나온다.
→ 불꽃 반응의 빛을 분광기에 통과시키면 선 스펙트럼이 나타나~

○② 선 스펙트럼은 원소의 종류에 따라 선의 색, 위치, 굵기 등이 다르다.
→ 선 스펙트럼에서는 원소에 따라 선의 색, 위치, 굵기 등이 다르게 나타나~

✗③ 햇빛이나 백열 전구의 빛을 분광기에 통과시키면 ~~선~~ 스펙트럼이 나타난다.
→ 햇빛이나 백열 전구의 빛을 분광기에 통과시키면 연속 스펙트럼이 나타나~

✗④ 빛을 분광기에 통과시킬 때 빛이 ~~합성~~되어 나타나는 여러 가지 색의 띠를 말한다.
→ 빛을 분광기에 통과시킬 때 빛이 분산되어 나타나는 여러 가지 색의 띠를 말해! 합성이 아니야~

✗⑤ 선 스펙트럼 분석으로 물질 속에 포함된 원소를 찾을 수 있지만 불꽃 반응에 비해 ~~정확하지 않다.~~
→ 선 스펙트럼 분석은 불꽃 반응에 비해 실험 과정이 복잡한 편이지만, 불꽃 반응 색이 비슷할 때는 성분 원소를 더 정확하게 찾을 수 있어~

답 : ②

햇빛, 백열 전구 → 연속 스펙트럼
불꽃 반응 빛 → 선 스펙트럼

❶ 원소

01 학자와 그들이 주장한 원소에 대한 설명으로 옳은 것을 |보기|에서 모두 고른 것은?

| 보기 |
ㄱ. 탈레스 — 모든 물질은 물로 이루어져 있다.
ㄴ. 아리스토텔레스 — 물질은 더 이상 쪼갤 수 없는 원소로 이루어져 있다.
ㄷ. 보일 — 모든 물질은 4가지 원소로 이루어져 있다.
ㄹ. 라부아지에 — 원소는 더 이상 분해할 수 없는 물질이다.

① ㄱ, ㄷ   ② ㄱ, ㄹ   ③ ㄴ, ㄷ
④ ㄱ, ㄴ, ㄹ   ⑤ ㄴ, ㄷ, ㄹ

02 ★중요 그림은 뜨겁게 달군 주철관에 물을 부으며 냉각수를 지나게 하는 라부아지에의 실험을 나타낸 것이다.

이 실험을 통해서 라부아지에가 증명한 사실로 옳은 것은?

① 모든 물질은 분자로 되어 있다.
② 물질을 계속 쪼개면 아무것도 남지 않는다.
③ 물은 수소와 산소로 분해되므로 원소가 아니다.
④ 아리스토텔레스의 4원소 변환설을 뒷받침해 주는 실험이다.
⑤ 현재까지 알려진 원소는 모두 인공적으로 만들어 낸 것이다.

03 원소에 대한 설명으로 옳지 <u>않은</u> 것은?

① 물질을 이루는 기본 성분이다.
② 화학 변화가 일어나도 변하지 않는다.
③ 현재까지 118가지의 원소가 발견되었다.
④ 지금까지 원소는 모두 자연에서 발견되었다.
⑤ 어떤 방법으로도 더 이상 다른 물질로 분해되지 않는다.

04 어떤 화학적 방법으로도 더 이상 분해되지 않는 물질을 |보기|에서 모두 고른 것은?

| 보기 |
ㄱ. 유리   ㄴ. 물   ㄷ. 구리   ㄹ. 산소
ㅁ. 소금   ㅂ. 금   ㅅ. 플라스틱

① ㄱ, ㄴ, ㅅ   ② ㄴ, ㄷ, ㅂ   ③ ㄷ, ㄹ, ㅁ
④ ㄷ, ㄹ, ㅂ   ⑤ ㄹ, ㅁ, ㅅ

05 다음은 어떤 원소에 대한 설명을 나타낸 것이다.

> 수소 다음으로 가벼운 원소이지만, 수소와는 달리 다른 원소와 반응하지 않아서 안전하기 때문에 비행선이나 광고용 풍선을 띄우는 기체로 이용된다.

설명에 해당하는 원소로 옳은 것은?

① 염소   ② 헬륨   ③ 산소
④ 질소   ⑤ 아르곤

❷ 원소의 확인

06 ★중요 원소의 확인 방법에 대한 설명으로 옳은 것은?

① 불꽃 반응 색이 같은 물질은 구별이 불가능하다.
② 불꽃 반응 실험으로 모든 원소를 확인할 수 있다.
③ 물질의 양이 적어도 불꽃 반응 색을 관찰할 수 있다.
④ 원소의 종류에 따라 스펙트럼에 나타나는 선의 위치와 색은 다르지만, 굵기는 모두 같다.
⑤ 염화 리튬과 염화 구리(Ⅱ)의 불꽃 반응 빛을 분광기에 통과시키면 같은 선 스펙트럼이 나타난다.

07 운동한 후 흘린 땀방울을 니크롬선에 묻혀 겉불꽃에 넣고 불꽃 반응 색을 관찰하였더니 노란색이 나타났다. 이를 통해 알 수 있는 땀을 이루는 성분 원소 중 하나로 옳은 것은?

① 칼륨   ② 칼슘   ③ 나트륨
④ 구리   ⑤ 스트론튬

실전 백신

08 표는 여러 가지 물질의 불꽃 반응 색을 나타낸 것이다.

물질	불꽃 반응 색	물질	불꽃 반응 색
염화 나트륨	노란색	질산 나트륨	노란색
염화 칼륨	보라색	㉠	보라색
염화 구리(Ⅱ)	청록색	질산 구리(Ⅱ)	청록색
염화 칼슘	주황색	질산 칼슘	㉡
염화 스트론튬	빨간색	질산 리튬	빨간색

이에 대한 설명으로 옳지 않은 것은?

① 물질 ㉠에는 칼륨이 포함되어 있다.
② ㉡은 주황색이다.
③ 염화 칼륨의 불꽃 반응 색은 염소 원소에 의한 것이다.
④ 염화 스트론튬과 질산 리튬은 불꽃 반응 색으로 구별하기 어렵다.
⑤ 물질의 종류가 다르더라도 물질이 포함하고 있는 금속 원소가 같으면 불꽃 반응 색이 같다.

09 그림은 리튬의 선 스펙트럼을 나타낸 것이다.

위의 선 스펙트럼을 포함한 스펙트럼이 나타날 것으로 예상되는 물질로 옳은 것은?

① 염화 칼륨   ② 질산 칼슘   ③ 염화 리튬
④ 탄산 나트륨   ⑤ 염화 스트론튬

10 그림은 두 종류의 스펙트럼을 나타낸 것이다.

(가)

(나)

이에 대한 설명으로 옳지 않은 것은?

① (가)는 햇빛을 분광기로 볼 때 나타난다.
② (나)는 불꽃 반응의 빛을 분광기로 본 것이다.
③ 백열등 빛을 분광기로 보면 (가)와 같이 나타난다.
④ 원소의 종류에 관계없이 (나)의 선 위치는 일정하다.
⑤ 염화 나트륨, 질산 나트륨의 불꽃 반응 색을 분광기로 보면 (나)와 같이 나타난다.

11 다음은 물의 전기 분해 실험을 나타낸 것이다.

[실험 과정]
전기 분해 장치에 수산화 나트륨을 녹인 물을 넣은 후, 양쪽 유리관에서 발생하는 물질을 확인한다.

[실험 결과]
• (−)극에 성냥불을 가까이 가져갔더니 '퍽' 소리를 내며 탔다.
• (+)극에 꺼져가는 불씨를 가까이 가져갔더니 다시 잘 탔다.

이 실험을 바탕으로 물이 원소가 아닌 까닭을 서술하시오.

KEY   물질을 이루는 기본 성분, 분해

12 그림은 염화 나트륨과 질산 나트륨의 선 스펙트럼에서 공통으로 나타난 부분을 나타낸 것이다.

이와 같은 선 스펙트럼이 나타나는 까닭을 서술하시오.

KEY   나트륨

13 그림과 같이 리튬과 스트론튬의 불꽃 반응 색은 서로 비슷하여 구별하기 어렵다.

리튬   스트론튬

리튬과 스트론튬을 구별할 수 있는 방법을 서술하시오.

KEY   선 스펙트럼

14 다음은 물질을 이루는 기본 성분에 대한 여러 학자들의 주장을 나타낸 것이다.

> (가) 만물은 물, 불, 흙, 공기로 이루어져 있고, 이들은 서로 변환된다.
> (나) 만물의 근원은 물로, 물이 모양을 바꾸어서 다른 물질이 되는 것이다.
> (다) 원소는 물질을 이루는 기본 성분으로, 더 이상 분해할 수 없는 물질이다.

(가)~(다)를 시대 순으로 옳게 나열한 것은?

① (가)─(나)─(다) ② (가)─(다)─(나)
③ (나)─(가)─(다) ④ (나)─(다)─(가)
⑤ (다)─(가)─(나)

15 다음은 물질 속에 포함된 원소의 종류를 확인하기 위한 실험을 나타낸 것이다.

[실험 과정]

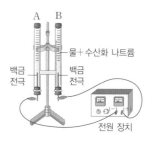

묽은 염산 증류수 니크롬선 분광기 염화 구리(Ⅱ) 수용액

> (가) 니크롬선을 묽은 염산과 증류수에 담가 씻은 후, 불꽃에서 다른 색이 나타나지 않을 때까지 토치의 겉불꽃에 넣어 가열한다.
> (나) 염화 구리(Ⅱ), 질산 구리(Ⅱ), 염화 리튬, 질산 스트론튬 수용액을 각각 니크롬선에 묻혀 겉불꽃에 넣고, 불꽃 반응 색을 관찰한다.
> (다) 각 물질의 불꽃 반응 색을 분광기로 관찰한다.
> (라) 분광기로 햇빛을 관찰한다.

이 실험에 대한 설명으로 옳은 것을 모두 고르면?

① 물질의 종류에 따라 불꽃 반응 색이 항상 다르다.
② 염화 구리(Ⅱ)와 질산 구리(Ⅱ)의 불꽃 반응 색은 같다.
③ (가)의 과정은 니크롬선에 묻은 불순물을 씻어내기 위한 것이다.
④ 니크롬선을 겉불꽃에 넣는 까닭은 겉불꽃의 온도가 낮고 무색이기 때문이다.
⑤ 염화 리튬과 질산 스트론튬의 불꽃을 분광기로 관찰하면 같은 스펙트럼이 나타난다.

16 그림은 물의 전기 분해를 통해 기체를 발생시키는 실험을 나타낸 것이다.

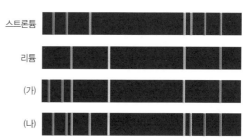

A B 물＋수산화 나트륨 백금 전극 백금 전극 전원 장치

이에 대한 설명으로 옳은 것을 |보기|에서 모두 고른 것은?

> 보기
> ㄱ. A에서는 이산화 탄소 기체가 발생한다.
> ㄴ. A에서 발생한 기체의 부피는 B에서 발생한 기체의 부피보다 크다.
> ㄷ. 이 실험을 통해 물은 원소가 아님을 알 수 있다.

① ㄱ ② ㄷ ③ ㄱ, ㄴ
④ ㄴ, ㄷ ⑤ ㄱ, ㄴ, ㄷ

17 그림은 스트론튬, 리튬과 물질 (가)와 (나)의 스펙트럼을 나타낸 것이다.

스트론튬

리튬

(가)

(나)

이 스펙트럼에 대한 분석으로 옳은 것은?

① 물질 (가)에는 스트론튬이 들어 있다.
② 물질 (나)에는 리튬과 스트론튬이 모두 들어 있다.
③ 스트론튬과 리튬은 스펙트럼으로 구분할 수 없다.
④ 불꽃 반응 색이 같으면 같은 모양의 스펙트럼이 나타난다.
⑤ 물질 (가)와 (나)에 공통으로 들어 있는 원소는 스트론튬이다.

02 물질을 이루는 입자

+ • 원자는 원자핵과 전자로 구성됨을 설명할 수 있다.
• 원자와 분자의 개념을 구별하고, 원소와 분자를 원소 기호로 나타낼 수 있다.

❶ 원자 돌턴은 데모크리토스의 입자설을 발전시켜 1803년 원자설을 발표했어~

1 돌턴의 원자설 : 모든 물질은 더 이상 쪼개지지 않는 입자인 원자로 이루어져 있다.

➡ 현대적인 원자 개념을 확립하는 계기가 되었다.

(1) 원자는 새로 생기거나 없어지지 않으며, 다른 원자로 변하지 않는다.

(2) 서로 다른 원자들이 일정한 개수비로 결합하여 새로운 물질이 만들어진다.

2 원자 : 물질을 이루는 기본 입자

(1) **원자의 크기** : 지름이 약 $10^{-10}\,\mathrm{m}$ 정도로 매우 작아서 눈에 보이지 않는다.

수소 원자 1억 개

수소 원자의 크기

(2) **원자의 구조** : (+)전하를 띠는 원자핵과 (−)전하를 띠는 전자로 이루어져 있다.

① 원자핵의 (+)전하량과 전체 전자의 (−)전하량이 같기 때문에 원자는 전기적으로 중성이다.

② 원자의 종류에 따라 원자핵의 전하량과 전자 수가 달라진다.

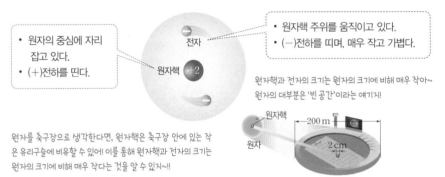

• 원자의 중심에 자리 잡고 있다.
• (+)전하를 띤다.

• 원자핵 주위를 움직이고 있다.
• (−)전하를 띠며, 매우 작고 가볍다.

전자
원자핵 (+2)

원자핵과 전자의 크기는 원자의 크기에 비해 매우 작아~ 원자의 대부분은 '빈 공간'이라는 얘기지!

원자핵
200 m
원자
2 cm

원자를 축구장으로 생각한다면, 원자핵은 축구장 안에 있는 작은 유리구슬에 비유할 수 있어! 이를 통해 원자핵과 전자의 크기는 원자의 크기에 비해 매우 작다는 것을 알 수 있지~!!

(3) **원자 모형** : 눈으로 볼 수 없는 원자를 설명하기 위해 모형을 사용하여 나타낸 것으로, 중심에 원자핵을 표시하고 주위에 전자를 배치한다.

구분	수소 원자	리튬 원자	탄소 원자	산소 원자
원자 모형	(+1) 원자핵 / 전자	(+3)	(+6)	(+8)
원자핵의 전하량	+1	+3	+6	+8
전체 전자의 전하량	−1	−3	−6	−8
	(−1)×1개=−1	(−1)×3개=−3	(−1)×6개=−6	(−1)×8개=−8

전하량은 '개수'의 개념이기 때문에 원자핵의 전하량이 +1, 전자의 전하량이 −1이면 전하량이 같다고 할 수 있는 거야~

⊖ 비타민

아리스토텔레스의 연속설

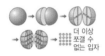

물질은 없어질 때까지 계속 쪼갤 수 있으며, 물질에는 빈 공간이 존재하지 않는다.

데모크리토스의 입자설

더 이상 쪼갤 수 없는 입자

물질을 계속 쪼개면 더 이상 쪼갤 수 없는 입자에 도달한다.

전하와 전하량

전하는 전기 현상을 일으키는 원인으로, (+)전하와 (−)전하가 있다. 전하량은 전하의 양을 뜻하며, 양의 전하량은 (+) 부호를, 음의 전하량은 (−) 부호를 붙인다.

원자 구조의 모형

(+6)

원자핵의 전하량을 그림과 같이 숫자로 표현한다.

🕐 1%를 위한 비타민 물질이 입자(원자)로 이루어졌다는 증거

팥과 좁쌀 섞기

물과 에탄올 섞기

(1) 두 개의 눈금실린더에 팥과 좁쌀을 각각 50 mL 정도씩 채우고, 잘 섞은 후 전체 부피를 측정하였더니 약 87 mL가 되었다.

(2) 두 개의 눈금실린더에 물과 에탄올을 각각 50 mL 정도씩 채우고, 잘 섞은 후 전체 부피를 측정하였더니 약 97 mL가 되었다.

⇒ 두 가지 물질이 섞일 때 부피 변화를 통하여 모든 물질이 작은 입자로 이루어져 있고, 입자 사이에는 빈 공간이 있음을 알 수 있다.

⇒ 각 물질을 구성하고 있는 입자의 크기가 달라서 큰 입자 사이에 작은 입자가 끼어 들어가므로 섞은 후의 부피는 작아진다.

물질을 이루는 입자

원자
- 물질을 이루는 기본 입자
- 원자핵과 전자로 이루어짐

분자
- 물질의 성질을 나타내는 가장 작은 입자

용어 & 개념 체크

❶ 원자

01 ☐☐의 원자설은 현대적인 원자 모형의 기초가 되었다.

02 원자는 원자핵과 ☐☐로 구성되어 있다.

03 원자는 원자핵의 (+)전하량과 전체 전자의 (−)전하량이 같아 전기적으로 ☐☐이다.

04 눈에 보이지 않는 원자를 설명하기 위해 모형을 사용하여 나타낸 것을 ☐☐ ☐☐이라고 한다.

01 그림은 원자의 구조를 나타낸 것이다. ㉠, ㉡에 들어갈 알맞은 말을 쓰시오.

㉠ : (   )
㉡ : (   )

02 원자와 그 구성 입자에 대한 설명으로 옳은 것은 ○, 옳지 않은 것은 ×로 표시하시오.

(1) 원자의 중심에는 (+)전하를 띤 원자핵이 있다. ⋯⋯⋯⋯⋯⋯⋯⋯⋯⋯⋯ (   )

(2) 전자는 (−)전하를 띠며, 원자핵 주위를 움직이고 있다. ⋯⋯⋯⋯⋯⋯⋯ (   )

(3) 원자는 원자핵의 (+)전하량보다 전체 전자의 (−)전하량이 더 커서 전기적으로 (−)전하를 띤다. ⋯⋯⋯⋯⋯⋯⋯⋯⋯⋯⋯⋯⋯⋯⋯⋯⋯⋯⋯⋯⋯⋯⋯⋯⋯⋯ (   )

03 원자의 특징으로 옳은 것을 | 보기 |에서 모두 고르시오.

┌─ 보기 ┌
ㄱ. 원자핵은 원자 내부 공간의 대부분을 차지한다.
ㄴ. 원자는 지름이 약 10^{-10} m 정도로 매우 작아서 눈에 보이지 않는다.
ㄷ. 원자의 종류가 달라져도 원자핵의 전하량과 전자 수는 달라지지 않는다.

04 그림은 어떤 원자의 구조를 모형으로 나타낸 것이다. 이 원자의 종류와 전자의 총 전하량을 쓰시오.

(1) 원자의 종류 : (   )
(2) 전자의 총 전하량 : (   )

05 다음과 같은 현상을 통해 알 수 있는 사실을 간단히 서술하시오.

• 물과 에탄올을 섞으면 전체 부피가 작아진다.
• 입구를 단단히 묶은 고무풍선에서 공기가 서서히 빠져나간다.

2 물질을 이루는 입자

❷ 분자

1 분자 : 독립된 입자로 존재하여 물질의 성질을 나타내는 가장 작은 입자

(1) 몇 개의 원자가 결합하여 이루어진다. 원자 1개로 이루어진 분자도 있어~

(2) 결합하는 원자의 종류와 개수에 따라 분자의 종류가 달라진다.

(3) 원자로 나누어지면 물질의 성질을 잃는다.

(4) 같은 종류의 원자가 결합해서 만들어지기도 하고, 다른 종류의 원자가 결합해서 만들어지기도 한다. 분자를 이루는 원자의 종류가 같아도 원자의 개수나 배열이 달라지면 서로 다른 분자야~

수소 분자의 생성	물 분자의 생성
수소 원자 2개가 수소 분자를 이루면 비로소 수소 기체의 성질을 나타낸다.	수소 원자 2개와 산소 원자 1개가 물 분자를 이루면 물의 성질을 나타낸다.
수소 원자 + 수소 원자 → 수소 분자	수소 원자 + 산소 원자 → 물 분자

2 여러 가지 분자의 성질과 이용

분자	성질과 이용	분자	성질과 이용
수소	• 수소 원자 2개로 이루어져 있다. • 가장 가벼운 기체 • 반응성이 커서 폭발성이 있음	산소	• 산소 원자 2개로 이루어져 있다. • 반응성이 큼 • 생물의 호흡이나 연소에 이용
질소	• 질소 원자 2개로 이루어져 있다. • 공기의 약 78 %를 차지 • 반응성이 작아 과자 봉지의 충전재로 사용	물	• 수소 원자 2개와 산소 원자 1개로 이루어져 있다. • 생명 활동의 필수 요소 • 여러 가지 물질을 녹임
일산화 탄소	• 산소 원자 1개와 탄소 원자 1개로 이루어져 있다. • 독성이 강함 • 화석 연료가 연소될 때 생기는 물질	이산화 탄소	• 산소 원자 2개와 탄소 원자 1개로 이루어져 있다. • 공기보다 무거움 • 고체 이산화 탄소인 드라이아이스는 주로 냉매로 사용
메테인	• 탄소 원자 1개와 수소 원자 4개로 이루어져 있다. • 천연가스의 주성분 • 연료로 이용	암모니아	• 질소 원자 1개와 수소 원자 3개로 이루어져 있다. • 자극적인 냄새가 나는 기체 • 염색제나 비료의 원료로 이용 • 냉각제로 사용
헬륨	• 헬륨 원자 1개로 이루어져 있다. • 색깔과 냄새가 없음 • 반도체나 초전도체 제작에 사용	염화 수소	• 염소 원자 1개와 수소 원자 1개로 이루어져 있다. • 물에 잘 녹고 독성이 강함 • 세균의 살균에 이용

3 원소, 원자, 분자의 비교 : 원자는 물질을 이루는 기본 입자이고, 원소는 원자의 종류를 의미한다. 분자는 원자로 이루어진 물질의 성질을 나타내는 가장 작은 입자이다.

• 분자 : 과일 바구니 1개
• 원소 : 딸기, 오렌지, 사과 3종류
• 원자 : 딸기 2개, 오렌지 4개, 사과 3개＝9개

• 분자 : 물 분자 1개
• 원소 : 수소, 산소 2종류
• 원자 : 수소 원자 2개＋산소 원자 1개＝3개

과일 바구니에 딸기 2개, 오렌지 4개, 사과 3개가 들어 있어. 여기서 과일 바구니를 '분자'로 생각하면, 딸기, 오렌지, 사과라는 3가지 종류는 '원소'로 생각할 수 있지! 그리고 딸기 2개와 오렌지 4개, 사과 3개, 총 9개의 '원자'가 들어 있다고 할 수 있어!
원소는 종류! 원자는 개수!

➖ **비타민**

원자 1개로 이루어진 분자
헬륨, 네온, 아르곤 등은 원자 1개로 이루어져 있지만, 물질의 고유한 성질을 가지고 있으므로 분자이다.

같은 원자로 이루어진 다른 분자
일산화 탄소 분자와 이산화 탄소 분자는 모두 탄소 원자와 산소 원자로 이루어져 있지만 성질은 전혀 다르다. 이처럼 같은 종류의 원자로 이루어진 분자라도 그 분자를 이루는 원자의 수나 배열이 다르면 서로 다른 물질이다.

물질을 분자 모형으로 나타낼 때 편리한 점
물질을 이루고 있는 원자의 종류와 수, 배열 및 분자의 모양을 쉽게 알 수 있다.

원소, 원자, 분자

원소	물질의 기본 성분
원자	물질을 구성하는 기본 입자
분자	물질의 성질을 가지는 가장 작은 입자

용어 & 개념 체크

② 분자

05 물질의 고유한 성질을 갖는 가장 작은 입자를 ☐☐라고 한다.

06 ☐☐는 가장 가벼운 기체로, 반응성이 커서 폭발성이 있다.

07 ☐☐은 색깔과 냄새가 없으며, 반도체나 초전도체 제작에 사용된다.

08 ☐☐는 생명체를 이루는 기본 성분으로, 결합 방식에 따라 흑연이나 다이아몬드가 된다.

09 하나의 물 분자는 2종류의 ☐☐와 3개의 ☐☐로 이루어져 있다.

06 그림 (가)~(다)는 각각 다른 분자를 모형으로 나타낸 것이다.

(가)   (나)   (다)

○ 수소
● 산소
● 탄소

(1) (가)~(다)를 이루는 원소의 종류를 각각 쓰시오.
(2) (가)~(다)의 총 원자의 개수를 각각 쓰시오.

07 분자와 분자의 이용을 옳게 연결하시오.

(1) 질소 분자 •   • ㉠ 냉매
(2) 산소 분자 •   • ㉡ 천연가스의 연료
(3) 이산화 탄소 분자 •   • ㉢ 과자 봉지의 충전재
(4) 메테인 분자 •   • ㉣ 생물의 호흡이나 연소
(5) 암모니아 분자 •   • ㉤ 염색제나 비료의 원료

08 표는 여러 분자들의 구성 원자 및 분자 모형을 나타낸 것이다. 빈칸에 알맞은 말을 쓰고, 분자 모형을 그리시오.

분자	산소	(㉢)	(㉤)	메테인
구성 원자	(㉠) 원자 2개	산소 원자 2개 + 탄소 원자 1개	수소 원자 1개 + 염소 원자 1개	(㉦) 원자 4개 + (㉧) 원자 1개
분자 모형	㉡	㉣	㉥	

09 다음은 어떤 분자에 대한 설명을 나타낸 것이다.

> • 2가지 원소로 이루어져 있다.
> • 1개의 분자는 수소 원자 3개와 질소 원자 1개로 구성되어 있다.
> • 비료의 원료 또는 냉각제로 사용된다.

이 분자의 이름을 쓰고, 분자 모형을 그리시오.

❸ 원소와 분자의 표현

1 원소 기호 : 원소의 이름 대신 나타내는 간단한 기호

(1) 원소 기호의 변천

구분	표현 방법	금	은	구리	철	황
연금술사	자신들만 아는 그림으로 표현	☉	☾	♀	♂	△
돌턴	원소를 원으로 나타내고, 그 안에 기호로 구분	Ⓖ	Ⓢ	Ⓒ	Ⓘ	⊕
베르셀리우스	원소 이름의 알파벳을 이용	Au	Ag	Cu	Fe	S

원소의 종류가 점점 많아지면서 체계적이고 간편한 원소 표현 방식이 필요하게 됐어. 그래서 오늘날과 같이 알파벳을 이용한 원소 기호가 등장하게 된 거야~!!

(2) 원소 기호를 나타내는 방법 : 현재 사용되는 원소 기호는 베르셀리우스가 제안한 방법대로 알파벳을 이용하여 나타낸다.

① 원소 이름의 알파벳 첫 글자를 대문자로 나타낸다.

② 서로 다른 두 원소의 첫 글자가 같다면, 중간 글자를 선택하여 첫 글자 다음에 소문자로 나타낸다. 원소의 이름은 영어, 라틴어, 아라비아어, 그리스어 등 다양한 언어에서 유래되었어~

탄소 Carboneum	⇒	C	칼슘 Calcium	⇒	Ca	염소 Chlorum	⇒	Cl
원소 이름		원소 기호	원소 이름		원소 기호	원소 이름		원소 기호

(3) 주요 원소 기호

원소 이름	원소 기호	원소 이름	원소 기호	원소 이름	원소 기호	원소 이름	원소 기호	원소 이름	원소 기호
수소	H	붕소	B	플루오린	F	알루미늄	Al	염소	Cl
헬륨	He	탄소	C	네온	Ne	규소	Si	아르곤	Ar
리튬	Li	질소	N	나트륨(소듐)	Na	인	P	칼륨(포타슘)	K
베릴륨	Be	산소	O	마그네슘	Mg	황	S	칼슘	Ca

2 분자식 : 분자를 이루는 원자의 종류와 개수를 원소 기호와 숫자로 나타낸 식

예▶ H_2, O_2, H_2O, CO, CO_2, NH_3, HCl 등

(1) 분자식을 나타내는 방법

① 분자를 이루는 원자의 종류를 원소 기호로 쓴다.

② 원소 기호의 오른쪽 아래에 원자의 개수를 숫자로 나타낸다.(단, 원자의 개수가 1개일 때는 숫자 '1'을 생략한다.)

③ 분자식 앞에 분자의 개수를 숫자로 나타낸다.(단, 분자의 개수가 1개일 때는 숫자 '1'을 생략한다.)

$$2H_2O$$

원자의 종류 / 산소 원자의 수 1은 생략 / 물 분자의 수 2개 / 수소 원자의 수 2개

물의 분자식

(2) 여러 가지 분자식

분자	분자식	분자	분자식	분자	분자식
수소	H_2	일산화 탄소	CO	암모니아	NH_3
산소	O_2	이산화 탄소	CO_2	물	H_2O
질소	N_2	메테인	CH_4	염화 수소	HCl

분자식을 사용하면 여러 개의 원자로 이루어진 분자나 2개 이상의 분자들도 모형보다 쉽게 표현할 수 있고 분자를 이루는 원자의 종류와 수를 한눈에 알 수 있어~!!

⊖ 비타민

철의 원소 기호는 왜 Fe일까?
원소 기호 중에는 원소의 영어 이름과 맞지 않는 것이 종종 있다. 과거에 이미 알려져 있던 원소의 경우 라틴어 이름의 철자를 따서 원소 기호를 정하였기 때문이다. 철은 라틴어인 Ferrum의 철자를 따서 Fe라는 기호가 정해진 것이다.

화학식
물질 중에서는 수많은 양이온과 음이온들이 규칙적으로 만나 결정을 이룬 것도 있다. 양이온과 음이온이 만난 입자들은 독립적인 성질을 가진 분자로 존재하지 않기 때문에 이온의 종류와 수를 원소 기호와 숫자를 이용해서 나타내는 화학식을 사용한다.

물질을 분자식으로 나타낼 때 편리한 점
물질을 이루고 있는 원자의 종류와 수를 쉽게 알 수 있고, 많은 물질을 구별하기 쉽다.

용어 & 개념 체크

❸ 원소와 분자의 표현

10 현재 우리가 사용하고 있는 원소 기호는 스웨덴의 화학자 ⬜⬜⬜⬜⬜⬜가 제안한 것이다.

11 분자식은 분자를 이루는 원자의 종류와 개수를 ⬜⬜⬜⬜와 숫자로 나타낸 식이다.

---

10 표는 원소 기호의 변천 과정을 나타낸 것이다.

구분	금	은	구리	철	황
연금술사	☉	☾	♀	♂	△
돌턴	Ⓖ	Ⓢ	Ⓒ	Ⓘ	⊕
베르셀리우스	Au	Ag	Cu	Fe	S

연금술사나 돌턴이 사용했던 원소 기호와 비교하여 베르셀리우스가 제안한 원소 기호의 장점을 서술하시오.

11 빈칸에 알맞은 원소 기호 또는 원소 이름을 쓰시오.

(1) 수소 : (   )   (2) Ne : (   )
(3) 칼륨(포타슘) : (   )   (4) Be : (   )
(5) 규소 : (   )   (6) Ar : (   )

12 다음은 원소 기호를 나타내는 방법에 대한 설명을 나타낸 것이다. 빈칸에 알맞은 말을 고르시오.

> 원소 기호를 나타낼 때는 원소 이름의 알파벳 첫 글자를 (㉠ 대문자, 소문자)로 나타낸다. 단, 서로 다른 두 원소의 첫 글자가 같다면 중간 글자를 선택하여 첫 글자 다음에 (㉡ 대문자, 소문자)로 나타낸다.

13 원소 기호에 대한 설명으로 옳은 것은 ○, 옳지 <u>않은</u> 것은 ×로 표시하시오.

(1) 돌턴은 원소를 원으로 나타내고, 그 안에 기호로 구분하였다. .... (   )
(2) 현재 베르셀리우스가 제안한 원소 기호를 사용한다. .... (   )
(3) 원소 기호는 반드시 두 글자로 나타낸다. .... (   )
(4) 원소 이름의 첫 글자가 다른 원소와 같으면 중간 글자를 함께 써서 나타낸다.
.... (   )

14 다음은 암모니아의 분자식을 나타낸 것이다.

$$2NH_3$$

(1) 분자 모형 : (   )
(2) 분자의 총 개수 : (   )
(3) 분자를 이루는 원소 : (   )
(4) 분자 1개를 이루는 원자의 개수 : (   )
(5) 분자를 이루는 원자의 총 개수 : (   )

 **강의 보충제**   **원소 기호와 분자식 이해하기**

ⓘ 원소? 원자? 분자? 너무 헷갈리지~? 원소 기호와 분자식은 시험에 자주 출제되는 내용이야! 화학을 배우기 위해서는 원소 기호를 익히는 게 중요하지~ 또한 분자를 식으로 표현하는 방법도 중요한 부분이니 연습해 보자~

01 모형을 이용하여 원자 나타내기

구분	수소	리튬	탄소	질소	산소
원자핵의 전하량					
전자의 개수(개)					
원자 모형	+1	+3	+6	+7	+8

02 원소 이름을 원소 기호로 나타내기

원소 이름	원소 기호	원소 이름	원소 기호	원소 이름	원소 기호	원소 이름	원소 기호
수소		나트륨(소듐)		루비듐		납	
헬륨		마그네슘		타이타늄		수은	
리튬		알루미늄		크로뮴		은	
베릴륨		규소		망가니즈		금	
붕소		인		철		백금	
탄소		황		코발트		세슘	
질소		염소		니켈		브로민	
산소		아르곤		구리		아이오딘	
플루오린		칼륨(포타슘)		아연		스트론튬	
네온		칼슘		주석		바륨	

03 분자를 분자식으로 나타내기

분자	분자식	분자	분자식	분자	분자식
수소		일산화 탄소		염화 수소	
산소		이산화 탄소		메테인	
질소		과산화 수소		오존	

04 분자 모형을 분자식으로 나타내기

분자 모형					
분자식					

유형 클리닉

유형 1 원자의 구조

그림은 원자의 구조를 나타낸 것이다.

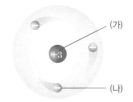

이에 대한 설명으로 옳지 <u>않은</u> 것은?

① (가)는 원자핵, (나)는 전자이다.
② (가)는 원자에 비해 크기가 매우 작다.
③ (나)는 (가)에 비해 질량이 매우 크다.
④ (가)는 (+)전하, (나)는 (−)전하를 띤다.
⑤ (가)의 전하량 크기와 (나)의 개수는 같다.

원자의 구조에 대해 반드시 기억해 두자!

① (가)는 원자핵, (나)는 전자이다.
→ (가)와 같이 원자의 중심에 위치하고 있는 것을 원자핵, (나)와 같이 원자핵 주위를 움직이고 있는 것을 전자라고 하지!

② (가)는 원자에 비해 크기가 매우 작다.
→ 원자핵 (가)와 전자 (나)의 크기는 원자에 비해 매우 작아! 원자를 축구장에 비유한다면 원자핵 (가)의 크기는 작은 유리구슬과 같아~ 원자의 내부는 대부분 빈 공간으로 이루어져 있다는 것을 알 수 있지~!!

~~③ (나)는 (가)에 비해 질량이 매우 크다.~~
→ 전자 (나)는 원자핵 (가)보다 크기도 작고 질량도 작아!

④ (가)는 (+)전하, (나)는 (−)전하를 띤다.
→ 원자핵 (가)는 (+)전하를, 전자 (나)는 (−)전하를 띠고 있어~ 원자는 (+)전하량과 (−)전하량이 같기 때문에 전기적으로 중성이야~

⑤ (가)의 전하량 크기와 (나)의 개수는 같다.
→ 원자핵 (가)의 전하량은 +3이기 때문에 (+)전하가 3개 있다는 뜻이지! 전자 (나)의 개수는 3개이기 때문에 모두 3으로 같아~

답 : ③

원자는 원자핵 + 전자!!
원자핵은 (+)전하, 전자는 (−)전하!!

유형 2 원소, 원자, 분자의 비교

그림은 물 분자를 모형으로 나타낸 것이다.

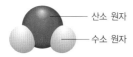

이에 대한 설명으로 옳은 것은?

① 물 분자는 더 이상 분해되지 않으며 물질을 구성하는 기본 성분이다.
② 물 분자는 수소와 산소 2개의 원자로 이루어져 있다.
③ 2개의 물 분자는 산소 원자 2개와 수소 원자 4개로 이루어져 있다.
④ 물 분자를 산소 원자와 수소 원자로 나누어도 물의 성질이 유지된다.
⑤ 산소 원자 2개와 수소 원자 2개로 이루어진 과산화 수소는 물과 성질이 같다.

원소, 원자, 분자의 개념이 많이 헷갈릴 거야~ 각각의 개념을 정확하게 이해하고 있는지 확인하는 문제가 출제될 수 있어~!!

~~① 물 분자는 더 이상 분해되지 않으며 물질을 구성하는 기본 성분이다.~~
→ 더 이상 분해되지 않으며 물질을 구성하는 기본 성분인 것은 '원소'이지~!! 물 분자는 수소 원자와 산소 원자로 분해되기 때문에 원소가 아니야~

~~② 물 분자는 수소와 산소 2개의 원자로 이루어져 있다.~~
→ 물 분자는 수소와 산소 2종류의 원소로 구성되어 있는데, 물 분자 1개는 수소 원자 2개와 산소 원자 1개, 총 3개의 원자로 구성되지!

③ 2개의 물 분자는 산소 원자 2개와 수소 원자 4개로 이루어져 있다.
→ 2개의 물 분자는 $2H_2O$로 나타낼 수 있어~ H_2O 한 분자가 산소 원자 1개와 수소 원자 2개로 이루어지니까 2개의 물 분자는 각 원자 개수의 2배가 되겠지!

~~④ 물 분자를 산소 원자와 수소 원자로 나누어도 물의 성질이 유지된다.~~
→ 분자가 분해되면 더 이상 물질의 고유한 성질이 나타나지 않아~!!

~~⑤ 산소 원자 2개와 수소 원자 2개로 이루어진 과산화 수소는 물과 성질이 같다.~~
→ 과산화 수소는 물과 비교했을 때 수소 원자와 산소 원자 개수의 비율이 다르기 때문에 성질도 달라져~!!

답 : ③

원소는 종류! 원자는 개수!

① 원자

01 모든 물질은 더 이상 쪼갤 수 없는 원자로 이루어져 있다는 원자설을 주장한 학자는?

① 보일　　　　② 돌턴　　　　③ 탈레스
④ 라부아지에　　⑤ 데모크리토스

02 고무풍선에 향수를 1~2방울 넣고 팽팽하게 불어 입구를 묶어 놓으면 시간이 지나면서 풍선 밖에서 향수 냄새가 난다. 그 까닭으로 옳은 것은?

① 풍선의 질량이 감소하기 때문이다.
② 풍선 속의 공기가 진해지기 때문이다.
③ 풍선 입자가 점점 작아지기 때문이다.
④ 풍선 입자 사이에 빈 공간이 있기 때문이다.
⑤ 풍선 속의 공기 입자가 점점 작아지기 때문이다.

03 원자의 구조와 특징에 대한 설명으로 옳지 않은 것은?

① 전자는 원자 질량의 대부분을 차지한다.
② 원자핵은 전자에 비해 질량이 매우 크다.
③ 원자핵의 전하량은 원자에 따라 모두 다르다.
④ 원자핵의 전하량은 전자의 총 전하량과 같다.
⑤ 전자는 (−)전하를 띠고 있고, 원자핵 주위를 움직인다.

04 원자를 원자 모형으로 설명하는 까닭으로 옳은 것은?

① 원자는 크기가 다양하기 때문이다.
② 원자는 너무 작아서 눈에 보이지 않기 때문이다.
③ 같은 종류의 원자는 크기와 질량이 같기 때문이다.
④ 화학 반응이 일어날 때 원자의 성질이 변하기 때문이다.
⑤ 화학 반응이 일어나더라도 원자는 없어지거나 새로 생겨나지 않기 때문이다.

05 그림은 어떤 원자의 구조를 모형으로 나타낸 것이다. 이에 대한 설명으로 옳지 않은 것은?

① 원자핵의 전하량은 +6이다.
② 전자의 개수는 6개이다.
③ 원자의 전하량은 +6이다.
④ 전자의 총 전하량은 −6이다.
⑤ 이 원자는 전기적으로 중성이다.

06 표는 여러 가지 원자의 종류에 따른 원자핵의 전하량과 전자의 개수를 나타낸 것이다.

구분	수소	헬륨	리튬	질소
원자핵의 전하량	㉠	+2	+3	+7
전자의 개수(개)	1	2	㉡	㉢

이에 대한 설명으로 옳은 것을 | 보기 |에서 모두 고른 것은?

> **보기**
> ㄱ. ㉠은 +1이다.
> ㄴ. ㉡+㉢은 10이다.
> ㄷ. 전자 1개의 전하량은 +1이다.

① ㄱ　　　　② ㄷ　　　　③ ㄱ, ㄴ
④ ㄴ, ㄷ　　⑤ ㄱ, ㄴ, ㄷ

07 그림과 같이 빨간색 원 스티커를 원자핵이라 하고, 노란색 원 스티커를 전자라고 하여 산소 원자 모형을 만들려고 한다. 노란색 원 스티커의 개수와 원자의 전하를 옳게 짝지은 것은? (단, 산소 원자의 원자핵 전하량은 +8이며, 노란색 원 스티커 1개의 전하량은 −1이다.)

	노란색 원 스티커의 개수	원자의 전하
①	6개	(+)전하
②	6개	중성
③	8개	(+)전하
④	8개	중성
⑤	9개	(−)전하

❷ 분자

08 분자에 대한 설명으로 옳지 <u>않은</u> 것을 <u>모두</u> 고르면?

① 독립된 입자로 존재한다.
② 물질의 성질을 가진 가장 작은 입자이다.
③ 2종류 이상의 원자로만 이루어져 있다.
④ 원자로 나누어져도 성질이 변하지 않는다.
⑤ 분자를 이루는 원자의 종류가 같아도 원자의 배열이 다르면 서로 다른 분자이다.

09 그림은 메테인 분자를 모형으로 나타낸 것이다. 이에 대한 설명으로 옳은 것을 |보기|에서 모두 고른 것은? (단, ● 은 탄소 원자, ○은 수소 원자이다.)

┌─ **보기** ───────────────────────
ㄱ. 메테인 분자는 2종류의 원자로 구성되어 있다.
ㄴ. 메테인 분자 1개를 이루는 수소 원자는 4개이다.
ㄷ. 메테인 분자 2개를 이루는 원자의 개수는 총 10개이다.
└─────────────────────────────

① ㄱ   ② ㄷ   ③ ㄱ, ㄴ
④ ㄴ, ㄷ   ⑤ ㄱ, ㄴ, ㄷ

10 분자와 분자 모형이 옳게 짝지어지지 <u>않은</u> 것은?

	분자	분자 모형		분자	분자 모형

① 산소   ② 염화 수소

③ 암모니아   ④ 물

⑤ 이산화 탄소

11 다음은 어떤 분자에 대한 설명을 나타낸 것이다.

┌─────────────────────────────
• 공기보다 무겁다.
• 산소 원자 2개와 탄소 원자 1개로 이루어져 있다.
• 주로 냉매로 사용된다.
└─────────────────────────────

이 설명에 해당하는 분자로 옳은 것은?

① 수소   ② 산소   ③ 질소
④ 일산화 탄소   ⑤ 이산화 탄소

❸ 원소와 분자의 표현

12 원소 기호에 대한 설명으로 옳은 것을 <u>모두</u> 고르면?

① 염소의 원소 기호는 Ch로 나타낸다.
② 원소의 종류에 따라 원소 기호가 다르다.
③ 원소 기호의 첫 글자는 대문자로 나타낸다.
④ 각 언어권마다 사용하는 원소 기호는 조금씩 다르다.
⑤ 현재의 원소 기호는 돌턴이 제안한 방식을 바탕으로 나타낸다.

13 그림은 생수병에 표시된 내용의 일부를 나타낸 것이다.

미네랄 함량(mg/L)
• 칼슘(㉠) −10.9
• 나트륨(㉡) − 8.1
• 마그네슘(Mg) − 0.1

㉠, ㉡에 들어갈 원소 기호를 옳게 짝지은 것은?

	㉠	㉡		㉠	㉡
①	Ca	N	②	Ca	Na
③	Ca	Ni	④	K	N
⑤	K	Na			

14 표는 여러 가지 원소의 이름과 원소 기호를 나타낸 것이다.

원소 이름	원소 기호	원소 이름	원소 기호
수소	H	플루오린	㉢
㉠	O	㉣	Ag
㉡	B	알루미늄	㉤

㉠~㉤에 들어갈 원소 이름이나 원소 기호를 옳게 짝지은 것은?

① ㉠ − 아르곤   ② ㉡ − 베릴륨   ③ ㉢ − P
④ ㉣ − 은   ⑤ ㉤ − Ar

15 분자의 이름과 분자식이 옳게 짝지어지지 <u>않은</u> 것은?

① 산소 − O_2 ② 물 − H_2O
③ 수소 − H_2 ④ 염화 수소 − HCl
⑤ 이산화 질소 − NO

16 다음은 어떤 물질의 분자식을 나타낸 것이다.

> $3CO_2$

이에 대한 설명으로 옳은 것은?

① 이 물질은 일산화 탄소 분자이다.
② 분자의 개수는 2개이다.
③ 탄소 원자의 개수는 총 3개이다.
④ 구성 원자의 종류는 3가지이다.
⑤ 분자 1개를 이루는 원자의 개수는 총 5개이다.

17 다음은 어떤 분자의 분자식에 대한 설명을 나타낸 것이다.

- 분자의 개수는 3개이다.
- 탄소 원자와 수소 원자로 이루어져 있다.
- 결합하는 탄소 원자와 수소 원자의 개수비는 1 : 3이다.
- 분자 1개를 이루는 원자의 개수는 총 8개이다.

이 설명에 해당하는 분자식으로 옳은 것은?

① CH_3 ② C_2H_6 ③ $3CH$
④ $3CH_3$ ⑤ $3C_2H_6$

18 다음은 어떤 물질의 분자식을 나타낸 것이다.

> $3H_2$

이 분자식을 나타낸 모형으로 옳은 것은?

①   ②   ③

④   ⑤

19 분자식을 통해 알 수 있는 것이 <u>아닌</u> 것은?

① 분자의 종류   ② 분자의 개수
③ 구성 원자의 종류   ④ 구성 원자의 배열
⑤ 구성 원자의 개수비

서술형 문제

20 그림은 원자의 구조를 나타낸 것이다. 이 원자의 구조를 보고, 원자가 전기적으로 중성인 까닭을 서술하시오.

 (+)전하량=(−)전하량

21 그림은 산소 원자로 이루어진 산소 분자와 오존 분자를 나타낸 것이다.

산소 분자   오존 분자

두 분자가 같은 물질인지 다른 물질인지 쓰고, 그렇게 생각한 까닭을 서술하시오.

 원자의 수

22 화학식 N_2와 $2N$의 차이를 서술하고, 각각의 모형을 그리시오.

 질소 원자, 질소 분자

23 과산화 수소의 분자식은 H_2O_2이다. 과산화 수소를 구성하는 원자의 종류와 수를 서술하시오.

 원자의 종류와 수

24 다음은 원자 모형을 제작하는 과정을 나타낸 것이다.

(가) 지름 20 cm 정도의 원판을 만든다.
(나) 원자핵을 나타내는 원을 원판의 중심에 붙인다.

원자	수소	헬륨	탄소
원자핵의 전하량	+1	+2	+6

(다) 전자를 나타내는 원을 과정 (나)의 원판의 적당한 곳에 붙인다.

이에 대한 설명으로 옳지 않은 것은?

① 수소 원자 모형의 경우, 전자를 1개 붙인다.
② 원자핵과 전자는 서로 같은 전하로 나타낸다.
③ 탄소 원자를 구성하는 전자의 개수는 6개이다.
④ 원자를 구성하는 전자 1개의 전하량은 −1이다.
⑤ 원자핵의 전하량은 전체 전자의 전하량과 같다.

25 표는 여러 가지 원자의 종류에 따른 원자핵의 전하량과 전자의 개수를 나타낸 것이다.

원소 기호	N	O	(가)	Ne	Na
원자핵의 전하량	(나)	+8	+9	+10	(다)
전자의 개수(개)	7	(라)	9	10	11

이에 대한 설명으로 옳은 것은?

① (가)는 S이다.
② (나)는 +14이다.
③ (다)는 +1이다.
④ (라)는 8이다.
⑤ Ne은 원자핵의 전하량이 전체 전자의 전하량보다 크다.

26 그림은 어떤 물질의 분자 모형을 나타낸 것이다. 이 모형의 분자식으로 옳은 것은? (단, X와 Y는 임의의 원소 기호이다.)

① XY_2
② $2XY_2$
③ $2X_2Y$
④ $4XY_2$
⑤ $4X_4Y_8$

27 그림은 어떤 물질의 분자 모형을 나타낸 것이다.

이 모형에 대한 설명으로 옳은 것은? (단, 이 분자는 암모니아, 메테인, 물 중 하나이다.)

① 이 물질은 메테인이다.
② 분자의 개수는 8개이다.
③ 수소 원자의 개수는 총 6개이다.
④ 분자식으로 나타내면 $2H_2O$이다.
⑤ 물질을 구성하는 원자의 종류는 3가지이다.

28 분자를 이루는 원자의 총 개수가 가장 적은 것은?

① $3N_2$
② $2CO$
③ $2CO_2$
④ $3H_2O$
⑤ $2NH_3$

29 다음은 두 물질의 분자식을 나타낸 것이다.

(가) $2NH_3$　　　　(나) $3H_2$

이에 대한 설명으로 옳은 것을 | 보기 |에서 모두 고른 것은?

보기
ㄱ. 원자의 종류는 (가)가 (나)보다 많다.
ㄴ. 분자의 개수는 (가)가 (나)보다 많다.
ㄷ. 수소 원자의 개수는 (가)와 (나)가 같다.
ㄹ. (가)는 암모니아 분자를, (나)는 질소 분자를 나타낸 것이다.

① ㄱ, ㄴ
② ㄱ, ㄷ
③ ㄴ, ㄷ
④ ㄴ, ㄹ
⑤ ㄷ, ㄹ

3 이온의 형성

- 이온의 형성 과정을 모형과 이온식으로 표현하고, 이온이 전하를 띠고 있음을 설명할 수 있다.
- 특정한 양이온과 음이온이 반응하여 앙금을 생성하는 반응을 이해하고, 이를 통해 이온의 존재를 확인할 수 있다.

❶ 이온

1 이온 : 전기적으로 중성인 원자가 전자를 잃거나 얻어 전하를 띠는 입자

(1) 이온의 형성

양이온	음이온
원자가 전자를 잃어 (+)전하를 띠는 입자 전자 1개를 잃고 +1의 전하를 띤 양이온이 되지~	원자가 전자를 얻어 (−)전하를 띠는 입자 전자 1개를 얻어 −1의 전하를 띤 음이온이 되지~
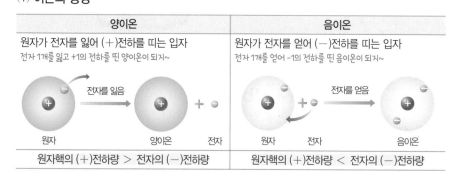	
원자핵의 (+)전하량 > 전자의 (−)전하량	원자핵의 (+)전하량 < 전자의 (−)전하량

(2) 이온식 : 원소 기호의 오른쪽 위에 전하의 종류와 잃거나 얻은 전자의 개수를 함께 나타낸 것

양이온	음이온
Na^+ — 잃은 전자 수(1은 생략함) / 전하의 종류 / 원소 기호 ▲ 나트륨 이온 Mg^{2+} — 잃은 전자 수 / 전하의 종류 / 원소 기호 ▲ 마그네슘 이온	Cl^- — 얻은 전자 수(1은 생략함) / 전하의 종류 / 원소 기호 ▲ 염화 이온 O^{2-} — 얻은 전자 수 / 전하의 종류 / 원소 기호 ▲ 산화 이온
원소 이름 뒤에 '~이온'을 붙여서 부른다. 예) H^+ : 수소 이온	원소 이름 뒤에 '~화 이온'을 붙여서 부른다. 이때 원소 이름이 '소'로 끝나면 '소'를 빼고 '~화 이온'을 붙인다. 예) S^{2-} : 황화 이온

(3) 여러 가지 이온의 이름과 이온식

이온 이름	이온식	이온 이름	이온식	이온 이름	이온식	이온 이름	이온식
수소 이온	H^+	구리 이온	Cu^{2+}	플루오린화 이온	F^-	산화 이온	O^{2-}
리튬 이온	Li^+	마그네슘 이온	Mg^{2+}	염화 이온	Cl^-	황화 이온	S^{2-}
나트륨 이온	Na^+	칼슘 이온	Ca^{2+}	아이오딘화 이온	I^-	수산화 이온	OH^-
칼륨 이온	K^+	알루미늄 이온	Al^{3+}	질산 이온	NO_3^-	탄산 이온	CO_3^{2-}
은 이온	Ag^+	암모늄 이온	NH_4^+	과망가니즈산 이온	MnO_4^-	황산 이온	SO_4^{2-}

다원자 이온 : 2개 이상의 원자가 결합되어 하나의 입자처럼 행동하는 이온

2 양이온과 음이온의 이동 : (+)전하를 띠는 양이온은 (−)극 쪽으로 이동하고, (−)전하를 띠는 음이온은 (+)극 쪽으로 이동한다. ➡ 이온이 전하를 띠고 있기 때문이다.

황산 구리(Ⅱ)($CuSO_4$) 수용액	과망가니즈산 칼륨($KMnO_4$) 수용액
(−)극 ← Cu²⁺ SO₄ → (+)극 색을 띠지 않아서 눈에 보이지는 않지만 황산 이온(SO_4^{2-})은 (+)극으로 이동해.	(−)극 ← K MnO₄ → (+)극 색을 띠지 않아서 눈에 보이지는 않지만 칼륨 이온(K^+)은 (−)극으로 이동해.
파란색을 띠는 구리 이온(Cu^{2+})이 (−)극으로 이동 → 구리 이온은 양이온!	보라색을 띠는 과망가니즈산 이온(MnO_4^-)이 (+)극으로 이동 → 과망가니즈산 이온은 음이온!

3 이온의 전하 확인 : 이온이 포함된 수용액에 전류를 흘려주면 전기가 통하는 것을 확인할 수 있다. ➡ (+)전하를 띠는 양이온은 (−)극으로, (−)전하를 띠는 음이온은 (+)극으로 이동하므로 전기가 흐른다.

- 양이온: (+)전하를 띠므로 정전기적 인력에 의해 (−)극으로 이동한다.
- 음이온: (−)전하를 띠므로 정전기적 인력에 의해 (+)극으로 이동한다.

 비타민

이온 음료

이온 음료는 우리 몸의 체액과 이온 조성과 농도가 비슷한 음료로, 칼슘 이온(Ca^{2+}), 칼륨 이온(K^+), 나트륨 이온(Na^+), 마그네슘 이온(Mg^{2+}) 등의 양이온과 염화 이온(Cl^-) 등의 음이온이 포함되어 있다.

색을 띠는 이온

대부분의 이온은 물에 녹았을 때, 색이 없고 투명하지만 몇몇 이온들은 독특한 색을 띤다.

구리 이온(Cu^{2+})의 색	푸른색
크로뮴산 이온(CrO_4^{2-})의 색	노란색
과망가니즈산 이온(MnO_4^-)의 색	보라색

염화 나트륨

염화 나트륨은 나트륨 이온과 염화 이온이 규칙적으로 배열하여 서로를 둘러싼 형태로 존재하는 물질로 분자가 아니다.

염화 나트륨 수용액과 설탕 수용액

염화 나트륨 수용액 / 설탕 수용액

염화 나트륨 수용액은 전기가 통하지만, 설탕 수용액은 전기가 통하지 않는다.
→ 염화 나트륨은 물에 녹아 (+)전하를 띠는 나트륨 이온과 (−)전하를 띠는 염화 이온으로 나누어지지만 설탕은 물에 녹아도 이온으로 나누어지지 않기 때문이야~!

이온

형성 / 확인 방법

양이온 / 음이온 / 앙금 생성 반응

• 원자가 전자를 잃음
• (+)전하를 띠는 입자

• 원자가 전자를 얻음
• (−)전하를 띠는 입자

• 이온끼리 반응하여 앙금을 생성하는 반응

용어 & 개념 체크

❶ 이온

01 중성 원자가 ☐☐를 잃거나 얻으면 ☐☐를 띤 입자인 ☐☐이 형성된다.

02 양이온은 중성 원자가 전자를 ☐으면서 ☐전하를 띠게 된 입자를 말한다.

03 음이온은 중성 원자가 전자를 ☐으면서 ☐전하를 띠게 된 입자를 말한다.

04 이온이 들어 있는 수용액에 전류를 흘려주면 양이온은 ☐극으로, 음이온은 ☐극으로 이동한다.

01 그림은 X 이온이 형성되는 과정을 나타낸 것이다.

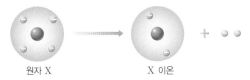

원자 X   X 이온

이에 대한 설명으로 옳은 것은 ○, 옳지 않은 것은 ×로 표시하시오.

(1) X 이온은 양이온이다. ···································· (   )
(2) X 이온은 (−)전하량이 (+)전하량보다 크다. ··········· (   )
(3) X 이온은 X^+로 나타낸다. ···························· (   )
(4) 염화 이온도 같은 과정으로 만들어진다. ················ (   )

02 그림은 산소의 원자 모형을 나타낸 것이다. 산소가 이온이 되었을 때 이온의 모형을 그리고, 이온이 형성되는 과정을 생성되는 이온의 이름과 이온식을 써서 서술하시오.

산소가 이온이 되었을 때 이온의 모형	이온이 형성되는 과정

03 |보기|는 여러 가지 이온식을 나타낸 것이다.

|보기|
ㄱ. F^- ㄴ. MnO_4^- ㄷ. SO_4^{2-} ㄹ. NH_4^+ ㅁ. Ag^+ ㅂ. Pb^{2+}

(1) 전자를 가장 많이 잃은 이온의 기호를 쓰시오.
(2) 전자를 가장 많이 얻은 이온의 기호를 쓰시오.

04 빈칸에 알맞은 이온의 이온식 또는 이온식이 나타내는 이온의 이름을 쓰시오.

(1) 알루미늄 이온의 이온식 : (   )
(2) F^-이 나타내는 이온의 이름 : (   )
(3) 황화 이온의 이온식 : (   )
(4) NO_3^-이 나타내는 이온의 이름 : (   )
(5) 과망가니즈산 이온의 이온식 : (   )
(6) Ca^{2+}이 나타내는 이온의 이름 : (   )

05 그림과 같이 염화 나트륨(NaCl)을 물에 녹인 후 전류를 흘려주었다.

(1) (+)극으로 이동하는 이온을 쓰시오.
(2) (−)극으로 이동하는 이온을 쓰시오.

3 이온의 형성

❷ 앙금 생성 반응
여기서 말하는 이온은 앙금을 생성하는 특정한 이온을 말해~
앙금을 생성하지 않는 이온이라면 아무리 많아도 앙금이 되지 않아!

1 앙금 생성 반응 : 이온이 포함된 두 가지 수용액을 섞었을 때, 수용액 속의 이온이 반응하여 앙금을 생성하는 반응

앙금은 양이온과 음이온이 강하게 결합하여 생성되는 고체 화합물이야! 앙금의 종류마다 독특한 색을 띠기도 하지! 앙금은 고체 상태의 화합물이기 때문에 수용액 속에 가라앉아~ 이것을 화학식에서는 아래쪽 화살표($\downarrow$)로 나타낸다는 건! 기억해 두자~

염화 나트륨(NaCl) 수용액과 질산 은($AgNO_3$) 수용액의 앙금 생성 반응 : $Ag^+ + Cl^- \longrightarrow AgCl\downarrow$

염화 나트륨(NaCl) 수용액 + 질산 은($AgNO_3$) 수용액 → 혼합 수용액 / 염화 은(AgCl)

반응하지 않고 남아 있는 이온

질산 납($Pb(NO_3)_2$) 수용액과 아이오딘화 칼륨(KI) 수용액의 앙금 생성 반응 : $Pb^{2+} + 2I^- \longrightarrow PbI_2\downarrow$

질산 납($Pb(NO_3)_2$) 수용액 + 아이오딘화 칼륨(KI) 수용액 → 혼합 수용액 / 아이오딘화 납(PbI_2)

반응하지 않고 남아 있는 이온

2 앙금을 생성하는 이온 앙금을 생성하지 않는 이온 : Na^+, K^+, NH_4^+, NO_3^- (나크암질!)

양이온	음이온	앙금(색)
Ag^+	Cl^-, Br^-, I^-	AgCl(흰색), AgBr(연노란색), AgI(노란색)
Ca^{2+}	CO_3^{2-}, SO_4^{2-}	$CaCO_3$(흰색), $CaSO_4$(흰색)
Ba^{2+}	CO_3^{2-}, SO_4^{2-}	$BaCO_3$(흰색), $BaSO_4$(흰색)
Pb^{2+}	I^-, S^{2-}	PbI_2(노란색), PbS(검은색)
Cu^{2+}, Cd^{2+}, Zn^{2+}, Fe^{2+}	S^{2-}	CuS(검은색), CdS(노란색), ZnS(흰색), FeS(검은색)

탄산 칼슘($CaCO_3$) 앙금 / 황산 바륨($BaSO_4$) 앙금 / 황화 구리(Ⅱ)(CuS) 앙금 / 황화 철(FeS) 앙금

3 생활 속의 앙금 생성 반응 : 우리 생활에서는 다양한 앙금 생성 반응이 일어나기도 하고, 우리가 생활의 편리를 위해 앙금 생성 반응을 이용하기도 한다.

공장 폐수 속 중금속 제거하기	음식물의 독성 여부 알아내기
공장 폐수에 들어 있는 중금속은 황화 이온(S^{2-})을 이용하여 앙금으로 만들어 제거한다. 예 황화 카드뮴(CdS), 황화 납(PbS)	음식물 속에 은수저를 넣으면 독의 성분인 황화 이온(S^{2-})과 반응하여 검은색의 황화 은(Ag_2S)을 형성하므로 독성 여부를 확인할 수 있다.
X-Ray 촬영할 때 조영제 사용	**보일러 관 속의 관석**
흰색을 띠는 황산 바륨($BaSO_4$) 용액을 조영제로 복용하면 몸속의 장기나 혈관 등 인체 내부를 세밀하게 관찰할 수 있다.	보일러에 사용하는 물에 칼슘 이온(Ca^{2+})이 많이 포함되어 있으면 보일러 관 속에 관석($CaCO_3$)이 생성되어 보일러의 열전도율이 낮아진다.

🔶 비타민

알짜 이온 반응식
앙금 생성 반응에서 실제로 반응에 참여한 이온만으로 나타낸 화학 반응식
예 $Ag^+ + Cl^- \longrightarrow AgCl\downarrow$

불꽃 반응을 이용한 이온의 검출

앙금을 생성하지 않는 금속 이온의 경우 불꽃 반응을 이용하여 검출한다. 그러나 모든 금속 이온이 불꽃 반응 색을 나타내지 않으므로, 불꽃 반응을 이용하여 검출할 수 있는 금속 이온은 제한적이다.

렘브란트가 그린 '야경'은 현재와 같이 어두운 그림이 아니었다?

'야경'은 처음에는 현재보다 밝았을 것으로 추측된다. 그림의 색이 어둡게 변한 것은 산업 혁명으로 대기 중에 이산화 황이 많아졌기 때문이다. 당시 사용하던 황토색, 흰색, 갈색 물감에는 모두 납이 들어 있었는데, 납이 황과 반응하여 검은색 앙금을 생성하여 그림이 어둡게 변한 것이다.

고흐 그림의 노란색 물감

고흐의 그림에 사용한 노란색 물감은 질산 납 수용액과 크로뮴산 칼륨 수용액을 반응시킬 때 생성되는 노란색 앙금인 크로뮴산 납($PbCrO_4$)이다. 크로뮴산 납은 인쇄 잉크뿐만 아니라 도로의 중앙선을 표시하는 노란색 페인트에도 쓰인다.

용어 &개념 체크

❷ 앙금 생성 반응

05 이온이 포함된 두 가지 수용액을 섞었을 때, 수용액 속의 이온이 반응하여 앙금을 생성하는 반응을 ☐☐ ☐☐ ☐☐이라고 한다.

06 염화 나트륨 수용액과 질산 은 수용액이 반응하여 흰색 앙금인 ☐☐☐이 생성된다.

07 질산 납 수용액과 아이오딘화 칼륨 수용액이 반응하여 ☐☐색 앙금인 아이오딘화 납이 생성된다.

06 다음의 이온이 만나 생성되는 앙금의 이름과 색을 차례대로 쓰시오.

(1) $Ag^+ + Cl^-$: (   )
(2) $Ag^+ + Br^-$: (   )
(3) $Ag^+ + I^-$: (   )
(4) $Ba^{2+} + SO_4^{2-}$: (   )

07 표는 질산 은($AgNO_3$) 수용액과 탄산 나트륨(Na_2CO_3) 수용액을 수용액 (가)~(라)에 떨어뜨렸을 때의 결과를 나타낸 것이다.

수용액	(가)	(나)	(다)	(라)
질산 은	×	○	×	○
탄산 나트륨	○	○	×	×

(○ : 흰색 앙금이 생성된 경우, × : 앙금이 생성되지 않은 경우)

(가)~(라) 중 염화 이온(Cl^-)이 들어 있는 수용액을 모두 쓰시오.

08 그림은 질산 납($Pb(NO_3)_2$) 수용액과 아이오딘화 칼륨(KI) 수용액의 반응을 모형으로 나타낸 것이다.

질산 납 수용액   아이오딘화 칼륨 수용액   혼합 용액

A와 B가 나타내는 이온이 무엇인지 각각 쓰시오.

A : (   ), B : (   )

09 그림과 같이 X-Ray 촬영 시 복용하는 조영제 성분의 이름과 앙금의 색을 차례대로 쓰시오.

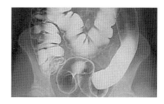

10 빈칸에 공통적으로 들어갈 알맞은 말을 쓰시오.

- 조개 속의 진주는 (   )이 주성분이다.
- 석회수에 입김을 불어 넣으면 (   )이 생성되어 석회수가 뿌옇게 흐려진다.
- 보일러의 열전도율이 낮아지는 현상의 원인은 보일러 관 속에 (   ) 성분인 관석이 생성되기 때문이다.

과정

❶ 유리판 위에 질산 칼륨(KNO₃) 수용액을 적신 거름종이를 올려놓는다.

> 거름종이에 질산 칼륨(KNO₃) 수용액을 적시는 까닭은 거름종이에는 전류가 흐르지 않기 때문이야! 실험할 때 주로 사용하는 증류수는 순수한 물이어서 전류가 흐르지 않기 때문에 전해질 수용액인 질산 칼륨(KNO₃) 수용액을 거름종이에 적시면 전류가 흐를 수 있어!

❷ 거름종이의 가운데에 푸른색의 황산 구리(Ⅱ)(CuSO₄) 수용액과 보라색의 과망가니즈산 칼륨(KMnO₄) 수용액을 서로 섞이지 않도록 떨어뜨린다.

> 황산 구리(Ⅱ)(CuSO₄) 수용액과 과망가니즈산 칼륨(KMnO₄) 수용액이 섞이면 이온의 이동을 관찰하는 데 어려움이 따를 수도 있어!

❸ 집게 전선으로 전원 장치를 연결하고 황산 구리(Ⅱ)(CuSO₄) 수용액과 과망가니즈산 칼륨(KMnO₄) 수용액을 떨어뜨린 거름종이를 관찰한다. 전선을 연결할 때엔 거름종이가 찢어지지 않도록 조심해야 해!

> 유리판   황산 구리(Ⅱ) 수용액
> (−)극   (+)극
> 과망가니즈산 칼륨 수용액   질산 칼륨 수용액을 적신 거름종이

탐구 시 유의점

전원 장치의 전원을 켜거나 끄기 전에 전압과 전류를 안전하게 0으로 맞춘다.

결과

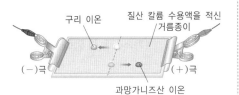

• 보라색이 (+)극으로 이동하였다. → 보라색 성분은 (−)전하를 띠는 과망가니즈산 이온(MnO_4^-)이다.

• 파란색이 (−)극으로 이동하였다. → 파란색 성분은 (+)전하를 띠는 구리 이온(Cu^{2+})이다.

> 구리 이온   질산 칼륨 수용액을 적신 거름종이
> (−)극   (+)극
> 과망가니즈산 이온

정리

• (+)전하를 띠는 구리 이온(Cu^{2+})은 (−)극으로 이동하고, (−)전하를 띠는 과망가니즈산 이온(MnO_4^-)은 (+)극으로 이동한다.

→ 전해질이 녹아 있는 수용액에 전류가 흐르는 것은 전하를 띠는 입자인 이온이 전기적 인력에 의해 서로 반대 전하를 띤 전극으로 끌려가기 때문이다.

• 칼륨 이온(K^+)은 (−)극, 질산 이온(NO_3^-)과 황산 이온(SO_4^{2-})은 (+)극으로 이동한다.

> 칼륨 이온(K^+), 질산 이온(NO_3^-), 황산 이온(SO_4^{2-})이 모두 색을 띠지 않기 때문에 관찰이 안 될 뿐이야! 이동하지 않는다고 생각하면 안 돼~

정답과 해설 9쪽

탐구 알약

01 위 실험에 대한 설명으로 옳은 것은 ○, 옳지 <u>않은</u> 것은 ×로 표시하시오.

(1) 이온이 들어 있는 수용액에 전류를 흘려주어 이온의 이동을 확인하는 실험이다. ┈┈┈┈┈┈┈ ( )

(2) 황산 구리(Ⅱ)(CuSO₄) 수용액이 파란색을 띠는 까닭은 황산 이온 때문이다. ┈┈┈┈┈┈┈ ( )

(3) 과망가니즈산 칼륨(KMnO₄) 수용액이 보라색을 띠는 까닭은 과망가니즈산 이온 때문이다. ┈┈┈┈┈ ( )

(4) 파란색은 (−)극, 보라색은 (+)극으로 이동하였다. ┈┈┈┈┈┈┈┈┈┈┈┈┈┈┈┈ ( )

02 위 실험에서 (+)극과 (−)극으로 각각 이동하는 이온의 이온식을 모두 쓰시오.

서술형

03 그림은 질산 암모늄(NH₄NO₃) 수용액을 적신 거름종이의 양쪽에 아이오딘화 칼륨(KI) 수용액과 질산 납(Pb(NO₃)₂) 수용액을 떨어뜨린 후 전원을 연결한 모습을 나타낸 것이다.

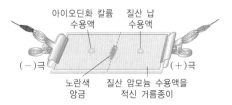

> 아이오딘화 칼륨 수용액   질산 납 수용액
> (−)극   (+)극
> 노란색 앙금   질산 암모늄 수용액을 적신 거름종이

노란색 앙금이 만들어지는 까닭을 이온의 이동과 관련지어 서술하시오.

 KEY

반대로 이동, 아이오딘화 납(PbI₂)

탐구 앙금 생성 반응

과정
❶ 그림과 같은 반응판 위에 투명 필름을 올려놓는다.
❷ 반응판 위 흰색과 검은색 경계선에 증류수, 염화 나트륨(NaCl), 염화 칼슘(CaCl₂), 질산 나트륨
(NaNO₃) 수용액과 수돗물을 각각 두 군데씩 떨어뜨린다.
❸ 반응판의 첫째 줄에는 질산 은(AgNO₃) 수용액을, 둘째 줄에는 탄산 나트륨(Na₂CO₃) 수용액을 각각
2~3방울씩 떨어뜨리고 어떤 변화가 있는지 관찰한다.

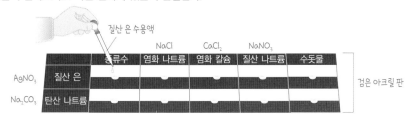

탐구 시 유의점
실험이 끝난 후 사용한 시약
은 폐수통에 넣는다.

결과

수용액	증류수	염화 나트륨	염화 칼슘	질산 나트륨	수돗물
질산 은	변화 없음	흰색 앙금 생성	흰색 앙금 생성	변화 없음	흰색 앙금 생성
탄산 나트륨	변화 없음	변화 없음	흰색 앙금 생성	변화 없음	변화 없음

정리 • 수용액에 들어 있는 양이온과 음이온

수용액	질산 은	탄산 나트륨	염화 나트륨	염화 칼슘	질산 나트륨
양이온	은 이온(Ag^+)	나트륨 이온(Na^+)	나트륨 이온(Na^+)	칼슘 이온(Ca^{2+})	나트륨 이온(Na^+)
음이온	질산 이온(NO_3^-)	탄산 이온(CO_3^{2-})	염화 이온(Cl^-)	염화 이온(Cl^-)	질산 이온(NO_3^-)

• 질산 은($AgNO_3$) 수용액의 양이온인 은 이온(Ag^+)과 염화 이온(Cl^-)이 염화 은($AgCl$) 앙금을 생성한다.
  은 이온(Ag^+)은 수돗물 속의 염화 이온(Cl^-)을 확인하는 데 사용될 수 있어~
• 탄산 나트륨(Na_2CO_3) 수용액의 음이온인 탄산 이온(CO_3^{2-})과 칼슘 이온(Ca^{2+})이 탄산 칼슘($CaCO_3$)
  앙금을 생성한다.

정답과 해설 9쪽

탐구 알약

04 위 실험에서 질산 은($AgNO_3$) 수용액과 반응하여 흰
색 앙금이 생기는 수용액에는 공통적으로 어떤 이온이
들어 있는지 쓰시오.

05 위 실험에서 탄산 나트륨(Na_2CO_3) 수용액과 반응하
여 생기는 흰색 앙금의 이름과 화학식을 쓰시오.

06 위 실험에 대한 설명으로 옳은 것은 ○, 옳지 않은 것은
×로 표시하시오.

⑴ 염화 나트륨 수용액과 염화 칼슘 수용액에는 각각 한 종
류의 이온만 들어 있다. ·············· ( )

⑵ 수돗물은 질산 은 수용액과 반응하여 흰색 앙금이 생성되
므로 수돗물 속에는 염화 이온이 들어 있다고 볼 수 있다.
················· ( )

⑶ 탄산 나트륨 수용액 대신 탄산 칼륨 수용액을 사용해도
결과는 같다. ·············· ( )

07 표는 물질 X가 녹아 있는 수용액에 4가지 수용액을 반
응시켰을 때 나타난 결과를 나타낸 것이다.

수용액	질산 은	염화 바륨	황산 칼륨	황화 나트륨
결과	○	×	○	×

(○ : 흰색 앙금 생성, × : 변화 없음)

이에 대한 설명으로 옳지 않은 것은?

① 질산 은 수용액과 앙금을 생성하므로 수용액에는
염화 이온이 들어 있다고 말할 수 있다.
② 염화 바륨 수용액과 앙금을 생성하지 않으므로
수용액에는 황산 이온이 없다고 말할 수 있다.
③ 황산 칼륨 수용액과 앙금을 생성하므로 수용액에
는 나트륨 이온이 들어 있다고 말할 수 있다.
④ 황화 나트륨 수용액과 앙금을 생성하지 않으므로
수용액에는 납 이온이 없다고 말할 수 있다.
⑤ X 수용액이 염화 칼슘 수용액일 가능성이 있다.

유형 클리닉

유형 ① 이온의 특징

그림 A와 B는 두 가지 이온을 모형으로 나타낸 것이다.

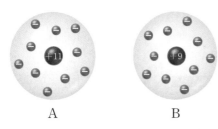

이에 대한 설명으로 옳은 것을 | 보기 |에서 모두 고른 것은?

> **보기**
> ㄱ. A는 양이온이며, 전하량은 +1이다.
> ㄴ. B는 음이온으로, 전자 1개를 얻었다.
> ㄷ. A와 B가 반응하면 A_2B의 화학식을 갖는다.

① ㄱ   ② ㄷ   ③ ㄱ, ㄴ
④ ㄴ, ㄷ   ⑤ ㄱ, ㄴ, ㄷ

> 양이온과 음이온을 잘 비교하여 알아 두자~!! 앞에서 배운 원자 모형을 토대로 응용하여 기억하면 될 거야~!!

ㄱ A는 양이온이며, 전하량은 +1이다.
→ A는 원자핵의 (+)전하량보다 전자의 (−)전하량이 작지? 따라서 (+)전하가 1개 더 많기 때문에 양이온이야~

ㄴ B는 음이온으로, 전자 1개를 얻었다.
→ B는 원자핵의 (+)전하보다 전자의 (−)전하가 1개 더 많기 때문에 전자 1개를 얻었다는 것을 알 수 있지! 따라서 음이온이야~

✗ A와 B가 반응하면 A_2B의 화학식을 갖는다.
→ A는 +1의 전하, B는 −1의 전하를 띠기 때문에 A와 B가 반응하면 AB의 화학식을 갖게 되지!

답 : ③

> 전자 잃음 → 양!!
> 전자 얻음 → 음!!

유형 ② 이온의 이동

그림과 같이 질산 칼륨 수용액을 적신 거름종이의 가운데에 보라색의 과망가니즈산 칼륨 수용액과 파란색의 황산 구리(Ⅱ) 수용액을 떨어뜨린 후, 집게 전선으로 전원 장치를 연결하였다.

이 실험에 대한 설명으로 옳지 <u>않은</u> 것은?

① 파란색 성분은 구리 이온이다.
② 보라색은 (+)극으로 이동한다.
③ 황산 이온은 (−)극으로 이동한다.
④ 황산 구리(Ⅱ) 수용액에는 황산 이온과 구리 이온이 포함되어 있다.
⑤ 거름종이에 질산 칼륨 수용액을 적시는 것은 전류를 잘 통하게 하기 위해서이다.

> 이온을 확인하는 실험에 대해 묻는 문제가 출제돼~!! 실험의 과정과 결과를 꼭 기억해 두자~

① 파란색 성분은 구리 이온이다.
→ 파란색 성분은 (+)전하를 띠는 구리 이온이므로, (−)극으로 이동해~

② 보라색은 (+)극으로 이동한다.
→ 보라색 성분은 (−)전하를 띠는 과망가니즈산 이온이므로, (+)극으로 이동하지~

✗ 황산 이온은 (−)극으로 이동한다.
→ 황산 이온은 음이온이야! 색이 없어서 이동하는 것이 관찰되지 않겠지만 전기적 인력에 의해 (+)극으로 끌려갈 거야!

④ 황산 구리(Ⅱ) 수용액에는 황산 이온과 구리 이온이 포함되어 있다.
→ 황산 구리가 물에 녹으면 황산 이온과 구리 이온으로 나뉘어~ 그러니까 황산 구리(Ⅱ) 수용액은 두 가지 이온을 모두 포함하겠지!

⑤ 거름종이에 질산 칼륨 수용액을 적시는 것은 전류를 잘 통하게 하기 위해서이다.
→ 거름종이를 이온이 포함된 질산 칼륨 수용액으로 적셔 주면 전류가 아주 잘 통해~

답 : ③

> 양이온 이동 → (−)극, 음이온 이동 → (+)극
> Cu^{2+} → 푸르지요~

유형 클리닉

유형 ③ 앙금 생성 반응

표는 각각의 수용액을 섞었을 때의 결과를 나타낸 것이다.

수용액	염화 나트륨 (NaCl)	염화 칼슘 ($CaCl_2$)	질산 나트륨 ($NaNO_3$)	질산 칼슘 ($Ca(NO_3)_2$)
질산 은 ($AgNO_3$)	㉠ 앙금 생성	㉡ 앙금 생성	㉢ 변화 없음	㉣ 변화 없음
탄산 나트륨 (Na_2CO_3)	㉤ 변화 없음	㉥ 앙금 생성	㉦ 변화 없음	㉧ 앙금 생성

이에 대한 설명으로 옳은 것을 |보기|에서 모두 고른 것은?

보기
ㄱ. ㉠과 ㉡에서 생성되는 앙금의 성분은 같다.
ㄴ. 질산 나트륨 수용액 대신 염화 바륨 수용액을 사용하면 ㉢과 ㉦에서 모두 앙금이 생성될 것이다.
ㄷ. 이 실험에서 생성된 앙금의 색은 모두 다를 것이다.

① ㄱ   ② ㄴ   ③ ㄷ
④ ㄱ, ㄴ   ⑤ ㄴ, ㄷ

앙금 생성 반응의 결과에 대해 묻는 문제가 항상 출제돼! 실험 결과가 나온 표를 통해 물어보는 문제가 많이 출제되니까 이런 유형의 문제를 뒤에서도 더 풀어 보자~!!

○ ㉠과 ㉡에서 생성되는 앙금의 성분은 같다.
→ ㉠과 ㉡에서 만들어지는 앙금은 모두 염화 은($AgCl$)이야! 나트륨 이온과 질산 이온은 앙금을 생성하지 않는다고 했지?

○ 질산 나트륨 수용액 대신 염화 바륨 수용액을 사용하면 ㉢과 ㉦에서 모두 앙금이 생성될 것이다.
→ 앙금을 생성하지 않는 나트륨 이온, 질산 이온과는 다르게 바륨 이온은 탄산 이온과, 염화 이온은 은 이온과 각각 흰색 앙금을 생성하지! 잘 정리해 두자!

✕ 이 실험에서 생성된 앙금의 색은 모두 ~~다를~~ 것이다.
→ 이 실험에서 만들어진 앙금은 염화 은($AgCl$ ─ ㉠, ㉡), 탄산 칼슘($CaCO_3$ ─ ㉥, ㉧)이야~ 염화 은과 탄산 칼슘은 모두 흰색의 앙금!

답 : ④

흰색 앙금 : 염화 은($AgCl$), 탄산 칼슘($CaCO_3$), 황산 칼슘($CaSO_4$),
탄산 바륨($BaCO_3$), 황산 바륨($BaSO_4$), 황화 아연(ZnS)

유형 ④ 앙금 생성 반응을 이용한 이온 검출 방법

풍식이는 라벨이 모두 떨어진 시약병에 담긴 염화 나트륨($NaCl$), 질산 나트륨($NaNO_3$), 질산 칼륨(KNO_3) 수용액을 구별하려고 한다. 이 수용액들을 구별하기 위해 필요한 실험들을 <u>모두</u> 고르면?

① 전류가 흐르는지 측정한다.
② 질산 은($AgNO_3$) 수용액을 떨어뜨린다.
③ 백금선에 수용액을 묻혀 겉불꽃에 넣어본다.
④ 탄산 나트륨(Na_2CO_3) 수용액을 떨어뜨린다.
⑤ 날숨을 불어 넣어 뿌옇게 흐려지는지를 관찰한다.

앙금을 생성할 수 있는 양이온이나 음이온과 반응시켰을 때 앙금 생성 여부와 앙금의 색깔로 이온을 확인할 수 있어~! 특히 앙금 생성 반응과 불꽃 반응을 이용한 이온의 검출에 대해 묻는 문제가 많이 출제되니까 잘 기억해 둬~!!

✕ 전류가 흐르는지 측정한다.
→ 염화 나트륨($NaCl$), 질산 나트륨($NaNO_3$), 질산 칼륨(KNO_3) 수용액 모두 전해질이므로 전류가 흐르는지 측정하여도 수용액들을 구별할 수 없어~!

② 질산 은($AgNO_3$) 수용액을 떨어뜨린다.
→ 질산 은($AgNO_3$) 수용액은 염화 나트륨($NaCl$) 수용액과 만나 앙금을 생성하니까 염화 나트륨($NaCl$) 수용액을 구별할 수 있겠지?

③ 백금선에 수용액을 묻혀 겉불꽃에 넣어본다.
→ 질산 나트륨($NaNO_3$)과 질산 칼륨(KNO_3) 수용액에 포함된 금속 양이온의 종류가 다르기 때문에 불꽃 반응 색을 관찰함으로써 물질을 구별할 수 있을 거야!

✕ 탄산 나트륨(Na_2CO_3) 수용액을 떨어뜨린다.
→ 탄산 나트륨(Na_2CO_3) 수용액은 나트륨 이온(Na^+)과 탄산 이온(CO_3^{2-})으로 나뉘지? 그런데 염화 나트륨($NaCl$), 질산 나트륨($NaNO_3$), 질산 칼륨(KNO_3) 수용액에는 탄산 이온(CO_3^{2-})과 앙금을 생성하는 양이온이 없기 때문에 구별을 할 수 없어~!!

✕ 날숨을 불어 넣어 뿌옇게 흐려지는지를 관찰한다.
→ 날숨을 불어 넣어 뿌옇게 흐려지는 것은 이산화 탄소와 수산화 칼슘이 반응하여 탄산 칼슘이 생성될 때 석회수에서 일어나는 현상이야!

답 : ②, ③

앙금 생성 : 염화 은($AgCl$)
불꽃 반응 : 노 - Na, 보 - K

❶ 이온

01 ^{★중요} 그림은 어떤 원자가 이온이 되는 과정을 모형으로 나타낸 것이다.

이에 대한 설명으로 옳은 것을 |보기|에서 모두 고른 것은?

| 보기
ㄱ. 전자 2개를 얻어 이온이 생성된다.
ㄴ. 음이온이 되는 과정을 나타낸 모형이다.
ㄷ. 이온이 되면 네온 원자와 같은 전자 수를 갖는다.

① ㄱ   ② ㄴ   ③ ㄱ, ㄷ
④ ㄴ, ㄷ   ⑤ ㄱ, ㄴ, ㄷ

02 다음은 어떤 이온식을 나타낸 것이다. 이 이온식에 대한 설명으로 옳지 <u>않은</u> 것은? (단, Al 원자의 원자핵 전하량은 +13이다.)

$$Al^{3+}$$

① 알루미늄 이온의 이온식이다.
② 전자의 개수는 10개이다.
③ 전자 3개를 얻어 형성된 것이다.
④ 원자핵의 (+)전하량이 전자의 총 (−)전하량보다 많다.
⑤ 이온이 들어 있는 수용액에 전류를 흘려주면 (−)극으로 이동한다.

03 이온의 이름과 이온식을 옳게 짝지은 것은?

	이온의 이름	이온식
①	아이오딘화 이온	I_2^-
②	칼슘 이온	Ca^+
③	황산 이온	SO_4
④	리튬 이온	Li^+
⑤	황화 이온	S^-

04 전자를 2개 얻어서 형성된 이온으로 옳은 것은?

① K^+ ② Na^+ ③ Cu^{2+}
④ F^- ⑤ S^{2-}

05 ^{★중요} 표는 4가지 이온의 원자핵의 전하량과 전자의 개수를 나타낸 것이다.

구분	A	B	C	D
원자핵의 전하량	+1	+3	+9	+11
전자의 개수(개)	0	2	10	10

이에 대한 설명으로 옳은 것을 |보기|에서 모두 고른 것은?

| 보기
ㄱ. A는 양이온이다.
ㄴ. B가 들어 있는 수용액에 전류를 흘려주면 B는 (+)극으로 이동한다.
ㄷ. C와 D는 전자의 개수가 동일하므로 같은 이온이다.

① ㄱ   ② ㄷ   ③ ㄱ, ㄴ
④ ㄴ, ㄷ   ⑤ ㄱ, ㄴ, ㄷ

06 그림과 같이 염화 나트륨 수용액에 전극을 담갔더니 전구에 불이 켜졌다.

이에 대한 설명으로 옳은 것을 |보기|에서 모두 고른 것은?

| 보기
ㄱ. 염화 나트륨 수용액은 전류가 흐른다.
ㄴ. 염화 나트륨 수용액 대신 설탕 수용액으로 실험해도 전구에 불이 켜진다.
ㄷ. 염화 이온은 (+)극, 나트륨 이온은 (−)극으로 이동한다.

① ㄱ   ② ㄴ   ③ ㄱ, ㄷ
④ ㄴ, ㄷ   ⑤ ㄱ, ㄴ, ㄷ

[07~08] 그림은 질산 칼륨 수용액을 적신 거름종이의 가운데에 노란색의 크로뮴산 칼륨 수용액과 파란색의 황산 구리(Ⅱ) 수용액을 떨어뜨린 후 전원을 연결한 모습을 나타낸 것이다.

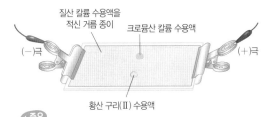

07 ★중요 이에 대한 설명으로 옳은 것을 모두 고르면?

① 파란색 성분은 황산 이온이다.
② 노란색은 (+)극으로 이동한다.
③ 질산 칼륨은 이온화되지 않는다.
④ 전극의 방향을 바꾸면 이온의 이동 방향도 바뀐다.
⑤ 거름종이에 질산 칼륨 수용액을 적시는 까닭은 크로뮴산 칼륨 수용액과 황산 구리(Ⅱ) 수용액의 증발을 막기 위해서이다.

08 (+)극과 (−)극으로 이동하는 이온을 옳게 짝지은 것은?

	(+)극	(−)극
①	K^+	Cu^{2+}, K^+
②	Cu^{2+}, K^+	SO_4^{2-}, CrO_4^{2-}, NO_3^-
③	SO_4^{2-}, CrO_4^{2-}	Cu^{2+}
④	SO_4^{2-}, CrO_4^{2-}, NO_3^-	Cu^{2+}, K^+
⑤	SO_4^{2-}, CrO_4^{2-}, NO_3^-	Cu^{2+}

❷ 앙금 생성 반응

09 그림은 질산 납 수용액과 아이오딘화 칼륨 수용액의 반응을 모형으로 나타낸 것이다.

이에 대한 설명으로 옳은 것을 |보기|에서 모두 고른 것은?

┌─ 보기 ─────────────────────────────
ㄱ. ㉠은 NO_3^-이다.
ㄴ. 생성된 앙금의 화학식은 PbI_2이다.
ㄷ. 아이오딘화 칼륨 수용액 대신 황화 나트륨 수용액을 사용하면 검은색 앙금이 생길 것이다.
└──────────────────────────────────

① ㄱ　　　　② ㄷ　　　　③ ㄱ, ㄴ
④ ㄴ, ㄷ　　　⑤ ㄱ, ㄴ, ㄷ

10 앙금이 생성되는 반응이 아닌 것은?

① 질산 은 수용액 + 염화 나트륨 수용액
② 염화 구리 수용액 + 황화 나트륨 수용액
③ 황산 나트륨 수용액 + 질산 칼륨 수용액
④ 염화 바륨 수용액 + 황산 구리(Ⅱ) 수용액
⑤ 질산 납 수용액 + 아이오딘화 칼륨 수용액

11 앙금의 이름과 색을 옳게 짝지은 것은?

① 염화 은 — 흰색　　　② 황화 철 — 흰색
③ 탄산 칼슘 — 검은색　④ 황산 바륨 — 노란색
⑤ 아이오딘화 납 — 흰색

12 산성비 속에 들어 있는 황산 이온의 양을 알아보기 위해 앙금 생성 반응을 이용할 때, 사용할 수 없는 물질을 모두 고르면?

① 황화 철　　② 염화 바륨　　③ 염화 구리(Ⅱ)
④ 수산화 칼슘　⑤ 수산화 바륨

13 ★중요 그림은 염화 나트륨, 질산 구리(Ⅱ), 질산 칼륨 수용액을 확인하기 위한 실험 과정을 나타낸 것이다.

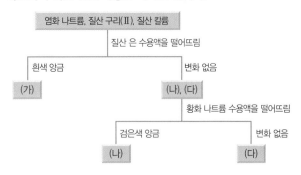

(가)~(다)에 해당하는 수용액을 옳게 짝지은 것은?

	(가)	(나)	(다)
①	염화 나트륨	질산 칼륨	질산 구리(Ⅱ)
②	염화 나트륨	질산 구리(Ⅱ)	질산 칼륨
③	질산 칼륨	염화 나트륨	질산 구리(Ⅱ)
④	질산 칼륨	질산 구리(Ⅱ)	염화 나트륨
⑤	질산 구리(Ⅱ)	질산 칼륨	염화 나트륨

14 AX 수용액과 BX 수용액이 들어 있는 시험관에 각각 CY 수용액을 떨어뜨렸더니 AX 수용액이 들어 있는 시험관에서는 흰색 앙금이 생겼고, BX 수용액이 들어 있는 시험관에서는 앙금이 생기지 않았다. 흰색 앙금의 화학식으로 옳은 것은? (단, A~C, X, Y는 임의의 원소 기호이며, 수용액에서 A~C는 양이온을 형성하고, X, Y는 음이온을 형성한다.)

① AC   ② AX   ③ AY
④ CX   ⑤ CY

15 다음은 Ca^{2+}, NH_4^+, Na^+, Ag^+을 포함한 수용액에서 각 이온을 확인하기 위한 실험 과정을 나타낸 것이다.

> (가) Ag^+을 분리하기 위해 ㉠ 수용액을 가한 후 거름종이로 앙금을 걸러내었다.
> (나) 과정 (가)에서 거른 용액에 탄산 나트륨 수용액을 가했더니 ㉡ 앙금이 생성되었다.
> (다) 거름종이로 ㉡ 앙금을 걸러내고 거른 용액을 얻었다.
> (라) 수용액을 백금선에 묻혀 불꽃 반응 색을 관찰하면 ㉢ 색을 띤다.

㉠~㉢에 해당하는 것을 옳게 짝지은 것은?

	㉠	㉡	㉢
①	질산 은	황화 수소	노란색
②	염화 수소	탄산 칼슘	빨간색
③	염화 수소	염화 칼슘	주황색
④	염화 나트륨	염화 칼슘	보라색
⑤	염화 나트륨	탄산 칼슘	노란색

16 우리 생활 속에서 찾을 수 있는 앙금 생성 반응을 이용한 예로 옳지 <u>않은</u> 것은?

① 병원에서 X−ray 촬영을 위해 황산 바륨이 주성분인 조영제를 마신다.
② 옛날에는 음식에 독이 들어 있는지를 알아보기 위해 은수저를 사용하였다.
③ 농도가 진한 소금물에 작은 소금 알갱이를 넣어 주면 소금 결정이 크게 자란다.
④ 지하수를 보일러에 많이 사용하면 보일러 관에 관석이 쌓여 열전도율이 낮아진다.
⑤ 공장에서 나오는 폐수에서 중금속을 처리하기 위해 황화 이온과 반응시켜 침전시킨다.

서술형 문제

17 그림은 원자 A, B가 이온이 되는 과정을 모형으로 나타낸 것이다. (단, A, B는 임의의 원소 기호이다.)

(1) A와 B는 양이온과 음이온 중 무엇인지 각각 쓰고, 그렇게 생각한 까닭을 서술하시오.

 전자 잃음 → 양이온, 전자 얻음 → 음이온

(2) A와 B의 이온식을 쓰고, 그렇게 생각한 까닭을 서술하시오.

 전자 3개 잃음, 전자 2개 얻음

18 그림은 염화 나트륨 수용액에서 전류의 흐름을 모형으로 나타낸 것이다. 염화 나트륨 수용액에 전원을 연결했을 때 전류가 흐르는 까닭을 서술하시오.

 양이온과 음이온의 이동

19 탄산 나트륨 수용액과 염화 칼슘 수용액은 모두 색을 갖지 않아 투명하기 때문에 겉모습으로 구별하기 어렵다. 두 수용액을 구별할 수 있는 방법을 <u>두 가지</u> 쓰고, 그렇게 생각한 까닭을 서술하시오.

 불꽃 반응, 앙금 생성 반응

20 그림은 질산 암모늄(NH_4NO_3) 수용액을 적신 거름종이 양쪽에 질산 납($Pb(NO_3)_2$) 수용액과 아이오딘화 칼륨(KI) 수용액을 각각 떨어뜨리고 전원을 연결하였더니 두 수용액 사이에서 노란색 앙금이 생성된 모습을 나타낸 것이다.

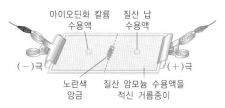

이에 대한 설명으로 옳은 것은?

① 노란색 앙금에는 칼륨 이온이 포함되어 있다.
② 전극을 반대로 연결하면 앙금이 생성되지 않는다.
③ 실험의 알짜 이온 반응식은 $K^+ + NO_3^- \longrightarrow KNO_3$ 이다.
④ 아이오딘화 칼륨 수용액 대신 황화 나트륨 수용액을 사용하면 앙금이 생성되지 않는다.
⑤ 거름종이에 질산 암모늄 수용액을 적신 것은 질산 납 수용액과 아이오딘화 칼륨 수용액의 증발을 막기 위해서이다.

21 다음은 전해질 수용액에서 전류에 의한 이온의 이동을 알아보기 위한 실험을 나타낸 것이다.

[실험 과정]
(가) 질산 칼륨 수용액에 한천을 녹인 다음 투명한 플라스틱 관에 넣고 굳힌다.
(나) 플라스틱 관의 양쪽을 고무마개로 막고 양끝에 핀을 꽂는다.
(다) 플라스틱 관의 가운데에 홈을 내고 과망가니즈산 칼륨 가루를 유리 막대로 조금 찍어 묻힌 후 전원을 연결한다.
(라) 10~20분 정도 기다리면서 플라스틱 관에서 나타나는 변화를 관찰한다.

[실험 결과]
플라스틱 관의 보라색이 왼쪽으로 이동하였다.

이 실험에 대한 설명으로 옳은 것을 |보기|에서 모두 고른 것은?

┌─ 보기 ┐
ㄱ. 보라색 성분은 과망가니즈산 이온이다.
ㄴ. 칼륨 이온은 이동하지 않는다.
ㄷ. 검은색 집게 전선이 연결된 오른쪽은 (+)극이다.

① ㄱ   ② ㄴ   ③ ㄷ   ④ ㄱ, ㄴ   ⑤ ㄱ, ㄷ

22 각각의 물질들을 구별하는 방법으로 옳은 것은?

① 탄산 칼슘, 황산 바륨 : 앙금의 색을 비교한다.
② 물속의 은 이온 : 질산 칼륨 수용액을 첨가한다.
③ 물속의 염화 이온 : 질산 은 수용액을 첨가한다.
④ 염화 나트륨, 브로민화 나트륨, 아이오딘화 나트륨 : 불꽃 반응 색을 비교한다.
⑤ 염화 칼륨, 염화 나트륨, 염화 리튬 : 질산 은 수용액을 첨가한다.

23 다음은 라벨이 떨어져 구분할 수 없는 시약병 ㉠~㉤ 수용액의 실험을 나타낸 것이다.

• ㉠과 ㉡, ㉠과 ㉢을 각각 반응시켰더니 같은 성분의 흰색 앙금이 생성되었다.
• ㉡과 ㉣을 반응시켰더니 흰색 앙금이 생성되었다.
• ㉤은 어떤 수용액과도 앙금을 생성하지 않았다.

시약병 ㉠~㉤ 수용액에 녹아 있는 물질을 옳게 짝지은 것은? (단, 시약병 ㉠~㉤에 담긴 물질은 각각 질산 은, 염화 바륨, 황산 마그네슘, 질산 칼륨, 염화 알루미늄 수용액 중 하나이다.)

	㉠	㉡	㉢	㉣	㉤
①	질산 은	염화 알루미늄	황산 마그네슘	염화 바륨	질산 칼륨
②	질산 은	염화 바륨	황산 마그네슘	염화 알루미늄	질산 칼륨
③	질산 은	염화 바륨	염화 알루미늄	황산 마그네슘	질산 칼륨
④	염화 바륨	염화 알루미늄	질산 은	질산 칼륨	황산 마그네슘
⑤	염화 바륨	질산 은	염화 알루미늄	황산 마그네슘	질산 칼륨

01 그림은 주철관을 이용한 물 분해 실험을 나타낸 것이다.

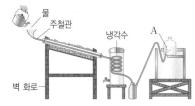

이 실험에 대한 설명으로 옳지 <u>않은</u> 것은?

① 기체 A에 불씨를 가까이 가져가면 '퍽' 소리와 함께 폭발한다.
② 주철관의 온도가 높을수록 물의 분해가 더 효과적으로 일어날 것이다.
③ 실험이 끝난 후 주철관의 질량을 측정하면 실험 전보다 작아질 것이다.
④ 실험을 통해 물이 수소와 산소로 분해되므로 물은 원소가 아니라는 것을 알 수 있다.
⑤ 라부아지에가 한 실험으로, 아리스토텔레스의 4원소 변환설을 부정할 수 있는 계기가 되었다.

02 그림은 불꽃 반응 실험 과정을 나타낸 것이다.

이 실험에 대한 설명으로 옳은 것은?

① 니크롬선만 사용할 수 있다.
② 10 g 이상의 시료만 사용해야 한다.
③ 모든 원소는 고유한 불꽃 반응 색을 나타낸다.
④ 불꽃 반응 색이 비슷한 원소들은 구별하기 어렵다.
⑤ 실험을 시작할 때만 니크롬선을 묽은 염산에 씻는다.

03 불꽃 반응 색을 불꽃의 겉불꽃에서 관찰하는 까닭을 <u>모두</u> 고르면?

① 속불꽃은 반응이 빨라 확인이 힘들다.
② 겉불꽃의 온도가 낮아 속불꽃보다 안전하다.
③ 겉불꽃에서는 적은 시료의 양으로도 불꽃 확인이 가능하다.
④ 겉불꽃의 온도가 높아서 산소와의 반응이 더 잘 이루어진다.
⑤ 겉불꽃은 색이 없으므로 불꽃 반응 색을 좀 더 확실하게 관찰할 수 있다.

04 다음은 여러 가지 물질을 나타낸 것이다.

> 연필심, 다이아몬드, 풀러렌, 흑연

물질에 공통으로 포함되는 원소로 옳은 것은?

① 수소   ② 질소   ③ 탄소
④ 염소   ⑤ 수은

05 장풍이는 친구와 한강에서 불꽃놀이를 하였다. 첫 번째 화약에서 노란색과 청록색의 불꽃이 나타났다면 이 속에 포함된 것으로 예상되는 금속 원소의 기호로 옳은 것은?

① Na, K   ② Na, Cu   ③ Na, Cs
④ Cu, Li   ⑤ Ba, Ca

06 다음은 원소가 이용되는 예를 나타낸 것이다.

> (가) 살균 작용을 하여 수돗물 소독에 이용된다.
> (나) 실온에서 액체인 금속으로 체온계에 이용된다.
> (다) 특정 물질을 첨가하면 반도체의 성질을 나타내어 각종 전자 장치에 이용된다.

(가)~(다)에 해당하는 원소의 원소 기호를 옳게 짝지은 것은?

	(가)	(나)	(다)
①	C	Li	Cu
②	C	Hg	Si
③	C	He	O
④	Cl	Hg	Cu
⑤	Cl	Hg	Si

07 산화 구리(Ⅱ)를 가열하면 구리와 산소로 나누어진다. 이와 관련된 설명으로 옳은 것은?

① 산화 구리(Ⅱ)는 원소이다.
② 구리와 산소는 더 작은 물질로 분해할 수 있다.
③ 산화 구리(Ⅱ)는 두 가지 원소로 이루어진 물질이다.
④ 산화 구리(Ⅱ)를 높은 온도의 불꽃에 넣으면 보라색의 불꽃 반응 색이 나타난다.
⑤ 산화 구리(Ⅱ)가 분해되어 만들어진 구리와 산소는 산화 구리(Ⅱ)와 비슷한 성질을 가지고 있다.

08 원자에 대한 설명으로 옳은 것은?

① 원자는 전자를 잃거나 얻을 수 있다.
② 원자는 물질을 이루는 기본 성분이다.
③ 원자핵은 (−)전하를 띠고, 전자는 (＋)전하를 띤다.
④ 중심에 원자핵이 있고, 그 주위에 전자가 띄엄띄엄 박혀 있다.
⑤ 원자는 원자핵이 대부분을 차지하고 있으며, 빈 공간이 존재하지 않는다.

09 그림은 원자의 구조를 나타낸 것이다. 이에 대한 설명으로 옳지 <u>않은</u> 것은?

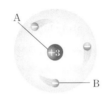

① A는 원자핵이다.
② B는 A의 주변에서 움직이고 있다.
③ 원자의 내부는 대부분 빈 공간이다.
④ A는 원자의 종류에 상관없이 전하량이 같다.
⑤ B는 전자이며 다른 원자로 쉽게 이동할 수 있는 것이 있다.

10 그림은 어떤 분자의 모형을 나타낸 것이다. 이에 대한 설명으로 옳지 <u>않은</u> 것은?

① 메테인의 분자 모형이다.
② 분자식으로 표현하면 NH_3이다.
③ 고유한 냄새를 풍기는 물질이다.
④ 분자 1개를 이루는 원자의 개수는 총 4개이다.
⑤ 원자의 총 개수비는 질소 : 수소＝1 : 3이다.

11 물질의 분자식에 대한 설명으로 옳은 것을 |보기|에서 모두 고른 것은?

| 보기 |
ㄱ. 분자식으로 분자를 이루는 원자의 배열을 알 수 있다.
ㄴ. 분자식 앞에 분자의 개수를 숫자로 표시한다.
ㄷ. 원소 기호의 왼쪽 아래에 원자의 개수를 숫자로 표시한다.

① ㄱ   ② ㄴ   ③ ㄷ
④ ㄱ, ㄴ   ⑤ ㄴ, ㄷ

12 다음은 어떤 물질의 분자식을 나타낸 것이다.

$$3H_2O$$

이에 대한 설명으로 옳지 <u>않은</u> 것은?

① 분자의 개수는 3개이다.
② 분자 1개당 산소 원자의 개수는 1개이다.
③ 분자 1개를 이루는 원자의 개수는 총 3개이다.
④ 원자의 총 개수비는 수소 : 산소＝3 : 1이다.
⑤ 이 분자는 수소 원자와 산소 원자로 이루어져 있다.

13 분자식 $4H_2$를 나타내는 분자 모형으로 옳은 것은?

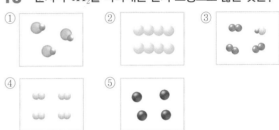

14 그림은 원소, 원자, 분자에 대한 학생들의 대화 내용을 나타낸 것이다.

제시한 의견이 옳은 학생을 모두 고른 것은?

① 풍식   ② 풍순   ③ 풍희
④ 풍식, 풍순   ⑤ 풍순, 풍희

15 그림은 어떤 원자와 이온을 모형으로 나타낸 것이다.

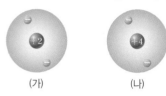

(가)　　　　　　(나)

이에 대한 설명으로 옳은 것은? (단, A는 (나)의 원자이고, 임의의 원소 기호이다.)

① (가)와 (나)는 같은 원소이다.

② (나)는 칼슘 이온과 전하가 같다.

③ (가)는 원자이고, (나)는 음이온이다.

④ (가)가 전자를 2개 얻어 (나)가 된다.

⑤ A가 (나)가 되는 과정은 $A + 2\ominus \longrightarrow A^{2-}$으로 나타낼 수 있다.

16 다음 이온 중에서 전자를 가장 많이 잃은 이온으로 옳은 것은?

① I^-　　　　② O^{2-}　　　　③ Ca^{2+}

④ Al^{3+}　　　⑤ NH_4^+

17 이온식과 이온의 이름이 옳게 짝지어지지 않은 것은?

① CO_3^{2-} : 질산 이온　　② SO_4^{2-} : 황산 이온

③ OH^- : 수산화 이온　　④ Al^{3+} : 알루미늄 이온

⑤ NH_4^+ : 암모늄 이온

18 표는 각 원자가 이온이 되었을 때의 이온식과 원자핵의 전하량을 나타낸 것이다.

원자	Li	O	F	Na	Mg
이온식	Li^+	O^{2-}	F^-	Na^+	Mg^{2+}
원자핵의 전하량	+3	+8	+9	+11	+12

이에 대한 설명으로 옳은 것은?

① 리튬 이온의 전자의 개수는 3개이다.

② 산화 이온의 전자의 개수는 10개이다.

③ 플루오린화 이온의 전자의 개수는 1개이다.

④ 마그네슘 이온의 전자의 개수는 14개이다.

⑤ 나트륨 원자와 나트륨 이온의 전하는 같다.

[19~20] 그림은 질산 칼륨 수용액을 적신 거름종이의 가운데에 보라색의 과망가니즈산 칼륨 수용액과 파란색의 황산 구리(Ⅱ) 수용액을 떨어뜨린 후 전원을 연결한 모습을 나타낸 것이다.

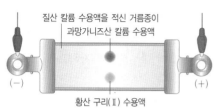

질산 칼륨 수용액을 적신 거름종이
과망가니즈산 칼륨 수용액
(−)　　　　　　(+)
황산 구리(Ⅱ) 수용액

19 이에 대한 설명으로 옳은 것은?

① 보라색은 (−)극으로 이동한다.

② 파란색은 (+)극으로 이동한다.

③ 파란색을 띠는 것은 황산 이온이다.

④ 과망가니즈산 칼륨 수용액은 (−)극으로 이동한다.

⑤ 과망가니즈산 칼륨 수용액에서 양이온은 무색이다.

20 거름종이를 질산 칼륨 수용액에 적시는 까닭으로 옳은 것은?

① 질산 칼륨의 이동을 확인하기 위해서이다.

② 이동하지 않는 이온을 없애 주기 위해서이다.

③ 거름종이에 전류를 흐르지 않게 하기 위해서이다.

④ 이동의 확인이 필요한 이온에게 색을 띠게 해주기 위해서이다.

⑤ 거름종이는 전류가 흐르지 않으므로 전류가 흐를 수 있는 상태로 만들어 주기 위해서이다.

21 앙금 생성 반응에 대한 설명으로 옳지 않은 것은?

① 모든 수용액이 앙금을 생성하는 것은 아니다.

② 앙금 생성 반응은 이온을 검출할 때 사용되기도 한다.

③ 앙금은 수용액 속에서 만들어지므로 물에 잘 녹는 성질을 갖고 있다.

④ 앙금은 양이온과 음이온이 강하게 결합하여 생기는 고체 화합물이다.

⑤ 두 가지 수용액을 섞었을 때, 수용액 속의 이온이 결합하여 앙금을 생성하는 반응이다.

22 두 수용액을 섞었을 때 반응을 통해 만들어지는 앙금의 색이 <u>다른</u> 하나는?

① 염화 바륨 수용액＋황산 칼륨 수용액
② 질산 은 수용액＋염화 나트륨 수용액
③ 황산 아연 수용액＋황화 나트륨 수용액
④ 염화 칼슘 수용액＋탄산 암모늄 수용액
⑤ 황산 구리(Ⅱ) 수용액＋황화 리튬 수용액

23 그림과 같이 여러 가지 앙금 생성 반응을 관찰하기 위해 유리판 위에 질산 은 수용액, 질산 나트륨 수용액, 탄산 칼륨 수용액, 질산 은 수용액을 각각 떨어뜨린 후, 염화 나트륨 수용액, 묽은 황산, 수산화 칼슘 수용액, 염화 바륨 수용액을 스포이트로 2~3방울씩 각각 떨어뜨렸다.

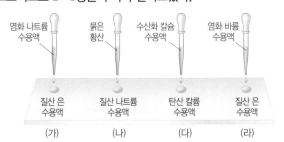

| (가) | (나) | (다) | (라) |

이에 대한 설명으로 옳지 <u>않은</u> 것은?

① (가)와 (라)에서 만들어지는 앙금의 성분은 같다.
② (나)에서는 앙금이 만들어지지 않는다.
③ 이 실험에서 만들어지는 앙금의 색은 모두 흰색이다.
④ (나)에서 질산 나트륨 수용액 대신 염화 마그네슘 수용액을 사용하면 흰색 앙금이 만들어질 것이다.
⑤ (다)에서 만들어지는 앙금의 성분과 진주의 성분은 같다.

24 염화 칼륨, 염화 나트륨, 염화 리튬 수용액이 담긴 시약병들의 라벨이 떨어졌을 때, 이들을 구별할 수 있는 가장 좋은 방법으로 옳은 것은?

① 전류가 흐르는지 측정한다.
② 수용액의 불꽃 반응 색을 관찰한다.
③ 실온(25 ℃)에서의 상태를 조사한다.
④ 푸른색 염화 코발트 종이를 대어 본다.
⑤ 질산 은 수용액과 앙금 생성 반응을 수행한다.

25 풍식이는 미지의 수용액 성분을 알아내기 위해 수용액을 두 개의 시험관에 나누어 담았다. 첫 번째 시험관에는 황화 암모늄 수용액을 떨어뜨리고, 두 번째 시험관에는 질산 은 수용액을 떨어뜨렸더니 각각 검은색과 흰색의 앙금이 생성되었다. 미지의 수용액 성분으로 예상되는 물질로 가장 적절한 것은?

① 질산 구리(Ⅱ)　② 황산 나트륨　③ 황산 칼륨
④ 염화 구리(Ⅱ)　⑤ 염화 나트륨

26 다음은 풍식이가 학교에서 미지의 수용액 A를 알아보기 위해 수행한 실험 결과를 나타낸 것이다.

> • A를 백금선에 묻혀 겉불꽃에 넣었더니 청록색이 나타났다.
> • A에 염화 바륨 수용액을 넣었더니 흰색 앙금이 생성되었다.

A로 적절한 것을 <u>모두</u> 고르면?

① 황산 리튬　② 질산 은　③ 탄산 구리(Ⅱ)
④ 황산 구리(Ⅱ)　⑤ 황산 바륨

27 그림은 질산 칼슘, 염화 암모늄, 질산 카드뮴 수용액을 확인하기 위한 실험 과정을 나타낸 것이다.

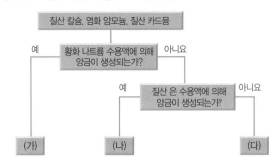

(가)~(다)에 해당하는 수용액을 옳게 짝지은 것은?

	(가)	(나)	(다)
①	질산 칼슘	질산 카드뮴	염화 암모늄
②	질산 카드뮴	염화 암모늄	질산 칼슘
③	질산 카드뮴	질산 칼슘	염화 암모늄
④	염화 암모늄	질산 칼슘	질산 카드뮴
⑤	염화 암모늄	질산 카드뮴	질산 칼슘

서술형·논술형 문제

01 다음 설명에 해당하는 각 원소의 원소 기호를 쓰시오.

> (가) 붉은색을 띠며, 전선이나 화폐에 많이 이용된다.
> (나) 실리콘이라고도 하며, 반도체에 많이 쓰인다.

02 불꽃 반응 실험 과정의 유의 사항으로 옳지 <u>않은</u> 것을 |보기|에서 <u>모두</u> 고르고, 그렇게 생각한 까닭을 서술하시오.

> ┌ 보기 ┐
> ㄱ. 니크롬선에 시료를 조금만 묻혀도 된다.
> ㄴ. 니크롬선 대신 구리선을 사용해도 무방하다.
> ㄷ. 니크롬선은 다른 시료를 관찰할 때마다 묽은 염산과 증류수로 닦아 준다.
> ㄹ. 시료를 묻힌 니크롬선은 온도가 높고, 색이 없는 겉불꽃에 넣어 불꽃 반응 색을 관찰해야 한다.

 구리의 불꽃 반응 색

03 표는 여러 물질의 불꽃 반응 색을 나타낸 것이다. 염화 나트륨의 불꽃 반응 색이 염소에 의한 것이 아니라 나트륨에 의한 것임을 서술하시오.

물질	불꽃 반응 색
염화 바륨	황록색
염화 나트륨	노란색
질산 나트륨	노란색

 불꽃 반응 색, 노란색

04 그림은 물질 X와 몇 가지 원소의 선 스펙트럼을 나타낸 것이다.

원소 A~E 중 물질 X에 포함된 원소의 종류를 <u>모두</u> 쓰시오.

05 제시된 분자 중 분자 1개를 구성하는 원자의 개수가 가장 많은 것부터 순서대로 나열하시오.

> $4NH_3$ CH_4O $2O_2$ CO_2 $3CH_4$

06 다음 글에서 설명하는 분자식을 쓰시오.

> • 탄소 원자와 수소 원자로 이루어져 있다.
> • 탄소 원자와 수소 원자의 개수비는 2 : 5이다.
> • 분자 1개를 이루는 원자의 개수는 총 14개이다.

07 다음은 A의 수용액의 성분을 알아내기 위해 불꽃 반응과 앙금 생성 반응을 수행한 결과를 나타낸 것이다.

> • A의 수용액을 백금선에 묻혀 겉불꽃에 넣었더니 파란색이 나타났다.
> • A의 수용액에 질산 은 수용액을 넣었더니 흰색의 앙금이 생성되었다.

결과를 통해 수용액의 성분으로 추측할 수 있는 물질 A의 이름을 쓰시오.

08 그림은 이산화 탄소를 모형으로 나타낸 것이다. 이산화 탄소를 이루는 원소와 원자에 대해 서술하시오.

 탄소, 산소, 탄소 원자 1개, 산소 원자 2개

09 그림은 플루오린 원자가 플루오린화 이온으로 되는 과정을 모형으로 나타낸 것이다.

플루오린 원자가 이온이 되는 과정을 전자의 이동과 관련지어 서술하시오.

 전자를 얻음

10 산소 원자(O)가 2가의 음이온이 되는 과정을 서술하시오.

 전자 2개 얻음

11 제시된 원자들 중 각각 형성한 이온의 전하가 같은 원자를 모두 고르고, 이들의 공통적인 이온 형성 과정에 대해 서술하시오.

Be, Mg , Ca , Al , O , F

 전자 2개 잃음, 전하가 +2인 양이온

12 다음 특징을 갖는 화합물의 화학식을 쓰고, 그렇게 생각한 까닭을 서술하시오.

- 물에 녹였더니 보라색을 띠었다.
- 수용액의 불꽃 반응 색은 보라색이었다.

 과망가니즈산 칼륨

13 그림은 질산 암모늄(NH_4NO_3) 수용액을 적신 거름종이 양쪽에 질산 납($Pb(NO_3)_2$) 수용액과 아이오딘화 칼륨(KI) 수용액을 각각 떨어뜨리고 전원을 연결하였더니 두 수용액 사이에서 노란색 앙금이 생성된 모습을 나타낸 것이다.

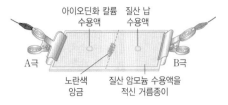

(1) 실험 결과를 통해 A와 B의 전극을 각각 쓰고, 그렇게 생각한 까닭을 서술하시오.

 납 이온(Pb^{2+})과 아이오딘화 이온(I^-)이 만나야 함

(2) (+)극과 (−)극으로 이동하는 이온의 이온식을 각각 쓰고, 그렇게 생각한 까닭을 서술하시오.

 전기적 인력, 반대 전하 전극

14 라벨이 떨어진 3개의 시약병에는 각각 염화 나트륨, 브로민화 나트륨, 아이오딘화 나트륨 수용액이 들어 있다. 이들을 구별할 수 있는 방법을 쓰고, 그렇게 생각한 까닭을 서술하시오.

 은 이온(Ag^+) 첨가, 앙금의 색이 모두 다름

15 X-ray 촬영 검사를 할 때 인체 내부를 잘 관찰할 수 있게 조영제를 복용하는데, 이때 사용하는 조영제의 성분은 주로 황산 바륨($BaSO_4$)으로 알려져 있다. 바륨 이온은 강한 독성을 나타내는데, 황산 바륨을 조영제로 사용할 수 있는 까닭을 서술하시오.

 앙금, 몸속에서 바륨 이온(Ba^{2+})으로 나누어지지 않음

II

전기와 자기

Q. 자기장 속에서 전류가 흐르는 도선이 받는 힘은 어떻게 작용하는 것인가?

1 전기의 발생

물체가 대전되는 현상이나 정전기 유도 현상을 관찰하고, 그 과정을 전기력과 원자 모형을 이용하여 설명할 수 있다.

❶ 마찰 전기

1 원자의 구조 : 물질을 이루는 입자인 원자는 (+)전하를 띠는 원자핵과 (−)전하를 띠는 전자로 이루어져 있다. ➡ 보통 원자핵의 (+)전하의 양과 전자의 총 (−)전하의 양이 같아서 원자는 전기적으로 중성을 띤다.

2 대전과 대전체

(1) **대전** : 물체가 전자를 잃거나 얻어서 전기를 띠는 현상

(2) **대전체** : 대전된 물체
> 물체가 (+)전하나 (−)전하를 띠는 것을 전기를 띤다고 해~

3 전기력 : 전기(전하)를 띤 물체 사이에 작용하는 힘 ➡ 전기력의 크기는 대전된 전하의 양이 많을수록, 두 물체 사이의 거리가 가까울수록 크다.
> 전기 현상을 일으키는 원인이야~!

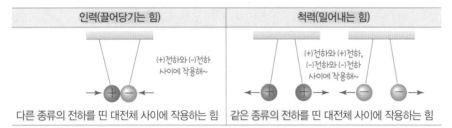

인력(끌어당기는 힘)	척력(밀어내는 힘)
(+)전하와 (−)전하 사이에 작용해~	(+)전하와 (+)전하, (−)전하와 (−)전하 사이에 작용해~
다른 종류의 전하를 띤 대전체 사이에 작용하는 힘	같은 종류의 전하를 띤 대전체 사이에 작용하는 힘

4 마찰 전기(정전기) 마찰 전기는 다른 곳으로 쉽게 이동하지 못하고 물체에 머물러 있기 때문에 정전기라고도 해~

(1) **마찰 전기의 발생** : 서로 다른 두 물체를 마찰하면 한 물체에서 다른 물체로 전자가 이동하여 발생
> 원자핵은 이동하지 않는다는 사실~

(2) 전자를 잃은 물체는 (+)전하를 띠고, 전자를 얻은 물체는 (−)전하를 띤다. ➡ 마찰한 두 물체 사이에는 인력 작용

 마찰 전자의 이동 ➡

전자의 이동	털가죽 → 풍선
전자를 얻은 풍선	(−)전하로 대전
전자를 잃은 털가죽	(+)전하로 대전

❷ 정전기 유도

> 가까이는 하지만 접촉하지는 않아야 해~

1 정전기 유도 : 전기를 띠지 않는 금속 물체에 대전체를 가까이 할 때 금속 물체의 양 끝이 서로 다른 종류의 전하를 띠는 현상

2 정전기 유도의 원리 : 전기를 띠지 않는 금속 물체에 대전체를 가까이 하면 대전체와의 전기력에 의해 금속 내부의 전자(자유 전자)가 대전체의 종류에 따라 끌어당겨지거나 밀려난다.

3 대전되는 전하의 종류 : 금속 물체에 대전체를 가까이 하면 대전체와 가까운 쪽에는 대전체와 다른 종류의 전하가 유도되고, 먼 쪽에는 대전체와 같은 종류의 전하가 유도된다.

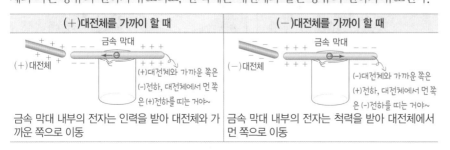

(+)대전체를 가까이 할 때	(−)대전체를 가까이 할 때
(+)대전체와 가까운 쪽은 (−)전하, 대전체에서 먼 쪽은 (+)전하를 띠는 거야~	(−)대전체와 가까운 쪽은 (+)전하, 대전체에서 먼 쪽은 (−)전하를 띠는 거야~
금속 막대 내부의 전자는 인력을 받아 대전체와 가까운 쪽으로 이동	금속 막대 내부의 전자는 척력을 받아 대전체에서 먼 쪽으로 이동

🔋 비타민

대전되는 순서(대전열)
서로 다른 두 물체를 마찰할 때 전자를 잃고 (+)전하를 띠게 되는 경향을 순서대로 나열하면 다음과 같다.

> (+) 털가죽 − 유리 − 명주 − 나무 − 고무 − 플라스틱 (−)

방전
대전된 물체가 전하를 잃는 현상으로, 대전된 물체를 공기 중에 오래 두면 방전되어 전기를 띠지 않는다.

마찰 전기에 의한 현상
• 비질을 할 때 빗자루에 먼지들이 달라붙는다.
• 스웨터를 벗을 때 머리카락이 스웨터에 달라붙는다.
• 휴지로 모니터를 닦으면 휴지가 모니터에 달라붙는다.

알루미늄 캔에서의 정전기 유도

 ➡

알루미늄 캔에 (−)전하로 대전된 플라스틱 막대를 가까이 하면 전기력에 의해 플라스틱 막대와 가까운 쪽은 (+)전하, 먼 쪽은 (−)전하를 띠면서 두 물체 사이에 인력이 작용하여 알루미늄 캔이 플라스틱 막대에 끌려온다.

필수 비타민

전기의 발생

원자의 구조　전기력　인력 / 척력

마찰 전기　정전기 유도

전자의 이동으로
발생　검전기

용어 &개념 체크

❶ **마찰 전기**

01 원자의 중심에는 (+)전하를
띠는 무거운 ☐☐☐이 있
고, 그 주변을 (−)전하를 띠는
가벼운 ☐☐가 돌고 있다.

02 같은 종류의 전하 사이에는
☐☐이 작용하고, 다른 종류
의 전하 사이에는 ☐☐이
작용한다.

03 서로 다른 두 물체를 마찰할
때 발생하는 전기를 ☐☐
☐☐라고 한다.

❷ **정전기 유도**

04 전기를 띠지 않는 금속 물체
에 대전체를 가까이 했을 때
금속 물체의 양 끝에 서로 다
른 전하가 유도되는 현상을
☐☐☐ ☐☐라고 한다.

05 전기를 띠지 않는 금속 물체
에 대전체를 가까이 하면 금
속 내부의 ☐☐가 이동하여
금속 물체의 양 끝에는 서로
다른 종류의 전하가 유도된다.

---

01 대전된 물체 사이에 작용하는 힘의 방향을 옳게 나타낸 것을 <u>모두</u> 고르시오.

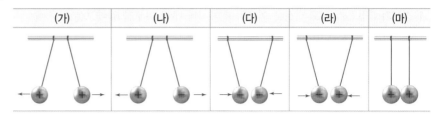

(가)	(나)	(다)	(라)	(마)

02 원자의 구조와 마찰 전기에 대한 설명으로 옳은 것은 ○, 옳지 <u>않은</u> 것은 ×로 표시하시오.

(1) 물질을 이루는 입자인 원자는 (−)전하를 띠는 전자와 전하를 띠지 않는 원자핵
으로 구성되어 있다. ……………………………………………………… (　　)
(2) 마찰 전기는 서로 다른 두 물체를 마찰할 때 발생하는 전기이다. ………… (　　)
(3) 마찰 전기는 한 물체에서 다른 물체로 전자가 이동하여 발생한다. ………… (　　)
(4) 같은 종류의 전하 사이에는 인력이 작용하고, 다른 종류의 전하 사이에는 척력
이 작용한다. ……………………………………………………………… (　　)

03 다음은 마찰 전기를 알아보기 위한 실험을 나타낸 것이다. 빈칸에 알맞은 말을 고르시오.

[실험 과정]
(가) 크기가 같은 고무풍선 2개를 실로 묶어 스탠드에 매단다.
(나) 두 고무풍선을 각각 같은 헝겊으로 여러 번 문지른 후, 두 고무풍선을 서로 가까
이 하여 고무풍선의 움직임을 관찰한다.
(다) 스탠드에 매단 고무풍선에 문지른 헝겊을 가까이 하여 고무풍선의 움직임을 관
찰한다.

[실험 결과]
헝겊으로 문지른 두 고무풍선을
서로 가까이 하면 (㉠ 인력, 척력)
이 작용하고, 헝겊을 고무풍선에
가까이 하면 (㉡ 인력, 척력)이 작
용한다.

04 어떤 물체 A와 B를 마찰했더니 A가 (−)전하를 띠었고, B와 C를 마찰했더니 B가 (−)
전하를 띠었다. A~C 중 가장 전자를 잃기 쉬운 물체를 쓰시오.

05 그림은 (−)전하로 대전된 플라스틱
막대를 알루미늄 캔에 가까이 하는 모
습을 나타낸 것이다. 알루미늄 캔의 플
라스틱 막대와 가까운 쪽에 유도된 전
하의 종류를 쓰시오.

1 전기의 발생

❸ 검전기

1 검전기 : 정전기 유도 현상을 이용하여 물체의 대전 여부를 알아보는 기구

(1) **구조** : 금속판이 달린 금속 막대가 유리병 안에 들어 있고, 금속 막대의 끝에는 가벼운 금속박이 2개 붙어 있다. 금속판, 금속 막대, 금속박은 모두 붙어 있어서 전자가 자유롭게 이동할 수 있어~

(2) **원리** : 검전기의 금속판에 대전체를 가까이 하면 정전기 유도 현상이 일어난다.

  ① 금속판 : 대전체와 다른 종류의 전하가 유도

  ② 금속박 : 대전체와 같은 종류의 전하가 유도 ➡ 척력에 의해 금속박이 벌어진다. 금속박 두 가닥은 같은 종류의 전하를 띠지!

2 검전기를 통해 알 수 있는 것

(1) **물체의 대전 여부** : 금속박의 변화 유무를 통해 물체의 대전 여부를 알 수 있다.

  ① 대전되지 않은 물체를 검전기의 금속판에 가까이 하면 금속박이 움직이지 않는다.

  ② (−)전하로 대전된 대전체를 검전기의 금속판에 가까이 하면 금속박이 벌어진다.

    전자가 금속박으로 이동해 금속판은 (+)전하로 대전되고, 금속박은 (−)전하로 대전되어 금속박이 벌어져~

  ③ (+)전하로 대전된 대전체를 검전기의 금속판에 가까이 하면 금속박이 벌어진다.

    전자가 금속판으로 이동해 금속판은 (−)전하로 대전되고, 금속박은 (+)전하로 대전되어 금속박이 벌어져~

(2) **대전된 전하의 양 비교** : 금속박이 벌어지는 정도로 대전된 전하의 양을 비교할 수 있다. ➡ 대전된 전하의 양이 많을수록 금속박이 더 많이 벌어진다.

  전기력의 크기는 전하의 양에 비례한다고 배웠지? 정전기 유도 현상도 마찬가지야~
  대전체의 대전된 전하의 양이 많을수록 전자를 더 많이 끌어당기거나 밀어낼 수 있기 때문에 금속박이 더 많이 벌어져~

(3) **대전된 전하의 종류** : 대전된 검전기를 이용한다.

  더 **벌**어지면 **같**은 전하, **오**므라들면 **다**른 전하

  ① (−)전하로 대전된 검전기를 이용

(−)전하로 대전된 검전기	(−)대전체를 가까이 할 때	(+)대전체를 가까이 할 때
금속박이 벌어져 있다.	금속박이 더 벌어진다.	금속박이 오므라든다.

  ② (+)전하로 대전된 검전기를 이용

(+)전하로 대전된 검전기	(+)대전체를 가까이 할 때	(−)대전체를 가까이 할 때
금속박이 벌어져 있다.	금속박이 더 벌어진다.	금속박이 오므라든다.

● 비타민

검전기의 구조

금속판
마개
금속 막대
유리병
금속박

휘어지는 물줄기

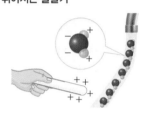

수소 원자(H) 2개와 산소 원자(O) 1개로 이루어져 있는 물 분자(H_2O)는 분자의 구조가 비대칭적이기 때문에 수소 원자(H) 쪽은 (+)전하, 산소 원자(O) 쪽은 (−)전하를 띤다. 따라서 대전체를 물줄기에 가까이 하면 대전체와 다른 종류의 전하를 띤 부분이 대전체 쪽으로 향하면서 물줄기가 휘어지게 된다.

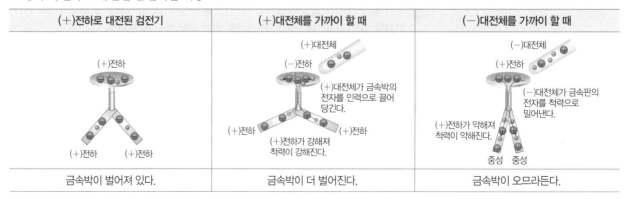

용어 & 개념 체크

❸ 검전기

06 검전기는 □□□ □□ 현상을 이용하여 물체의 대전 여부를 알아보는 기구이다.

07 검전기를 이용하면 물체의 □□ □□, 대전된 전하의 □을 비교하거나 대전된 전하의 □□를 알 수 있다.

08 대전되지 않은 검전기의 금속판에 대전체를 가까이 하면 금속박이 □□□□.

06 검전기에 대한 설명으로 빈칸에 알맞은 말을 고르시오.

(1) 대전되지 않은 검전기에 대전체를 가까이 할 때 대전된 전하의 양이 많을수록 금속박이 더 (적게, 많이) 벌어진다.

(2) 대전되지 않은 검전기의 금속판에 대전체를 가까이 하면 (㉠ 금속판, 금속박)에는 대전체와 다른 종류의 전하가, (㉡ 금속판, 금속박)에는 대전체와 같은 종류의 전하가 유도된다.

(3) 대전된 검전기에 대전체를 가까이 했을 때 금속박이 더 벌어지면 대전체는 검전기와 (㉠ 같은, 다른) 종류의 전하를 띠고, 금속박이 오므라들면 대전체는 검전기와 (㉡ 같은, 다른) 종류의 전하를 띤다.

07 검전기를 통해 알 수 있는 것으로 옳은 것은 ○, 옳지 않은 것은 ×로 표시하시오.

(1) 물체의 대전 여부 ·· (　　)
(2) 대전체가 띤 전하의 양 비교 ······································· (　　)
(3) 대전체가 띤 전하의 종류 ·· (　　)
(4) 대전체가 가지고 있는 전자의 개수 ···························· (　　)

08 그림과 같이 털가죽으로 마찰한 유리 막대를 금속 막대에 가까이 했다. A~D 중 유리 막대와 같은 종류의 전하로 대전되는 부분을 <u>모두</u> 고르시오. (단, 털가죽이 유리보다 전자를 잃기 쉽다.)

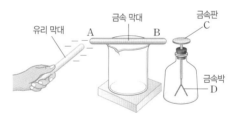

1%를 위한 비타민 검전기를 대전시키는 방법

(−)전하로 대전시키는 방법	(＋)전하로 대전시키는 방법
① 검전기의 금속판에 (−)대전체를 접촉한다.	① 검전기의 금속판에 (＋)대전체를 접촉한다.

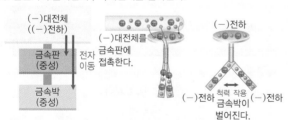 

전자가 (-)대전체→금속판→금속박으로 이동하면서 검전기 전체는 (-)전하로 대전돼~　　전자가 금속박→금속판→(+)대전체로 이동하면서 검전기 전체는 (+)전하로 대전돼~

| ② (＋)대전체를 금속판에 가까이 한다. → 금속판에 손가락을 접촉한다. → 대전체와 손가락을 동시에 치운다. | ② (−)대전체를 금속판에 가까이 한다. → 금속판에 손가락을 접촉한다. → 대전체와 손가락을 동시에 치운다. |

손가락을 통해 전자가 검전기로 들어오면 전자를 얻은 금속박은 전기적으로 중성이 되어 금속박이 오므라드는 거야~　　금속박의 전자가 손가락을 통해 빠져나가면 전자를 잃은 금속박은 전기적으로 중성이 되어 금속박이 오므라드는 거야~

검전기에서의 정전기 유도 현상

과정 ❶ 검전기의 금속판을 손으로 접촉해 중성인 상태로 유지한다.

❷ 대전되지 않은 플라스틱 막대를 검전기의 금속판에 가까이 한 후 금속박의 변화를 관찰한다.

❸ 털가죽과 3~4회 마찰한 플라스틱 막대를 검전기의 금속판에 가까이 한 후 금속박의 변화를 관찰한다.
┗→ 털가죽은 플라스틱보다 전자를 잃기 쉬워~

탐구 시 유의점
(−)전하로 대전된 플라스틱 막대를 검전기의 금속판에 직접 닿게 하면 검전기로 전자가 이동하게 되므로 플라스틱 막대가 검전기에 닿지 않도록 유의한다.

결과

대전되지 않은 플라스틱 막대를 가까이 할 때	털가죽과 3~4회 마찰한 플라스틱 막대를 가까이 할 때
플라스틱 막대	플라스틱 막대
아무런 변화가 일어나지 않는다.	금속박이 벌어진다.

정리
• 대전되지 않은 물체를 검전기의 금속판에 가까이 하면 아무런 변화가 일어나지 않는다.
• 털가죽과 플라스틱 막대를 마찰하면 플라스틱 막대는 (−)전하로 대전되고, (−)전하로 대전된 플라스틱 막대를 검전기의 금속판에 가까이 하면 척력에 의해 검전기의 금속판에 있는 전자가 금속박 쪽으로 이동한다.
➡ 금속박 두 가닥이 모두 (−)전하로 대전되어 척력이 작용하므로 금속박은 벌어진다.

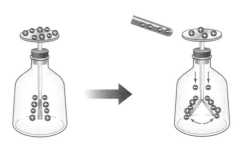

정답과 해설 16쪽

탐구 알약

01 위 실험에서 털가죽과 마찰한 플라스틱 막대를 대전되지 않은 검전기의 금속판에 가까이 할 때에 대한 설명으로 옳은 것은 ○, 옳지 않은 것은 ×로 표시하시오.

⑴ 정전기 유도 현상이 일어난다. ·················· (   )
⑵ 전자는 금속판에서 금속박으로 이동한다. ····· (   )
⑶ 금속판은 (+)전하를, 금속박은 (−)전하를 띤다. · (   )
⑷ 금속박이 오므라든다. ··························· (   )
⑸ 금속박의 변화 유무를 통해 물체의 대전 여부를 판단할 수 있다. ································· (   )

서술형

02 그림은 (−)전하로 대전되어 있는 검전기의 금속판에 (−)대전체를 가까이 하는 모습을 나타낸 것이다. 검전기의 금속박은 어떻게 되는지 쓰고, 그렇게 생각한 까닭을 서술하시오.

KEY
전자의 이동, 전기력

유형 클리닉

유형 1 마찰 전기

그림은 플라스틱 막대와 명주 헝겊을 마찰하는 모습을 나타낸 것이다. 이에 대한 설명으로 옳은 것을 │보기│에서 모두 고른 것은? (단, 명주가 플라스틱보다 전자를 잃기 쉽다.)

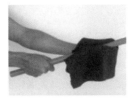

│보기│
ㄱ. 명주 헝겊의 전자는 플라스틱 막대로 이동한다.
ㄴ. 플라스틱 막대의 원자핵이 명주 헝겊으로 이동하여 명주 헝겊은 (+)전하로 대전된다.
ㄷ. 두 물체를 마찰한 뒤 떨어뜨리면 둘 사이에는 인력이 작용한다.

① ㄱ   ② ㄴ   ③ ㄱ, ㄷ
④ ㄴ, ㄷ   ⑤ ㄱ, ㄴ, ㄷ

마찰한 두 물체에 대전되는 전하의 종류와 두 물체 사이에 작용하는 힘에 대해 묻는 문제가 출제될 수 있어.

ㄱ 명주 헝겊의 전자는 플라스틱 막대로 이동한다.
→ 명주 헝겊은 플라스틱 막대보다 전자를 잃기 쉬워~ 따라서 전자는 명주 헝겊에서 플라스틱 막대로 이동하지!

✕ 플라스틱 막대의 원자핵이 명주 헝겊으로 이동하여 명주 헝겊은 (+)전하로 대전된다.
→ 물체가 마찰 전기를 띠는 것은 전자가 이동하기 때문이야~ 전자는 원자핵에 비해 매우 가볍기 때문에 이동하기 쉽지만 원자핵은 무겁기 때문에 마찰에 의해 이동할 수 없어! 따라서 원자핵이 이동하여 명주 헝겊이 (+)전하로 대전된다는 건 옳지 않은 설명이야~

ㄷ 두 물체를 마찰한 뒤 떨어뜨리면 둘 사이에는 인력이 작용한다.
→ 두 물체를 마찰하면 명주 헝겊은 (+)전하로, 플라스틱 막대는 (−)전하로 대전되지? 그래서 두 물체를 떨어뜨리면 둘 사이에는 서로 끌어당기는 힘인 인력이 작용해~

답 : ③

전자를 얻으면? (−)전하로 대전!
전자를 잃으면? (+)전하로 대전!

유형 2 검전기

그림은 대전되지 않은 검전기의 금속판에 (−)대전체를 가까이 하는 모습을 나타낸 것이다.

금속판
금속박

이에 대한 설명으로 옳은 것은?
① 금속판은 (−)전하로 대전된다.
② 금속박은 (+)전하로 대전된다.
③ 전자는 금속박에서 금속판으로 이동한다.
④ 금속박 두 가닥은 척력이 작용하여 벌어진다.
⑤ 대전체에 대전된 전하의 양이 적을수록 금속박이 많이 벌어진다.

검전기를 이용한 정전기 유도 현상에 대해 묻는 문제가 출제돼!

✕ 금속판은 (−)전하로 대전된다.
→ (−)대전체를 검전기의 금속판에 가까이 하면 척력이 작용해서 전자가 금속박으로 이동하지~ 전자가 이동하면 금속판은 (+)전하로 대전돼!

✕ 금속박은 (+)전하로 대전된다.
→ (−)대전체를 검전기의 금속판에 가까이 하면 전자가 금속박으로 이동하지! 그럼 금속박은 (−)전하로 대전돼~

✕ 전자는 금속박에서 금속판으로 이동한다.
→ 전자는 (−)대전체와의 전기력(척력)에 의해 금속판에서 멀리 떨어진 금속박으로 이동하는 거야~

④ 금속박 두 가닥은 척력이 작용하여 벌어진다.
→ 금속판으로부터 전자가 이동해서 금속박 두 가닥은 모두 (−)전하를 띠지! 그래서 두 가닥 사이에는 척력이 작용하기 때문에 벌어져~

✕ 대전체에 대전된 전하의 양이 적을수록 금속박이 많이 벌어진다.
→ 대전체에 대전된 전하의 양이 많을수록 전기력이 커져~ 전기력이 클수록 금속박은 더 많이 벌어지지!

답 : ④

대전체와 가까운 쪽 : 다른 종류의 전하
대전체에서 먼 쪽 : 같은 종류의 전하

① 마찰 전기

01 그림은 원자의 구조를 나타낸 것이다. 원자에 대한 설명으로 옳지 <u>않은</u> 것은?

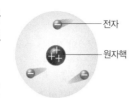

① 물질은 원자로 구성되어 있다.
② 원자는 원자핵과 전자로 이루어져 있다.
③ 전자는 (−)전하, 원자핵은 (+)전하를 띤다.
④ 보통 원자는 전기를 띠지 않는 중성 상태이다.
⑤ 서로 다른 두 물체를 마찰할 때 물체 사이에서 원자핵이 이동한다.

02 마찰 전기에 대한 설명으로 옳지 <u>않은</u> 것은?

① 물체가 전자를 잃으면 (+)전하를 띤다.
② 서로 다른 물체를 마찰할 때 발생하는 전기이다.
③ 서로 다른 물체를 마찰하면 전자가 이동하면서 전기를 띤다.
④ 같은 종류의 물체를 마찰하면 물체는 서로 같은 종류의 전하를 띤다.
⑤ 다른 종류의 물체를 마찰하면 물체는 서로 다른 종류의 전하를 띤다.

03 그림은 두 물체 A와 B를 서로 마찰했을 때 전하의 분포를 나타낸 것이다. 이에 대한 설명으로 옳은 것을 |보기|에서 모두 고른 것은?

┌ **보기** ┐
ㄱ. A는 (+)전하, B는 (−)전하로 대전되었다.
ㄴ. A와 B 사이에는 인력이 작용한다.
ㄷ. 두 물체를 마찰하면 원자핵과 전자가 이동하여 전기를 띤다.
└────────┘

① ㄱ ② ㄷ ③ ㄱ, ㄴ
④ ㄴ, ㄷ ⑤ ㄱ, ㄴ, ㄷ

04 그림과 같이 털가죽으로 2개의 고무풍선을 각각 문질렀다.

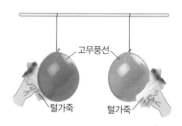

털가죽을 멀리 했을 때, 두 고무풍선에 일어나는 변화로 옳은 것을 |보기|에서 모두 고른 것은?

┌ **보기** ┐
ㄱ. 두 고무풍선 사이에는 척력이 작용한다.
ㄴ. 두 고무풍선은 서로 다른 종류의 전하로 대전되었다.
ㄷ. 마찰 후 고무풍선과 털가죽 사이에는 인력이 작용한다.
└────────┘

① ㄱ ② ㄴ ③ ㄱ, ㄷ
④ ㄴ, ㄷ ⑤ ㄱ, ㄴ, ㄷ

05 그림은 털가죽과 플라스틱 막대를 마찰하기 전과 후에 전하의 분포를 나타낸 것이다.

구분	마찰 전	마찰 후
털가죽		
플라스틱 막대		

이에 대한 설명으로 옳은 것을 |보기|에서 모두 고른 것은?

┌ **보기** ┐
ㄱ. 전자는 플라스틱 막대에서 털가죽으로 이동하였다.
ㄴ. 원자핵은 플라스틱 막대에서 털가죽으로 이동하였다.
ㄷ. 마찰 후 시간이 지나면 공기 중의 두 물체는 모두 마찰 전의 상태로 되돌아온다.
└────────┘

① ㄱ ② ㄷ ③ ㄱ, ㄴ
④ ㄴ, ㄷ ⑤ ㄱ, ㄴ, ㄷ

❷ 정전기 유도

06 그림은 (−)전하로 대전된 플라스틱 자를 전기를 띤 두 고무풍선 A, B 사이에 놓은 모습을 나타낸 것이다. 이때 고무풍선 A, B가 띠고 있는 전하의 종류를 옳게 짝지은 것은? (단, A와 B 사이에 작용하는 힘은 무시한다.)

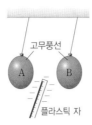
고무풍선
A   B
플라스틱 자

<table>
<tr><td></td><td>A</td><td>B</td></tr>
<tr><td>①</td><td>(−)전하</td><td>(−)전하</td></tr>
<tr><td>②</td><td>(−)전하</td><td>(+)전하</td></tr>
<tr><td>③</td><td>(+)전하</td><td>(−)전하</td></tr>
<tr><td>④</td><td>(+)전하</td><td>(+)전하</td></tr>
</table>

⑤ A, B가 띠는 전하의 종류는 알 수 없다.

중요

07 그림은 (−)전하로 대전된 유리 막대를 이용하여 알루미늄 캔을 움직이는 모습을 나타낸 것이다.

알루미늄 캔   유리 막대

이에 대한 설명으로 옳은 것은?

① A 부분은 (+)전하로 대전된다.
② A와 B에는 같은 종류의 전하가 유도된다.
③ B 부분에서 A 부분으로 전자가 이동한다.
④ 알루미늄 캔은 유리 막대로부터 밀려난다.
⑤ 알루미늄 캔에 있던 전자가 유리 막대로 이동한다.

08 그림과 같이 (−)전하로 대전된 플라스틱 자를 알루미늄 막대의 왼쪽에 가까이 한 상태에서 (+)전하로 대전된 고무풍선을 알루미늄 막대의 오른쪽에 가까이 하였다.

플라스틱 자   알루미늄 막대   고무풍선

고무풍선에 일어나는 현상으로 옳은 것은?

① 아무런 변화가 없다.
② 알루미늄 막대 쪽으로 끌려온다.
③ 알루미늄 막대 반대편으로 밀려난다.
④ 반대편으로 밀려나다가 다시 끌려온다.
⑤ 알루미늄 막대 쪽으로 끌려오다가 다시 밀려난다.

❸ 검전기

09 검전기에 대한 설명으로 옳지 않은 것은?

① 대전되지 않은 물체를 가까이 하면 검전기는 변화가 없다.
② 대전되지 않은 검전기를 이용하여 물체의 대전 여부를 알 수 있다.
③ 대전된 검전기를 이용하면 물체에 대전된 전하의 종류를 알 수 있다.
④ 금속박이 벌어지는 정도를 통해 대전된 전하의 양을 비교할 수 있다.
⑤ 대전체를 가까이 할 때 금속판에는 대전체와 같은 종류, 금속박에는 다른 종류의 전하가 유도된다.

10 대전되지 않은 검전기의 금속판에 대전체를 가까이 했을 때, 검전기의 대전 상태와 모습으로 옳은 것은?

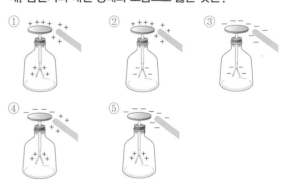

11 그림 (가)와 (나)는 (−)전하로 대전된 검전기의 금속판에 (+)전하로 대전된 금속 막대와 (−)전하로 대전된 금속 막대를 가까이 하는 모습을 각각 나타낸 것이다.

(가)   (나)

(가)와 (나)의 금속박에 나타나는 변화를 옳게 짝지은 것은?

<table>
<tr><td></td><td>(가)</td><td>(나)</td></tr>
<tr><td>①</td><td>더 벌어진다.</td><td>오므라든다.</td></tr>
<tr><td>②</td><td>더 벌어진다.</td><td>변화 없다.</td></tr>
<tr><td>③</td><td>오므라든다.</td><td>더 벌어진다.</td></tr>
<tr><td>④</td><td>오므라든다.</td><td>변화 없다.</td></tr>
<tr><td>⑤</td><td>변화 없다.</td><td>변화 없다.</td></tr>
</table>

[12~13] 그림은 (−)전하로 대전된 유리 막대와 대전되지 않은 검전기 사이에 금속 막대를 놓아 둔 실험 장치를 나타낸 것이다.

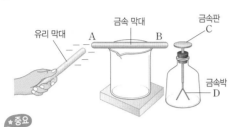

12 ★중요 유리 막대를 금속 막대의 A 부분에 가까이 할 때 검전기의 금속박이 벌어졌다. 이때 A~D에 각각 대전되는 전하의 종류를 옳게 짝지은 것은?

	A	B	C	D
①	(+)전하	(−)전하	(−)전하	(+)전하
②	(+)전하	(−)전하	(+)전하	(−)전하
③	(+)전하	(+)전하	(−)전하	(−)전하
④	(−)전하	(+)전하	(+)전하	(−)전하
⑤	(−)전하	(+)전하	(−)전하	(+)전하

13 ★중요 유리 막대를 금속 막대에 가까이 한 상태에서 손가락을 검전기의 금속판 C에 대었다가 유리 막대와 함께 멀리 치웠을 때, 검전기의 대전 상태로 옳은 것은?

14 원자핵과 전자로 구성된 원자가 전기적으로 중성인 까닭을 서술하시오.

KEY (+)전하, (−)전하

15 그림은 고무장갑을 끼고 유리 막대를 문지르는 모습을 나타낸 것이다. 두 물체를 마찰한 후 두 물체에 대전된 전하의 종류를 각각 쓰고, 그렇게 생각한 까닭을 서술하시오. (단, 유리가 고무보다 전자를 잃기 쉽다.)

KEY 전자 잃음 → (+)전하, 전자 얻음 → (−)전하

16 검전기를 통해 알 수 있는 사실 세 가지를 서술하시오.

KEY 물체의 대전, 전하의 양, 전하의 종류

17 그림과 같이 플라스틱 미끄럼틀을 타고 내려온 아이의 머리카락이 사방으로 뻗치는 까닭을 서술하시오.

KEY 마찰 전기

18 표는 물체 A~D를 두 물체끼리 서로 마찰했을 때 각 물체가 띠는 전하의 종류를 나타낸 것이다.

물체	(+)전하	(−)전하
A와 D	D	A
B와 C	C	B
B와 D	B	D
C와 D	C	D

A~D 중 두 물체를 마찰할 때 마찰 전기가 가장 잘 발생하는 물체끼리 옳게 짝지은 것은?

① A와 B   ② A와 C   ③ B와 C

④ B와 D   ⑤ C와 D

20 다음은 검전기를 대전시키는 실험 과정을 나타낸 것이다.

[실험 과정]
(가) (+)대전체를 대전되지 않은 검전기에 가까이 한다.
(나) 금속판에 손가락을 접촉한다.
(다) 대전체와 손가락을 동시에 치운다.

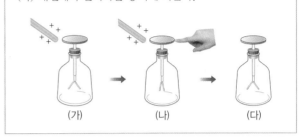

이 실험에 대한 설명으로 옳은 것은?

① (가) 단계에서 금속박은 (−)전하로 대전된다.
② (나) 단계에서 검전기에서 손가락으로 전자가 빠져나간다.
③ (나) 단계에서 금속박은 더 벌어진다.
④ (다) 단계에서 금속박은 오므라든다.
⑤ (다) 단계에서 금속판과 금속박은 모두 (−)전하를 띤다.

19 다음은 검전기를 이용한 정전기 유도 실험 과정과 결과를 나타낸 것이다.

[실험 과정과 결과]
(가) 금속박이 오므라들어 있는 검전기를 준비한다.
(나) (가)의 검전기의 금속판에 물체 A를 가까이 하였더니 금속박이 조금 벌어졌다.
(다) (가)의 검전기의 금속판에 물체 B를 가까이 하였더니 금속박이 많이 벌어졌다.
(라) (+)전하로 대전된 검전기를 준비하고, 검전기의 금속판에 물체 C를 가까이 하였더니 금속박이 더 벌어졌다.

이 실험을 통해서 알 수 있는 것을 |보기|에서 모두 고른 것은?

┌ 보기 ┐
ㄱ. A와 B는 다른 종류의 전하로 대전되어 있다.
ㄴ. A보다 B에 대전된 전하의 양이 많다.
ㄷ. C는 (+)전하를 띠고 있다.

① ㄱ   ② ㄷ   ③ ㄱ, ㄴ
④ ㄴ, ㄷ   ⑤ ㄱ, ㄴ, ㄷ

21 그림 (가)와 같이 (−)전하로 대전된 플라스틱 막대를 검전기에 가까이 한 상태에서 접지한 후 스위치를 열고 플라스틱 막대를 치운 다음, (나)와 같이 검전기에 (+)전하로 대전된 유리 막대를 가까이 했다.

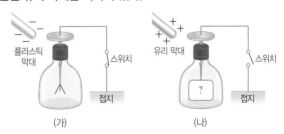

이에 대한 설명으로 옳은 것을 |보기|에서 모두 고른 것은?

┌ 보기 ┐
ㄱ. (가)에서 스위치를 열고 플라스틱 막대를 치웠을 때, 검전기는 (+)전하를 띤다.
ㄴ. (나)에서 전자는 금속판에서 금속박으로 이동한다.
ㄷ. (나)에서 금속박은 오므라든다.

① ㄱ   ② ㄷ   ③ ㄱ, ㄴ
④ ㄴ, ㄷ   ⑤ ㄱ, ㄴ, ㄷ

2 전류, 전압, 저항

- 전기 회로에서 전지의 전압이 전류를 흐르게 함을 모형으로 설명할 수 있다.
- 전류, 전압, 저항 사이의 관계, 저항의 직렬연결과 병렬연결의 쓰임새를 알 수 있다.

❶ 전류

1 전류 : 전하의 흐름   전자의 이동에 의해 전하가 운반되지~

(1) **전류의 방향과 전자의 이동 방향** : 전류의 방향은 전자의 이동 방향과 반대이다.

① 전류의 방향 : 전지의 (＋)극 → 전지의 (－)극

② 전자의 이동 방향 : 전지의 (－)극 → 전지의 (＋)극

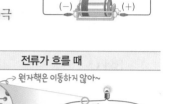

(2) **전선 속 전자의 운동**

전류가 흐르지 않을 때	전류가 흐를 때
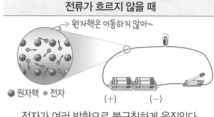	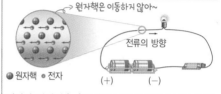
● 원자핵 ● 전자 (+) (-)	● 원자핵 ● 전자 (+) (-)
전자가 여러 방향으로 불규칙하게 움직인다.	전자가 전지의 (－)극에서 나와 전지의 (＋)극 방향으로 이동한다.

2 전류의 세기(I) : 1초 동안 전선의 단면을 통과하는 전하의 양으로, 전류계를 이용하여 측정한다.

[단위 : A(암페어), mA(밀리암페어), 1 A＝1000 mA]

↳ 프랑스 물리학자 앙페르의 이름을 따서 지은 거야!

❷ 전압

1 전압(V) : 전기 회로에 전류를 흐르게 하는 능력으로, 전압계를 이용하여 측정한다.

[단위 : V(볼트)]

2 전지 : 전기 회로에 전압을 계속 유지시키는 역할을 한다.

(1) 물의 높이 차가 있을 때 물이 흐르듯이 전압이 있으면 전류가 흐른다.

(2) 물의 높이 차가 클수록 물의 흐름이 세지듯이 전지의 전압이 클수록 더 센 전류를 흐르게 할 수 있다.

3 물의 흐름 모형과 전기 회로의 비교 : 전압에 의해 전류가 흐르는 것은 물의 높이 차에 의해 물이 흐르는 것에 비유할 수 있다.

물의 흐름 모형		전기 회로	
펌프로 물을 끌어올리면 물의 높이 차(수압)가 유지되어 물이 흐르면서 물레방아를 돌린다.		전지에 의해 전압이 유지되어 전기 회로에서 전류가 흐르면서 전구에 불이 들어온다.	
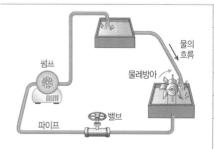	물의 흐름	전류	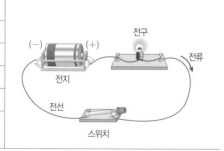
	물레방아	전구	
	밸브	스위치	
	파이프	전선	
	펌프	전지	
	물의 높이 차 (수압)	전압	

🔴 비타민

전류의 방향과 전자의 이동 방향이 반대인 까닭

전자의 존재를 알지 못했을 때 과학자들은 전류가 전지의 (＋)극에서 전선을 따라 전지의 (－)극으로 흐른다고 약속하였다. 그 후 전자의 존재가 알려지고, 전류는 (－)전하인 전자의 흐름으로 밝혀졌지만, 전류의 방향은 그대로 사용하기로 하여 전류의 방향과 전자의 이동 방향이 반대가 되었다.

전기 회로에서 전류의 세기

전류가 흐를 때, 전구(저항)를 통과하기 전후에 전류의 세기는 변하지 않는다(전하량 보존). 이때 전자가 가진 전기 에너지는 빛에너지, 열에너지 등으로 전환된다.

용어 & 개념 체크

❶ **전류**

01 전하의 흐름을 ☐☐라고 한다.

02 전류는 전지의 ☐극에서 ☐ 극으로 흐르고, 전자는 전지의 ☐극에서 ☐극으로 이동 한다.

03 전류의 세기는 전선의 단면을 ☐초 동안 통과하는 전하의 양으로 나타낸다.

❷ **전압**

04 전압은 전기 회로에 ☐☐를 흐르게 하는 능력이다.

05 물의 흐름 모형에서 펌프에 의해 수압을 유지하여 물이 흐르듯이, 전기 회로에서는 ☐☐에 의해 ☐☐을 유지 하며, 이로 인해 ☐☐가 흐른다.

01 전류에 대한 설명으로 옳은 것은 ○, 옳지 <u>않은</u> 것은 ×로 표시하시오.

(1) 전자가 전선을 따라 이동하면서 전하를 운반하는 것이다. ┈┈┈┈ ( )

(2) 전자의 이동 방향은 전류의 방향과 같다. ┈┈┈┈┈┈┈┈┈ ( )

(3) 전류가 흐르지 않는 전선에서 전자는 일정한 방향으로 이동한다. ┈ ( )

02 전압에 대한 설명으로 옳은 것은 ○, 옳지 <u>않은</u> 것은 ×로 표시하시오.

(1) 전지에 의해 전압이 유지되어 전류가 흐른다. ┈┈┈┈┈┈ ( )

(2) 전압의 단위는 A(암페어)를 사용한다. ┈┈┈┈┈┈┈┈┈ ( )

(3) 전지의 전압이 클수록 더 센 전류를 흐르게 할 수 있다. ┈┈┈┈ ( )

03 그림은 전류의 흐름을 물의 흐름에 비유한 모습을 나타낸 것이다.

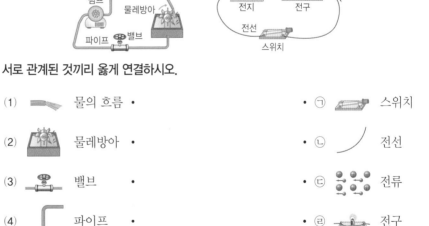

서로 관계된 것끼리 옳게 연결하시오.

(1)  물의 흐름 •　　　• ㉠ 스위치

(2) 물레방아 •　　　• ㉡ 전선

(3) 밸브 •　　　• ㉢ 전류

(4) 파이프 •　　　• ㉣ 전구

1%를 위한 비타민 전기 회로와 전기 회로도 → 전기 회로를 전기 회로도로 나타낼 때, 각각의 전기 기호를 알아두도록 하자!

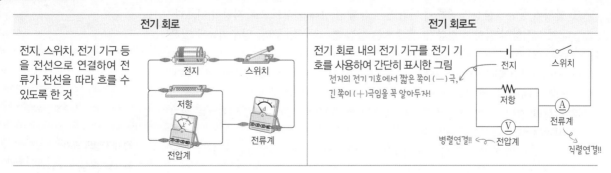

❸ 전류계와 전압계

1 전류의 세기와 전압의 측정 : 전기 회로에서 전류의 세기는 전류계, 전압은 전압계로 측정한다.

2 전류계와 전압계의 연결

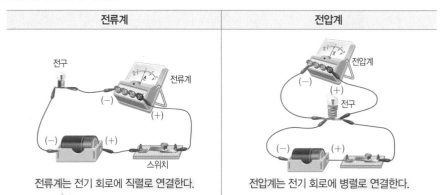

전류계	전압계
전류계는 전기 회로에 직렬로 연결한다.	전압계는 전기 회로에 병렬로 연결한다.

↳ 전류계를 전지에 직접 연결하거나 전기 회로에 병렬로 연결하면 너무 센 전류가 흘러 고장날 수 있어!

(1) **사용 방법**

① 전류계와 전압계의 (+)단자는 전지의 (+)극 쪽에, 전류계와 전압계의 (−)단자는 전지의 (−)극 쪽에 연결한다.　반대로 연결하면 전류계나 전압계가 고장날 수 있어~!

② 전류계와 전압계의 (−)단자에는 측정할 수 있는 최댓값이 표시되어 있으므로 큰 값의 단자부터 차례대로 연결한다.

(2) **눈금 읽는 방법** : 전기 회로에 연결된 (−)단자에 해당하는 눈금을 읽는다.

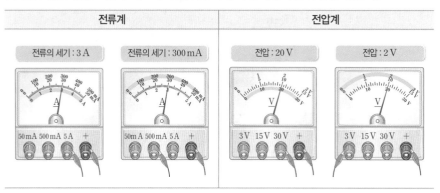

전류계		전압계	
전류의 세기 : 3 A	전류의 세기 : 300 mA	전압 : 20 V	전압 : 2 V
50 mA　500 mA　5 A　+	50 mA　500 mA　5 A　+	3 V　15 V　30 V　+	3 V　15 V　30 V　+

❹ 전기 저항과 옴의 법칙

1 전기 저항(저항, R) : 전류의 흐름 또는 전자의 이동을 방해하는 정도 [단위 : Ω(옴)]

(1) **전기 저항의 원인** : 전류가 흐를 때 전선을 따라 이동하는 전자들이 전선 내의 원자와 충돌하기 때문

(2) **전기 저항의 크기** : 전기 저항은 물질의 종류에 따라 다르며, 전선의 길이가 길수록, 전선의 단면적이 작을수록 크다.

① 물질의 종류 : 물질의 종류에 따라 원자의 배열 상태가 다르므로 저항이 다르다.

• 도체 : 저항이 작아서 전류가 잘 흐르는 물질 ⑩ 금, 은, 구리, 알루미늄과 같은 금속　자유 전자가 많아서 저항이 작아!

• 부도체(절연체) : 저항이 커서 전류가 잘 흐르지 않는 물질 ⑩ 플라스틱, 유리, 고무, 나무 등의 비금속　자유 전자가 적거나 없어서 저항이 커!

② 전선의 길이 : 전선이 길수록 전자가 원자와 충돌하는 횟수가 많아지므로 저항이 커진다.　저항은 전선의 길이에 비례해!

③ 전선의 단면적(굵기) : 전선의 단면적(굵기)이 클수록 한번에 많은 전자가 이동할 수 있으므로 저항이 작아진다.　저항은 전선의 단면적(굵기)에 반비례해!

🟠 비타민

전류계와 전압계 연결 시 주의 사항

• (+)단자와 (−)단자를 반대로 연결하면 바늘이 0보다 왼쪽으로 회전한다.

• 측정 범위가 작은 (−)단자부터 연결할 경우 바늘이 최댓값보다 오른쪽으로 회전한다.

전기 저항의 비유

못이 박힌 빗면을 굴러 내려가는 구슬의 운동에 비유할 수 있다.

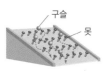

구슬의 운동	전자의 운동
빗면의 기울기	전선에 걸린 전압
구슬과 못의 충돌	전자와 원자의 충돌
빗면의 길이	전선의 길이
빗면의 폭	전선의 단면적

전기 저항의 크기

전기 저항의 크기 $\propto \dfrac{\text{전선의 길이}}{\text{전선의 단면적}}$

❸ 전류계와 전압계

06 전류의 세기는 ☐☐☐로 측정하고, 전압은 ☐☐☐로 측정한다.

07 전류계는 전기 회로에 ☐☐로 연결하고, 전압계는 전기 회로에 ☐☐로 연결한다.

❹ 전기 저항과 옴의 법칙

08 전류의 흐름 또는 전자의 이동을 방해하는 정도를 ☐☐☐☐이라고 한다.

09 전기 저항이 생기는 원인은 전선을 따라 이동하는 ☐☐가 전선 내의 원자와 충돌하기 때문이다.

04 전류계와 전압계에 대한 설명으로 옳은 것은 ○, 옳지 <u>않은</u> 것은 ×로 표시하시오.

(1) 전류계는 전기 회로에 직렬로 연결한다. ──────── ( )

(2) 전압계는 전기 회로에 병렬로 연결한다. ──────── ( )

(3) (+)단자는 전지의 (−)극 쪽에 연결하고, (−)단자는 전지의 (+)극 쪽에 연결한다. ──────── ( )

(4) (−)단자는 작은 값의 단자부터 차례대로 연결한다. ──────── ( )

05 그림 (가), (나)는 서로 다른 전기 회로에 각각 연결되어 있는 전류계와 전압계의 모습을 나타낸 것이다.

(가)　　　　　　　　　　(나)

(1) (가)의 전기 회로에 흐르는 전류의 세기는 몇 mA인지 쓰시오.

(2) (나)의 전기 회로에 걸리는 전압은 몇 V인지 쓰시오.

06 그림은 전기 회로에 흐르는 전류의 세기를 측정하기 위해 전류계를 연결했을 때 전류계의 눈금판을 나타낸 것이다.

전류계의 바늘이 왼쪽 끝으로 회전한 까닭을 쓰시오.

07 전기 저항에 대한 설명으로 옳은 것은 ○, 옳지 <u>않은</u> 것은 ×로 표시하시오.

(1) 전류의 흐름을 방해하는 정도를 나타낸다. ──────── ( )

(2) 물질의 종류에 관계없이 같은 값을 가진다. ──────── ( )

(3) 전선의 단면적이 같을 때, 전선의 길이가 길수록 저항이 작다. ──────── ( )

(4) 전선의 길이가 같을 때, 전선의 단면적이 클수록 저항이 작다. ──────── ( )

2 전류, 전압, 저항의 관계

전류와 전압의 관계	전류와 저항의 관계	전압과 저항의 관계
저항 일정 기울기= $\dfrac{전류}{전압}$ = $\dfrac{1}{저항}$ 비례 0 기울기↑ 저항↓ 전압	전압 일정 반비례 0 저항	전류 일정 비례 0 저항
저항이 일정할 때, 전압이 클수록 전류의 세기가 커진다. ➡ $I \propto V$	전압이 일정할 때, 저항이 클수록 전류의 세기가 작아진다. ➡ $I \propto \dfrac{1}{R}$	전류의 세기가 일정할 때, 저항이 클수록 저항에 걸린 전압이 커진다. ➡ $V \propto R$

3 옴의 법칙 : 전류, 전압, 저항의 관계를 정리한 법칙
➡ 전선에 흐르는 전류의 세기(I)는 전압(V)에 비례하고, 저항(R)에 반비례한다.

$$전류의\ 세기(I) = \dfrac{전압(V)}{저항(R)}$$

⑤ 저항의 연결

1 저항의 직렬연결 저항을 일렬로 연결하는 거야

(1) **전류의 세기** : 각 저항에 흐르는 전류의 세기는 전체 전류의 세기와 같다.
　➡ $I = I_1 = I_2$

(2) **전압** : 전체 전압은 각 저항에 걸리는 전압의 합과 같다.
　➡ $V = V_1 + V_2$

(3) **저항** : 저항을 직렬로 연결하는 것은 저항의 길이를 길게 만드는 것과 같다.
　① 저항을 많이 연결할수록 전체 저항은 커지고, 전체 전류의 세기는 작아진다.
　② 저항 하나의 연결이 끊어지면 회로 전체에 전류가 흐르지 않는다.

(4) **쓰임새** : 장식용 전구, 퓨즈, 화재 감지 장치 등

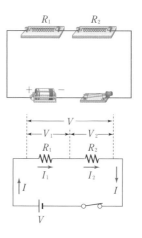

2 저항의 병렬연결 저항을 나란히 연결하는 거야

(1) **전류의 세기** : 전체 전류의 세기는 각 저항에 흐르는 전류의 세기의 합과 같다.
　➡ $I = I_1 + I_2$

(2) **전압** : 각 저항에 걸리는 전압은 전체 전압과 같다.
　➡ $V = V_1 = V_2$

(3) **저항** : 저항을 병렬로 연결하는 것은 저항의 단면적이 커지는 것과 같다.
　① 저항을 많이 연결할수록 전체 저항은 작아지고, 전체 전류의 세기는 커진다.
　② 저항 하나의 연결이 끊어져도 다른 저항에는 전류가 계속 흐른다.

(4) **쓰임새** : 멀티탭, 거리의 가로등, 건물의 전기 배선 등

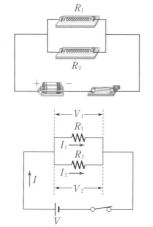

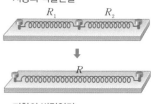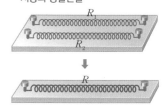

10 전선에 흐르는 전류의 세기는 전압에 ☐☐하고, 저항에 ☐☐☐한다.

❺ **저항의 연결**

11 저항이 ☐☐로 연결된 경우 각 저항에 흐르는 전류의 세기가 같다.

12 저항이 ☐☐로 연결된 경우 각 저항에 걸리는 전압이 같다.

08 10 Ω의 저항에 5 V의 전압을 걸어줄 때, 저항에 흐르는 전류의 세기는 몇 A인지 구하시오.

09 30 Ω의 저항에 0.5 A의 전류가 흐를 때, 저항에 걸리는 전압은 몇 V인지 구하시오.

10 3 V의 전압을 걸어줄 때, 0.6 A의 전류가 흐르는 저항은 몇 Ω인지 구하시오.

11 그림은 두 니크롬선 A, B에 각각 걸리는 전압과 흐르는 전류의 세기를 나타낸 것이다. 두 니크롬선의 저항의 비 (A : B)를 구하시오.

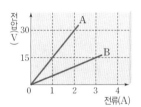

12 그림과 같은 전기 회로에 걸리는 전압은 몇 V인지 구하시오.

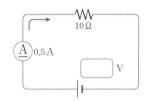

13 저항의 연결에 대한 설명으로 옳은 것은 ◯, 옳지 <u>않은</u> 것은 ×로 표시하시오.
(1) 저항을 직렬로 연결하는 것은 저항의 길이를 길게 만드는 것과 같다. ┄┄ ( )
(2) 저항을 직렬로 연결했을 때, 각 저항에 걸리는 전압의 합은 전기 회로 전체에 걸리는 전압과 같다. ┄┄┄┄┄┄ ( )
(3) 저항을 병렬로 연결했을 때, 각 저항에 흐르는 전류의 세기는 전기 회로 전체에 흐르는 전류의 세기와 같다. ┄┄┄┄ ( )
(4) 저항을 병렬로 연결했을 때, 저항을 많이 연결할수록 각 저항에 걸리는 전압이 작아진다. ┄┄┄┄┄┄┄┄ ( )

1%를 위한 비타민 저항의 직렬연결 vs 저항의 병렬연결(단, 사용한 전구와 전지는 모두 같다.)

전기 회로	전구의 직렬연결	전구의 직렬연결	전구의 병렬연결
전체 전압	$V_1 = V_2 = V_3$ ⟶ 전지의 전압은 그대로! 따라서 전체 전압은 변하지 않아~		
전체 저항	$R_1 > R_2 > R_3$ ⟶ 전구의 직렬연결에서는 저항이 커지고, 전구의 병렬연결에서는 저항이 작아져!		
전체 전류	$I_1 < I_2 < I_3$ ⟶ 전압은 일정하지만 저항이 달라졌지? 따라서 전체 전류의 세기는 저항에 반비례해서 달라져~!		
전구 1개의 밝기 전구의 밝기는 전류의 세기×전압에 비례해!	★	★★	★★
	전구에 흐르는 전류의 세기가 클수록 전구가 밝다.		

탐구 전류, 전압, 저항 사이의 관계

과정 ❶ 그림과 같이 길이가 긴 니크롬선의 양 끝에 걸리는 전압과 니크롬선에 흐르는 전류의 세기를 측정할 수 있도록 전기 회로를 연결한다.

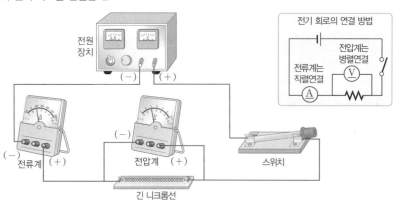

❷ 스위치를 닫고 전원 장치를 조절하여 전압계의 눈금이 1.5 V, 3.0 V, 4.5 V, 6.0 V일 때 전류의 세기를 측정하고, 그래프로 나타낸다.

❸ 길이가 짧은 니크롬선으로 바꾸어 과정 ❷를 반복한다.

결과 • 길이가 긴 니크롬선

전압(V)	1.5	3.0	4.5	6.0
전류(A)	0.04	0.08	0.11	0.15

• 길이가 짧은 니크롬선

전압(V)	1.5	3.0	4.5	6.0
전류(A)	0.08	0.15	0.23	0.30

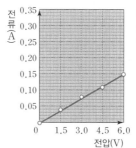

▲ 길이가 긴 니크롬선을 연결했을 때

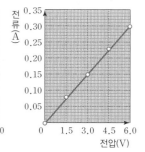

▲ 길이가 짧은 니크롬선을 연결했을 때

정리 • 전압과 전류의 세기는 비례한다.
• 전압이 같을 때 니크롬선의 길이가 짧을수록 전류의 세기는 커진다.

정답과 해설 19쪽

탐구 알약

01 위 실험에 대한 설명으로 옳은 것은 ○, 옳지 않은 것은 ×로 표시하시오.

⑴ 전압계는 측정하고자 하는 부분에 직렬로 연결해야 한다. .... (   )

⑵ 전류계는 전지에 직접 연결하거나 전기 회로에 병렬로 연결한다. .... (   )

⑶ 전류계의 눈금을 읽을 때는 전선을 연결한 (−)단자의 측정 범위 안에 있는 숫자를 읽어야 한다. .... (   )

⑷ 전기 회로에서 저항이 일정할 때 전류의 세기는 전압에 비례한다. .... (   )

⑸ 전기 회로에서 전압이 일정할 때 전류의 세기는 저항에 반비례한다. .... (   )

서술형

02 그림은 전지와 니크롬선을 연결한 전기 회로의 모습을 나타낸 것이다. 이 전기 회로에 흐르는 전류의 세기를 크게 하기 위한 방법을 두 가지만 서술하시오.

 KEY 전지, 니크롬선(저항)

탐구 전구의 직렬연결과 병렬연결

과정

❶ 직류 전원 장치에 전구 1개를 연결하여 전기 회로를 만들고, 전구의 밝기를 관찰한다.

❷ 직류 전원 장치에 전구 2개를 직렬연결한 전기 회로와 병렬연결한 전기 회로를 만들고, 전구의 밝기를 관찰한다.

❸ 과정 ❷의 각 전기 회로에서 전구 1개의 연결을 끊고, 나머지 전구의 변화를 관찰한다.

직류 전원 장치

전류계   전구

탐구 시 유의점

전지를 사용할 경우 전지 내부 저항에 의해 오차가 발생할 수 있으므로 직류 전원 장치를 사용한다.

결과

구분	과정 ❶	과정 ❷	과정 ❸
직렬연결		전구 1개의 밝기가 어두워짐	나머지 전구도 꺼짐
병렬연결		전구 1개의 밝기는 일정함	나머지 전구는 꺼지지 않음

정리

• 전구의 직렬연결 : 전구를 직렬연결하면 전기 회로의 전체 저항이 커져 전구 1개에 흐르는 전류의 세기가 작아지므로 전구 1개의 밝기가 어두워지고, 전류가 흐르는 통로가 하나이므로 두 전구 중 1개가 끊어지면 전기 회로 전체에 전류가 흐르지 않는다.

• 전구의 병렬연결 : 전구를 병렬연결하더라도 전구 1개에 흐르는 전류의 세기는 일정하므로 전구 1개의 밝기는 일정하고, 전류가 흐르는 통로가 나누어지므로 두 전구 중 1개가 끊어지더라도 다른 통로로 전류가 흐른다.

정답과 해설 19쪽

탐구 알약

03 위 실험에 대한 설명으로 옳은 것은 ○, 옳지 않은 것은 ×로 표시하시오.

⑴ 전구 2개를 직렬연결하는 것은 저항의 길이가 길어지는 것과 같은 효과가 나타난다. ……………( )

⑵ 전구 2개를 병렬연결하는 것은 저항의 단면적이 넓어지는 것과 같은 효과가 나타난다. ………( )

⑶ 전구 2개를 직렬연결했을 때 전구 1개의 연결을 끊으면 전기 회로 전체에 전류가 흐르지 않는다. …………( )

⑷ 전구 1개의 밝기는 전구 2개를 직렬연결했을 때보다 병렬연결했을 때가 더 어둡다. ……( )

서술형

04 그림은 동일한 전구 3개를 병렬연결한 전기 회로의 모습을 나타낸 것이다.

전구 1개의 연결이 끊어졌을 때, 나머지 전구의 밝기 변화를 그렇게 생각한 까닭과 함께 서술하시오.

 KEY

병렬연결, 전류

유형 클리닉

유형 ① 전류

그림 (가)와 (나)는 전선 속 전자의 운동을 나타낸 것이다.

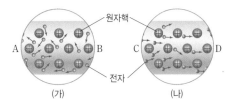

원자핵
A   B   C   D
전자
(가)   (나)

이에 대한 설명으로 옳은 것은?

① (가)의 경우 전류는 A에서 B 방향으로 흐른다.

② (가)의 경우 (+)전하가 여러 방향으로 불규칙하게 움직인다.

③ (나)의 경우 전류는 C에서 D 방향으로 흐른다.

④ (나)의 경우 C는 전지의 (−)극 쪽, D는 전지의 (+)극 쪽에 연결되어 있다.

⑤ (가)에서 (나)로 전자의 운동이 변했다면 흐르던 전류가 흐르지 않게 된 것이다.

전선 속 전자의 운동에 대한 문제가 출제된다~!!

✗ (가)의 경우 전류는 A에서 B 방향으로 ~~흐른다.~~
→ (가)는 전자가 여러 방향으로 불규칙하게 움직이고 있기 때문에 전류가 흐르지 않는 상태야~

✗ (가)의 경우 (+)전하가 여러 방향으로 불규칙하게 움직인다.
→ (가)의 경우 (−)전하를 띤 전자들이 여러 방향으로 불규칙하게 움직이고 있는 거야~! (+)전하를 띤 원자핵은 움직이지 않아~

✗ (나)의 경우 전류는 ~~C에서 D~~ 방향으로 흐른다.
→ (나)에서 전자가 C에서 D 방향으로 이동하고 있지? 전자의 이동 방향과 전류의 방향은 반대야! 따라서 전류는 D에서 C 방향으로 흘러~!

④ (나)의 경우 C는 전지의 (−)극 쪽, D는 전지의 (+)극 쪽에 연결되어 있다.
→ 전자의 이동 방향은 전지의 (−)극 → 전선 → 전지의 (+)극!! 전자가 C → D 방향으로 이동하고 있으니까 C가 전지의 (−)극 쪽, D가 전지의 (+)극 쪽에 연결되어 있어~

✗ (가)에서 (나)로 전자의 운동이 변했다면 ~~흐르던 전류가 흐르지 않게~~ 된 것이다.
→ (가)는 전류가 흐르지 않는 상태, (나)는 전류가 흐르는 상태야! 따라서 흐르지 않던 전류가 흐르게 된 것이겠지?

답 : ④

전류의 방향 : 전지의 (+)극 → 전지의 (−)극
전자의 이동 방향 : 전지의 (−)극 → 전지의 (+)극

유형 ② 전압계

그림은 어떤 전지의 전압을 측정하기 위해 전압계의 (−)단자를 15 V 단자에 연결했을 때 전압계의 모습을 나타낸 것이다. 이 전지의 전압을 측정하기 위해 전압계의 (−)단자를 다르게 연결할 경우 나타날 수 있는 전압계의 모습으로 적절한 것을 <u>모두</u> 고르면?

①  ②   ③

④  ⑤

전압계의 눈금을 읽는 문제가 출제된다!

15 V 단자에 연결했을 때 15 V가 최댓값인 맨 윗줄의 눈금을 보면, 전지의 전압이 10 V라는 것을 알 수 있지?!

✗① ② ✗③

이 전지의 전압은 10 V인데~ 3 V 단자에 연결했으니 바늘이 오른쪽 끝까지 돌아가겠지?

✗④ ⑤

30 V 단자에 연결했으면 가운데 줄의 숫자를 보면 돼~ 그 중에서 10을 가리키면 되겠지?

답 : ②, ⑤

전압계의 (−)단자가 어디에 연결되어 있는지 check!!
→ (−)단자의 범위에 해당하는 눈금을 읽는다!!

유형 ③ 전류, 전압, 저항의 관계

그림은 재질이 같은 두 니크롬선 A, B에 각각 걸리는 전압과 전류의 세기를 나타낸 것이다.

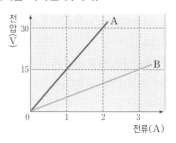

이에 대한 설명으로 옳은 것은?

① 저항의 크기는 A보다 B가 크다.
② 이 그래프에서 기울기는 저항의 역수를 나타낸다.
③ 두 니크롬선의 단면적이 같다면 A의 길이는 B의 길이의 3배이다.
④ 두 니크롬선의 길이가 같다면 A의 단면적은 B의 단면적의 3배이다.
⑤ 이 그래프를 통해 전류의 세기와 저항은 비례한다는 것을 알 수 있다.

※ 그래프!! ➡ x축, y축 물리량 꼭 확인!!! 이 문제에서는 x축 ➡ I, y축 ➡ V!

✗ 저항의 크기는 A보다 B가 크다.
→ 이 그래프의 기울기는 저항을 나타내~ 따라서 A의 저항 = $\dfrac{15\,\text{V}}{1\,\text{A}}$ = 15 Ω, B의 저항 = $\dfrac{15\,\text{V}}{3\,\text{A}}$ = 5 Ω이야!

✗ 이 그래프에서 기울기는 저항의 역수를 나타낸다.
→ 가로축(x축)이 전류, 세로축(y축)이 전압인 그래프의 기울기는 $\dfrac{전압}{전류}$ = 저항을 나타내~ 기울기가 큰 A의 저항이 B의 저항보다 커!!

③ 두 니크롬선의 단면적이 같다면 A의 길이는 B의 길이의 3배이다.
→ A의 저항이 B의 저항의 3배!! 두 니크롬선의 단면적이 같다면 저항은 니크롬선의 길이에 비례하기 때문에 A의 길이는 B의 길이의 3배야!

✗ 두 니크롬선의 길이가 같다면 A의 단면적은 B의 단면적의 3배이다.
→ 저항은 니크롬선의 단면적에 반비례하기 때문에 두 니크롬선의 길이가 같다면 A의 단면적은 B의 단면적의 $\dfrac{1}{3}$배가 돼!

✗ 이 그래프를 통해 전류의 세기와 저항은 비례한다는 것을 알 수 있다.
→ A와 B 모두 전류의 세기가 커질수록 전압도 커지지? 이것을 통해 전류의 세기와 전압은 비례한다는 것을 알 수 있어! 전류의 세기와 저항은 반비례!!

답 : ③

 $I-V$ 그래프 → 기울기는 저항!

유형 ④ 저항의 연결

그림 (가)~(다)는 동일한 전지와 전구를 이용하여 만든 3개의 전기 회로를 나타낸 것이다.

 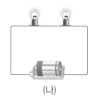 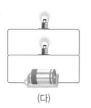
(가)   (나)   (다)

이 3개의 전기 회로의 특징으로 옳은 것은? (단, 전구의 밝기는 전류의 세기에 비례한다.)

① 전기 회로 전체에 걸리는 전압은 (가)에서가 (나)에서보다 크다.
② 전구 1개의 밝기는 (나)에서 가장 밝다.
③ (나)에서 두 전구에 흐르는 전류의 세기는 다르다.
④ 전기 회로 전체에 흐르는 전류의 세기는 (다)에서가 가장 작다.
⑤ 전기 회로의 전체 저항의 크기는 (나)>(가)>(다)이다.

저항의 직렬연결과 병렬연결을 비교하는 문제가 출제된다. 각 연결 방법의 특징을 알아두재!!

✗ 전기 회로 전체에 걸리는 전압은 (가)에서가 (나)에서보다 크다.
→ 세 전기 회로 모두 전지는 1개만 연결되어 있으니까 전체 전압은 같아~!

✗ 전구 1개의 밝기는 (나)에서 가장 밝다.
→ 전구 1개에 흐르는 전류의 세기는 (가)=(다)>(나) 순이야~ 그러니까 (나)에서가 가장 어두워!

✗ (나)에서 두 전구에 흐르는 전류의 세기는 다르다.
→ (나)에서는 저항(전구)을 직렬연결했지? 저항을 직렬연결할 때 두 저항에 각각 흐르는 전류의 세기는 전체 전류의 세기와 같아!

✗ 전기 회로 전체에 흐르는 전류의 세기는 (다)에서가 가장 작다.
→ 저항(전구)을 병렬연결하면 전체 저항이 작아지고, 전류의 세기는 커져~! 그래서 전류의 세기는 (다)에서 가장 커!

⑤ 전기 회로의 전체 저항의 크기는 (나)>(가)>(다)이다.
→ 전체 저항은 저항(전구)이 병렬연결된 경우가 가장 작고, 직렬연결된 경우가 가장 커~!

답 : ⑤

 저항의 크기 : 저항을 병렬연결<나 홀로 저항<저항을 직렬연결!

❶ 전류

01 전류에 대한 설명으로 옳지 <u>않은</u> 것은?

① 전류의 단위는 A(암페어)를 사용한다.
② 전류는 전지의 (+)극 쪽에서 (−)극 쪽으로 흐른다.
③ 원자핵이 (−)전하를 운반하여 전류가 흐른다.
④ 전류의 방향은 전자의 이동 방향과 반대 방향이다.
⑤ 전류의 세기는 단위 시간 동안 전선의 단면을 지나는 전하의 양이다.

02 ★중요 전류가 흐르고 있는 전선 속 전자와 전류의 흐름으로 옳은 것은? (단, ⊕는 원자핵, ⊖는 전자이다.)

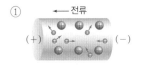

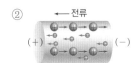

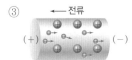

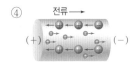

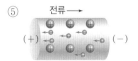

❷ 전압

03 그림 (가)와 (나)는 물의 흐름 모형과 전기 회로의 모습을 나타낸 것이다.

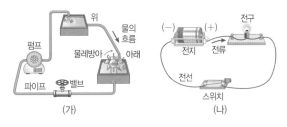

(가)와 (나)에서 비슷한 역할을 하는 것을 옳게 짝지은 것은?

	(가)	(나)		(가)	(나)
①	밸브	전구	②	펌프	전지
③	파이프	전구	④	물레방아	전지
⑤	물의 흐름	전압			

❸ 전류계와 전압계

04 전류계와 전압계에 대한 설명으로 옳은 것을 |보기|에서 모두 고른 것은?

┌─ **보기** ┐
ㄱ. 전기 회로에 전류계는 직렬로 연결하고, 전압계는 병렬로 연결한다.
ㄴ. 전류계와 전압계는 모두 전지에 직접 연결한다.
ㄷ. 전류계와 전압계의 (+)단자는 전지의 (+)극 쪽에, (−)단자는 전지의 (−)극 쪽에 연결한다.
ㄹ. 전류계의 (−)단자는 측정 범위가 작은 단자부터 연결하고, 전압계의 (−)단자는 측정 범위가 큰 단자부터 연결한다.
└────────┘

① ㄱ, ㄷ   ② ㄱ, ㄹ   ③ ㄴ, ㄷ
④ ㄱ, ㄴ, ㄹ   ⑤ ㄴ, ㄷ, ㄹ

05 전기 회로에 흐르는 전류의 세기와 전구에 걸리는 전압을 측정하기 위해 전류계와 전압계를 전기 회로에 옳게 연결한 것은?

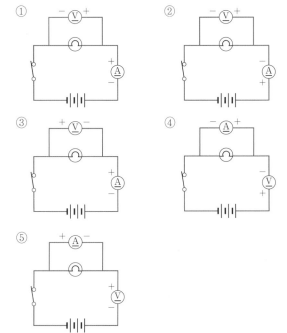

06 ★중요 그림은 어떤 전기 회로에 흐르는 전류의 세기를 측정하기 위해 전류계의 (−)단자를 500 mA 단자에 연결했을 때 전류계의 눈금을 나타낸 것이다. 이 전기 회로에 흐르는 전류의 세기를 측정하기 위해 전류계의 (−)단자를 다르게 연결했을 때 나타날 수 있는 전류계의 모습으로 적절한 것을 <u>모두</u> 고르면?

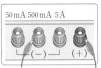

①  ②  ③

④  ⑤

④ 전기 저항과 옴의 법칙

07 ★중요 전기 저항에 대한 설명으로 옳지 <u>않은</u> 것은?

① 물질의 종류에 따라 다르다.
② 저항은 전류의 흐름을 방해한다.
③ 저항은 전선이 굵고 짧을수록 작아진다.
④ 전압이 일정할 때 저항이 작을수록 전류의 세기는 작아진다.
⑤ 저항은 전선을 흐르는 전자와 전선 속 원자의 충돌에 의해 발생한다.

08 그림은 재질이 같은 두 전선 A, B를 나타낸 것이다. 두 전선의 전기 저항의 비(A : B)는?

① 1 : 2 ② 1 : 3 ③ 3 : 1
④ 3 : 2 ⑤ 3 : 4

09 표는 서로 다른 전기 회로 (가)~(다)의 전압, 전류의 세기, 저항을 나타낸 것이다.

구분	전압	전류의 세기	저항
(가)	(㉠)V	500 mA	4 Ω
(나)	8 V	(㉡)mA	40 Ω
(다)	30 V	5 A	(㉢)Ω

㉠~㉢에 들어갈 값을 옳게 짝지은 것은?

	㉠	㉡	㉢		㉠	㉡	㉢
①	2	0.2	6	②	2	200	6
③	2	200	150	④	8	0.2	6
⑤	8	0.2	150				

10 ★중요 그림 (가)는 전기 회로의 모습을 나타낸 것이고, (나)는 이 전기 회로의 전지 개수를 변화시키면서 전압과 전류의 세기를 측정하여 나타낸 것이다.

(가)　　　　(나)

이 전기 회로에서 전기 저항은 몇 Ω인가?

① 2 Ω ② 3 Ω ③ 6 Ω
④ 15 Ω ⑤ 20 Ω

11 그림은 어떤 니크롬선에 흐르는 전류와 걸리는 전압을 측정하기 위해 연결한 전류계와 전압계의 눈금을 나타낸 것이다.

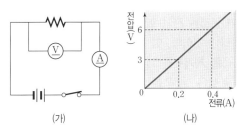

이 니크롬선의 저항은 몇 Ω인가?

① 1 Ω ② 5 Ω ③ 10 Ω
④ 20 Ω ⑤ 30 Ω

⑤ 저항의 연결

12 저항의 병렬연결에 대한 설명으로 옳은 것을 |보기|에서 모두 고른 것은?

┌─ 보기 ┌─────────────────────────────────
ㄱ. 연결된 저항의 개수가 많을수록 전체 저항은 작아진다.
ㄴ. 전체 전압은 각 저항에 걸리는 전압과 같다.
ㄷ. 전체 전류의 세기는 각 저항에 흐르는 전류의 세기의 합과 같다.
ㄹ. 저항을 병렬로 연결하는 것은 저항의 길이를 길게 만드는 것과 같다.
└────────────────────────────────────

① ㄱ, ㄴ ② ㄱ, ㄹ ③ ㄷ, ㄹ
④ ㄱ, ㄴ, ㄷ ⑤ ㄴ, ㄷ, ㄹ

중요
13 그림은 동일한 꼬마 전구 A~C가 연결된 전기 회로의 모습을 나타낸 것이다. 이 전기 회로에서 C를 제거했을 때 예상되는 변화로 옳은 것은? (단, 전구의 밝기는 전류의 세기에 비례한다.)

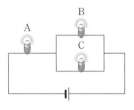

① A만 꺼진다.
② B만 꺼진다.
③ A는 더 밝아진다.
④ A와 B 모두 꺼진다.
⑤ A와 B 모두 꺼지지 않는다.

14 |보기|는 저항의 연결을 이용한 예를 나타낸 것이다. 저항을 직렬연결한 예와 병렬연결한 예를 옳게 짝지은 것은?

┌─ 보기 ┌─────────────────────────────────
ㄱ. 가로등 ㄴ. 멀티탭 ㄷ. 전기 배선
ㄹ. 퓨즈 ㅁ. 화재 감지 장치
└────────────────────────────────────

	직렬연결	병렬연결	직렬연결	병렬연결
①	ㄱ, ㄷ	ㄴ, ㄹ, ㅁ	② ㄴ, ㄹ	ㄱ, ㄷ, ㅁ
③	ㄹ, ㅁ	ㄱ, ㄴ, ㄷ	④ ㄱ, ㄷ, ㅁ	ㄴ, ㄹ
⑤	ㄷ, ㄹ, ㅁ	ㄱ, ㄴ		

---

15 그림과 같은 전기 회로도에 전류계를 연결하여 전류의 세기를 측정하려고 한다.

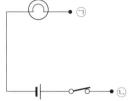

전구에 흐르는 전류의 세기 예상 값이 0.35 A 정도라 할 때, 회로의 ㉠과 ㉡은 각각 전류계의 500 mA, 5 A, (+)단자 중 어느 단자에 연결해야 하는지 쓰고, 그렇게 생각한 까닭을 서술하시오.

KEY
전류계의 (+)단자 – 전지의 (+)극,
전류계의 (−)단자 – 전지의 (−)극

---

16 전기 저항의 원인을 간단히 서술하고, 전선의 전기 저항의 크기에 영향을 미치는 요인을 세 가지 쓰시오.

KEY
전자, 원자

---

17 그림과 같이 동일한 전구를 연결했을 때, A~C 중 밝기가 같은 전구 2개를 고르고, 그렇게 생각한 까닭을 서술하시오.

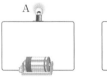

KEY
전구의 밝기∝전류의 세기, 병렬연결

18 그림 (가)와 같이 전류계의 (−)단자가 500 mA에 연결되어 있을 때 전류계의 바늘이 (나)와 같았다.

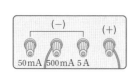

(가)　　　　　　　　　(나)

(−)단자를 50 mA에 바꿔 연결하였을 때, 전류계의 바늘의 움직임으로 옳은 것은?

① 변함이 없다.
② 0을 가리킨다.
③ 10 mA를 가리킨다.
④ 왼쪽 끝으로 돌아간다.
⑤ 오른쪽 끝으로 돌아간다.

19 그림은 재질이 같은 두 니크롬선 A, B에 걸리는 전압과 흐르는 전류의 세기를 나타낸 것이다. 이에 대한 설명으로 옳은 것은?

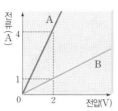

① 저항은 A가 B보다 크다.
② 이 그래프에서 기울기는 저항을 나타낸다.
③ 두 니크롬선의 단면적이 같다면, B의 길이는 A의 길이의 4배이다.
④ A의 단면적이 B의 단면적의 4배라면, A의 길이는 B의 길이의 2배이다.
⑤ A의 길이가 B의 길이의 2배라면, A의 단면적은 B의 $\frac{1}{2}$배이다.

20 그림 (가)는 전기 회로의 모습을 나타낸 것이고, (나)는 이 전기 회로의 전압을 변화시키면서 전압의 변화에 따른 전류의 세기를 측정하여 나타낸 것이다.

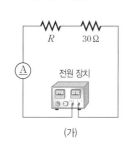

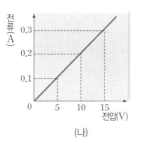

(가)　　　　　　　　　(나)

(가)에 연결된 저항 R는 몇 Ω인가?

① 1 Ω　　　　② 10 Ω　　　　③ 15 Ω
④ 20 Ω　　　　⑤ 50 Ω

21 그림과 같은 회로에서 전류계와 전압계가 나타내는 눈금이 각각 (가), (나)와 같았다.

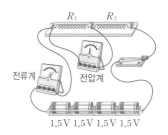

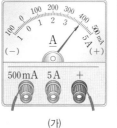

(가)　　　　　　　　　(나)

이때 저항 R_1은 몇 Ω인가?

① 5 Ω　　　　② 10 Ω　　　　③ 15 Ω
④ 20 Ω　　　　⑤ 30 Ω

22 그림은 풍식이네 집에서 사용하는 전기 기구들이 연결된 전기 회로를 나타낸 것이다.

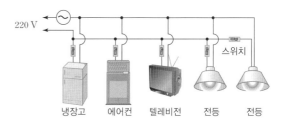

이에 대한 설명으로 옳은 것을 |보기|에서 모두 고른 것은?

┌─ 보기 ┌─
ㄱ. 모든 전기 기구를 사용하게 되면 저항 값이 최대가 된다.
ㄴ. 모든 전기 기구를 사용하다가 에어컨과 텔레비전의 전원을 끄게 되면 전체 전류가 감소한다.
ㄷ. 각 병렬연결 회로에 스위치가 하나씩 연결되어 있으므로 한 전기 기구의 스위치를 꺼도 나머지는 사용이 가능하다.

① ㄱ　　　　② ㄷ　　　　③ ㄱ, ㄴ
④ ㄴ, ㄷ　　　⑤ ㄱ, ㄴ, ㄷ

3 전류의 자기 작용

전류의 자기 작용을 관찰하고, 자기장 안에 놓인 전류가 흐르는 코일이 받는 힘을 이용하여 전동기의 원리를 설명할 수 있다.

❶ 전류와 자기장

1 자석에 의한 자기장

자기력은 전기력과 비슷하게 끌어당기는 힘과 밀어내는 힘 두 가지가 있어~

(1) **자기력** : 자석과 자석 또는 자석과 쇠붙이 사이에 작용하는 힘 ➡ 인력과 척력이 있다.

(2) **자기장과 자기력선**

① 자기장 : 자기력이 작용하는 공간

② 자기장의 방향 : 나침반 바늘의 N극이 가리키는 방향

자석 주위의 자기장은 N극에서 나와서 S극으로 들어가는 방향으로 형성돼~

③ 자기력선 : 눈에 보이지 않는 자기장의 모습을 선으로 나타낸 것

> **자기력선의 성질**
> • N극에서 나와 S극으로 들어간다.
> • 서로 교차하거나 끊어지지 않는다.
> • 자기력선의 간격이 좁을수록 자기장의 세기가 크다.
> • 자기력선상의 한 점에서 그은 접선 방향이 그 점에서의 자기장의 방향이다.

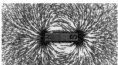
▲ 막대자석 주위의 철가루

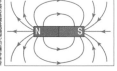
▲ 막대자석 주위의 자기력선

2 전류에 의한 자기장 : 전류가 흐르는 도선 주위에는 자기장이 형성된다.

(1) **직선 도선 주위의 자기장** : 도선을 중심으로 동심원 모양

① 자기장의 방향 : 전류의 방향으로 오른손의 엄지손가락을 향하게 하고 도선을 감아쥘 때 나머지 네 손가락의 방향

② 자기장의 세기 : 도선에 흐르는 전류의 세기가 클수록, 도선으로부터의 거리가 가까울수록 크다.

 직선 전류에 의한 자기장의 세기 $\propto \dfrac{전류의 세기}{도선으로부터의 거리}$

전류가 위쪽으로 흐르면 자기장은 시계 반대 방향이야~

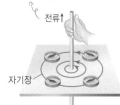
▲ 직선 도선 주위의 자기장

(2) **원형 도선 주위의 자기장** : 원의 중심에서는 직선 모양, 도선 가까운 곳에서는 동심원 모양

① 자기장의 방향 : 전류의 방향으로 오른손의 엄지손가락을 향하게 하고 도선을 감아쥘 때 나머지 네 손가락의 방향

② 원형 도선 중심에서의 자기장의 세기 : 도선에 흐르는 전류의 세기가 클수록, 원형 도선의 반지름이 작을수록 크다.

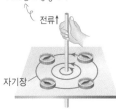
▲ 원형 도선 주위의 자기장

(3) **코일 주위의 자기장** : 코일의 내부에서는 직선 모양, 외부에서는 막대자석 주위의 자기장과 비슷한 모양

① 코일 내부에서의 자기장의 방향 : 오른손의 네 손가락을 전류의 방향으로 하고 코일을 감아쥘 때 엄지손가락이 향하는 방향

② 자기장의 세기 : 코일에 흐르는 전류의 세기가 클수록, 코일을 촘촘히 감을수록 크다.

③ 전자석 : 코일에 전류가 흐를 때 자기장이 형성되는 현상을 이용하여 코일 속에 철심을 넣어 만든 자석

• 특징 : 전류의 방향이 바뀌면 전자석의 극도 바뀌며, 자기장의 세기가 크고, 전류의 세기를 조절하여 자석의 세기를 조절할 수 있다.

• 이용 : 자동문 개폐기, 자기 부상 열차, 스피커, 자기 공명 장치(MRI), 전자석 기중기 등

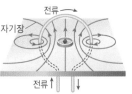
▲ 코일 주위의 자기장

◯ 비타민

외르스테드(Ørsted, H. C., 1777 ~1851)

덴마크의 과학자로, 1820년 도선 주위의 나침반 바늘의 N극이 북쪽이 아닌 다른 방향을 가리키는 것을 발견하였다. 이는 도선에 흐르는 전류에 의해 자기장이 형성되기 때문이다. 19세기 초기까지는 자기장과 전기장은 서로 다른 것으로 생각되어 왔으나, 외르스테드에 의해 전류와 자기 작용이 알려지면서 서로 밀접한 관계가 있음을 알게 되었다.

자기력에 의한 인력과 척력

• 인력 : 다른 극끼리 서로 끌어당기는 힘

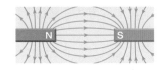

• 척력 : 같은 극끼리 서로 밀어내는 힘

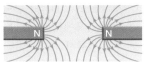

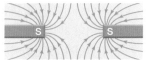

지구 자기장

지구는 북극 부근이 S극, 남극 부근이 N극인 커다란 자석이 지구 내부에 있는 것처럼 자기장을 형성한다. 나침반의 N극이 항상 북쪽을 가리키는 까닭도 지구 자기장 때문이다.

전자석

전자석의 세기는 코일에 흐르는 전류의 세기가 클수록, 코일을 촘촘히 감을수록 크다.

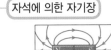

전류의 자기 작용

자석에 의한 자기장

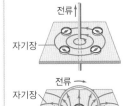

전류에 의한 자기장

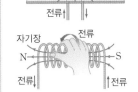

자기장 속에서 도선이 받는 힘

힘의 방향
자기장의 방향
전류의 방향
전동기

용어 & 개념 체크

❶ **전류와 자기장**

01 자석이 서로 밀어내거나 끌어당기는 힘을 □□□이라고 하며, 자기장의 모습을 보기 쉽게 선으로 나타낸 것을 □□□□이라고 한다.

02 자기장의 방향은 나침반 바늘의 □극이 가리키는 방향이다.

03 직선 도선에 전류가 흐르면 □□□ 모양의 자기장이 생긴다.

04 직선 도선에 의한 자기장의 세기는 도선에 흐르는 □□의 세기가 클수록, 도선으로부터의 거리가 가까울수록 □□.

05 □□□은 코일 속에 철심을 넣어 만든 것으로, 전류가 흐를 때만 자석의 성질을 띤다.

01 전류와 자기장에 대한 설명으로 옳은 것은 ○, 옳지 않은 것은 ×로 표시하시오.

(1) 자석과 자석이 서로 밀어내거나 끌어당기는 힘을 자기력이라고 한다. ····· ( )
(2) 자석에 의해 만들어지는 자기력이 미치는 공간을 자기장이라고 한다. ····· ( )
(3) 자석 주위의 자기장은 N극에서 나와 S극으로 들어가는 방향으로 형성된다.
　　　　　　　　　　　　　　　　　　　　　　　　　　　　　　　　　　　　( )
(4) 전류가 흐르는 도선 주위에는 자기장이 형성된다. ····· ( )
(5) 직선 도선 주위의 자기장의 세기는 도선에 흐르는 전류의 세기가 클수록, 도선으로부터의 거리가 멀수록 크다. ····· ( )
(6) 자기력선은 서로 교차할 수는 있지만, 끊어지지는 않는다. ····· ( )

02 그림은 막대자석 주위의 자기력선의 모양을 나타낸 것이다. 그림을 보고 학생들이 토론한 내용 중 옳지 않은 내용을 말한 학생을 고르시오.

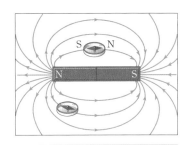

풍식 : 자기력선은 N극에서 나와서 S극으로 들어가.
풍순 : 자기력선은 서로 교차하거나 끊어지지 않아.
풍자 : 자기력선의 간격이 좁을수록 자기장의 세기도 커.
풍돌 : 자석의 양 끝에 가까워질수록 자기장의 세기가 작아진다.
풍만 : 자석 주변의 자기력선은 철가루를 뿌리면 알 수 있지.

03 다음은 코일에 전류가 흐를 때 코일 주위에 형성되는 자기장에 대한 설명이다. 빈칸에 알맞은 말을 쓰시오.

전류가 흐르는 코일에서 오른손의 네 손가락을 (㉠　　　)의 방향으로 하고 코일을 감아쥘 때 엄지손가락이 향하는 방향이 코일 내부에서의 (㉡　　　)의 방향이다. 코일 주위의 (㉢　　　)의 세기는 코일에 흐르는 전류의 세기가 클수록, 코일을 촘촘히 감을수록 (㉣　　　).

04 그림 (가)와 (나)에서 전류가 흐르는 도선 주위에 놓인 나침반 바늘의 방향을 각각 그리시오.

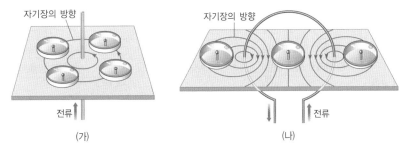

(가)　　　　　　　　　　　　(나)

e3 전류의 자기 작용

2 자기장 속에서 전류가 흐르는 도선이 받는 힘

1 자기장 속에서 전류가 흐르는 도선은 힘(자기력)을 받는다.

2 자기장 속에서 **전류가 흐르는 도선이 받는 힘의 방향** : 전류의 방향과 자기장의 방향에 각각 수직인 방향으로 힘을 받는다.

➡ 오른손의 네 손가락을 자기장의 방향, 엄지손가락을 전류의 방향으로 향하게 할 때, 손바닥이 향하는 방향이 도선이 받는 힘의 방향이다.

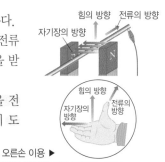

오른손 이용 ▶

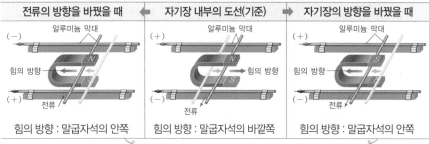

전류의 방향을 바꿨을 때	자기장 내부의 도선(기준)	자기장의 방향을 바꿨을 때
힘의 방향 : 말굽자석의 안쪽	힘의 방향 : 말굽자석의 바깥쪽	힘의 방향 : 말굽자석의 안쪽

↳ 도선이 받는 힘의 방향은 전류의 방향, 자기장의 방향에 따라 달라져! ↲

3 자기장 속에서 전류가 흐르는 도선이 받는 힘의 크기

(1) 자기장 속에서 전류가 흐르는 도선이 받는 힘의 크기는 전류의 세기가 클수록, 자기장의 세기가 클수록 크다.

(2) 전류의 방향과 자기장의 방향이 수직일 때 도선이 받는 힘의 크기가 가장 크다.

▲ 전류와 자기장의 방향에 따른 힘의 크기

전류의 방향과 자기장의 방향이 이루는 각도가 줄어들면 도선이 받는 힘의 크기도 작아져~
전류의 방향과 자기장의 방향이 서로 나란하면 도선은 아무런 힘도 받지 않게 되지~!

3 전동기

1 **전동기** : 자기장 속에서 전류가 흐르는 코일이 받는 힘을 이용하여 전기 에너지를 역학적 에너지로 전환시키는 장치

2 **전동기의 구조와 원리** : 양쪽에 서로 다른 극의 자석이 맞대고 떨어져 있으며, 자석 사이에 코일이 들어 있다. 전동기에서 정류자는 코일에 흐르는 전류의 방향을 바꾸어 주는 역할을 해~ 코일이 반 바퀴 회전할 때마다 전류를 일시적으로 차단하여 계속 같은 방향으로 회전하게 하지~

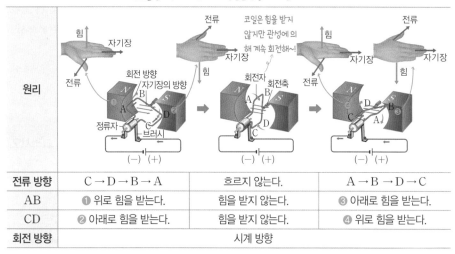

전류 방향	C → D → B → A	흐르지 않는다.	A → B → D → C
AB	❶ 위로 힘을 받는다.	힘을 받지 않는다.	❸ 아래로 힘을 받는다.
CD	❷ 아래로 힘을 받는다.	힘을 받지 않는다.	❹ 위로 힘을 받는다.
회전 방향	시계 방향		

3 **전동기의 이용** : 전기 에너지를 사용해 작동하는 대부분의 전기 기구에 이용된다.
➡ 선풍기, 세탁기, 전기차, 헤어드라이어, 스피커, 로봇 청소기, 휴대 전화의 진동 등

⊖ 비타민

힘의 방향을 찾는 다른 방법

▲ 플레밍 왼손 법칙

왼손의 세 손가락을 직각으로 만들면 엄지손가락이 도선이 받는 힘의 방향이며, 둘째 손가락이 자기장의 방향, 가운데 손가락이 전류의 방향이다.

자기장 속에서 전류가 흐르는 도선이 힘을 받는 까닭

자석에 의한 자기장과 전류가 흐르는 도선에 의해 생기는 자기장이 겹칠 때, 두 자기장이 같은 방향으로 겹치면 자기장의 세기가 커지고, 반대 방향으로 겹치면 자기장의 세기가 작아진다. 따라서 자기력선의 밀도 차로 인해 도선은 자기장의 세기가 큰 쪽에서 작은 쪽으로 힘을 받게 된다.

자기장 속에서 전류가 흐르는 도선이 받는 힘을 이용한 기구

• 스피커 : 코일에 전류가 흐르면 코일이 자석으로부터 힘을 받아 진동한다.
• 전류계 : 코일에 전류가 흐르면 전류의 세기만큼 바늘이 회전하여 전류를 측정할 수 있다.

스피커의 구조

자석에 의해 형성된 자기장 속에서 코일에 전류가 흐르면 코일에 연결된 진동판이 진동하면서 소리를 발생시킨다.

용어 & 개념 체크

❷ 자기장 속에서 전류가 흐르는 도선이 받는 힘

06 자기장 속에서 전류가 흐르는 도선이 받는 힘의 크기는 ☐☐의 세기가 클수록, 자기장의 세기가 클수록 ☐☐.

07 자기장 속에 놓인 도선에 ☐☐가 흐르면, 도선은 전류의 방향과 자기장의 방향에 각각 ☐☐인 방향으로 힘을 받는다.

08 전류의 방향과 자기장의 방향이 ☐☐☐ 경우 도선은 힘을 받지 않고, ☐☐☐ 경우 도선이 받는 힘은 최대가 된다.

❸ 전동기

09 전동기는 자기장 속에서 전류가 흐르는 도선이 받는 힘을 이용하여 ☐☐ 에너지를 ☐☐☐ 에너지로 전환하는 장치이다.

05 다음은 오른손을 이용하여 자기장 속에서 전류가 흐르는 도선이 받는 힘의 방향을 알아보는 방법을 나타낸 것이다. 빈칸에 알맞은 말을 쓰시오.

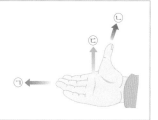

그림과 같이 오른손의 네 손가락을 (㉠   )의 방향, 엄지손가락을 (㉡   )의 방향으로 향하게 할 때, 손바닥이 향하는 방향이 (㉢   )의 방향이다.

06 자기장 속에서 전류가 흐르는 도선이 받는 힘에 대한 설명으로 옳은 것은 ○, 옳지 <u>않은</u> 것은 ×로 표시하시오.

(1) 전류의 방향과 자기장의 방향이 나란할 때 도선이 받는 힘의 크기가 가장 크다.
　　　　　　　　　　　　　　　　　　　　　　　　　　　　　　　　　　　　　　(　)

(2) 자기장 속에서 전류가 흐르는 도선이 받는 힘의 크기는 전류의 세기가 클수록 크다. (　)

(3) 스피커, 전류계 등은 자기장 속에 놓인 도선에 전류가 흐를 때 도선이 받는 힘을 이용한 기구이다. (　)

07 그림은 전류가 흐르는 도선이 자기장 속에서 받는 힘을 알아보기 위해 설치한 실험 장치를 나타낸 것이다. 이 실험에서 (가)도선이 받는 힘의 방향과, 전류의 방향이 반대로 바뀌었을 때 (나)도선이 받는 힘의 방향을 각각 쓰시오.

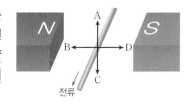

08 그림 (가)~(다) 중에서 자기장의 세기와 전류의 세기가 동일할 때, 도선이 받는 힘의 크기가 큰 것부터 순서대로 나열하시오.

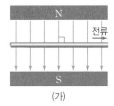
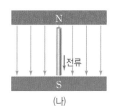
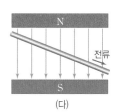

(가)　　　　　　　　　(나)　　　　　　　　　(다)

09 전동기를 이용한 기구로 옳지 <u>않은</u> 것은?

① 선풍기　　　② 세탁기　　　③ 전기차　　　④ 발전기　　　⑤ 휴대 전화

과정
❶ 직류 전원 장치, 스위치, 코일, 가변 저항기를 연결한다.

❷ 자기장 실험 장치의 코일 주위에 나침반 8개를 놓고, 스위치를 닫은 후 나침반 바늘의 N극이 가리키는 방향을 확인해 기록한다.

❸ 전류의 방향을 바꾼 후 과정 ❷를 반복한다.

> **탐구 시 유의점**
> 전류가 흐르면 코일이 뜨거워져 화상의 위험이 있으므로 나침반 바늘의 움직임만 확인한 후 스위치를 열어 전류를 차단해야 한다.

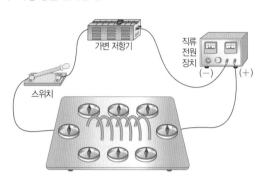

결과
· 과정 ❷에서 전류가 흐르면 나침반 바늘의 N극은 코일 주위에 생긴 자기장의 방향을 가리킨다.

· 과정 ❸에서 전류의 방향이 바뀌면 나침반 바늘의 N극이 가리키는 방향이 과정 ❷에서의 방향과 반대가 된다.

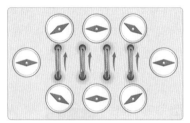
▲ 과정 ❷의 결과

▲ 과정 ❸의 결과

정리
· 전류가 흐르는 코일 주위에는 자기장이 발생하며, 전류의 방향에 따라 자기장의 방향이 바뀐다.
· 오른손의 네 손가락을 코일에 흐르는 전류의 방향으로 감아쥘 때 엄지손가락이 향하는 방향이 코일 내부에서의 자기장의 방향이다.

정답과 해설 22쪽

탐구 알약

01 그림 (가)와 (나)는 과정 ❷, ❸에서 전류가 흐르는 코일 바깥쪽의 자기장을 자기력선으로 나타낸 것이다.

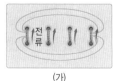

(가)   (나)

코일에 흐르는 전류에 의한 자기장의 방향을 자기력선 위에 화살표로 각각 표시하시오.

02 위 실험에 대한 설명으로 옳은 것은 ○, 옳지 <u>않은</u> 것은 ×로 표시하시오.

⑴ 전류가 흐르는 경우에만 자기장이 생긴다. ········· (   )
⑵ 자기장의 세기는 전류의 세기가 클수록 크다. ······ (   )
⑶ 전류의 방향을 바꾸어도 자기장의 방향은 바뀌지 않는다.
   ································ (   )
⑷ 전류가 흘러도 코일 내부에는 자기장이 생기지 않는다.
   ································ (   )
⑸ 전류가 흐를 때 자기장의 모양은 막대자석에 의한 자기장의 모양과 비슷하다. ···· (   )

 자기장 속에서 전류가 흐르는 도선이 받는 힘

 ❶ 전기 그네를 직류 전원 장치에 연결하고, 스위치를 닫는 순간 전기 그네가 움직이는 방향을 관찰한다.

❷ 과정 ❶의 실험 장치에서 전원 장치의 극을 반대로 하고, 스위치를 닫는 순간 전기 그네가 움직이는 방향을 관찰한다.

❸ 과정 ❶의 실험 장치에서 말굽자석의 극을 반대로 하고, 스위치를 닫는 순간 전기 그네가 움직이는 방향을 관찰한다.

(탐구 시 유의점)
스위치를 장시간 닫고 있을 경우 전기 그네에서 열이 발생할 수 있다.

 • 과정 ❶에서 전기 그네가 힘을 받아 말굽자석의 바깥쪽으로 이동한다. _전류가 흐르는 도선 주위에는 자기장이 생겨~_

• 과정 ❷에서 전류가 흐르는 방향이 바뀌면, 전기 그네가 받는 힘의 방향이 반대로 바뀐다.

• 과정 ❸에서 말굽자석의 극을 반대로 하면, 전기 그네가 받는 힘의 방향이 반대로 바뀐다.

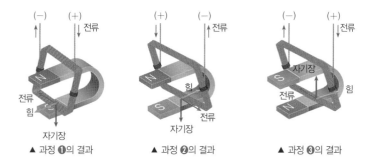

▲ 과정 ❶의 결과　　▲ 과정 ❷의 결과　　▲ 과정 ❸의 결과

정리 • 자기장 속에 있는 도선에 전류가 흐르면 도선이 힘을 받는다.
• 자기장 속에서 전류가 흐르는 도선이 받는 힘의 방향은 전류의 방향과 자기장의 방향에 따라 달라진다.

정답과 해설 22쪽

탐구 알약

서술형

 위 실험의 과정 ❶과 같이 장치한 후, 회로에 전류를 흘려보냈다.

(1) 전기 그네가 움직이는 방향을 반대로 하기 위한 방법을 서술하시오.

KEY　　전류의 방향, 자기장의 방향

_____

(2) 전기 그네가 움직이는 정도를 크게 하기 위한 방법을 서술하시오.

KEY　　전류의 세기, 자기장의 세기

_____

 그림과 같이 전기 회로를 연결하였다.

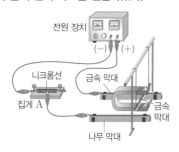

이에 대한 설명으로 옳은 것은 ○, 옳지 않은 것은 ×로 표시하시오.

(1) 자석의 극과 전류의 방향을 동시에 바꾸면 전기 그네는 처음과 같은 방향으로 움직인다. ·················· (　　)

(2) 집게 A를 왼쪽으로 옮기면 전기 그네는 더 크게 움직인다. ·················· (　　)

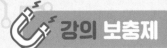 **강의 보충제** | **전류에 의한 자기장 : 직접 그려 보기**

> ❶ 전류에 의한 자기장의 방향과 세기를 물어보는 문제는 시험에 항상 출제되는 패턴이야~!
> 직선 도선, 원형 도선, 코일에서 전류가 흐를 때 자기장의 방향과 세기를 알아보자~!

01 직선 도선 주위의 자기장 : 오른손을 흔들흔들~~

직선 도선 아래 나침반	직선 도선 위 나침반

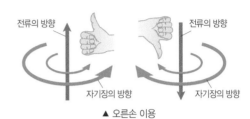

▲ 오른손 이용

02 직선 도선 주위의 자기장의 모양 : 동심원 모양~!! 직선 전류에 의한 자기장은 도선을 중심으로 동심원을 그려~ 전류의 방향이 바뀌면 자기장의 방향도 바뀌지~!

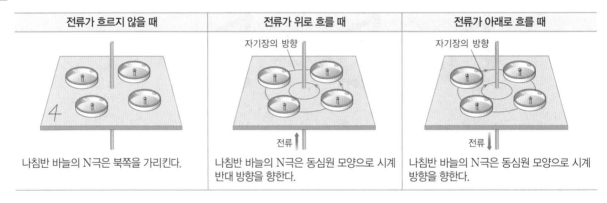

전류가 흐르지 않을 때	전류가 위로 흐를 때	전류가 아래로 흐를 때
나침반 바늘의 N극은 북쪽을 가리킨다.	나침반 바늘의 N극은 동심원 모양으로 시계 반대 방향을 향한다.	나침반 바늘의 N극은 동심원 모양으로 시계 방향을 향한다.

03 직선 도선 주위의 자기장의 세기 : 전류의 세기에 비례~! 도선으로부터의 거리에 반비례~!

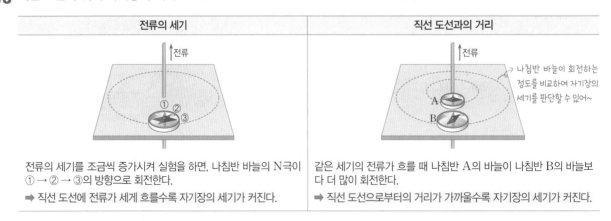

전류의 세기	직선 도선과의 거리
전류의 세기를 조금씩 증가시켜 실험을 하면, 나침반 바늘의 N극이 ① → ② → ③의 방향으로 회전한다.	같은 세기의 전류가 흐를 때 나침반 A의 바늘이 나침반 B의 바늘보다 더 많이 회전한다.
➡ 직선 도선에 전류가 세게 흐를수록 자기장의 세기가 커진다.	➡ 직선 도선으로부터의 거리가 가까울수록 자기장의 세기가 커진다.

> 📌 직선 도선 주위의 자기장의 세기 : **전류의 세기에 비례**, 도선으로부터의 **거리에 반비례!**

04 원형 도선 주위의 자기장 : 오른손의 엄지손가락은 전류~ 네 손가락은 자기장~

전류의 방향
자기장의 방향
▲ 자기장의 방향
원형 도선이 만드는 자기장의
세기는 중심에서 가장 커~!

전류
전류
전류
▲ 원형 도선이 만드는 자기장

원형 도선 주위의 나침반 방향 1	원형 도선 주위의 나침반 방향 2
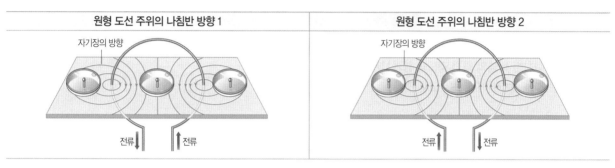	

05 코일 주위의 자기장 : 오른손의 네 손가락은 전류~ 엄지손가락은 자기장~

코일 주위의 자기장	코일 주위의 나침반 방향
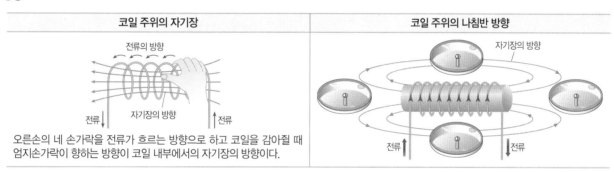	

오른손의 네 손가락을 전류가 흐르는 방향으로 하고 코일을 감아칠 때
엄지손가락이 향하는 방향이 코일 내부에서의 자기장의 방향이다.

① 전류가 흐르는 코일 주위의 자기장은 막대자석 주위의 자기장과 유사
하여 코일 내부에 철심이 들어가면 전자석으로 이용할 수 있다.
→ 철심을 넣으면 자기장의 세기가 더 커지기 때문이야~

② 코일에 의한 자기장은 각각의 원형 도선에 의한 자기장을 중첩하여
구할 수 있다. → 그럼 코일을 감은 횟수가 많을수록 자기장의 세기도 커지겠지?!

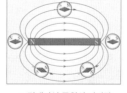

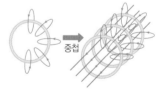

▲ 막대자석 주위의 자기장   ▲ 원형 도선과 코일 주위의 자기장

• 정답

도선 아래 나침반	도선 위 나침반	전류가 흐르지 않을 때	전류가 위로 흐를 때	전류가 아래로 흐를 때

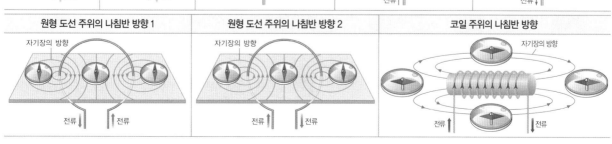

원형 도선 주위의 나침반 방향 1	원형 도선 주위의 나침반 방향 2	코일 주위의 나침반 방향

유형 클리닉

유형 ① 직선 전류에 의한 자기장

그림과 같이 수평면 위에 나침반을 놓고, 그 위에 직선 도선을 남북 방향으로 연결한 전기 회로를 설치한 후 전류를 흘려주었더니 나침반 바늘이 회전하였다.

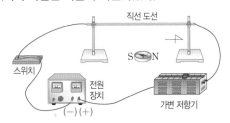

이 실험에서 나침반 바늘의 회전 각도를 증가시키기 위한 방법으로 옳은 것을 |보기|에서 모두 고른 것은?

┌ 보기 ┐
ㄱ. 직선 도선의 양쪽에 걸어주는 전압을 증가시킨다.
ㄴ. 가변 저항기의 저항을 작게 한다.
ㄷ. 직선 도선과 나침반 사이의 거리를 가깝게 한다.

① ㄴ   ② ㄷ   ③ ㄱ, ㄴ
④ ㄱ, ㄷ   ⑤ ㄱ, ㄴ, ㄷ

직선 도선 주위에 생기는 자기장에 대해 묻는 문제가 출제된다!

ㄱ 직선 도선의 양쪽에 걸어주는 전압을 증가시킨다.
→ 전압이 증가할수록 직선 도선에 흐르는 전류의 세기가 커져~ 따라서 나침반 바늘의 회전 각도가 증가하는 거야~!

ㄴ 가변 저항기의 저항을 작게 한다.
→ 가변 저항기의 저항을 작게 하면 전기 회로에 흐르는 전류의 세기가 커지지! 전류의 세기가 커지면 자기장의 세기도 커지고, 나침반 바늘의 회전 각도가 커지는 거야~

ㄷ 직선 도선과 나침반 사이의 거리를 가깝게 한다.
→ 직선 도선에 의한 자기장의 세기는 직선 도선으로부터의 거리에 반비례해~ 거리를 가깝게 하면 자기장의 세기는 더 커지겠지?!

답 : ⑤

> 직선 도선에 의한 자기장의 세기
> → 전류의 세기에 비례!, 거리에 반비례!

유형 ② 원형 전류에 의한 자기장

그림은 바닥면과 나란하게 놓인 원형 도선에 전류가 흐르는 모습을 나타낸 것이다.

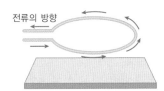

이 원형 도선에 의해 나타나는 자기력선의 모양과 같은 모양의 자기력선을 나타내는 자석으로 옳은 것은?

①   ②   ③

④   ⑤

원형 도선 주위에 생기는 자기장에 대해 묻는 문제가 출제된다!

원형 도선 각 지점에서 오른손의 엄지손가락을 전류의 방향으로 향하게 하고 도선을 감아쥘 때 네 손가락의 방향이 도선 주위의 자기장의 방향이야~ 원형 도선 중심에서 자기장은 위쪽으로 향해~

③ 그림과 같이 전류가 흐르면 위쪽 방향으로 자기장이 형성되지~ 이와 같은 모양의 자기력선을 나타내는 자석은 위쪽이 N극, 아래쪽이 S극이 되어야 해~

답 : ③

> 원형 도선에 의한 자기장의 방향
> → 오른손의 엄지손가락 : 전류의 방향!, 네 손가락 : 자기장의 방향!!

유형 ③ 전류가 흐르는 도선이 받는 힘

그림과 같이 전기 그네를 말굽자석의 N극과 S극 사이에 장치하고 스위치를 닫았다.

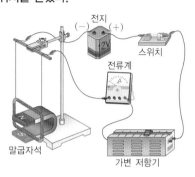

이에 대한 설명으로 옳은 것을 |보기|에서 모두 고른 것은?

┌─ 보기 ─────────────────────────────
ㄱ. 전기 그네는 말굽자석 바깥쪽으로 힘을 받는다.
ㄴ. 전류의 방향을 반대로 하면 전기 그네가 받는 힘의 방향도 반대가 된다.
ㄷ. 전기 그네에 흐르는 전류의 세기가 작아지면 전기 그네는 말굽자석 안쪽으로 들어간다.
────────────────────────────────────

① ㄱ ② ㄷ ③ ㄱ, ㄴ ④ ㄴ, ㄷ ⑤ ㄱ, ㄴ, ㄷ

전기 그네와 같은 실험 장치에서 전류의 방향과 자기장의 방향을 바꾸거나 전류의 세기, 자기장의 세기를 바꾸었을 때 도선이 받는 힘의 변화를 물어보는 문제가 자주 출제된다!

ㄱ 전기 그네는 말굽자석 바깥쪽으로 힘을 받는다.
→ 말굽자석에서 자기장의 방향은 N극에서 S극으로 아래쪽 방향이고, 자기장 속의 전기 그네에서 전류의 방향은 왼쪽이야~ 따라서 전기 그네는 말굽자석 바깥쪽으로 힘을 받는 거지!!

ㄴ 전류의 방향을 반대로 하면 전기 그네가 받는 힘의 방향도 반대가 된다.
→ 전기 그네가 받는 힘의 방향에 영향을 미치는 요인은 전류의 방향, 자기장의 방향이야~!!

✗ 전기 그네에 흐르는 전류의 세기가 작아지면 전기 그네는 말굽자석 안쪽으로 들어간다.
→ 전류의 세기가 작아지면 전기 그네가 움직이는 정도만 달라져~ 힘의 방향이 바뀌는 건 아니야~!!

답 : ③

> 전기 그네가 받는 힘의 방향은
> 전류의 방향이 바뀌면 : 반대~
> 자기장의 방향이 바뀌면 : 반대~
> 둘 다 바뀌면 : 그대로~!!

유형 ④ 전동기

그림은 전동기가 회전하는 모습을 순서 없이 나타낸 것이다.

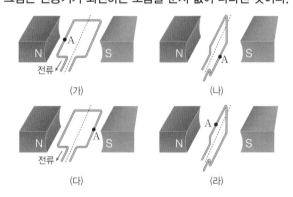

전동기의 회전 순서를 옳게 나열한 것은? (단, 전동기의 처음 모습은 (가)이다.)

① (가) ─ (나) ─ (다) ─ (라) ─ (가)
② (가) ─ (나) ─ (라) ─ (다) ─ (가)
③ (가) ─ (다) ─ (나) ─ (라) ─ (가)
④ (가) ─ (다) ─ (라) ─ (나) ─ (가)
⑤ (가) ─ (라) ─ (다) ─ (나) ─ (가)

전동기의 원리를 묻는 문제가 출제된다!

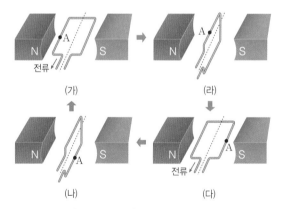

(가)에서 A는 위쪽으로 힘을 받아 시계 방향으로 회전해~
(라)에서 전류가 흐르지 않지만 관성에 의해 같은 방향으로 회전하다가 (다)에서는 아래쪽으로 힘을 받게 되고, (나)에서 또 전류가 흐르지 않지만 관성에 의해 계속 회전해~
따라서 전동기의 회전 순서는 시계 방향인 (가) ─ (라) ─ (다) ─ (나) ─ (가)야!

답 : ⑤

> 정류자 : 반 바퀴마다 전류의 방향을 바꿔~
> → 코일은 한쪽 방향으로 계속 회전!

실전 백신

① 전류와 자기장

01 두 자석 사이에 형성된 자기력선의 모습으로 옳은 것은?

02 자석과 자기장에 대한 설명으로 옳은 것을 |보기|에서 모두 고른 것은?

┌─ 보기 ┐
ㄱ. 자석의 양 끝에서 자기장의 세기가 가장 작다.
ㄴ. 자석의 같은 극끼리는 척력이, 다른 극끼리는 인력이 작용한다.
ㄷ. 나침반 바늘의 N극이 항상 북쪽을 가리키는 것은 지구의 북극이 N극을 띠기 때문이다.

① ㄱ   ② ㄴ   ③ ㄱ, ㄷ
④ ㄴ, ㄷ   ⑤ ㄱ, ㄴ, ㄷ

03 그림은 막대자석 주변의 자기력선을 나타낸 것이다.

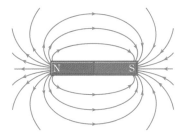

이에 대한 설명으로 옳지 <u>않은</u> 것은?

① 자기력선은 N극에서 나와서 S극으로 들어간다.
② 자기장의 세기는 자기력선의 굵기로 나타낸다.
③ 자기력선은 끊어지거나 교차하지 않는 폐곡선을 형성한다.
④ 자기장의 방향은 나침반 바늘의 N극이 가리키는 방향이다.
⑤ 전류가 흐르는 코일 주위에 나타나는 자기력선과 비슷하다.

04 그림은 전류가 흐르는 직선 도선 주위에 뿌린 철가루의 모양을 나타낸 것이다. 이에 대한 설명으로 옳지 <u>않은</u> 것은?

① 자기장은 동심원 모양이다.
② 자기장의 세기는 전류의 세기가 클수록 크다.
③ 자기장의 방향은 전류의 방향에 따라 달라진다.
④ 도선에서 멀어질수록 자기장의 세기는 작아진다.
⑤ 자기력선의 간격은 도선으로부터의 거리에 관계없이 일정하다.

05 그림은 종이면에 수직으로 놓여 있는 4개의 도선 A~D에 전류를 흘려 주었을 때 도선 주위에 생기는 자기력선의 방향을 나타낸 것이다. 각 도선에 흐르는 전류의 방향으로 옳은 것은?

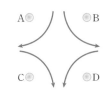

① A와 C는 종이면에서 나오는 방향, B와 D는 종이면에 들어가는 방향이다.
② A와 D는 종이면에서 나오는 방향, B와 C는 종이면에 들어가는 방향이다.
③ B와 C는 종이면에서 나오는 방향, A와 D는 종이면에 들어가는 방향이다.
④ B와 D는 종이면에서 나오는 방향, A와 C는 종이면에 들어가는 방향이다.
⑤ C와 D는 종이면에서 나오는 방향, A와 B는 종이면에 들어가는 방향이다.

★중요
06 그림과 같은 원형 도선에 화살표 방향으로 전류를 흘려보냈다. 나침반 A~C의 N극이 가리키는 방향을 옳게 짝지은 것은?

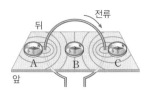

	A	B	C			A	B	C
①	뒤	뒤	뒤		②	뒤	앞	뒤
③	앞	뒤	앞		④	앞	앞	앞
⑤	앞	뒤	뒤					

07 그림은 코일 내부에 철심을 넣은 전자석의 모습을 나타낸 것이다.

이에 대한 설명으로 옳지 <u>않은</u> 것은?

① 전류가 흐를 때만 자석이 된다.
② 전자석의 오른쪽은 N극을 띤다.
③ 전자석의 세기는 전류의 세기에 비례한다.
④ 전자석의 세기는 코일의 감은 횟수가 많을수록 크다.
⑤ 전류의 방향이 반대로 바뀌어도 전자석의 극은 바뀌지 않는다.

❷ 자기장 속에서 도선이 받는 힘

08 전류가 흐르는 도선이 자석이 만든 자기장 속에 놓여 있을 때, 도선이 받는 힘에 대한 설명으로 옳은 것은?

① 자기장의 세기가 커지면 도선이 받는 힘의 크기는 작아진다.
② 전류의 방향과 자기장의 방향, 도선이 받는 힘의 방향은 전혀 관련이 없다.
③ 전류의 방향과 자기장의 방향이 나란할 때 도선이 받는 힘의 크기가 가장 크다.
④ 도선에 흐르는 전류의 방향이 바뀌어도 도선이 받는 힘의 방향은 바뀌지 않는다.
⑤ 전류의 방향과 자기장의 방향을 모두 반대로 바꾸면 도선이 받는 힘의 방향은 바뀌지 않는다.

09 자석의 N극과 S극 사이에 도선을 두고 전류를 흐르게 했을 때, 도선이 받는 힘의 방향으로 옳은 것은?

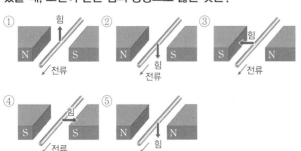

[10~12] 다음은 전기 그네를 이용한 실험 과정을 나타낸 것이다.

[실험 과정]
(가) 그림과 같이 말굽자석 사이에 전기 그네를 놓고 전기 회로를 연결한다.
(나) 스위치를 닫고 전류가 흐를 때 전기 그네의 움직임을 관찰한다.
(다) 전원 장치의 극을 바꾸어 연결하고 전기 그네의 움직임을 관찰한다.

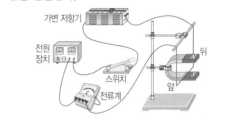

10 과정 (나)에서 전기 그네가 말굽자석 바깥쪽으로 움직였을 때, 이에 대한 설명으로 옳은 것을 |보기|에서 모두 고른 것은?

보기
ㄱ. 말굽자석 사이에서 전류는 뒤쪽으로 흐른다.
ㄴ. 과정 (다)에서 전기 그네는 말굽자석 안쪽으로 움직인다.
ㄷ. 전원 장치와 말굽자석의 극을 동시에 바꾸면 전기 그네는 말굽자석 안쪽으로 움직인다.

① ㄱ   ② ㄴ   ③ ㄱ, ㄷ
④ ㄴ, ㄷ   ⑤ ㄱ, ㄴ, ㄷ

11 이 실험에서 전기 그네가 움직이는 방향을 반대로 하기 위한 방법으로 옳은 것은?

① 말굽자석을 2개 설치한다.
② 말굽자석의 세기를 증가시킨다.
③ 전기 그네의 크기를 크게 한다.
④ 전원 장치의 전압을 증가시킨다.
⑤ 자석의 N극과 S극의 위치를 바꾼다.

12 이 실험에서 전기 그네가 받는 힘의 크기를 변화시키기 위한 방법으로 옳은 것을 |보기|에서 모두 고른 것은?

보기
ㄱ. 말굽자석의 세기를 변화시킨다.
ㄴ. 전류를 반대 방향으로 흘려준다.
ㄷ. 전원 장치의 전압의 크기를 변화시킨다.

① ㄱ   ② ㄴ   ③ ㄱ, ㄷ   ④ ㄴ, ㄷ   ⑤ ㄱ, ㄴ, ㄷ

13 그림은 자석의 N극과 S극 사이에 전류가 흐르는 도선이 놓여 있는 모습을 나타낸 것이다. 자기장 속에서 도선이 받는 힘에 대한 설명으로 옳은 것은?

① 도선은 자기장에 수직인 방향으로 놓여 있다.
② 도선은 자기장의 방향과 같은 방향으로 힘을 받는다.
③ 도선은 자기장의 방향과 반대 방향으로 힘을 받는다.
④ 전류와 자기장의 방향이 나란하므로 도선은 힘을 받지 않는다.
⑤ 도선은 전류와 자기장의 방향에 관계없이 항상 같은 크기의 힘을 받는다.

❸ 전동기

14 그림은 전동기의 구조를 나타낸 것이다. 코일에 전류를 흘려주었을 때, 코일의 왼쪽과 오른쪽이 받는 힘의 방향을 옳게 짝지은 것은?

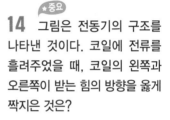

	왼쪽	오른쪽
①	A	H
②	B	F
③	C	G
④	C	F
⑤	D	E

15 그림은 전동기의 코일에 전류가 흐르는 모습을 나타낸 것이다.

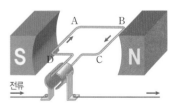

이에 대한 설명으로 옳은 것을 |보기|에서 모두 고른 것은?

> **보기**
> ㄱ. AB 부분은 힘을 받지 않는다.
> ㄴ. 코일은 시계 반대 방향으로 회전한다.
> ㄷ. 전류의 방향이 반대로 바뀌면 코일이 회전하는 방향도 바뀐다.

① ㄱ   ② ㄴ   ③ ㄱ, ㄷ
④ ㄴ, ㄷ   ⑤ ㄱ, ㄴ, ㄷ

16 그림과 같이 직선 도선 위에 나침반을 놓고 전류를 흘려주었다. A~D 중 나침반 바늘의 N극이 가리키는 방향을 고르고, 그렇게 생각한 까닭을 서술하시오.

KEY 엄지손가락, 네 손가락

17 코일에 전류를 흘려보낼 때 코일에 의한 자기장의 세기를 증가시킬 수 있는 방법을 두 가지 서술하시오.

KEY 전류의 세기, 코일의 감은 수

18 그림과 같이 말굽자석 안에 알루미늄 포일을 놓았다.

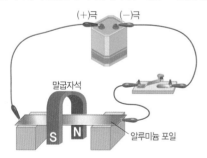

스위치를 닫고 알루미늄 포일에 전류를 흘려주었을 때 알루미늄 포일이 움직이는 방향을 쓰고, 그렇게 생각한 까닭을 서술하시오.

KEY 전류의 방향, 자기장의 방향, 힘의 방향

19 그림 (가)와 (나)는 전류에 의해 형성되는 자기장을 알아보기 위한 실험 장치의 모습을 나타낸 것이다.

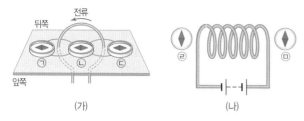

(가)   (나)

나침반 ㉠~㉤의 바늘에 대한 설명으로 옳은 것은?

① ㉠, ㉡, ㉢의 N극은 뒤쪽을 가리킨다.

② ㉠, ㉢의 N극은 뒤쪽을 가리키고, ㉡의 N극은 앞쪽을 가리킨다.

③ ㉠, ㉢의 N극은 앞쪽을 가리키고, ㉡의 N극은 뒤쪽을 가리킨다.

④ ㉣, ㉤의 N극은 오른쪽을 가리킨다.

⑤ ㉣의 N극은 왼쪽을 가리키고, ㉤의 N극은 오른쪽을 가리킨다.

20 그림과 같이 종이면에 놓인 직선 도선에 화살표의 방향으로 전류가 흐르고 있다. 도선으로부터의 거리가 각각 r, $2r$인 지점 A, B에 대한 설명으로 옳은 것을 | 보기 |에서 모두 고른 것은?

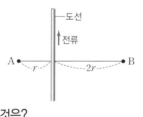

| 보기 |

ㄱ. A와 B에서 자기장의 방향은 반대이다.

ㄴ. A보다 B에서 자기장의 세기가 더 크다.

ㄷ. 전류의 방향이 바뀌면 A와 B에서 자기장의 세기가 달라진다.

① ㄱ   ② ㄷ   ③ ㄱ, ㄴ
④ ㄴ, ㄷ   ⑤ ㄱ, ㄴ, ㄷ

21 그림과 같이 2개의 전자석 사이에 직선 도선을 놓고, 화살표 방향으로 전류를 흘려주었다.

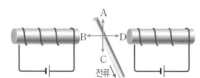

이 도선에 작용하는 힘의 방향은?

① A   ② B   ③ C
④ D   ⑤ 힘을 받지 않는다.

22 그림과 같은 실험 장치에서 스위치를 닫는 순간 알루미늄 막대가 받는 힘의 방향은? (단, U자형 금속은 전류가 흐를 때만 전자석이 된다.)

① A   ② B
③ C   ④ D
⑤ 힘을 받지 않는다.

23 다음은 간이 전동기를 만드는 실험 과정을 나타낸 것이다.

[실험 과정]

(가) 에나멜선을 전지에 여러 번 감아 코일 모양으로 만든다.

(나) 사포를 이용하여 코일의 한쪽 끝은 에나멜을 완전히 벗기고, 반대쪽은 반만 벗긴다.

(다) 구멍 뚫린 금속판을 전지의 양쪽 끝에 고정한다.

(라) 전지 위에 네오디뮴 자석을 고정하고, 금속판의 구멍에 코일의 벗긴 부분이 걸치도록 올려놓는다.

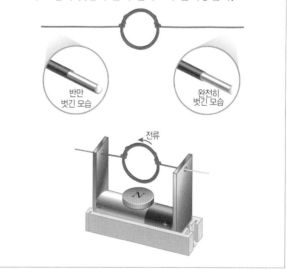

반만 벗긴 모습   완전히 벗긴 모습

이에 대한 설명으로 옳은 것을 | 보기 |에서 모두 고른 것은?

| 보기 |

ㄱ. 코일은 (+)극 쪽에서 보았을 때 시계 반대 방향으로 회전한다.

ㄴ. 네오디뮴 자석의 극을 바꾸면 코일의 회전 속력이 빨라진다.

ㄷ. 과정 (나)에서 코일의 양쪽 끝을 완전히 벗기면 코일은 계속 회전하지 않는다.

① ㄱ   ② ㄷ   ③ ㄱ, ㄴ
④ ㄴ, ㄷ   ⑤ ㄱ, ㄴ, ㄷ

01 그림은 서로 다른 두 물체 (가)와 (나)를 마찰한 후의 원자 모형을 나타낸 것이다.

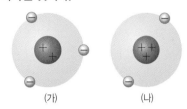

(가)　　　　　(나)

두 물체가 띠는 전하의 종류와 두 물체를 마찰하는 동안 전자가 이동한 방향을 옳게 짝지은 것은?

	(가)	(나)	전자의 이동 방향
①	(−)전하	(+)전하	(가) → (나)
②	(−)전하	(+)전하	(나) → (가)
③	(+)전하	(−)전하	(가) → (나)
④	(+)전하	(−)전하	(나) → (가)
⑤	(+)전하	(+)전하	(나) → (가)

02 그림은 두 물체 A, B를 서로 마찰할 때 전자의 이동을 나타낸 것이다.

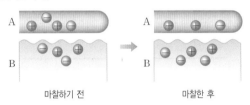

마찰하기 전　　　　　마찰한 후

이에 대한 설명으로 옳은 것은?

① A는 전자를 얻었다.
② A는 (−)전하로 대전되었다.
③ B는 (+)전하로 대전되었다.
④ (−)전하가 A에서 B로 이동하였다.
⑤ (+)전하가 B에서 A로 이동하였다.

03 그림과 같이 두 금속 막대 A와 B를 가까이 두고 (+)전하로 대전된 플라스틱 막대를 금속 막대 A에 가까이 했을 때, 두 금속 막대의 대전 상태로 옳은 것은?

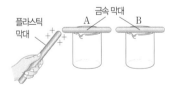

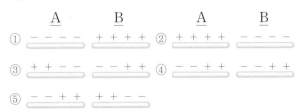

04 그림은 명주 헝겊으로 문지른 플라스틱 자를 대전된 두 고무풍선 A, B 사이에 놓은 모습을 나타낸 것이다. 이에 대한 설명으로 옳은 것을 |보기|에서 모두 고른 것은? (단, 털가죽은 명주보다, 명주는 플라스틱보다 전자를 잃기 쉬우며, A와 B 사이에 작용하는 힘은 무시한다.)

플라스틱 자

| 보기 |
ㄱ. A는 (+)전하, B는 (−)전하를 띤다.
ㄴ. 플라스틱 자를 오른쪽으로 움직이면 B도 오른쪽으로 밀려난다.
ㄷ. 플라스틱 자를 명주 헝겊 대신 털가죽으로 같은 횟수만큼 문지르면 A는 더 많이 밀려난다.

① ㄱ　　　　② ㄴ　　　　③ ㄷ
④ ㄱ, ㄴ　　　⑤ ㄴ, ㄷ

05 대전되지 않은 검전기에 대전체를 가까이 할 때 검전기의 전하 분포와 모습으로 옳은 것은?

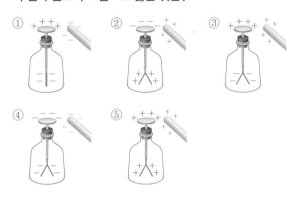

06 다음과 같은 순서로 실험을 하면서 검전기의 모습을 관찰하였다.

(가) (−)전하로 대전된 유리 막대를 대전되지 않은 검전기의 금속판에 가까이 하였다.
(나) (가)의 상태에서 금속판에 손가락을 접촉하였다.
(다) 손가락과 유리 막대를 동시에 멀리 치웠다.

(다) 과정 이후 검전기의 모습으로 옳은 것은?

① 　② 　③ 　④ 　⑤

07 그림은 전기 회로를 이루는 도선의 한 부분을 확대한 모습을 나타낸 것이다.

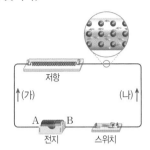

이에 대한 설명으로 옳은 것을 |보기|에서 모두 고른 것은? (단, A와 B는 전지의 (+)극과 (−)극 중 하나이고, (가)와 (나)는 전류의 방향이다.)

> **보기**
> ㄱ. 전류가 흐르는 상태이다.
> ㄴ. 전지의 A는 (−)극, B는 (+)극이다.
> ㄷ. 전지의 극을 바꾸면 전류는 (가) 방향으로 흐른다.

① ㄱ ② ㄷ ③ ㄱ, ㄴ ④ ㄱ, ㄷ ⑤ ㄴ, ㄷ

08 그림 (가)와 (나)는 전기 회로와 물의 흐름 모형을 나타낸 것이다.

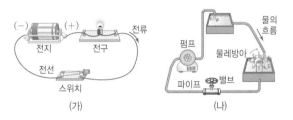

(가)와 (나)에서 역할이 비슷한 것끼리 짝지은 것으로 옳지 않은 것은?

① 전압 – 수압
② 전구 – 물레방아
③ 스위치 – 펌프
④ 전선 – 파이프
⑤ 전류 – 물의 흐름

09 어떤 전기 회로에 그림 (가)와 같이 전류계의 (−)단자를 연결하였더니 전류계의 바늘이 (나)와 같았다.

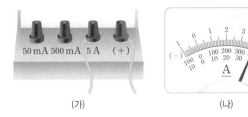

이 전기 회로에 흐르는 전류의 세기는 몇 mA인가?

① 0.4 mA ② 4 mA ③ 40 mA
④ 400 mA ⑤ 4000 mA

10 전류계의 사용 방법으로 옳지 않은 것은?

① 회로에 직렬로 연결한다.
② 전류계의 (+)단자는 전지의 (+)극 쪽에, 전류계의 (−)단자는 전지의 (−)극 쪽에 연결한다.
③ 전류계의 (−)단자는 측정 범위가 작은 단자부터 연결하여 측정한다.
④ 전류계의 단자를 전지의 양쪽 극에 직접 연결하여 사용하지 않도록 한다.
⑤ 실제 전류의 세기보다 최댓값이 작은 (−)단자에 연결하면 전류계의 바늘은 오른쪽 끝으로 돌아간다.

11 전압에 대한 설명으로 옳은 것을 |보기|에서 모두 고른 것은?

> **보기**
> ㄱ. 전압이 클수록 센 전류가 흐른다.
> ㄴ. 전압의 단위는 V(볼트)이다.
> ㄷ. 전압은 전기적인 위치 차를 나타낸다.

① ㄱ ② ㄷ ③ ㄱ, ㄴ
④ ㄴ, ㄷ ⑤ ㄱ, ㄴ, ㄷ

12 전구 (가)에 걸리는 전압을 측정하기 위해 전압계를 연결한 것으로 옳은 것은?

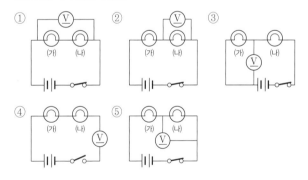
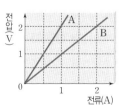

13 그림은 두 니크롬선 A, B에 흐르는 전류의 세기와 걸린 전압을 나타낸 것이다. 두 니크롬선의 저항의 비(A : B)는?

① 1 : 1 ② 1 : 2
③ 2 : 1 ④ 1 : 4
⑤ 4 : 1

14 그림은 서로 다른 두 저항을 직렬로 연결했을 때 전기 회로에 흐르는 전류와 걸리는 전압을 나타낸 것이다.

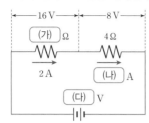

(가)~(다)에 들어갈 값을 옳게 짝지은 것은?

	(가)	(나)	(다)
①	2	1	32
②	2	2	24
③	4	1	24
④	8	1	32
⑤	8	2	24

15 그림은 길이와 굵기가 다른 니크롬선 (가)~(다)를 나타낸 것이다.

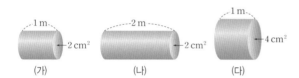

(가)~(다)의 전기 저항의 크기를 옳게 비교한 것은?

① (가)<(나)<(다)   ② (나)<(가)<(다)
③ (나)<(다)<(가)   ④ (다)<(가)<(나)
⑤ (다)<(나)<(가)

16 그림 (가)와 (나)는 동일한 전지 2개와 전구 2개를 연결한 전기 회로의 모습을 나타낸 것이다.

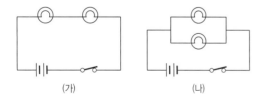

이에 대한 설명으로 옳지 않은 것은?

① (가)의 전체 저항은 (나)의 전체 저항보다 크다.
② (나)에서 두 전구에 걸린 전압은 같다.
③ (가)와 (나)에서 각 전구에 걸린 전압은 모두 같다.
④ (나)의 전체 전류는 (가)의 전체 전류보다 크다.
⑤ (나)의 전구 1개가 (가)의 전구 1개보다 밝다.

17 그림과 같이 가정에서는 여러 개의 전기 기구들이 병렬로 연결되어 있다. 이 연결 방법에 대한 설명으로 옳은 것을 | 보기 |에서 모두 고른 것은?

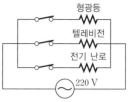

┌─ 보기 ┐
ㄱ. 모든 전기 기구에 같은 크기의 전압이 걸린다.
ㄴ. 1개의 스위치를 열어도 다른 전기 기구는 사용할 수 있다.
ㄷ. 1개의 콘센트에 전기 기구를 여러 개 연결했을 때, 전체 전류의 세기가 작아진다.
ㄹ. 누전 차단기나 퓨즈를 설치할 필요가 없다.

① ㄱ, ㄴ   ② ㄱ, ㄹ   ③ ㄷ, ㄹ
④ ㄱ, ㄴ, ㄷ   ⑤ ㄴ, ㄷ, ㄹ

18 자기력선에 대한 설명으로 옳지 않은 것은?

① N극에서 나와 S극으로 들어간다.
② 자기장의 방향을 따라 이은 선이다.
③ 도중에 교차하거나 끊어지기도 한다.
④ 자기력선의 방향과 자기장의 방향은 같다.
⑤ 자기력선의 간격이 좁을수록 자기장의 세기가 크다.

19 그림은 두 자석 사이에 형성된 자기력선의 모습을 나타낸 것이다. A, B의 자극의 종류를 옳게 짝지은 것은?

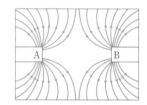

	A	B
①	S극	S극
②	S극	N극
③	N극	S극
④	N극	N극
⑤	알 수 없다.	알 수 없다.

20 그림과 같이 직선 도선 아래에 나침반을 놓고 화살표 방향으로 전류를 흘려주었다. 이때 나침반 바늘의 N극이 가리키는 방향으로 옳은 것은? (단, 지구 자기장은 무시한다.)

① 동쪽   ② 서쪽
③ 남쪽   ④ 북쪽
⑤ 북서쪽

21 전류가 흐르는 코일 주위의 자기장에 대한 설명으로 옳지 <u>않은</u> 것은?

① 코일을 많이 감을수록 자기장의 세기는 커진다.
② 전류의 방향을 바꾸면 자기장의 방향도 바뀐다.
③ 코일 속에 철 막대를 넣으면 자기장의 세기가 커진다.
④ 코일에 전류가 흐르지 않으면 자기장은 생기지 않는다.
⑤ 코일에 흐르는 전류의 세기와 자기장의 세기는 반비례한다.

22 그림과 같이 자석 사이에 직선 도선을 놓고 전류를 흘려주었다. 이때 도선이 받는 힘의 방향으로 옳은 것은?

① 힘을 받지 않는다.
② 위쪽으로 힘을 받는다.
③ 아래쪽으로 힘을 받는다.
④ S극 쪽으로 힘을 받는다.
⑤ N극 쪽으로 힘을 받는다.

23 그림과 같이 전자석 옆에 막대자석을 놓았다.

전자석과 막대자석 사이에 형성된 자기력선의 모습으로 옳은 것은?

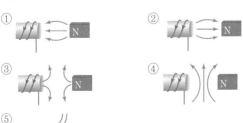

24 그림은 자기장 속에서 전류가 흐르는 도선이 받는 힘의 크기와 방향을 알아보기 위한 실험 장치를 나타낸 것이다. 이에 대한 설명으로 옳지 <u>않은</u> 것은?

① 스위치를 닫으면 전선 그네는 말굽자석 바깥쪽으로 움직인다.
② 전류의 방향만 바꾸면 처음과 반대 방향으로 움직인다.
③ 말굽자석의 극만 바꾸면 처음과 반대 방향으로 움직인다.
④ 말굽자석의 극과 전류의 방향을 동시에 바꾸면 처음과 같은 방향으로 움직인다.
⑤ 니크롬선의 길이를 짧게 하면 도선 그네는 더 많이 움직인다.

25 그림은 말굽자석 사이에 전선으로 된 그네를 매달아 놓은 것이다. 전선에 전류를 흘려주었을 때 그네에 일어나는 변화로 옳은 것을 |보기|에서 모두 고른 것은?

| 보기 |
ㄱ. 전류의 세기가 클수록 그네는 더 작은 폭으로 움직인다.
ㄴ. 전류가 a에서 b로 흐르면 그네는 말굽자석 바깥쪽으로 움직인다.
ㄷ. 전류의 방향이 바뀌면 그네가 받는 힘의 크기도 바뀐다.

① ㄱ   ② ㄴ   ③ ㄷ
④ ㄱ, ㄴ   ⑤ ㄱ, ㄷ

26 그림은 직류 전동기의 구조를 나타낸 것이다. 전류가 화살표 방향으로 흐를 때, A 부분의 극과 회전 방향을 옳게 짝지은 것은?

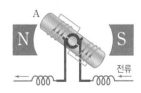

① N극, 시계 방향   ② N극, 시계 반대 방향
③ S극, 시계 방향   ④ S극, 시계 반대 방향
⑤ 회전 방향과 극이 계속 바뀐다.

서술형·논술형 문제

01 그림은 브라운관을 사용한 텔레비전을 나타낸 것이다. 브라운관은 뒤쪽의 전자총에서 날아온 전자들이 브라운관 안쪽 면에 붙으면서 브라운관이 (−)전하로 대전되는 원리를 이용한다. 이때 브라운관의 바깥쪽 면에 먼지가 잘 붙는데, 그 까닭을 서술하시오.

정전기 유도

02 그림은 두 금속 막대 A, B를 접촉시킨 후 (+)전하로 대전된 플라스틱 막대를 A 쪽에 가까이 한 모습을 나타낸 것이다.

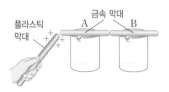

(1) 두 금속 막대를 떼어 놓고 플라스틱 막대를 멀리 치웠을 때, 두 금속 막대가 띠는 전하의 종류를 쓰시오.

(2) (1)과 같이 답한 까닭을 서술하시오.

전자, 인력

03 그림은 디지털 시계의 모습을 나타낸 것이다. 디지털 시계의 숫자 표시 장치는 7개의 작은 발광 다이오드로 이루어져 있으며, 각각의 발광 다이오드가 켜지거나 꺼지면서 숫자를 나타낸다.

디지털 시계의 숫자 표시 장치에서 7개의 작은 발광 다이오드는 직렬연결과 병렬연결 중 어떤 방법으로 연결되어 있는지 쓰고, 그렇게 생각한 까닭을 서술하시오.

발광 다이오드 → 개별 작동

04 그림은 길이와 굵기가 같은 여러 가지 금속 선 A~E에 대한 전압과 전류의 관계를 나타낸 것이다.

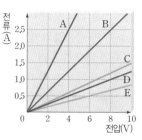

(1) A~E 중 저항이 가장 큰 금속 선을 고르시오.

(2) (1)과 같이 답한 까닭을 서술하시오.

$$저항 = \frac{전압}{전류의 \ 세기}$$

05 그림은 자기장 속에 놓여 있는 전류가 흐르는 도선이 받는 힘을 알아보기 위한 실험 장치를 나타낸 것이다.

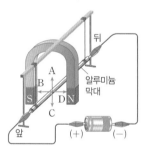

(1) A~D 중 전류가 흐를 때 알루미늄 막대가 움직이는 방향을 고르시오.

(2) (1)과 같이 답한 까닭을 서술하시오.

전류 : 전지의 (+)극 → (−)극, 오른손 이용

06 그림과 같이 2 Ω과 8 Ω의 저항을 5 V의 전원에 연결하고, 스위치를 닫았더니 회로에 0.5 A의 전류가 흘렀다.

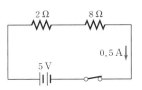

(1) 2Ω, 8Ω에 흐르는 전류는 각각 몇 A인지 쓰시오.

(2) 2Ω, 8Ω에는 각각 몇 V의 전압이 걸리는지 계산 과정과 함께 서술하시오.

전압＝전류의 세기×저항

07 그림과 같이 전압계를 연결하고 회로에 흐르는 전압을 측정하였더니 전압을 측정할 수 없었다.

그 까닭을 쓰고, 전압계의 연결을 어떻게 바꿔야 할지 서술하시오.

측정 범위가 가장 큰 (−)단자, 30 V

08 대부분의 가정에서는 전기 기구를 병렬로 연결하여 사용한다. 그 까닭을 두 가지 서술하시오.

전압

09 그림은 어떤 전기 회로를 나타낸 것이다.

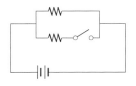

스위치를 닫기 전과 후의 전체 전압, 전체 저항, 전체 전류의 세기를 비교하여 달라진 점을 서술하시오.

저항의 병렬연결, 전체 전압

10 그림은 전류가 흐르는 직선 도선 주위에 나침반을 놓아 둔 모습을 나타낸 것이다.

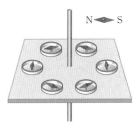

나침반 바늘의 방향이 위 그림과 같을 때 전류의 방향을 쓰고, 방향을 찾는 방법을 서술하시오.

오른손 이용

11 그림은 두 자석 사이에 도선을 설치하여 전류를 흘려 주는 모습을 나타낸 것이다.

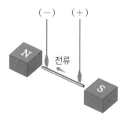

이 그림과 같이 실험 장치를 설치했을 때 도선이 움직이지 않았다. 그 까닭을 쓰고, 도선이 가장 빠르게 움직일 수 있는 방법을 서술하시오. (단, 자석과 전류의 세기는 변하지 않는다.)

전류의 방향 ⊥ 자기장의 방향

태양계

Q. 일식과 월식은 어떤 원리로 일어나는 것일까?

1 지구와 달

• 지구와 달의 크기를 측정하는 방법을 알고 그 크기를 구할 수 있다.
• 지구 자전에 의한 천체의 겉보기 운동과 지구 공전에 의한 별자리 변화를 설명할 수 있다.
• 달의 위상 변화와 일식과 월식 현상을 설명할 수 있다.

❶ 지구의 크기 측정

→ 최초로 지구의 크기를 측정했어.

1 에라토스테네스의 지구 크기 측정

(1) **관측 사실** : 하짓날 정오에 시에네에서는 햇빛이 우물의 깊은 바닥까지 수직으로 비춰지고, 같은 시각 알렉산드리아에서는 돌기둥에 그림자가 생긴다.

(2) **가정**

→ 실제 지구는 구형에 가까운 타원!
① 지구는 완전한 **구형**이다. ➡ 원의 성질을 이용하기 위한 가정

→ 태양은 지구로부터 멀~리 떨어져 있기 때문에 지구로 들어오는 햇빛은 어디서나 평행해!
② 지구로 들어오는 햇빛은 어디에서나 **평행**하다. ➡ 엇각의 원리를 이용하기 위한 가정

(3) **측정 원리** : 원에서 호의 길이는 중심각의 크기에 비례한다. → 원의 성질을 이용하면 부채꼴의 중심각과 호의 길이로 원의 둘레를 구할 수 있지!

(4) **지구 크기 계산**
비례식을 세우는 방법은 여러 가지로 가능해!
단, '외항의 곱 = 내항의 곱이 $2\pi R\theta = 360°$'이 되어야 해!

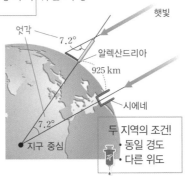

햇빛
엇각
7.2°
알렉산드리아
925 km
시에네
7.2°
지구 중심

두 지역의 조건!
• 동일 경도
• 다른 위도

비례식 세우기	두 지역의 중심각(°) : 두 지역의 거리(km)=360° : 지구의 둘레($2\pi R$)
직접 측정한 값	• 시에네와 알렉산드리아의 거리 : 약 5000 스타디아(≒925 km) • 두 지역의 중심각 : 7.2° 막대와 그림자 끝이 이루는 각과 엇각으로 같아!
측정한 값 대입하여 계산하기	두 지역의 중심각(°) : 두 지역의 거리(km)=360° : 지구의 둘레($2\pi R$) 7.2° : 925 km =360° : 지구의 둘레($2\pi R$) 지구의 둘레($2\pi R$)$\times 7.2° = 360° \times 925$ km 지구의 둘레($2\pi R$)$= \dfrac{360° \times 925\,\text{km}}{7.2°} = 46250$ km 지구의 반지름(R)$= \dfrac{\text{지구의 둘레}(2\pi R)}{2\pi} = \dfrac{46250\,\text{km}}{2\pi} ≒ 7365$ km

2 실제 지구 둘레와의 오차 :
$$\dfrac{\text{오차}}{\text{실제값}} \times 100(\%) = \dfrac{46250-40000}{40000} \times 100(\%) ≒ 15\%$$

→ 지구의 실제 둘레 : 약 40000 km
→ 에라토스테네스가 약 15 % 크게 계산한 거야!

(1) 지구는 완전한 구형이 아니기 때문에

(2) 두 지역의 거리를 측정한 값이 정확하지 않았기 때문에
→ 사람이 직접 걸어서 발걸음 폭으로 측정한 값이야!

(3) 시에네와 알렉산드리아가 정확하게 같은 경도 상에 있지 않았기 때문에

❷ 달의 크기 측정 : 삼각형의 닮음비를 이용하는 방법

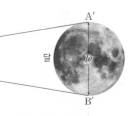

동전
동전과 달은 시지름이 같아.

달

l
L

(1) $\overline{AB}$와 $\overline{A'B'}$는 평행이므로
$$\angle OAB = \angle OA'B'$$
(∵ 동위각) ············· ㉠

(2) $\angle AOB$는 공통 ········· ㉡

(3) ㉠과 ㉡에 의해
$$\triangle AOB \backsim \triangle A'OB'$$
두 삼각형이 닮음이므로 $\triangle AOB$과 $\triangle A'OB'$에서
$$l : L = \overline{AB} : \overline{A'B'} = d : D \quad \therefore l : L = d : D$$

• 측정해야 하는 값 : d, l
• 알고 있어야 하는 값 : L

측정 원리	닮은 삼각형에서의 밑변과 높이의 비는 일정하다.
비례식 세우기	$l : L = d : D$ $\therefore D = \dfrac{d \times L}{l}$ d:물체의 지름 D:달의 지름 l:물체까지의 거리 L:달까지의 거리

⊕ 비타민

시에네와 알렉산드리아

30°E   35°E
알렉산드리아
30°N
25°N
나일강
홍해
시에네

• 시에네 위도 : 약 24°N
• 알렉산드리아 위도 : 약 31°N
• 두 지역의 위도 차 : 약 7.2°
• 두 지역의 거리 차 : 약 925 km

원의 성질

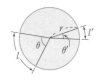

r
θ
θ'
l
l'

원이나 구에서 호의 길이(l)는 중심각(θ)의 크기에 비례한다.
⇨ $\theta : l = \theta' : l' = 360° : 2\pi r$
   ($\theta : \theta' = l : l'$)

엇각의 원리

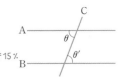

C
A
θ
θ'
B

두 직선 A와 B가 평행하고 직선 C가 이 두 직선을 가로지를 때, 두 직선 A, B가 직선 C와 만나 이루는 각 θ와 θ'는 엇각으로 크기가 같다. ⇨ $\theta = \theta'$

삼각형의 닮음비

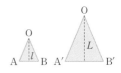

O
l
A   B
O
L
A'   B'

$\triangle AOB$와 $\triangle A'OB'$는 닮은 삼각형이고, 두 삼각형에서 대응하는 밑변과 높이의 길이의 비는 일정하다.
⇨ $\overline{AB} : \overline{A'B'} = l : L$

시지름

관측자의 눈과 천체 지름의 양 끝이 이루는 각도

필수 비타민

지구와 달

- 크기
  - 지구의 크기 측정
  - 달의 크기 측정
- 운동
  - 지구
    - 자전
    - 공전
  - 달
    - 자전
    - 공전
  - 달의 위상 변화
  - 일식과 월식

용어 & 개념 체크

❶ 지구의 크기 측정

01 에라토스테네스는 지구는 완전한 ☐☐이고, 지표면에 들어오는 햇빛은 어디에서나 ☐☐하다고 가정하였다.

02 에라토스테네스의 방법으로 지구 모형의 크기를 측정하기 위해 두 개의 막대를 같은 ☐☐, 다른 ☐☐에 세워야 한다.

03 지구가 완전한 ☐☐이 아니기 때문에 에라토스테네스가 구한 지구의 크기와 실제 지구의 크기가 차이가 난다.

❷ 달의 크기 측정

04 달의 크기를 측정하기 위해 삼각형의 ☐☐☐를 이용한다.

---

01 빈칸에 알맞은 말을 쓰시오.

> 에라토스테네스는 지구의 크기를 측정하기 위해 두 가지 가정을 사용하였다. 첫 번째, 지구는 완전한 구형이라고 가정하여 원에서 (㉠   )는 중심각의 크기에 비례한다는 원의 성질을 이용하였다. 두 번째, 지표면에 들어오는 햇빛은 어디에서나 (㉡   )하다고 가정하여 (㉢   )의 원리를 이용하여 지구의 크기를 측정하였다.

02 표는 에라토스테네스의 지구의 크기 측정 방법을 나타낸 것이다. 빈칸에 알맞은 말을 쓰시오.

비례식 세우기	두 지역의 중심각(°) : 두 지역의 거리(km) = (㉠) : 지구의 둘레 (㉡)
직접 측정한 값	• 시에네~알렉산드리아의 거리 : 약 5000 스타디아(≒925 km) • 두 지역의 중심각 : 7.2°
측정한 값 대입하여 계산하기	지구의 둘레($2\pi R$) = $\dfrac{360° \times (㉢\quad)}{(㉣\quad)}$ = 46250 km 지구의 반지름(R) = $\dfrac{\text{지구의 둘레}(2\pi R)}{(㉤\quad)}$ = $\dfrac{46250 \text{ km}}{2\pi}$ ≒ 7365 km

03 그림은 같은 경도, 다른 위도에 있는 속초와 대구를 나타낸 것이다. 두 도시의 위도는 각각 38°N, 35.5°N이고, 직선 거리는 250 km이다. 이를 이용하여 지구 반지름을 구하시오. (단, π는 3으로 계산한다.)

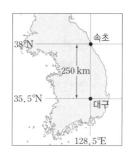

04 다음은 달의 크기를 측정하는 실험 과정을 나타낸 것이다.

> [실험 과정]
>
>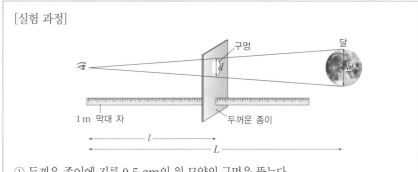
>
> ① 두꺼운 종이에 지름 0.5 cm인 원 모양의 구멍을 뚫는다.
> ② 종이를 1 m 막대 자에 끼우고, 종이의 구멍을 통해 보름달을 본다.
> ③ 눈과 종이 사이의 거리를 조절하여, 구멍에 보름달이 꼭 들어맞을 때의 눈과 종이 사이의 거리(l)를 측정한다.
> ④ 삼각형의 닮음비를 이용하여 달의 지름을 계산한다.

구멍의 지름(d)이 0.5 cm, 눈과 종이 사이의 거리(l)가 54 cm일 때, 달의 지름(D)을 구하시오. (단, 지구에서 달까지의 거리(L)는 38만 km이고, 소수 첫째자리에서 반올림한다.)

1 지구와 달

③ 지구의 운동

1 지구의 자전 : 지구가 자전축을 중심으로 하루에 한 바퀴씩 회전하는 운동

(1) **자전 방향** : 서에서 동(시계 반대 방향)

(2) **자전 속도** : 약 $15°/h$ 지구는 하루(24시간 동안에 한 바퀴(360°) 회전해!

▲ 지구의 자전

2 지구의 자전에 의해 나타나는 현상

(1) **천체의 일주 운동** : 천체가 천구의 북극을 중심으로 하루에 한 바퀴씩 원을 그리며 회전하는 겉보기 운동

별, 행성, 달 등과 같이 우주를 구성하고 있는 물질들

① 일주 운동 방향 : 동에서 서(시계 방향) 지구의 자전과 천체의 일주 운동 방향은 반대! 속도는 같아!!

② 일주 운동 속도 : 약 $15°/h$ 별의 일주 운동 궤도는 지구 자전축에 수직이므로 천구의 적도와 나란하지!

(2) **태양과 달의 일주 운동** : 태양과 달이 매일 동쪽에서 뜨고 서쪽으로 진다.

태양의 일주 운동으로 낮과 밤이 생기지.

3 지구의 공전 : 지구가 태양을 중심으로 1년에 한 바퀴씩 회전하는 운동

(1) **공전 방향** : 태양을 중심으로 서에서 동(시계 반대 방향) 천구에서 지구의 북극을 바라봤을 때의 방향이야!

(2) **공전 속도** : 약 $1°/$일 지구는 1년(365일) 동안에 1바퀴(360°) 회전해!

4 지구의 공전에 의해 나타나는 현상

(1) **태양의 연주 운동** : 태양이 별자리 사이를 서에서 동으로 이동하여 1년 후에 처음 위치로 되돌아오는 겉보기 운동

별자리의 위치는 변하지 않지만 지구가 태양 주위를 공전하기 때문에 태양의 배경 별자리가 바뀌는 것처럼 보여!

① 연주 운동 방향 : 서에서 동(시계 반대 방향) 지구의 공전 방향과 같아!

② 연주 운동 속도 : 약 $1°/$일

태양이 천구상에서 별자리 사이를 이동해 가는 길

③ 지구의 공전과 별자리 변화(황도 12궁) : 지구에서 태양을 보았을 때 태양의 배경이 되는 별자리는 태양과 함께 뜨고 지므로 한밤중에는 관측되지 않는다. 지구에서 태양을 봤을 때 태양의 반대쪽에 있는 별자리는 자정에 남쪽 하늘에서 관측되는 거야!

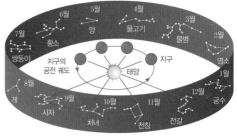

▲ 태양의 연주 운동과 황도 12궁

(2) **별의 연주 운동** : 별들이 동에서 서로 이동하여 1년 후에 처음 위치로 되돌아오는 겉보기 운동

① 연주 운동 방향 : 동에서 서(시계 방향)

② 연주 운동 속도 : 약 $1°/$일 지구의 공전 방향과 반대야!

▲ 15일 간격으로 같은 시각에 관측한 별자리

⊟ **비타민**

천구
관측자를 중심으로 거대한 구의 안쪽에 별들이 붙어 있는 것처럼 보이는 가상적인 구

천구의 적도
지구의 적도를 연장하여 천구와 만나는 곳

위도에 따른 별의 일주 운동

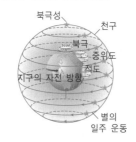

• **북극 지방**

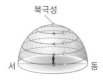

별들이 지평선과 평행하게 회전한다.

• **중위도 지방(북반구)**

동쪽에서 남쪽을 향해 비스듬히 떠서 서쪽에서 비스듬히 진다.

• **적도 지방**

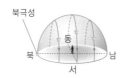

동쪽에서 수직으로 떠서 서쪽에서 수직으로 진다.

🔍 **1%를 위한 비타민** 우리나라(북반구 중위도)에서 촬영한 별의 일주 운동 모습

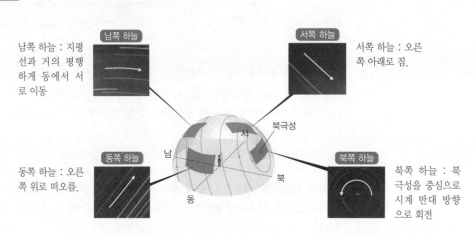

남쪽 하늘 : 지평선과 거의 평행하게 동에서 서로 이동

서쪽 하늘 : 오른쪽 아래로 짐.

동쪽 하늘 : 오른쪽 위로 떠오름.

북쪽 하늘 : 북극성을 중심으로 시계 반대 방향으로 회전

❸ 지구의 운동

05 지구는 자전축을 중심으로 한 시간에 약 ☐씩 ☐에서 ☐ 으로 자전한다.

06 하늘의 천체가 동에서 서로 하루에 한 바퀴씩 회전하는 운동을 천체의 ☐☐ ☐☐ 이라고 하며, 이는 지구의 ☐ ☐에 의해 나타나는 겉보기 운동이다.

07 지구의 공전에 의해 나타나는 현상에는 태양과 별의 ☐☐ ☐☐ 등이 있다.

08 별자리는 하루에 약 1°씩 ☐ 에서 ☐로 이동하여 ☐년 후에 제자리로 돌아오는 겉보 기 운동을 한다.

05 별의 일주 운동에 대한 설명으로 빈칸에 알맞은 말을 쓰거나 화살표로 나타내시오.

(1) 별의 일주 운동 방향은 동 (　　　) 서이다.

(2) 북극 지방에서는 별이 북극성을 중심으로 (　　　) 방향으로 원을 그리며 회전 한다.

(3) 어떤 별을 3시간 후에 관측하면 (　　　)° 회전한 위치에서 관측된다.

(4) 우리나라의 하늘에서 별의 일주 운동 방향을 관측하면 동쪽 하늘에서는 (　　　), 남쪽 하늘에서는 (　　　), 서쪽 하늘에서는 (　　　), 북쪽 하늘에서는 (　　　) 으로 나타난다.

06 북반구의 중위도 지방에서 나타나는 천체의 일주 운동 궤도를 그리시오.

07 그림은 지구의 공전과 별자리 변화를 나타낸 것이다. 지구가 그림의 위치에 있을 때 (1) 한밤중에 남쪽 하늘에서 관측할 수 있는 별자리와 (2) 태양과 함께 뜨고 지는 별자리를 각각 쓰시오.

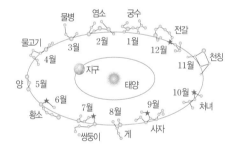

(1) ＿＿＿＿＿＿＿＿＿＿＿

(2) ＿＿＿＿＿＿＿＿＿＿＿

08 그림은 가을철 해가 진 직후 서쪽 하늘을 15일 간격으로 관측하여 순서 없이 나타낸 것 이다.

(가)　　　　　　(나)　　　　　　(다)

(1) (가)~(다)를 관측한 순서대로 나열하시오.

(2) 15일 간격으로 같은 시각에 별을 관측하더라도 위치가 달라지는 까닭은 무엇인 지 쓰시오.

(3) 관측 기간 동안 별자리가 30° 이동하였다면 하루에 약 몇 ° 이동한 것인지 쓰시오.

④ 달의 운동

1 달의 자전과 공전

구분	달의 자전	달의 공전
정의	달이 자전축을 중심으로 한 달에 한 바퀴씩 도는 운동	달이 지구 주위를 한 달에 한 바퀴씩 도는 운동
방향	서에서 동(시계 반대 방향)	서에서 동(시계 반대 방향)
속력	약 13°/일	약 13°/일

달의 자전과 공전은 방향과 속력이 같아!

▲ 달의 자전과 공전

2 달의 공전에 의해 나타나는 현상

(1) **달의 위상 변화** : 약 한 달을 주기로 삭(○) → 초승달(☽) → 상현달(◗) → 보름달(망)(●) → 하현달(◖) → 그믐달(☾) → 삭(○)으로 변한다. 우리 눈에 보이는 달의 모양을 함께 나타낸 거야!

(2) **달의 위상이 변하는 까닭** : 달은 스스로 빛을 내지 못하고 태양빛을 반사하여 밝게 빛난다. 따라서 달 – 지구 – 태양의 상대적인 위치에 따라 지구에서 볼 수 있는 태양빛을 반사하는 달의 면적이 달라지기 때문에 시간이 지남에 따라 달의 위상이 변한다. 우리가 '음력'이라고 부르는 날짜가 달의 위상 변화를 기준으로 한 거야~

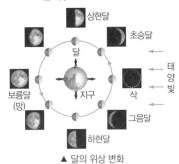

▲ 달의 위상 변화

위상	관측일(음력)
삭	1일경
초승달	2~3일경
상현달	7~8일경
보름달(망)	15일경
하현달	22~23일경
그믐달	27~28일경

▲ 초저녁(18시경)에 관측한 달의 위상과 위치
└ 초저녁에는 하현달과 그믐달을 볼 수 없어!

⑤ 일식과 월식

일식(日 태양 일, 蝕 갉아먹다 식) : 태양이 야금야금 먹히는 것처럼 보여서 일식이라고 해!

월식(月 달 월, 蝕 갉아먹다 식) : 달이 야금야금 먹히는 것처럼 보여서 월식~

구분	일식		월식	
정의	달이 태양을 가리는 현상		지구의 그림자가 달을 가리는 현상 밤이 되는 모든 지역에서 관측이 가능해!	
천체 위치	태양 – 달 – 지구 순으로 일직선 상 →삭		태양 – 지구 – 달 순으로 일직선 상 →망	
종류	개기 일식	• 태양의 전체가 가려지는 현상 • 달의 본그림자 속에 있는 좁은 지역에서 관측 가능하며, 태양의 대기를 관측할 수 있다.	개기 월식	• 달 전체가 지구의 본그림자 속에 들어가 가려지는 현상으로 달이 검붉은색으로 보인다. 태양빛 중 붉은색 빛이 지구의 대기에 의해 굴절되어 달을 비추기 때문이야~~
	부분 일식	• 태양의 일부분만이 가려지는 현상 • 달의 반그림자 속에 있는 지역에서 관측 가능하다.	부분 월식	• 달의 일부가 지구의 본그림자 속에 들어가 가려지는 현상

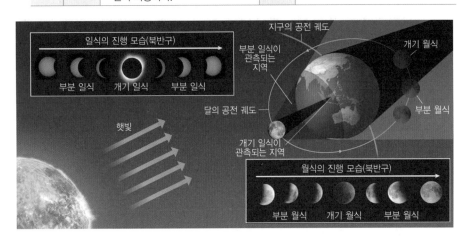

◯ 비타민

위상 변화에 따른 달의 표면 무늬

달은 공전 주기와 자전 주기가 같아서 지구에서는 항상 달의 한쪽 면만 관측된다. 따라서 달의 위상이 변하더라도 달의 표면 무늬는 항상 같게 보인다.

금환 일식

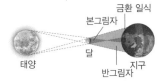

달과 지구의 거리가 상대적으로 멀어질 때 일식이 일어나면 달이 태양을 완전히 가리지 못하고, 태양의 가장자리만 반지 모양으로 보이게 된다. ⇨ 달의 공전 궤도가 타원이기 때문에 지구와 달 사이의 거리가 일정하지 않고 변하기 때문이다.

일식과 월식이 매달 일어나지 않는 까닭

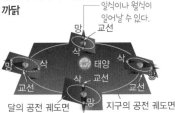

① 일식과 월식은 태양, 지구, 달이 일직선으로 배열되는 삭이나 망일 때 나타난다.

② 달의 공전 궤도면(백도)은 지구 공전 궤도면(황도)에 대해 약 5° 기울어져 있기 때문에 삭과 망이 되어도 태양, 지구, 달이 일직선에 놓이지 않는 경우가 있다.

용어 &개념 체크

❹ 달의 운동

09 달은 지구를 중심으로 ☐에서 ☐으로 공전한다.

10 달의 위상은 한 달을 주기로 삭 → ☐☐☐ → ☐☐☐ → 보름달(망) → ☐☐☐ → ☐☐☐ → ☐ 순서로 변한다.

11 달은 스스로 빛을 내지 못하고 태양빛을 ☐☐하여 밝게 빛나므로 달, 지구, 태양의 상대적인 ☐☐에 따라 지구에서 볼 수 있는 태양빛을 받는 달의 면적이 달라지기 때문에 달의 ☐☐이 변한다.

❺ 일식과 월식

12 일식은 천체가 태양 − ☐ − ☐☐ 순으로 일직선 상에 있을 때 나타난다.

13 부분 월식이 일어나면 달의 일부가 지구의 ☐☐☐☐ 속에 들어가 가려진다.

---

09 그림은 달의 위상 변화를 나타낸 것이다. ㉠과 ㉡에 알맞은 달의 위상을 쓰고, ㉢과 ㉣에 알맞은 달의 위상을 그리시오.

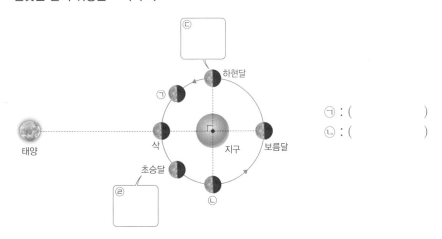

㉠ : (   )

㉡ : (   )

10 그림은 해가 진 직후 초저녁에 보이는 달의 위상과 위치를 나타낸 것이다.

(1) 보름달이 관측되는 날짜와 (2) 뜨는 방향을 쓰시오.

(1) _____   (2) _____

11 그림은 약 15일 동안 관측한 달의 위상 변화를 순서대로 나타낸 것이다.

이에 대한 설명으로 옳은 것은 ○, 옳지 않은 것은 ×로 표시하시오.

(1) 달의 위상 변화는 달의 자전에 의한 현상이다. ⋯⋯⋯⋯⋯ (   )
(2) A는 그믐달이다. ⋯⋯⋯⋯⋯⋯⋯⋯⋯⋯⋯⋯⋯⋯⋯⋯⋯⋯ (   )
(3) A에서 B로 갈수록 달을 관측할 수 있는 시간이 길어진다. ⋯ (   )
(4) 달의 위상이 변하는 동안 달의 표면 무늬는 변하지 않는다. ⋯ (   )

12 그림은 월식이 일어나는 과정을 나타낸 것이다.

(1) A~E 중 개기 월식이 관측되는 달의 위치를 고르시오.
(2) A~E 중 부분 월식이 관측되는 달의 위치를 고르시오.

과정
❶ 햇빛이 잘 비치는 곳에 지구 모형을 놓고 막대 AA′를 그림자가 생기지 않는 곳에 고정시킨다.
❷ 막대 BB′를 막대 AA′와 같은 경도 상의 지점에 고정시킨다. 막대 세우기 조건 : 동경다위!!(동일 경도, 다른 위도!)
❸ 그림자가 생긴 막대의 끝과 막대 그림자의 끝을 실로 연결하여 ∠BB′C의 크기를 측정한다.
❹ 줄자를 이용하여 두 막대 사이의 거리(l)를 측정한다.
❺ 에라토스테네스의 방법을 이용하여 지구 모형의 둘레를 계산한 후, 반지름을 구한다.(단, π는 3으로 계산한다.)

 →  →

탐구 시 유의점
• 햇빛 대신 전등을 이용하면 빛이 평행하게 들어오지 않아서 오차가 크게 나타날 수 있다.
• 막대는 너무 길지 않은 것을 사용하고, 지구 모형의 표면에 수직으로 세워야 한다.
• 막대 BB′의 그림자가 지구 모형 밖으로 벗어나지 않도록 해야 한다.

결과
• 호 AB의 길이(l) : 6 cm
• ∠BB′C의 크기(θ) : 30°
  $\theta : l = 360° : 2\pi R$

∴ 지구 모형의 둘레($2\pi R$)$= \dfrac{360° \times l}{\theta} = \dfrac{360° \times 6\,\text{cm}}{30°} = 72\,\text{cm}$

∴ 지구 모형의 반지름(R)$= \dfrac{360° \times l}{2\pi \times \theta} = \dfrac{360° \times 6\,\text{cm}}{2 \times 3 \times 30°} = 12\,\text{cm}$

정리 원에서 중심각의 크기는 호의 길이에 비례한다는 원의 성질을 이용하여 지구 모형의 크기를 측정할 수 있다.

정답과 해설 29쪽

탐구 알약

01 다음은 위 실험에 대한 설명을 나타낸 것이다. 빈칸에 알맞은 말을 쓰시오.

[가정]
• 지구는 완전한 구형이다.
• 햇빛은 (㉠   )하게 들어온다.

[측정 원리]
원호의 길이는 (㉡   )의 크기에 비례한다.

[실제 측정해야 할 값]
• 호 AB의 길이(l)
• (㉢   )

㉠ : _____
㉡ : _____
㉢ : _____

02 지구 모형에 막대를 세울 때 경도와 위도는 어떻게 정해야 하는지 쓰시오.

_____

03 지구 모형의 반지름(R)을 구하기 위한 비례식을 쓰시오.

_____

04 그림은 축구공의 크기를 측정하기 위한 장치를 나타낸 것이다. 호 AB의 길이(l)가 8 cm일 때, 축구공의 반지름(R)을 구하시오.(단, π는 3으로 계산한다.)

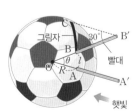

_____

강의 보충제

달의 위상 변화와 달이 뜨고 지는 시각

❶ 달의 위치에 따른 위상 변화와 관측 가능 시간은 다 외울 수도 없고, 포기할 수도 없고, 도대체 어떻게 공부해야 할지 막막하지? 자~! 이런 문제를 외우지 않고도 쉽고 정확하게 풀 수 있는 방법이 있지~ 장풍이가 강의 보충제로 싹! 정리해 줄 테니까 포기하지 말고 공부해 보자!

01 태양의 위치를 이용하여 시각 구하기

지구가 시계 반대 방향으로 자전하니까 관측자 입장에서는 머리 위(남쪽)에 있던 태양이 서쪽으로 이동한 것처럼 보이겠지!

관측자의 입장에서 보면~ 태양이 남쪽 하늘에 제일 높이 올라간 상태야! ⇨ 정오

태양이 서쪽 하늘로 지는 시각! ⇨ 초저녁

태양이 동쪽 하늘에서 떠오르는 시각! ⇨ 새벽녘

관측자 입장에서 보면~ 태양이 발 밑에 있으니까 어두운 밤이 되겠지!! ⇨ 자정

02 달의 관측

(1) 달이 태양빛을 반사하는 면을 생각한 후, 지구의 위치에서 그 달을 보았을 때 보이는 모양을 표시한다.

(2) 각 위치에서 뜨는 시각, 남중 시각, 지는 시각 및 관측 가능 시간을 확인한다.

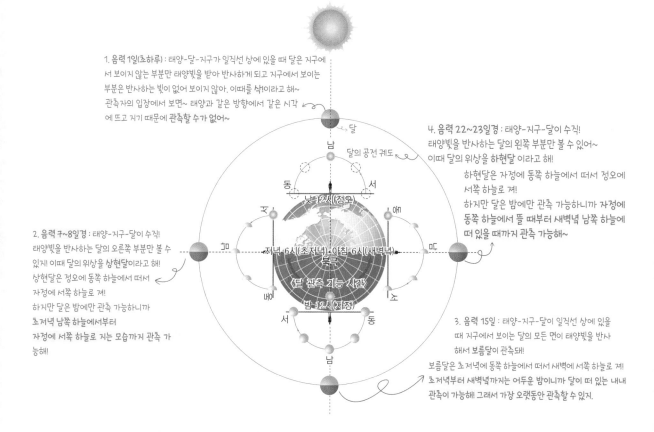

1. 음력 1일(초하루) : 태양-달-지구가 일직선 상에 있을 때 달은 지구에서 보이지 않는 부분만 태양빛을 받아 반사하게 되고 지구에서 보이는 부분은 반사하는 빛이 없어 보이지 않아. 이때를 삭이라고 해~ 관측자의 입장에서 보면~ 태양과 같은 방향에서 같은 시각에 뜨고 지기 때문에 관측할 수가 없어~

4. 음력 22~23일경 : 태양-지구-달이 수직! 태양빛을 반사하는 달의 왼쪽 부분만 볼 수 있어~ 이때 달의 위상을 하현달이라고 해!
하현달은 자정에 동쪽 하늘에서 떠서 정오에 서쪽 하늘로 져!
하지만 달은 밤에만 관측 가능하니까 자정에 동쪽 하늘에서 뜰 때부터 새벽녘 남쪽 하늘에 떠 있을 때까지 관측 가능해~

2. 음력 7~8일경 : 태양-지구-달이 수직! 태양빛을 반사하는 달의 오른쪽 부분만 볼 수 있지! 이때 달의 위상을 상현달이라고 해! 상현달은 정오에 동쪽 하늘에서 떠서 자정에 서쪽 하늘로 져!
하지만 달은 밤에만 관측 가능하니까 초저녁 남쪽 하늘에서부터 자정에 서쪽 하늘로 지는 모습까지 관측 가능해!

3. 음력 15일 : 태양-지구-달이 일직선 상에 있을 때 지구에서 보이는 달의 모든 면이 태양빛을 반사해서 보름달이 관측돼!
보름달은 초저녁에 동쪽 하늘에서 떠서 새벽에 서쪽 하늘로 져!
초저녁부터 새벽녘까지는 어두운 밤이니까 달이 떠 있는 내내 관측이 가능해! 그래서 가장 오랫동안 관측할 수 있지.

유형 클리닉

유형 ① 지구의 크기 측정

그림은 에라토스테네스가 지구의 크기를 측정한 방법을 나타낸 것이다. 에라토스테네스가 이와 같은 방법으로 지구의 크기를 측정하기 위해 세운 두 가지 가정을 모두 고르면?

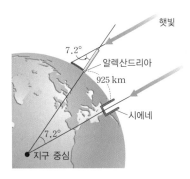

① 지구는 완전한 구형이다.
② 북극성의 고도는 그 지역의 위도와 같다.
③ 지구는 적도 반지름이 극반지름보다 긴 타원체이다.
④ 햇빛은 지구상의 어느 지역에서나 평행하게 들어온다.
⑤ 북극성의 빛은 지구상의 어느 지역에서나 평행하게 들어온다.

> 에라토스테네스가 지구 크기를 측정한 방법에서 가정과 원리를 묻는 문제가 자주 출제되고 있어~

①지구는 완전한 구형이다.
→ 에라토스테네스는 호의 길이는 중심각의 크기에 비례한다는 원의 원리를 이용하여 지구의 크기를 측정했어! 이 원리를 이용하기 위해서 지구는 완전한 구형이라는 가정이 필요하지.

②북극성의 고도는 그 지역의 위도와 같다.
③지구는 적도 반지름이 극반지름보다 긴 타원체이다.
④햇빛은 지구상의 어느 지역에서나 평행하게 들어온다.
→ 두 지역이 이루는 중심각의 크기를 간접적으로 구하기 위해서 햇빛은 지구상의 어느 지역에서나 평행하게 입사한다는 가정을 했어! 그래야 엇각의 원리를 이용할 수 있잖아.

⑤북극성의 빛은 지구상의 어느 지역에서나 평행하게 들어온다.

답 : ①, ④

에라토스테네스의 두 가지 가정
- 지구는 완전한 구형!
- 햇빛은 어디서나 평행!

유형 ② 달의 크기 측정 원리

다음은 풍식이가 작성한 달의 지름 측정 보고서를 나타낸 것이다.

달의 지름 측정 보고서

이름 : 장풍식

[실험 과정]
① 둥근 물체의 크기와 달의 크기가 일치하도록 위치를 맞춘다.
② 그 때의 눈과 둥근 물체 사이의 거리(l)를 측정한다.
③ 둥근 물체의 지름(d)을 측정한다.
④ 측정 값과 미리 알고 있던 지구에서 달까지의 거리(L) 값을 대입하여 달의 지름을 계산한다.

[실험 결과]

눈과 둥근 물체 사이의 거리(l)	100 cm
둥근 물체의 지름(d)	1 cm
지구에서 달까지의 거리(L)	38만 km

풍식이가 달의 지름(D)을 구하기 위해 세운 식으로 옳은 것은?

① $D = \dfrac{38만\ km}{100\ cm + 1\ cm}$
② $D = \dfrac{38만\ km \times 1\ cm}{360°}$
③ $D = \dfrac{38만\ km \times 1\ cm}{100\ cm}$
④ $D = \dfrac{38만\ km \times 100\ cm}{1\ cm}$
⑤ $D = \dfrac{38만\ km - 94\ cm}{100\ cm}$

> 달의 크기를 측정하는 원리는 삼각형의 닮음비를 이용해. 그래서 비례식을 세울 수 있는지 확인하는 문제가 출제되고 있어~

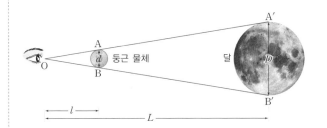

→ 비례식만 잘 세우면 어렵지 않아!

$l : L = d : D$ → 삼각형의 닮음비를 이용해!

$l \times D = L \times d$

$\therefore D = \dfrac{L \times d}{l} = \dfrac{38만\ km \times 1\ cm}{100\ cm}$

답 : ③

달의 크기를 구하기 위한 비례식 세우기
$l : L = d : D,\ l : d = L : D,\ d : l = D : L$

유형 클리닉

유형 ③ 별의 연주 운동

그림은 같은 장소에서 같은 시각에 서쪽 하늘의 별자리를 15일 간격으로 관측하여 나타낸 것이다.

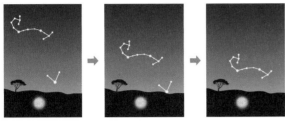

이에 대한 설명으로 옳은 것을 |보기|에서 모두 고른 것은? (단, 이 별자리는 관측 기간 동안 30° 이동하였다.)

| 보기 |
ㄱ. 지구의 공전 때문에 나타나는 현상이다.
ㄴ. 별이 스스로 움직여서 지구 주위를 공전하고 있다.
ㄷ. 별자리는 하루에 약 15°씩 서쪽에서 동쪽으로 이동하였다.

① ㄱ   ② ㄷ   ③ ㄱ, ㄴ
④ ㄴ, ㄷ   ⑤ ㄱ, ㄴ, ㄷ

> 별의 연주 운동은 지구의 공전에 의해 나타나는 현상으로, 연주 운동 방향과 속도를 정확하게 이해하고 있는지 묻는 문제가 출제될 수 있어.

ㄱ 지구의 공전 때문에 나타나는 현상이다.
→ 지구가 공전하기 때문에 제자리에 있는 별이 움직이는 것처럼 보이는 거야~!!

✕ 별이 ~~스스로 움직여서~~ 지구 주위를 공전하고 있다.
→ 별의 연주 운동은 별이 스스로 움직여서 지구 주위를 공전하는 게 아니라, 지구가 공전하기 때문에 별이 이동하는 것처럼 보이는 겉보기 운동이야!!

✕ 별자리는 하루에 약 ~~15°~~씩 서쪽에서 동쪽으로 이동하였다.
→ 지구는 서 → 동으로 1년에 360°를 공전하므로 별자리는 하루에 약 1°씩 동 → 서로 이동해! 지구의 공전 방향과 반대!!

답 : ①

별의 연주 운동의 방향과 속도 : 동 → 서, 약 1°/일

유형 ④ 달의 위상 변화

그림은 어느 날 풍식이가 정남쪽 하늘에서 관측한 달의 모습을 나타낸 것이다. 이에 대한 설명으로 옳은 것을 |보기|에서 모두 고른 것은?

| 보기 |
ㄱ. 관측한 시각은 새벽 6시경이다.
ㄴ. 약 1주일 후 달의 위상은 초승달이다.
ㄷ. 다음 날 같은 시각에 달은 이날보다 더 동쪽에서 관측될 것이다.

① ㄴ   ② ㄷ   ③ ㄱ, ㄴ
④ ㄱ, ㄷ   ⑤ ㄱ, ㄴ, ㄷ

> 달의 위상 변화를 묻는 문제는 자주 출제돼!! 달의 위상을 보고 관측 가능한 시간, 위치 등을 파악할 수 있어야 해~

✕ 관측한 시각은 ~~새벽 6시경이다.~~ 저녁 6시경
→ 상현달이 남중하는 시각은 저녁 6시경이야!

✕ 약 1주일 후 달의 위상은 ~~초승달이다.~~ 보름달
→ 달의 위상은 초승달( )→ 상현달( )→ 보름달( )→ 하현달( )→ 그믐달( )로 변하므로 약 1주일 후 달의 위상은 보름달이다.

ㄷ 다음 날 같은 시각에 달은 이날보다 더 동쪽에서 관측될 것이다.
→ 달은 지구 주위를 서 → 동으로 공전하기 때문에 매일 같은 시각에 달을 관측하면 점점 동쪽으로 이동한다는 것을 알 수 있어!

답 : ②

달의 위상 변화 : 삭( ) → 초승달( ) → 상현달( ) → 보름달(망)
( ) → 하현달( ) → 그믐달( ) → 삭( )

❶ 지구의 크기 측정

01 그림 (가)는 에라토스테네스가 지구의 반지름을 측정하는 방법을, (나)는 시에네와 알렉산드리아의 위치를 나타낸 것이다.

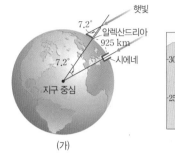

(가)   (나)

이 측정 방법에서 현재 측정한 값과 오차가 생긴 까닭으로 옳지 <u>않은</u> 것을 <u>모두</u> 고르면?

① 지구가 완전한 구형이 아닌 타원체이기 때문
② 두 도시 사이의 거리 측정이 정확하지 않았기 때문
③ 두 도시가 같은 위도에 위치하지 않기 때문
④ 두 도시가 같은 경도에 위치하지 않기 때문
⑤ 지구로 들어오는 햇빛이 평행하게 들어오지 않기 때문

[02~03] 그림은 에라토스테네스와 같은 방법으로 지구 모형의 크기를 측정하는 방법을 나타낸 것이다.

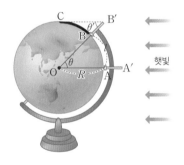

02 지구 모형의 반지름(R)을 측정하기 위해 직접 측정해야 하는 값을 <u>모두</u> 고르면?

① ∠AOB   ② 호 AB
③ ∠BB'C   ④ 막대 AA'의 길이
⑤ 막대 BB'의 그림자 길이

03 지구 모형에서 A와 B 사이의 거리(l)가 6 cm, ∠BB'C(θ')의 크기가 30°일 때, 지구 모형의 반지름(R)은 몇 cm인가? (단, π는 3으로 계산한다.)

① 8 cm   ② 12 cm   ③ 24 cm
④ 36 cm   ⑤ 72 cm

❷ 달의 크기 측정

[04~05] 그림은 삼각형의 닮음비를 이용하여 달의 크기를 측정하는 방법을 나타낸 것이다.

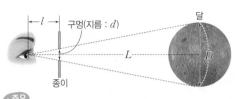

04 ★중요 달의 지름(D)을 구하기 위해 직접 측정해야 하는 값을 | 보기 |에서 모두 고른 것은?

> **보기**
> ㄱ. 지구에서 달까지의 거리(L)
> ㄴ. 눈에서 종이까지의 거리(l)
> ㄷ. 종이 구멍의 지름(d)

① ㄱ   ② ㄴ   ③ ㄱ, ㄷ
④ ㄴ, ㄷ   ⑤ ㄱ, ㄴ, ㄷ

05 구멍의 지름이 0.7 cm이고, 눈에서 종이까지의 거리(l)가 76 cm였을 때, 달의 지름(D)은 몇 km인가?(단, 지구에서 달까지의 거리(L)는 38만 km이다.)

① 950 km   ② 1900 km   ③ 3500 km
④ 5700 km   ⑤ 7600 km

❸ 지구의 운동

06 지구의 자전에 대한 설명으로 옳지 <u>않은</u> 것은?

① 지구는 1시간에 15°씩 회전한다.
② 천체의 일주 운동이 관측되는 원인이다.
③ 지구는 동쪽에서 서쪽 방향으로 자전한다.
④ 지구 자전축의 북쪽은 북극성을 가리키며 자전한다.
⑤ 지구가 하루에 한 바퀴씩 스스로 회전하는 것을 말한다.

07 우리나라에서 동쪽 하늘을 보았을 때 별의 일주 운동 모습으로 옳은 것은?

①
지평선

②
지평선

③
지평선

④
지평선

⑤
지평선

08 그림은 우리나라의 북쪽 하늘에서 관측한 별의 일주 운동을 나타낸 것이다.

이에 대한 설명으로 옳은 것을 |보기|에서 모두 고른 것은?

|보기|
ㄱ. 중심에 있는 별은 북극성이다.
ㄴ. 별의 일주 운동 방향은 A이다.
ㄷ. 별의 일주 운동은 지구의 공전 때문에 나타나는 현상이다.

① ㄱ   ② ㄷ   ③ ㄱ, ㄴ
④ ㄴ, ㄷ   ⑤ ㄱ, ㄴ, ㄷ

[09~10] 그림은 지구의 공전 궤도와 황도 12궁을 나타낸 것이다.

09 이에 대한 설명으로 옳은 것을 |보기|에서 모두 고른 것은?

|보기|
ㄱ. 10월에 처녀자리는 태양과 함께 뜨고 진다.
ㄴ. 지구의 공전에 의해 별자리가 동에서 서로 이동하는 것처럼 보인다.
ㄷ. 태양은 별자리 사이를 시계 방향으로 이동하는 것처럼 보인다.

① ㄱ   ② ㄷ   ③ ㄱ, ㄴ
④ ㄴ, ㄷ   ⑤ ㄱ, ㄴ, ㄷ

10 6월에 (가) 천구 상에서 태양과 함께 뜨고 지는 별자리와 (나) 한밤중에 남쪽 하늘에서 관측되는 별자리를 옳게 짝지은 것은?

	(가)	(나)		(가)	(나)
①	황소자리	전갈자리	②	전갈자리	황소자리
③	사자자리	물병자리	④	쌍둥이자리	염소자리
⑤	물병자리	사자자리			

11 그림은 같은 장소에서 해가 진 직후 서쪽 하늘에 보이는 별자리를 15일 간격으로 관측하여 순서대로 나타낸 것이다.

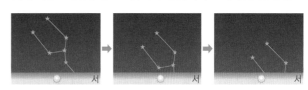

이에 대한 설명으로 옳은 것은?

① 별의 일주 운동을 나타낸 것이다.
② 별자리는 하루에 약 15°씩 이동한다.
③ 지구의 자전에 의해 나타나는 현상이다.
④ 별자리는 동쪽에서 서쪽으로 이동하는 것처럼 보인다.
⑤ 천구상에서 태양은 별자리와 같은 방향으로 움직인다.

❹ 달의 운동

12 그림은 음력 2일에서 15일까지 같은 장소에서 같은 시각에 관측한 달의 위상과 위치 변화를 나타낸 것이다.

이에 대한 설명으로 옳지 않은 것을 모두 고르면?

① 달을 관측한 시각은 초저녁이다.
② 달의 관측 시간은 (가)보다 (다)가 길다.
③ 관측 기간 동안 달의 표면 무늬는 변하지 않는다.
④ (다)에서 (가)로 갈수록 태양빛을 반사하는 달의 면적이 커진다.
⑤ (가)에서 일주일 정도 지나면 같은 시각에 (나)의 위치에서 하현달이 관측된다.

13 그림은 겨울철 음력 28일 경 새벽 6시에 동쪽 하늘에서 관측된 달의 위상을 나타낸 것이다. 이에 대한 설명으로 옳은 것은?

① 초승달을 나타낸 것이다.
② 초저녁에도 관측이 가능하다.
③ 태양빛을 반사하는 면적이 가장 큰 시기이다.
④ 약 3일 후에도 같은 시각에 이 달이 관측된다.
⑤ 일주일 정도 시간이 지나면 초저녁에 상현달이 관측된다.

⑤ 일식과 월식

[14~15] 그림은 지구를 공전하는 달의 위치를 나타낸 것이다.

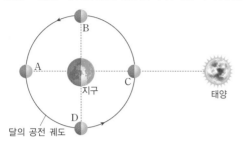

달의 공전 궤도

14 달이 A 위치에 있을 때, 달의 위상과 우리나라에서 달이 남중하는 시각을 옳게 짝지은 것은?

	모양	시각		모양	시각
①	그믐달	자정	②	그믐달	초저녁
③	보름달	자정	④	보름달	새벽
⑤	보름달	초저녁			

15 일식과 월식이 일어날 때 달의 위치를 옳게 짝지은 것은?

	일식	월식		일식	월식
①	A	B	②	A	C
③	C	A	④	C	D
⑤	D	B			

16 그림 (가)와 (나)는 일식과 월식이 일어나는 원리를 나타낸 것이다.

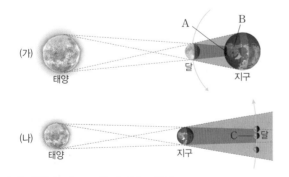

이에 대한 설명으로 옳지 <u>않은</u> 것은?

① A에서 개기 일식을 관측할 수 있다.

② B는 달의 반그림자 속에 있는 지역이다.

③ C에 위치한 달은 검붉은색으로 관측된다.

④ (가)의 관측 시간보다 (나)의 관측 시간이 짧다.

⑤ (나)의 밤이 되는 모든 지역에서 월식을 관측할 수 있다.

17 지구의 중심각을 구하기 위해 막대 한 개를 점 A에 세웠다. (가)~(마) 중 다른 막대를 세워야 하는 위치를 고르고, 두 개의 막대를 세울 때 유의해야 하는 점을 서술하시오.

KEY

동일 경도, 다른 위도

18 그림 (가)~(다)는 해가 진 직후 서쪽 하늘에서 15일 간격으로 관측한 별자리의 위치를 순서 없이 나타낸 것이다.

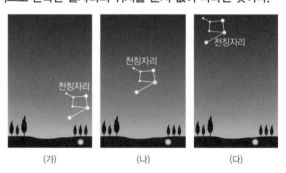

(가)~(다)를 시간 순서대로 나열하고, 그렇게 생각한 까닭을 서술하시오.

KEY

동 → 서, 지구의 공전

19 시간이 지남에 따라 달의 위상이 변하는 까닭을 서술하시오.

KEY

태양빛을 반사, 달, 지구, 태양의 상대적 위치

20 표는 A~D 지역의 경도와 위도를 나타낸 것이다.

지역	A	B	C	D
경도	95°E	85°E	102°E	95°E
위도	30°N	34°N	60°N	60°N

에라토스테네스가 지구의 크기를 측정했던 방법을 이용하여 지구의 반지름을 구하는 실험을 하기에 적합한 두 지역을 옳게 짝지은 것은?

① A, B 　　② A, D 　　③ B, C
④ B, D 　　⑤ C, D

21 그림은 달의 크기를 측정하는 모습을 나타낸 것이다. 동전은 달이 정확히 가려지는 거리에 위치하였다.

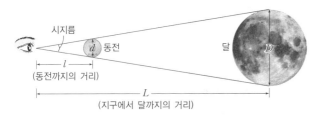

이에 대한 설명으로 옳지 않은 것은?

① 동전과 달의 시지름은 같다.
② 동전이 눈과 가까이 있을수록 시지름은 크게 측정된다.
③ 동전의 지름(d)과 눈에서 동전까지의 거리(l)는 실제로 측정해야 하는 값이다.
④ 시지름은 물체의 크기가 달라도 거리 비에 따라 같은 값으로 측정될 수 있다.
⑤ 동전의 지름(d)을 더 작은 것으로 바꾸면 눈에서 동전까지의 거리(l)는 멀어진다.

22 그림은 우리나라에서 1월에 관측할 수 있는 황도 부근의 별자리를 나타낸 것이다. 이날 자정에 남쪽 하늘에서 쌍둥이자리가 관측되었다.

이에 대한 설명으로 옳은 것을 |보기|에서 모두 고른 것은?

> **보기**
> ㄱ. 태양은 현재 쌍둥이자리의 반대 방향에 있다.
> ㄴ. 6시간 후에는 남쪽 하늘에서 처녀자리가 관측된다.
> ㄷ. 2월에는 자정에 남쪽 하늘에서 황소자리가 관측된다.

① ㄱ 　　② ㄷ 　　③ ㄱ, ㄴ
④ ㄴ, ㄷ 　　⑤ ㄱ, ㄴ, ㄷ

23 그림은 달이 지구를 중심으로 공전하는 모습을 나타낸 것이다.

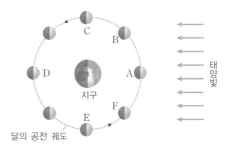

달의 위치에 따른 남중 시각과 위상을 옳게 짝지은 것은?

	위치	남중 시각	위상
①	A	초저녁	하현달
②	C	자정	보름달
③	D	정오	상현달
④	E	새벽	하현달
⑤	F	초저녁	보름달

24 그림은 15일 동안 해가 진 직후 관측한 달의 위상과 위치 변화를 나타낸 것이다.

달을 가장 오랫동안 볼 수 있는 때는?

① 음력 2일경 　　② 음력 5일경 　　③ 음력 7~8일경
④ 음력 10일경 　　⑤ 음력 15일경

25 그림 (가)~(다)는 어느 날 우리나라에서 관측한 금환 일식의 진행 과정을 순서 없이 나타낸 것이다.

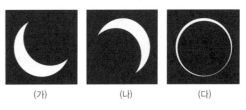

(가)　　　　(나)　　　　(다)

이에 대한 설명으로 옳은 것을 |보기|에서 모두 고른 것은?

> **보기**
> ㄱ. 일식 진행 순서는 (가) → (다) → (나)이다.
> ㄴ. 이날은 달과 지구의 거리가 상대적으로 멀 때이다.
> ㄷ. 태양-지구-달 순으로 일직선 상에 놓여 있을 때 나타나는 현상이다.

① ㄱ 　　② ㄷ 　　③ ㄱ, ㄴ
④ ㄴ, ㄷ 　　⑤ ㄱ, ㄴ, ㄷ

• 태양계를 구성하는 행성의 특징을 알고, 목성형 행성과 지구형 행성으로 구분할 수 있다.
• 태양 표면과 대기의 특징을 알고, 태양의 활동이 지구에 미치는 영향에 대해 설명할 수 있다.

❶ 태양계를 구성하는 행성

1 태양계 행성의 특징

수성	• 태양에서 가장 가까운 행성 • 지름 : 지구의 0.4배 태양계를 이루는 행성 중 가장 작다. 표면의 모습이 달과 비슷해~ • 물과 대기가 없다. ⇨ 표면에 운석 구덩이가 많이 남아 있다. • 낮과 밤의 온도 차이가 크다. 낮 : 약 400 ℃, 밤 : 약 -170 ℃ 　└ 대기가 없기 때문에 온실 효과가 나타나지 않아서 온도 차이가 큰 거야~
금성	• 반지름과 질량이 지구와 거의 비슷하다. • 이산화 탄소로 이루어진 두꺼운 대기층 ⇨ 기압이 매우 높다. • 큰 온실 효과 ⇨ 표면 온도가 높다. 약 470 ℃ 이상 • 표면에는 화산 활동으로 생긴 용암이 흐른 흔적이 있다. • 자전축이 거의 180°로 기울어져 동에서 서로 자전하는 것처럼 보인다. • 지구에서 볼 때 가장 밝게 보인다. 두꺼운 이산화 탄소 대기층은 햇빛을 잘 반사해!
지구	• 태양과의 적절한 거리에 위치 ⇨ 액체 상태의 물이 존재 ⇨ 생명체 존재 • 바다 : 표면의 70 % 이상 └ 바다가 있기 때문에 지구 밖에서 보면 • 대기 : 질소와 산소가 대부분 푸르게 보이는 거야~ • 기상 현상, 계절 변화, 지각 변동 등 다양한 변화가 일어난다.
화성	• 표면이 붉게 보이는 행성 표면에 붉은색을 띠는 산화 철 성분이 많기 때문! • 지름 : 지구의 약 $\frac{1}{2}$ • 이산화 탄소 대기 ⇨ 대기의 양이 매우 희박 ⇨ 낮과 밤의 온도 차이가 크다. • 자전축의 기울기와 하루의 길이가 지구와 비슷하다. • 극지방에서 얼음과 드라이아이스로 이루어진 흰색의 극관이 관측된다. • 극관은 계절에 따라 크기가 달라진다. 여름에는 작아지고, 겨울에는 커져! • 올림퍼스 화산 존재, 최대 크기의 대협곡이 있다. 　└ 태양계에서 가장 큰 화산인데, 현재는 활동하지 않아! • 과거에 물이 흘렀던 흔적이 있고, 최근에는 지하에 얼음이 존재하는 것으로 밝혀졌다. 극관
목성	• 태양계에서 가장 큰 행성이다. 지구 지름의 약 11배야! • 주로 수소와 헬륨으로 이루어진 대기가 있다. • 대기의 대류와 빠른 자전 ⇨ 적도와 나란한 가로줄 무늬 • 대적점 : 표면에 나타나는 붉은색의 큰 점 대기의 소용돌이로, 지구의 태풍같은 거야. • 이오, 유로파, 가니메데, 칼리스토 외 수많은 위성과 희미한 고리가 있다. 　└ 4개의 위성은 갈릴레이가 발견한 목성의 4대 위성이야! • 극지방에서 오로라가 관측되기도 한다. 대적점
토성	• 태양계에서 두 번째로 크고, 태양계 행성 중 평균 밀도가 가장 작다. • 자전 속도가 빠르고 밀도가 작아서 태양계 행성 중 모양이 가장 납작하다. • 주로 수소와 헬륨으로 이루어진 대기가 있다. • 얼음과 암석 조각으로 이루어진 뚜렷한 고리가 있다. 적도와 나란한 방향으로 발달해! • 극지방에서 오로라가 관측되기도 한다. • 60개 이상의 많은 위성이 있다. ⇨ 가장 큰 위성 : 타이탄
천왕성	• 주로 수소, 헬륨, 메테인 등으로 이루어진 대기가 있고, 청록색을 띠는 행성이다. 대기 중의 메테인이 붉은빛을 흡수하고 푸른빛을 반사하기 때문이야~ • 지름 : 지구의 4배 • 자전축이 공전 궤도면과 거의 평행 누운 채로 자전하는 것처럼 보여! • 여러 개의 희미한 고리와 많은 위성이 있다.
해왕성	• 크기와 대기 성분이 천왕성과 비슷한 행성이다. 　└ 천왕성과 같이 대기 중 메테인에 의해 푸른빛을 띠는 행성이야! • 대흑점 : 표면에 나타나는 검은색의 큰 점 ◂ 대기의 소용돌이야! • 여러 개의 희미한 고리와 많은 위성이 있다. 대흑점

⊖ 비타민

행성에 대기가 없기 때문에 나타나는 현상
① 풍화와 침식이 일어나지 않는다.
② 온실 효과가 나타나지 않는다.

온실 효과
행성의 표면에서 복사되는 에너지가 대기를 빠져나가지 못하고 갇혀 대기의 온도가 상승하는 현상을 말한다. 금성의 경우 태양으로부터의 거리는 수성보다 멀지만 두꺼운 이산화 탄소 대기에 의한 온실 효과로 수성보다 표면 온도가 높다.

위성
행성을 중심으로 공전하는 천체

갈릴레이 위성
목성의 위성 중 이오, 유로파, 가니메데, 칼리스토는 갈릴레이가 스스로 제작한 망원경을 이용하여 처음 발견한 4개의 위성이다. 갈릴레이는 이 위성들의 발견을 통해 지동설을 뒷받침하게 되었다.

천왕성의 자전과 공전

천왕성의 자전축은 공전 궤도면에 거의 평행하므로 천왕성은 누운 채로 자전하며 공전한다.

태양계 행성과 태양

- 행성 ─ 특징
  - 분류 ─ 내행성
    - 외행성
  - 지구형 행성
  - 목성형 행성
- 태양 ─ 특징 ─ 광구
  - 대기
  - 활동과 영향
- 망원경 관측 ─ 태양, 달, 행성

용어 & 개념 체크

❶ 태양계를 구성하는 행성

01 수성에는 ☐과 ☐☐가 존재하지 않는다.

02 금성에서는 ☐☐☐ ☐☐로 이루어진 두꺼운 대기에 의해 ☐☐ ☐☐가 매우 커서 기압과 표면 온도가 매우 높다.

03 화성의 극지방에서 나타나는 흰색의 ☐☐은 얼음과 드라이아이스로 이루어져 있다.

04 목성에서 관측되는 ☐☐☐은 붉은색의 큰 점으로, 대기의 소용돌이이다.

05 토성에는 얼음과 암석 조각으로 이루어진 뚜렷한 ☐☐가 있다.

01 그림은 태양계의 행성을 공전 궤도와 함께 나타낸 것이다.

A~H에 대한 설명으로 옳은 것은 ○, 옳지 않은 것은 ×로 표시하시오.

(1) A는 대기가 없어 표면에 운석 구덩이가 많다. ·················· ( )
(2) B는 두꺼운 이산화 탄소 대기로 인해 온실 효과가 크다. ·········· ( )
(3) C의 대기는 대부분 질소와 탄소로 이루어져 있으며, 생명체가 존재할 수 있다.
　·· ( )
(4) D의 극관은 계절과 관계없이 크기가 일정하다. ················ ( )
(5) E의 표면에는 대기의 소용돌이에 의해 검은색 점이 나타난다. ······ ( )
(6) F의 뚜렷한 고리는 얼음과 암석 조각, 먼지 등으로 이루어져 있다. ···· ( )
(7) G는 청록색으로 보이며 자전축이 공전 궤도면에 거의 평행하다. ···· ( )
(8) H는 고리가 없고 여러 개의 위성을 가지고 있다. ·············· ( )

[**02~04**] | 보기 |는 태양계의 행성들을 나타낸 것이다.

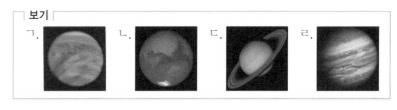

보기
ㄱ. ㄴ. ㄷ. ㄹ.

02 자전축이 거의 $180°$로 기울어져 동에서 서로 자전하는 것처럼 보이며, 이산화 탄소로 이루어진 두꺼운 대기층을 가진 행성의 기호와 이름을 쓰시오.

03 태양계 행성 중 크기가 두 번째로 크며, 평균 밀도가 가장 작고, 뚜렷한 고리가 존재하는 행성의 기호와 이름을 쓰시오.

04 표면이 붉게 보이고, 최대 크기의 대협곡과 태양계에서 가장 큰 화산이 존재하는 행성의 기호와 이름을 쓰시오.

05 태양계의 행성에 대한 설명으로 알맞은 말을 고르시오.

(1) 지구에서 가장 밝게 보이는 행성은 금성으로, 기압이 매우 (낮다, 높다).
(2) 태양에서 가장 가까운 행성은 수성으로 낮과 밤의 온도 차이가 매우 (작다, 크다).
(3) 태양계에서 가장 큰 행성은 (목성, 토성)이며, 빠른 (자전, 공전)으로 인하여 적도와 나란한 가로줄 무늬가 나타난다.

2 태양계 행성의 분류

(1) **내행성과 외행성** : 지구의 공전 궤도를 기준으로 구분

구분	행성	위치
내행성	수성, 금성	지구의 공전 궤도보다 안쪽에 있는 행성
외행성	화성, 목성, 토성, 천왕성, 해왕성	지구의 공전 궤도보다 바깥쪽에 있는 행성

(2) **지구형 행성과 목성형 행성** : 행성의 물리적 특성에 따른 구분

① 지구형 행성 : 수성, 금성, 지구, 화성

② 목성형 행성 : 목성, 토성, 천왕성, 해왕성

지구형 행성의 구성 성분이 대부분 무거운 원소이고,
표면이 고체 상태이기 때문에 지구형 행성의 평균 밀도가 더 커!

구분	반지름	질량	평균 밀도	표면 상태	위성 수	고리	대기 성분
지구형 행성	작다	작다	크다	고체	없거나 적다	없다	이산화 탄소, 산소, 질소 등
목성형 행성	크다	크다	작다	기체	많다	있다	수소, 헬륨, 메테인 등

목성형 행성이 지구형 행성보다 평균 밀도는 작지만
반지름이 매우 크기 때문에 질량은 커!

2 태양

1 태양의 표면

(1) **광구** : 우리 눈에 매우 밝고 둥글게 보이는 태양의 표면

(2) **쌀알 무늬** : 태양 표면의 전체에 나타나는 무늬로, 수많은 쌀알을 뿌려 놓은 모양이다. 광구 아래에서 일어나는 대류 운동에 의해 생긴다. ← 밝은 곳은 고온의 물질이 상승하는 부분이고, 어두운 곳은 저온의 물질이 하강하는 부분이지!

(3) **흑점**

① 태양의 표면에 나타나는 검은색 점으로, 모양과 크기가 다양하다.

② 강한 자기장에 의해 대류 운동이 잘 일어나지 않아 태양의 내부로부터 에너지가 공급되기 어렵기 때문에 주위보다 <u>온도가 낮아서</u> 검게 보인다. 약 2000 ℃ 낮아!

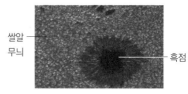
▲ 태양의 표면
쌀알 무늬 — 흑점

③ **흑점의 이동** : 흑점은 지구에서 관측하면 동에서 서로 이동하는 것처럼 보이는데, 이것은 태양이 자전하기 때문에 나타나는 현상이다.

2 태양의 대기 평상시에는 광구가 너무 밝아서 보기 어렵고, 개기 일식이 일어날 때 관측할 수 있어.

채층	코로나	홍염	플레어
• 광구 바로 위 얇고 붉은색을 띠는 대기층 • 두께가 약 1만 km, 온도는 약 3500∼5700 ℃	• 채층 위로 나타나는 청백색의 희미한 가스층 • 온도는 약 100만 ℃ 이상	• 태양 표면에서 솟아 올라오는 고온의 가스 물질 • 모양이 다양함(기둥, 고리 등)	• 흑점 주변에서 짧은 시간 동안 나타나는 폭발 • 고온의 전기를 띤 입자를 우주 공간으로 방출

행성의 반지름과 질량

행성의 반지름과 평균 밀도

흑점의 이동

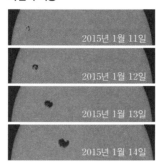

지구에서 흑점을 관측하면 흑점의 위치가 시간에 따라 변한다는 것을 알 수 있다.

태양 흑점 수의 변화

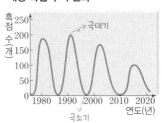

• 태양 흑점 수의 변화 : 약 11년 주기로 증감한다.

• 태양 활동을 예측할 수 있다.

  흑점 수 증가 ⇨ 태양 활동 활발

용어 & 개념 체크

❶ 태양계를 구성하는 행성

06 수성과 금성은 지구 공전 궤도의 안쪽에서 공전하는 □□□이고, 화성, 목성, 토성, 천왕성, 해왕성은 지구 공전 궤도의 바깥쪽에서 공전하는 □□□이다.

07 지구형 행성은 질량이 □고, 평균 밀도가 □다. 반면 목성형 행성은 질량이 □고, 평균 밀도가 □다.

❷ 태양

08 태양의 표면을 □□라고 하며, 이곳에는 쌀알을 뿌려 놓은 듯한 □□ □□와 주위보다 온도가 낮아 검게 보이는 □□이 있다.

09 흑점의 이동을 통해 태양이 □□하고 있다는 것을 알 수 있다.

10 태양의 대기 중 붉은색의 얇은 대기층을 □□이라고 하며, 코로나, □□, □□□ 현상과 함께 개기 일식이 일어날 때 잘 관측된다.

06 |보기|는 태양계의 행성들을 나타낸 것이다.

┌ 보기
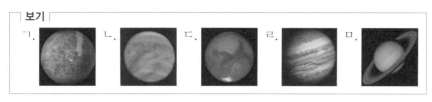
ㄱ. ㄴ. ㄷ. ㄹ. ㅁ.

(1) 내행성에 해당하는 행성들을 <u>모두</u> 고르시오.
(2) 목성형 행성에 해당하는 행성들을 <u>모두</u> 고르시오.

07 그림은 태양계 행성들을 물리적 특성에 따라 구분하여 나타낸 것이다. A에 해당하는 행성의 특징으로 옳은 것을 |보기|에서 <u>모두</u> 고르시오.

┌ 보기
ㄱ. 고리가 없다.
ㄴ. 반지름이 작다.
ㄷ. 위성의 수가 많다.
ㄹ. 표면이 고체로 이루어져 있다.
ㅁ. 대기는 주로 수소, 헬륨 등으로 이루어져 있다.

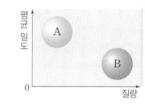

08 태양의 표면에서 관측되는 쌀알 무늬와 흑점에 대한 설명으로 옳은 것은 ○, 옳지 <u>않은</u> 것은 ×로 표시하시오.

(1) 쌀알 무늬와 흑점이 나타나는 태양의 표면을 광구라고 한다. ────────── (　　)
(2) 쌀알 무늬는 광구 아래에서 일어나는 대류 운동에 의해 생긴다. ───── (　　)
(3) 쌀알 무늬는 흑점 주위에서만 관측된다. ─────────────────── (　　)
(4) 흑점은 주위보다 온도가 높아서 어둡게 관측된다. ─────────── (　　)
(5) 흑점의 이동으로 태양이 자전하는 것을 알 수 있다. ───────── (　　)

09 태양의 대기에 대한 설명과 그에 대한 모습을 옳게 연결하시오.

(1) 광구 바로 바깥쪽의 붉은색을 띠는 대기층 •　　• ㉠

(2) 태양 표면에서 솟아올라오는 고온의 가스 물질 •　　• ㉡

(3) 채층 위로 나타나는 청백색의 희미한 가스층 •　　• ㉢

(4) 흑점 주변에서 짧은 시간 동안 나타나는 폭발 •　　• ㉣

2 태양계

3 태양의 활동 : 태양은 내부에서 생성된 많은 양의 에너지를 우주 공간으로 방출한다.

(1) **태양의 활동이 활발할 때 태양에서 나타나는 현상** : 태양 표면의 흑점 수가 증가한다. 홍염이나 플레어가 자주 발생한다. 코로나의 크기가 커진다. 태양에서 방출하는 태양풍이 강해진다.

(2) **태양의 활동이 활발할 때 지구에서 나타나는 현상**

① 자기 폭풍 발생 ➡ 지구 자기장이 갑작스럽고 불규칙하게 변하는 것을 말한다.

② 고위도 지역에서는 오로라가 많이 나타난다. ➡ 더 넓은 지역에서, 더 자주 일어나게 된다. 태양풍에 포함된 전기를 띤 입자가 지구의 공기 입자와 충돌하여 빛을 내는 현상을 말해! 평상시에는 주로 고위도 지역에서만 나타나지

③ 델린저 현상(무선 통신 장애) ➡ 태양풍에 의해 전리층에 이상이 생겨서 나타난다. 전리층은 전기를 띤 입자들로 이루어져 있는데, 이 층은 지상에서 발사한 전파를 흡수하거나 반사하여 무선 통신을 가능하게 하지.

④ 대규모 정전 ➡ 태양풍에 의해 송전 시설이 파괴되기도 한다. ⓔ 1989년에 발생한 자기 폭풍으로 캐나다의 6백여만 명의 주민들이 정전 피해를 입었다.

⑤ 인공위성의 고장 및 오작동 ➡ 인공위성들은 다양한 전기 장비로 이루어져 있기 때문에 태양풍의 영향을 크게 받는다.

❸ 망원경을 이용한 천체 관측

1 망원경의 구조

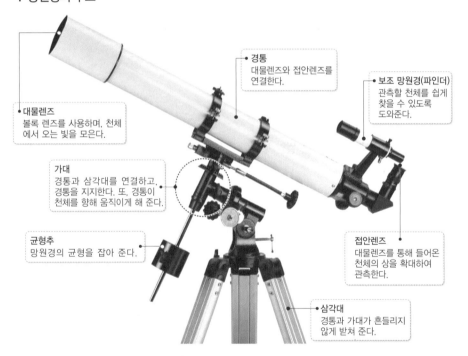

경통
대물렌즈와 접안렌즈를 연결한다.

보조 망원경(파인더)
관측할 천체를 쉽게 찾을 수 있도록 도와준다.

대물렌즈
볼록 렌즈를 사용하며, 천체에서 오는 빛을 모은다.

가대
경통과 삼각대를 연결하고, 경통을 지지한다. 또, 경통이 천체를 향해 움직이게 해 준다.

균형추
망원경의 균형을 잡아 준다.

접안렌즈
대물렌즈를 통해 들어온 천체의 상을 확대하여 관측한다.

삼각대
경통과 가대가 흔들리지 않게 받쳐 준다.

2 망원경의 조립 순서 : 삼각대 설치 → 가대와 균형추 설치 → 경통 설치 → 보조 망원경과 접안렌즈 설치 → 시야 정렬 — 주 망원경과 보조 망원경의 시야 정렬 : 주 망원경을 보면서 주위에서 찾기 쉬운 물체를 십자선 중앙에 놓고, 보조 망원경을 보면서 같은 물체가 십자선 중앙에 오도록 조절해서 보조 망원경과 주 망원경의 방향을 일치시켜야 해.

3 망원경의 조작 방법

(1) 주위가 트여 있고 빛이 적은 곳에 망원경을 설치한다.

(2) 보조 망원경을 통해 관측할 천체를 찾는다.

(3) 보조 망원경에서는 천체의 상하좌우가 바뀌어 보인다는 점에 유의하여 천체가 십자선의 중앙에 오도록 조정한다.

(4) 보조 망원경으로 찾은 천체를 접안렌즈로 보면서 초점을 맞춘 후에 관측한다.

(5) 접안렌즈로 천체를 관측할 때는 먼저 저배율로 관측하고, 배율을 높여 가며 관측한다.

🔵 **비타민**

태양풍
태양에서 방출되는 전기를 띤 입자의 흐름을 말한다.

오로라

태양에서 날아오는 전기를 띤 입자가 상층 대기에서 대기 입자와 충돌하여 빛을 내는 현상이다.

망원경의 설치 장소
• 사방이 트이고 평탄한 곳
• 안개가 자주 발생하지 않는 곳
• 도시 불빛의 영향을 적게 받는 곳

망원경의 성능
• 집광력 : 빛을 모으는 능력, 집광력이 클수록 빛을 많이 모아 어두운 천체를 볼 수 있다.
• 분해능 : 초점에 맺힌 상이 뚜렷하게 보이는 정도, 구경(대물렌즈의 지름)이 큰 망원경일수록 분해능이 우수하다.
• 배율 : 맨눈으로 본 상의 크기에 대해 망원경을 통해 본 상의 크기를 말한다. 배율이 높은 접안렌즈로 바꾸면 자세하게 관측할 수 있다.

주 망원경과 보조 망원경의 시야 정렬

▲ 주 망원경　　▲ 보조 망원경

주위에서 찾기 쉬운 건물의 피뢰침 등을 주 망원경으로 맞춘 다음, 보조 망원경의 십자선 중앙에 맞춰 방향을 일치시킨다.

❷ 태양

11 태양의 활동이 ▢▢할 때 지구에서 태양풍에 의해 전리층에 이상이 생겨 ▢▢▢ ▢▢이 나타난다.

❸ 망원경을 이용한 천체 관측

12 천체 망원경의 ▢▢렌즈는 상을 확대하는 역할을 하고, ▢▢렌즈는 빛을 모아 주는 역할을 한다.

13 ▢▢▢는 망원경의 균형을 잡아주는 역할을 한다.

14 천체 망원경으로 달을 관측하면 달의 상하좌우가 ▢▢ ▢ 보인다.

10 태양의 활동이 활발할 때 태양에서 나타나는 현상으로 알맞은 말을 고르시오.

(1) 코로나의 크기가 (작아진다, 커진다).

(2) 태양 표면의 흑점 수가 (감소한다, 증가한다).

(3) 태양에서 방출하는 태양풍이 (약해진다, 강해진다).

11 태양의 활동이 활발할 때 지구에서 나타나는 현상으로 옳지 <u>않은</u> 것을 |보기|에서 <u>모두</u> 고르시오.

┌ 보기 ┐
ㄱ. 무선 통신이 중단되기도 한다.
ㄴ. 자기 폭풍이나 오로라가 줄어든다.
ㄷ. 인공위성이 고장나거나 궤도를 이탈할 수 있다.
ㄹ. 과도한 전류가 흘러 송전 시설이 파괴될 수 있다.
ㅁ. 위성 항법 장치인 GPS 수신에 장애를 일으키기도 한다.

12 다음은 망원경으로 천체를 관측하는 과정의 일부를 순서 없이 나타낸 것이다.

(가) 천체의 상이 선명하게 보이도록 접안렌즈의 초점을 맞춘다.
(나) 접안렌즈를 보며 천체의 상이 중앙에 오도록 조절한다.
(다) 주 망원경과 보조 망원경의 방향을 일치시켜 시야를 정렬한다.
(라) 관측하려는 천체를 보조 망원경의 십자선 중앙에 오도록 조절한다.
(마) 주 망원경과 보조 망원경이 같은 천체를 향하도록 망원경의 위치를 잡는다.

(가)~(마)를 순서대로 나열하시오.

13 그림은 망원경의 구조를 나타낸 것이다. 접안렌즈로 천체를 관측하기 전에 관측하고자 하는 천체를 쉽게 찾는 데 이용하는 것은 어느 것인지 기호와 이름을 쓰시오.

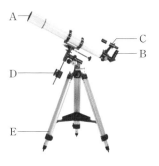

망원경을 이용한 천체 관측

[탐구 1] 망원경을 이용하여 태양의 흑점 관측하기

 과정
① 맑은 날 태양이 잘 보이는 곳에 망원경을 설치하고, 태양 필터와 태양 투영판을 끼운다.
② 경통이 태양을 향하게 하여 경통 뚜껑을 열고, 경통의 방향을 조정하여 태양의 상이 투영판 가운데에 위치하게 한다.
③ 투영판을 앞뒤로 움직여 태양의 모습이 선명하게 맺히도록 한다.
④ 투영판에 맺힌 태양의 모습을 관측하여 관측 일지에 그린다.

태양 필터
투영판

> **탐구 시 유의점**
> • 태양을 관측할 때 접안렌즈로 태양을 직접 보지 않는다.
> • 초저녁에 달을 관측하려면 음력 2일~음력 15일 사이에 관측하는 것이 좋다.
> • 배율이 더 크고 초점 거리가 짧은 접안렌즈를 이용하면 더 자세하게 관측할 수 있다.
> • 달의 위상이 보름달에 가까울수록 밝기가 너무 밝아 눈이 부실 수 있으므로 대물렌즈의 앞을 종이로 가려 빛의 양을 조절한다.

[탐구 2] 망원경을 이용하여 달과 행성 관측하기

과정
① 인터넷 검색이나 천체 관측 프로그램을 이용하여 오늘 밤 관측할 수 있는 달의 위상과 위치, 행성에는 무엇이 있는지 알아본다. _{한국천문연구원 천문우주지식정보(http://astro.kasi.re.kr)에 접속하면 '별자리맵'을 통해 오늘 밤 관측 가능한 달의 위상과 행성의 위치를 찾을 수 있어.}
② 경통이 달이나 행성을 향하게 한 후, 관측 대상이 보조 망원경의 시야에 들어왔을 때 경통을 고정한다.
③ 달이나 행성이 보조 망원경의 십자선 중앙에 위치하도록 미동 나사를 돌려 조절한다.
④ 관측하려는 천체가 또렷하게 보이도록 초점을 맞춘 후 관측한다.

결과

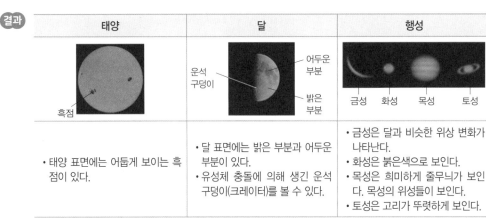

태양	달	행성
흑점	운석 구덩이 / 어두운 부분 / 밝은 부분	금성 화성 목성 토성
• 태양 표면에는 어둡게 보이는 흑점이 있다.	• 달 표면에는 밝은 부분과 어두운 부분이 있다. • 유성체 충돌에 의해 생긴 운석 구덩이(크레이터)를 볼 수 있다.	• 금성은 달과 비슷한 위상 변화가 나타난다. • 화성은 붉은색으로 보인다. • 목성은 희미하게 줄무늬가 보인다. 목성의 위성들이 보인다. • 토성은 고리가 뚜렷하게 보인다.

정답과 해설 33쪽

탐구 알약

01 그림은 망원경의 구조를 나타낸 것이다. 빈칸에 알맞은 이름을 쓰시오.

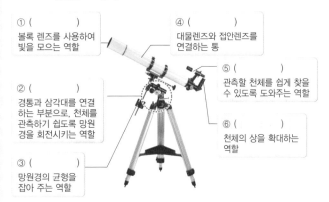

① (　　　　　)
볼록 렌즈를 사용하여 빛을 모으는 역할

② (　　　　　)
경통과 삼각대를 연결하는 부분으로, 천체를 관측하기 쉽도록 망원경을 회전시키는 역할

③ (　　　　　)
망원경의 균형을 잡아 주는 역할

④ (　　　　　)
대물렌즈와 접안렌즈를 연결하는 통

⑤ (　　　　　)
관측할 천체를 쉽게 찾을 수 있도록 도와주는 역할

⑥ (　　　　　)
천체의 상을 확대하는 역할

서술형

02 그림은 망원경으로 관측한 달의 표면 모습을 나타낸 것이다. 망원경 시야의 왼쪽 아래에 치우쳐 있는 운석 구덩이를 시야의 정중앙에 오게 하려면 망원경을 ㉠~㉣ 중 어느 방향으로 조정해야 하는지 쓰고, 그렇게 생각한 까닭을 서술하시오.

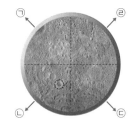

 KEY
천체의 상, 상하좌우

태양계의 행성과 위성

❶ 태양계 천체들의 특징을 글로만 보고 외우려고 하면 어렵고, 헷갈려서~ 오랫동안 기억하지도 못해!
백문이 불여일견! 사진 자료들을 한 번 보면 더 오래오래 기억에 남을 거야!

수성과 달은 표면이 비슷해!
그 까닭은 대기가 없기 때문이야!

수성

▲ 수성의 표면　　▲ 달의 표면

금성

지구와 비슷한 산맥, 협곡 등의 지형이 있고, 화산 활동이 일어나고 있어!

▲ 레이더로 관측한　▲ 금성 탐사선이 관
　구름 아래의 금성 표면　측한 금성 표면

화성

   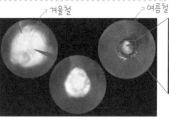

겨울철　　여름철

물과 이산화 탄소가 얼어 있는 거야~

▲ 화성 탐사선이 관　▲ 화성의 올림퍼스　▲ 물이 흐른 흔적　　▲ 계절에 따른 화성의 극관 크기 변화　　▲ 화성의 극관
　측한 화성 표면　　　화산

산화 철 때문에 붉은색으로 보여~

태양계에서 가장 큰 화산이야!

과거에는 화성 표면에 물이 흘렀을 것으로 생각하고 있어~

계절에 따라 극관의 크기가 달라지는거 보이지?
이걸 통해서 화성에도 계절의 변화가 나타나는 걸 확인할 수 있지!

화성의 위성

▲ 포보스　　▲ 데이모스

목성

대적점은 지구보다 더 커!

지구

목성의 위성은 60개도 넘어! 그 중에서 크기가 크고, 갈릴레이가 관측한 것으로 유명한 4개의 위성만 살펴보자!

목성의 위성

화산 활동이 관측되었어!

이오

유로파

가니메데

칼리스토

표면에 얼음이 있는 것으로 추정하고 있어!

▲ 목성 표면의　　▲ 대적점
　줄무늬

대적반이라고도 하며 대기의 소용돌이야!

▲ 희미한 고리　　▲ 극지방에서
　　　　　　　　　나타나는 오로라

목성은 강한 자기장을 가지고 있어서 오로라가 나타나지!

천왕성

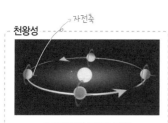

자전축

▲ 천왕성의 자전과 공전

천왕성은 자전축이 공전 궤도면에 대해 거의 평행해!

토성

지구에서 보는 시선 방향에 따라서 관측되는 고리의 면적이 달라져.

토성의 고리는 토성 주변을 공전하는 얼음과 작은 암석 덩어리들이야!

▲ 다양한 각도에서 관측한 토성의 고리　　▲ 토성의 고리　　▲ 극지방에 나타나는 오로라

해왕성

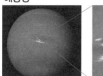

▲ 푸른빛을 띠는 표면　　▲ 대흑점

유형 클리닉

유형 1 태양계 행성의 특징

태양계를 구성하는 행성의 특징으로 옳은 것은?

① 수성 : 대기가 없기 때문에 표면에 운석 구덩이가 많고 온도 변화가 거의 없다.

② 화성 : 양극에 크기의 변화가 거의 없는 흰색의 극관이 존재한다.

③ 목성 : 태양계에서 가장 큰 행성으로 지구에서 가장 밝게 보인다.

④ 토성 : 평균 밀도가 물보다 작으며, 얼음과 암석 조각으로 이루어진 뚜렷한 고리가 있다.

⑤ 천왕성 : 대기 중 메테인에 의해 붉은빛을 띠고, 자전축이 공전 궤도면과 거의 평행하다.

태양계 행성들의 각 특징을 보고 어떤 행성에 대한 설명인지 연결할 수 있어야 해!

✗ 수성 : 대기가 없기 때문에 표면에 운석 구덩이가 많고 온도 변화가 거의 없다.
→ 대기가 없는 수성은 달과 마찬가지로 표면에 운석 구덩이가 많고 낮과 밤의 온도 차이가 굉장히 크게 나타나!

✗ 화성 : 양극에 크기의 변화가 거의 없는 흰색의 극관이 존재한다.
→ 화성의 대표적인 특징은 양극에 얼음과 드라이아이스로 이루어진 흰색의 극관이 존재한다는 거지! 이 극관은 계절에 따라 크기가 달라져!

✗ 목성 : 태양계에서 가장 큰 행성으로 지구에서 가장 밝게 보인다.
→ 목성이 태양계에서 가장 큰 행성인 것은 맞아! 그렇지만 지구에서 가장 밝게 보이는 행성은 금성이지! 금성의 두꺼운 구름층이 태양빛의 대부분을 반사하기 때문에 지구에서 굉장히 밝게 보이는 거야!

④ 토성 : 평균 밀도가 물보다 작으며, 얼음과 암석 조각으로 이루어진 뚜렷한 고리가 있다.
→ 토성은 평균 밀도가 물보다도 작아! 토성을 띄울 수 있는 크기의 물이 담긴 수조가 있다면 토성은 물에 둥~둥~ 뜰 수 있다는 거지!

✗ 천왕성 : 대기 중 메테인에 의해 붉은빛을 띠고, 자전축이 공전 궤도면과 거의 평행하다.
→ 천왕성은 대기 중 메테인에 의해 푸른빛을 띠어! 메테인이 붉은빛은 흡수하고 푸른빛만 반사하기 때문이지! 그리고 천왕성의 자전축이 공전 궤도면에 대해 거의 평행하다는 것도 천왕성의 대표적인 특징이야!

답 : ④

- 수성 - 대기× · 금성 - 가장 밝음 · 화성 - 극관, 물 흐른 흔적
- 목성 - 대적점, 가로줄 무늬 · 토성 - 밀도↓, 뚜렷한 고리
- 천왕성 - 누운 자전축 · 해왕성 - 대흑점

유형 2 지구형 행성과 목성형 행성

표는 태양계의 행성들을 물리적 특징에 따라 두 집단으로 분류하여 나타낸 것이다.

(가)	(나)
수성, 금성, 지구, 화성	목성, 토성, 천왕성, 해왕성

(가)와 (나)의 특징을 비교한 것으로 옳은 것을 모두 고르면?

	구분	(가)	(나)
①	반지름	작다	크다
②	질량	크다	작다
③	표면 상태	고체	기체
④	위성 수	많다	없거나 적다
⑤	평균 밀도	작다	크다

행성의 물리적 특징을 보고 지구형 행성과 목성형 행성으로 나눌 수 있어야 해~

(가) 지구형 행성	(나) 목성형 행성
수성, 금성, 지구, 화성	목성, 토성, 천왕성, 해왕성

→ 지구형 행성과 목성형 행성을 비교할 때는 각각의 대표 행성인 지구와 목성을 비교해서 생각하면 조금 더 쉬워! 지구는 목성보다 질량과 크기(반지름)가 훨~~~씬 작지!
그런데 여기서 조심!! 목성의 질량이 지구보다 훨씬 크다고 밀도도 큰 건 아니야! 지구의 표면은 단단한 고체로 이루어져 있고, 목성의 표면은 기체로 이루어져 있다는 걸 생각하면 지구의 밀도가 더 크다는 걸 알 수 있지! 또 위성의 수를 비교하면 지구는 달 하나인데 목성은 60개도 넘어~

답 : ①, ③

지구형 행성 : 작지만 단단! 질량↓, 평균 밀도↑
목성형 행성 : 질량↑, 평균 밀도↓

유형 클리닉

유형 3 태양의 표면

그림은 태양 표면의 일부를 나타낸 것이다.

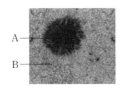

A, B에 대한 설명으로 옳은 것은?

① A는 주위보다 온도가 높다.
② A는 모양과 크기가 일정하다.
③ A의 수는 태양 활동이 활발해지면 증가한다.
④ B는 태양의 대기에서 일어나는 기상 현상이다.
⑤ A와 B는 모두 개기 일식이 일어날 때 관측할 수 있다.

> 태양의 표면에서 관측할 수 있는 현상의 특징을 알고, 태양의 활동에 따라 어떻게 변하는지 알아 두자!

① ~~A는 주위보다 온도가 높다.~~
→ A는 흑점으로, 태양 표면의 다른 곳에 비해 온도가 낮아서 검게 보여~

② ~~A는 모양과 크기가 일정하다.~~
→ 흑점(A)은 모양과 크기가 다양하고, 지구에서 관측하면 시간에 따라 흑점(A)의 위치도 변하지.

③ A의 수는 태양 활동이 활발해지면 증가한다.
→ 흑점(A)의 수는 태양 활동이 활발해지면 증가하기 때문에 흑점(A)의 수를 보고 태양 활동을 예측할 수 있어!

④ ~~B는 태양의 대기에서 일어나는 기상 현상이다.~~
→ B는 쌀알 무늬로, 태양의 대기가 아닌 태양의 표면인 광구 아래에서 일어나는 대류 운동에 의해 태양의 표면에서 볼 수 있는 무늬야!

⑤ ~~A와 B는 모두 개기 일식이 일어날 때 관측할 수 있다.~~
→ 흑점(A)과 쌀알 무늬(B)는 광구에서 관측되는 현상으로, 태양을 완전히 가리는 개기 일식이 일어나면 광구 전체가 가려져 보이지 않아!

답 : ③

> 흑점의 이동 → 태양의 자전 때문
> 흑점 수 증가 → 태양 활동 활발
> 쌀알 무늬 → 광구 아래에서 일어나는 대류 운동 때문

유형 4 망원경을 이용한 천체 관측

천체를 관측할 때 이용하는 망원경의 조작 방법에 대한 설명으로 옳은 것을 |보기|에서 모두 고른 것은?

┌ 보기 ┐
ㄱ. 보조 망원경으로 관측할 천체를 찾는다.
ㄴ. 천체가 보조 망원경의 십자선 중앙에 오도록 조정한다.
ㄷ. 접안렌즈는 고배율로 먼저 관측한 다음 저배율로 관측해야 한다.

① ㄱ   ② ㄷ   ③ ㄱ, ㄴ
④ ㄴ, ㄷ   ⑤ ㄱ, ㄴ, ㄷ

> 천체를 관측하는 망원경의 조작 방법을 묻는 문제가 출제될 수 있어~

ㄱ. 보조 망원경으로 관측할 천체를 찾는다.
→ 보조 망원경은 주 망원경보다 시야가 넓기 때문에 보조 망원경으로 관측할 천체를 찾아야 해~

ㄴ. 천체가 보조 망원경의 십자선 중앙에 오도록 조정한다.
→ 보조 망원경의 렌즈에는 십자선이 그려져 있는데, 관측하려는 천체를 십자선의 중앙에 오도록 조정해야 하지!

ㄷ. ~~접안렌즈는 고배율로 먼저 관측한 다음 저배율로 관측해야 한다.~~
→ 접안렌즈로 천체를 관측할 때는 저배율로 먼저 관측한 다음, 고배율로 배율을 높여 가면서 관측해야 해!

답 : ③

> 저배율인 보조 망원경으로 관측할 천체를 찾은 다음 접안렌즈의 배율을 높여가며 자세히 관측한다.

① 태양계를 구성하는 행성

[01~02] 다음은 태양계를 구성하는 행성과 그 특징에 대해 학생들이 나눈 대화의 일부를 나타낸 것이다.

> 풍식 : 너희, 태양계에 행성이 몇 개 있는지 알아?
> 풍선 : 그럼, 8개의 행성이 있고 지구도 행성 중에 하나지.
> 풍순 : 난 그 중에서 제일 큰 (가) 이 마음에 들어.
> 풍식 : 천왕성은 청록색을 띠고 있대.
> 풍선 : (나) 은 위성이 없고, 태양에서 가장 가깝대.

01 풍순이가 말하고 있는 행성 (가)는 태양으로부터 몇 번째로 멀리 있는 행성인가?

① 3번째   ② 4번째   ③ 5번째
④ 6번째   ⑤ 7번째

02 행성 (나)와 달이 공통적으로 가지는 특징을 모두 고르면?

① 생명체의 존재   ② 높은 온실 효과
③ 표면의 많은 운석 구덩이   ④ 낮과 밤의 큰 온도 차이
⑤ 풍화, 침식 작용 활발

03 🔵중요 그림은 태양계를 구성하는 행성의 공전 궤도를 나타낸 것이다.

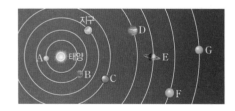

행성 A~G에 대한 설명으로 옳지 않은 것은?

① A에는 물과 대기가 없다.
② B는 지구에서 가장 밝게 보인다.
③ C의 자전축은 공전 궤도면에 수직이다.
④ D와 E에는 고리가 존재한다.
⑤ F는 청록색을 띠며, G에는 대흑점이 존재한다.

04 그림은 화성의 극지방에서 관측할 수 있는 극관의 크기 변화를 나타낸 것이다.

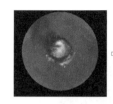 ⇨

이 현상으로 설명할 수 있는 화성의 특징으로 옳은 것은?

① 계절 변화가 나타난다.
② 고리가 존재하지 않는다.
③ 화산과 거대한 협곡이 있다.
④ 표면이 붉은색으로 보인다.
⑤ 주위를 돌고 있는 위성이 2개 존재한다.

05 🔵중요 그림 (가)와 (나)는 태양계 행성 중 목성과 토성을 순서 없이 나타낸 것이다.

   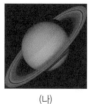

(가)   (나)

(가)와 (나)의 특징으로 옳은 것은?

① (가)에는 대기의 소용돌이인 검은색의 큰 점이 나타난다.
② (가)의 표면에 나타나는 줄무늬는 여러 물질이 퇴적되어 행성을 이루고 있음을 알려 준다.
③ (나)는 태양계 행성들 중 평균 밀도가 가장 크다.
④ (나)는 자전 속도가 빨라 태양계 행성 중 가장 구형에 가깝다.
⑤ (가)와 (나)는 모두 고리와 많은 수의 위성을 갖고 있다.

06 그림은 태양을 중심으로 공전하는 행성의 공전 궤도를 나타낸 것이다.

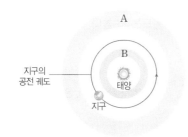

A와 B 영역에서 공전하는 행성을 옳게 짝지은 것은?

	A	B		A	B
①	수성	금성	②	금성	수성
③	토성	금성	④	토성	목성
⑤	목성	천왕성			

07 표는 태양계 행성을 (가)와 (나)로 구분하여 나타낸 것이다.

구분	(가)	(나)
행성의 종류	목성, 토성 천왕성, 해왕성	수성, 금성 지구, 화성

이에 대한 설명으로 옳지 <u>않은</u> 것은?

① (가)는 위성의 수가 많다.
② (가)는 단단한 표면이 없다.
③ (나)는 (가)보다 반지름이 작다.
④ (나)의 주요 대기 성분은 이산화 탄소와 산소이다.
⑤ (가)와 (나)는 지구 공전 궤도를 기준으로 구분하였다.

08 그림은 태양계 행성을 질량과 평균 밀도에 따라 A와 B로 구분하여 나타낸 것이다.

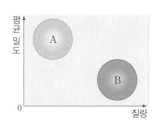

이에 대한 설명으로 옳은 것을 |보기|에서 모두 고른 것은?

> **보기**
> ㄱ. A의 표면은 고체로 이루어져 있다.
> ㄴ. B는 고리와 많은 위성을 가지고 있다.
> ㄷ. 화성은 A와 B에 모두 속한다.

① ㄱ   ② ㄷ   ③ ㄱ, ㄴ
④ ㄴ, ㄷ   ⑤ ㄱ, ㄴ, ㄷ

❷ 태양

09 그림은 태양 표면의 일부를 나타낸 것이다.

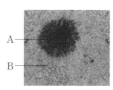

이에 대한 설명으로 옳은 것을 |보기|에서 모두 고른 것은?

> **보기**
> ㄱ. A의 온도는 B보다 낮다.
> ㄴ. A는 태양 대기에서 발생하는 소용돌이이다.
> ㄷ. 광구 아래의 대류 운동은 A보다 B에서 활발하다.

① ㄱ   ② ㄴ   ③ ㄱ, ㄷ
④ ㄴ, ㄷ   ⑤ ㄱ, ㄴ, ㄷ

10 그림은 태양에서 볼 수 있는 모습을 나타낸 것이다.

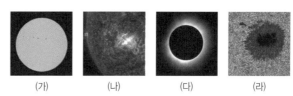

(가)   (나)   (다)   (라)

이에 대한 설명으로 옳지 <u>않은</u> 것은?

① (가)는 태양의 표면인 광구이다.
② (가)에서는 (라)와 같은 현상이 나타난다.
③ (나)는 태양 내부에서 일어나는 대류 운동에 의해 나타난다.
④ (다)는 가장 바깥쪽의 희미한 가스층인 코로나이다.
⑤ (라)의 검게 보이는 부분은 태양의 내부로부터 에너지의 공급이 어려운 지역이다.

11 개기 일식이 일어날 때, 태양을 관측하면 볼 수 있는 것을 |보기|에서 모두 고른 것은?

> **보기**
> ㄱ. 흑점   ㄴ. 홍염   ㄷ. 채층
> ㄹ. 플레어   ㅁ. 코로나   ㅂ. 쌀알 무늬

① ㄱ, ㄴ, ㄷ   ② ㄷ, ㄹ, ㅂ   ③ ㄱ, ㄴ, ㄷ, ㄹ
④ ㄴ, ㄷ, ㄹ, ㅁ   ⑤ ㄷ, ㄹ, ㅁ, ㅂ

12 그림은 망원경을 이용하여 태양의 흑점을 4일 간격으로 관측하여 나타낸 것이다.

처음   4일 후   8일 후

지구에서 볼 때 흑점의 이동 방향과 흑점의 이동 원인을 옳게 짝지은 것은?

	이동 방향	이동 원인
①	동 → 서	태양의 자전
②	동 → 서	태양의 공전
③	동 → 서	지구의 자전
④	서 → 동	지구의 공전
⑤	서 → 동	태양의 자전

❸ 망원경을 이용한 천체 관측

13 망원경의 설치 장소로 적절하지 <u>않은</u> 곳은?

① 지형이 평탄한 곳
② 사방이 탁 트여 시야가 넓은 곳
③ 안개가 잘 발생하지 않고 맑은 곳
④ 주변에서 들어오는 빛이 많아 밤에도 밝은 곳
⑤ 도시와 거리가 멀어서 도시 불빛의 영향을 적게 받는 곳

14 그림은 망원경을 나타낸 것이다.

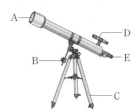

(1) 망원경의 균형을 잡아 주는 역할을 하는 것의 기호와, (2) 별빛을 모으는 역할을 하는 것의 기호를 옳게 짝지은 것은?

	(1)	(2)
①	A	B
②	B	A
③	B	D
④	C	A
⑤	C	E

---

15 금성은 수성보다 태양으로부터의 거리가 멀지만 표면 온도는 더 높다. 그 까닭을 서술하시오.

 이산화 탄소 대기, 온실 효과

---

16 그림은 연도별 태양의 흑점 수 변화를 나타낸 것이다.

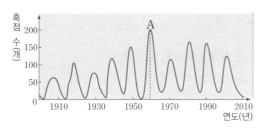

A 시기에 지구에서 나타날 수 있는 현상을 <u>두 가지</u> 이상 서술하시오.

 무선 통신, 오로라, 정전

---

17 망원경에서 보조 망원경의 역할에 대해 서술하시오.

 시야가 넓다.

1등급 백신

18 표는 태양계를 구성하는 행성들의 물리량을 나타낸 것이다.

구분	태양으로부터의 거리 (AU)	적도 반지름 (km)	평균 밀도 (g/cm³)	대기 성분	대기압 (기압)
A	0.39	2439	5.43	없음	0
B	0.72	6052	5.24	이산화 탄소	95
C	1	6378	5.52	질소, 산소	1
D	5.2	71398	1.33	수소, 헬륨	—

이에 대한 설명으로 옳지 않은 것은?

① 행성 A는 대기가 없어 표면에 운석 구덩이가 없다.
② 행성 B는 두꺼운 이산화 탄소 대기로 인해 온실 효과가 크다.
③ 행성 C는 대기 성분으로 볼 때 생명체가 존재할 수 있다.
④ 행성 D는 평균 밀도가 작고 반지름이 큰 것으로 보아 목성형 행성이다.
⑤ 행성 A~D 중 자전 속도가 가장 빠른 행성은 D이다.

19 그림은 태양계의 행성들을 태양으로부터 거리와 평균 밀도에 따라 A와 B로 분류하여 나타낸 것이다.

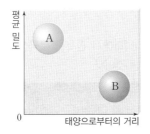

이에 대한 설명으로 옳은 것을 |보기|에서 모두 고른 것은?

┌─ 보기 ┐
ㄱ. 지구는 A에 속한다.
ㄴ. B에 속하는 행성들은 위성이 없거나 그 개수가 적다.
ㄷ. x축을 '질량'으로 바꾸어도 같은 형태의 그래프가 나타난다.
└─────┘

① ㄱ   ② ㄴ   ③ ㄱ, ㄷ
④ ㄴ, ㄷ   ⑤ ㄱ, ㄴ, ㄷ

20 그림은 연도에 따른 지구 자기 변화량과 A의 개수 변화량을 나타낸 것이다.

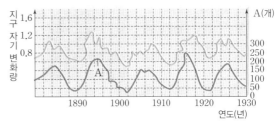

이에 대한 설명으로 옳은 것을 |보기|에서 모두 고른 것은?

┌─ 보기 ┐
ㄱ. A는 태양의 흑점 수이다.
ㄴ. 지구 자기 변화량은 약 11년 주기로 증감한다.
ㄷ. 1900년에는 무선 통신이 두절되는 현상이 나타났을 것이다.
└─────┘

① ㄱ   ② ㄷ   ③ ㄱ, ㄴ
④ ㄴ, ㄷ   ⑤ ㄱ, ㄴ, ㄷ

21 그림 (가)와 (나)는 태양의 대기에서 일어나는 현상을 나타낸 것이다.

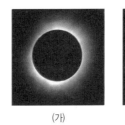 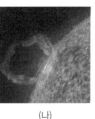

(가)   (나)

이에 대한 설명으로 옳지 않은 것은?

① (가)의 밝은 부분은 광구보다 온도가 높다.
② (가)의 밝은 부분은 태양 활동이 활발할수록 확장된다.
③ (나)는 흑점 수가 많을 때 더욱 자주 일어난다.
④ (가)와 (나)는 개기 일식이 일어날 때 관측할 수 있다.
⑤ (나)가 자주 발생하는 시기에 지구의 극지방에서는 오로라 관측 범위가 줄어든다.

22 그림은 대물렌즈와 접안렌즈에 볼록 렌즈를 사용하는 망원경의 원리를 나타낸 것이다.

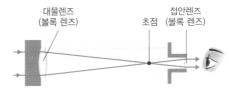

이 망원경을 통해 상현달을 관측했을 때 보이는 상의 모습으로 옳은 것은?

① ② ③ ④ ⑤

단원 종합 문제

01 그림은 에라토스테네스가 지구의 크기를 측정한 방법을 나타낸 것이다. 지구의 반지름(R)을 구하기 위하여 세운 비례식으로 옳은 것은?

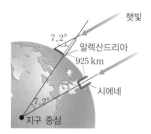

① $2\pi R : 925\,km = 7.2° : 360°$

② $2\pi R : 7.2° = 360° : 925\,km$

③ $925\,km : 360° = 7.2° : 2\pi R$

④ $7.2° : 2\pi R = 360° : 925\,km$

⑤ $7.2° : 925\,km = 360° : 2\pi R$

02 다음은 장풍이가 에라토스테네스의 방법으로 지구 모형의 크기를 측정하는 과정을 나타낸 것이다. 밑줄 친 부분 중 옳지 <u>않은</u> 것은?

장풍이는 ① 길이가 서로 다른 막대 A, B를 준비하여 A 막대를 ② 그림자가 생기지 않게 세웠다. B 막대는 막대의 그림자가 지구 모형의 ③ 밖으로 벗어나도록 A 막대와 같은 경도에 세우고 줄자를 이용하여 ④ 두 막대 사이의 거리를 측정하였다. ⑤ B 막대의 끝과 그림자의 끝을 연결하여 생기는 각을 측정하였다.

[03~04] 그림은 삼각형의 닮음비를 이용하여 달의 지름(D)을 측정하는 실험을 나타낸 것이다.

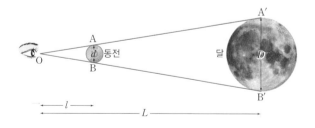

03 달의 지름(D)을 구할 때, 직접 측정해야 하는 값을 모두 고르면?

① 동전의 지름　　　　② 달의 넓이

③ 동전까지의 거리　　④ 달의 반지름

⑤ 달까지의 거리

04 이 실험에 대한 설명으로 옳은 것을 |보기|에서 모두 고른 것은?

| 보기 |
ㄱ. 동전의 지름(d)이 작을수록 눈과 동전 사이의 거리는 멀어진다.
ㄴ. ∠OAB와 ∠OA′B′는 같다.
ㄷ. 삼각형 AOB와 삼각형 A′OB′의 닮음을 이용하여 달의 지름(D)을 측정할 수 있다.

① ㄱ　　　　② ㄷ　　　　③ ㄱ, ㄴ

④ ㄴ, ㄷ　　　⑤ ㄱ, ㄴ, ㄷ

05 그림 (가)와 (나)는 우리나라에서 같은 날, 같은 시간 동안 서로 다른 방향의 하늘에서 관측한 별의 일주 운동을 나타낸 것이다.

(가)　　　　　　(나)

이에 대한 설명으로 옳은 것을 |보기|에서 모두 고른 것은?

| 보기 |
ㄱ. 지구의 공전에 의해 나타나는 현상이다.
ㄴ. (가)는 동쪽 하늘, (나)는 서쪽 하늘에서 관측한 모습이다.
ㄷ. 북쪽 하늘을 관측했다면 북극성을 중심으로 시계 반대 방향으로 회전하는 모습이 관측되었을 것이다.

① ㄱ　　　　② ㄷ　　　　③ ㄱ, ㄴ

④ ㄴ, ㄷ　　　⑤ ㄱ, ㄴ, ㄷ

06 그림은 우리나라에서 관측한 북극성과 카시오페이아자리의 이동을 나타낸 것이다.

카시오페이아자리가 이동한 방향과 관측한 시간을 옳게 짝지은 것은?

① A → B, 1시간　　　② A → B, 2시간

③ A → B, 4시간　　　④ B → A, 2시간

⑤ B → A, 4시간

07 그림은 지구의 공전과 별자리의 변화를 나타낸 것이다.

어느 날 자정에 남쪽 하늘에서 천칭자리가 관측되었다면, 이 때 태양과 함께 뜨고 지는 별자리로 옳은 것은?

① 양자리   ② 게자리   ③ 물병자리
④ 사자자리   ⑤ 쌍둥이자리

08 그림은 해가 진 직후 서쪽 하늘에서 15일 간격으로 관측한 천칭자리의 위치를 나타낸 것이다.

이에 대한 설명으로 옳은 것을 |보기|에서 모두 고른 것은?

|보기|
ㄱ. 천칭자리는 하루에 약 1°씩 이동한다.
ㄴ. 지구의 공전에 의해 나타나는 현상이다.
ㄷ. 천칭자리는 서쪽에서 동쪽으로 이동했다.

① ㄱ   ② ㄷ   ③ ㄱ, ㄴ
④ ㄴ, ㄷ   ⑤ ㄱ, ㄴ, ㄷ

[09~10] 그림은 달이 공전하는 모습을 나타낸 것이다.

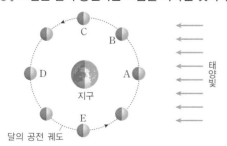

09 음력 22~23일경 관측되는 달의 위상과 위치를 옳게 짝지은 것은?

① A, 보름달   ② B, 상현달   ③ C, 상현달
④ D, 하현달   ⑤ E, 하현달

10 달이 A~E의 위치에 있을 때에 대한 설명으로 옳지 않은 것은?

① A : 초저녁 서쪽 하늘에서 관측된다.
② B : 새벽녘에는 관측할 수 없다.
③ C : 초저녁에 남쪽 하늘에서 관측할 수 있다.
④ D : 월식이 관측되기도 한다.
⑤ E : 새벽녘에 남쪽 하늘에서 관측할 수 있다.

11 그림은 약 한 달 동안 관측한 달의 위상 변화를 순서대로 나타낸 것이다.

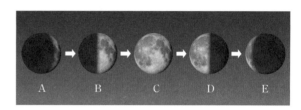

달의 위상이 A에서 E로 변하는 동안 관측한 사실에 대한 설명으로 옳지 않은 것은?

① B는 초저녁에 남쪽 하늘에서 관측된다.
② C일 때 관측할 수 있는 시간이 가장 길다.
③ 동쪽 하늘에서 달이 뜨는 시각이 늦어진다.
④ A일 때 일식이, E일 때 월식이 일어날 수 있다.
⑤ 달의 위상은 변하지만 표면 무늬는 변하지 않는다.

12 그림은 서로 다른 날 자정에 관측된 달의 위치를 A~C로 나타낸 것이다.

A~C에 대한 설명으로 옳은 것을 |보기|에서 모두 고른 것은?

|보기|
ㄱ. A에서는 하현달이 관측된다.
ㄴ. B에서는 보름달이 관측된다.
ㄷ. C에서 관측된 달은 음력 22~23일경에 관측한 것이다.

① ㄱ   ② ㄷ   ③ ㄱ, ㄴ
④ ㄴ, ㄷ   ⑤ ㄱ, ㄴ, ㄷ

13 그림은 일식이 일어나는 원리를 나타낸 것이다.

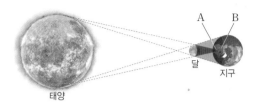

태양 　 달 　 지구

이에 대한 설명으로 옳은 것을 |보기|에서 모두 고른 것은?

> **보기**
> ㄱ. A에서는 태양의 코로나를 관측할 수 있다.
> ㄴ. B에서는 개기 일식이 관측된다.
> ㄷ. 달의 위상이 삭일 때 일어날 수 있다.

① ㄴ 　　　　② ㄷ 　　　　③ ㄱ, ㄴ
④ ㄱ, ㄷ 　　　⑤ ㄱ, ㄴ, ㄷ

14 지구형 행성과 목성형 행성의 물리량을 비교한 것으로 옳지 <u>않은</u> 것은?

	구분	지구형 행성	목성형 행성
①	반지름	작다	크다
②	평균 밀도	크다	작다
③	표면 상태	기체	고체
④	위성 수	적거나 없다	많다
⑤	고리의 유무	없다	있다

15 그림은 태양계의 행성들을 분류하여 벤 다이어그램으로 나타낸 것이다.

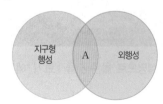

지구형 행성 　 A 　 외행성

A에 속하는 행성의 특징으로 옳은 것은?

① 태양에서 가장 가까운 행성이다.
② 태양계의 행성 중 크기가 가장 크다.
③ 얼음과 암석으로 이루어진 뚜렷한 고리가 있다.
④ 대기의 대부분을 이루는 성분은 이산화 탄소이다.
⑤ 표면에 대기의 소용돌이로 만들어진 대적점이 있다.

16 금성에 대한 설명으로 옳은 것을 |보기|에서 모두 고른 것은?

> **보기**
> ㄱ. 내행성에 속하며, 수성보다 태양에 가깝다.
> ㄴ. 지구에서 관측되는 행성 중 가장 밝게 보인다.
> ㄷ. 이산화 탄소로 이루어진 두꺼운 대기가 있어 기압이 매우 높다.

① ㄱ 　　　　② ㄷ 　　　　③ ㄱ, ㄴ
④ ㄴ, ㄷ 　　　⑤ ㄱ, ㄴ, ㄷ

17 그림은 태양계 행성 중 하나를 나타낸 것이다. 이 행성에 대한 설명으로 옳은 것은?

① 태양계에서 두 번째로 크다.
② 액체 상태인 물과 공기가 존재한다.
③ 표면이 흙과 암석으로 이루어져 있다.
④ 표면에 검은색의 큰 점인 대흑점이 존재한다.
⑤ 태양계의 행성 중 가장 구에 가까운 모습을 하고 있다.

18 그림은 태양계 행성 중 하나를 나타낸 것이다. 이 행성에 대한 설명으로 옳은 것을 |보기|에서 모두 고른 것은?

> **보기**
> ㄱ. 고리가 존재하지 않는다.
> ㄴ. 표면은 붉은색의 모래로 뒤덮인 사막이다.
> ㄷ. 다른 행성에 비해 많은 수의 위성이 존재한다.
> ㄹ. 대적점은 대기에 나타난 소용돌이의 일종이다.

① ㄱ, ㄴ 　　　② ㄱ, ㄷ 　　　③ ㄴ, ㄷ
④ ㄴ, ㄹ 　　　⑤ ㄷ, ㄹ

19 그림은 태양계의 행성을 물리적 특성에 따라 두 종류로 나눈 것이다. 이에 대한 설명으로 옳은 것을 <u>모두</u> 고르면?

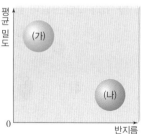

평균 밀도 　 (가) 　 (나) 　 0 반지름

① (가)에 속하는 행성들은 고리가 없다.
② (가)에 속하는 행성들은 위성 수가 많다.
③ (가)에 속하는 행성들은 질량이 작다.
④ (나)에 속하는 행성들은 크기가 작다.
⑤ (나)에 속하는 행성들은 주로 이산화 탄소 대기로 덮여 있다.

[20~21] 그림은 태양계를 구성하는 행성의 공전 궤도를 나타낸 것이다.

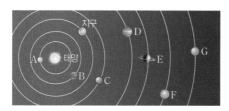

20 B는 A보다 태양에서 더 멀리 있지만, 표면 온도는 A보다 더 높다. 그 까닭으로 가장 옳은 것은?

① 기압이 낮기 때문에
② 기온의 일교차가 크기 때문에
③ 운석 구덩이가 많기 때문에
④ 물이 존재하지 않기 때문에
⑤ 온실 효과가 크게 나타나기 때문에

21 C~G에 대한 설명으로 옳은 것은?

① C에 존재하는 극관의 크기는 계절에 상관 없이 그 크기가 일정하다.
② D는 태양계에서 가장 큰 행성이며, 위성은 4개만 갖고 있다.
③ E는 태양계에서 가장 납작한 행성이며, 얼음과 암석으로 이루어진 고리를 갖고 있다.
④ F는 대기의 메테인에 의해 청록색으로 보이며, 고리가 존재하지 않는다.
⑤ G는 가장 바깥쪽에 있는 행성이며, 자전축이 공전 궤도면과 거의 평행하다.

22 그림 (가)~(라)는 태양의 대기에서 일어나는 현상을 나타낸 것이다.

(가)　　　　(나)　　　　(다)　　　　(라)

이에 대한 설명으로 옳은 것은?

① (가)는 광구 바로 안쪽에 있는 얇고 붉은 대기층이다.
② (나)는 태양 내부에서 솟아오르는 비교적 낮은 온도의 가스 물질이다.
③ (다)의 밝은 부분은 (가)와 함께 관측할 수 없다.
④ (라)는 흑점의 개수가 적을 때 주로 나타난다.
⑤ (가)~(라)는 태양이 완전히 가려지는 개기 일식 때 가장 관측하기가 좋다.

23 그림은 태양 표면의 일부를 나타낸 것이다.

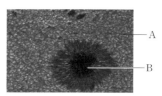

이에 대한 설명으로 옳은 것을 |보기|에서 모두 고른 것은?

보기
ㄱ. A는 쌀알 무늬, B는 흑점이다.
ㄴ. A는 B 주위에서만 나타난다.
ㄷ. 태양의 활동이 활발할수록 B의 개수가 감소한다.

① ㄱ　　　　② ㄷ　　　　③ ㄱ, ㄴ
④ ㄴ, ㄷ　　　　⑤ ㄱ, ㄴ, ㄷ

24 그림은 망원경의 구조를 나타낸 것이다.

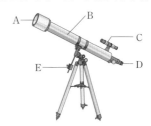

이에 대한 설명으로 옳지 <u>않은</u> 것은?

① A : 별빛을 모으는 역할을 한다.
② B : 대물렌즈와 접안렌즈를 둘러싸는 통이다.
③ C : 관측한 천체를 쉽게 찾는 역할을 한다.
④ D : 상을 확대하는 역할을 한다.
⑤ E : 경통을 지지하며 회전시키는 역할을 한다.

25 망원경의 사용 방법으로 옳은 것을 |보기|에서 모두 고른 것은?

보기
ㄱ. 망원경의 설치 장소로는 주위 빛의 영향을 받지 않게 사방이 트이지 않은 곳이 좋다.
ㄴ. 경통의 무게 중심을 맞추는 것이 중요하다.
ㄷ. 저배율인 보조 망원경을 통해 천체를 십자선 중앙에 위치시켜야 한다.
ㄹ. 망원경으로 태양을 관측할 때에는 맨눈으로 직접 관측하는 것이 정확하게 관측할 수 있는 방법이다.

① ㄱ, ㄴ　　　　② ㄱ, ㄷ　　　　③ ㄴ, ㄷ
④ ㄴ, ㄹ　　　　⑤ ㄷ, ㄹ

서술형·논술형 문제

01 그림은 에라토스테네스가 지구의 크기를 측정하기 위해 사용한 방법을 나타낸 것이다.

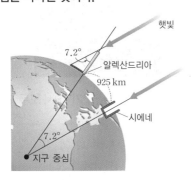

이와 같은 방법으로 지구의 크기를 측정하기 위해 에라토스테네스가 세운 가정 두 가지를 서술하시오.

 구형, 햇빛은 평행

02 표는 임의의 지역 (가)~(마)의 위도와 경도를 나타낸 것이다.

구분	(가)	(나)	(다)	(라)	(마)
위도	31°N	29°N	31°N	28°N	38°N
경도	138°E	141°E	147°E	141°E	147°W

에라토스테네스의 방법으로 지구의 반지름을 구하려고 할 때 이용할 수 있는 가장 적절한 두 지역을 고르고, 그렇게 생각한 까닭을 서술하시오.

 같은 경도, 다른 위도

03 에라토스테네스는 하짓날 정오에 시에네와 알렉산드리아에서 나타나는 서로 다른 현상을 통해 최초로 지구의 크기를 측정하였다. 에라토스테네스가 그 당시에 측정한 지구의 반지름과 현재 측정한 지구의 반지름은 차이가 나는데, 그 까닭을 세 가지 이상 서술하시오.

 타원체, 두 지역 사이의 거리, 두 지역의 경도

04 그림은 달의 크기를 측정하는 방법을 나타낸 것이다.

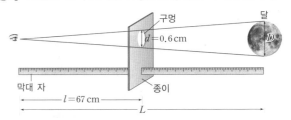

(1) 달의 반지름(D)을 구하기 위한 비례식을 쓰시오.

(2) 구멍의 지름이 $0.6\,\text{cm}$이고, l이 $67\,\text{cm}$일 때, 비례식을 이용하여 달의 지름(D)을 구하고, 풀이 과정을 서술하시오.(단, 지구에서 달까지의 거리(L)는 38만 km이고, 소수 첫째자리에서 반올림하시오.)

05 그림은 달의 공전 궤도를 나타낸 것이다.

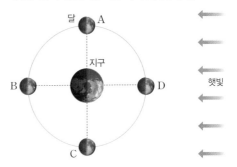

일식과 월식이 일어날 수 있는 위치를 각각 기호로 쓰시오.

(1) 일식 : _____ (2) 월식 : _____

06 다음은 여러 행성들의 특징을 나타낸 것이다.

> (가) 대기가 희박하며 과거에 물이 흐른 흔적이 있고, 태양계 최대 크기의 화산이 존재한다.
> (나) 태양계 행성 중 가장 크며, 대기의 소용돌이로 생긴 붉은점이 있다.
> (다) 두꺼운 이산화 탄소 대기로 덮여 있으며, 태양계 행성 중 지구에서 가장 밝게 보인다.
> (라) 적도 부근에 뚜렷하고 아름다운 고리가 있으며, 태양계 행성 중 두 번째로 크다.

태양에서 가까운 행성부터 순서대로 나열하시오.

07 그림은 태양과 지구 사이에 위치한 내행성인 수성과 지구의 위성인 달의 모습을 나타낸 것이다.

수성

달

수성과 달이 공통적으로 가지는 특징을 두 가지 서술하시오.

 낮과 밤의 온도, 운석 구덩이

08 그림은 태양계의 행성들을 분류하여 나타낸 것이다.

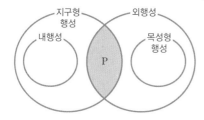

P에 해당하는 행성을 쓰고, 이 행성의 특징을 세 가지 이상 서술하시오.

 표면이 붉게 보임, 극관의 크기 변화, 물이 흘렀던 흔적

09 그림은 태양 표면에서 관측되는 무늬를 나타낸 것이다.

(1) 이 무늬의 이름을 쓰시오.

(2) 이 무늬가 나타나는 원인을 서술하시오.

 광구, 대류 운동

10 그림은 태양 표면의 흑점을 4일 동안 관측하여 나타낸 것이다.

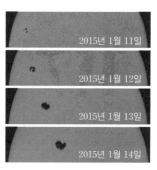

지구에서 관측했을 때 흑점의 이동 방향을 쓰고, 흑점의 이동을 통해 알 수 있는 사실을 서술하시오.

 동 → 서, 자전

11 태양의 활동이 활발할 때 태양에서 나타나는 현상을 세 가지 이상 서술하시오.

 흑점의 수, 홍염, 플레어, 코로나, 태양풍

12 그림은 망원경의 구조를 나타낸 것이다.

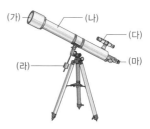

망원경에서 대물렌즈의 기호를 쓰고, 천체를 관측할 때 대물렌즈의 지름이 클수록 유리한 까닭을 서술하시오.

 빛을 모으는 역할, 어두운 천체, 자세히 관측

식물과 에너지

Q. 식물이 광합성을 하기 위해서는 어떤 재료들이 필요할까?

1 광합성

• 식물의 광합성 과정을 이해하고, 광합성에 영향을 미치는 환경 요인을 설명할 수 있다.
• 광합성에 필요한 물의 이동과 증산 작용의 관계를 이해하고, 잎의 증산 작용을 광합성과 관련지어 설명할 수 있다.

❶ 광합성 : 식물이 빛에너지를 이용하여 물과 이산화 탄소를 원료로 양분을 만드는 과정

1 광합성이 일어나는 장소 : 식물 세포의 엽록체 ➡ 엽록체 속에 있는 엽록소라는 초록색 색소에서 광합성에 필요한 빛에너지를 흡수한다.

2 광합성 과정

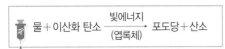
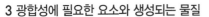

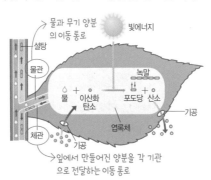

3 광합성에 필요한 요소와 생성되는 물질

광합성에 필요한 요소	빛에너지	엽록체 속에 있는 엽록소에서 흡수
	물	뿌리에서 흡수하여 물관을 따라 이동
	이산화 탄소	잎의 기공을 통해 공기 중에서 흡수
광합성으로 생성되는 물질 (산물)	산소	생성된 산소 중 일부는 식물체 내에서 사용되고, 남은 것은 밖으로 방출
	포도당	광합성 결과 최초로 생성되는 양분 → 즉시 녹말로 바뀌어 잎에 저장되었다가 주로 밤에 설탕의 형태로 바뀌어 체관을 통해 이동해~!!

광합성에 필요한 물질의 확인
시험관에 담긴 파란색 BTB 용액에 입김을 충분히 불어 넣어 BTB 용액을 노란색으로 만든 후, 검정말을 넣고 빛이 잘 드는 곳에 3시간 정도 놓아둔다.
우리가 내뱉는 입김(날숨)에는 이산화 탄소가 많이 포함되어 있어~

① 시험관 (나)의 BTB 용액만 다시 파란색으로 변한다.
→ 햇빛을 받은 검정말이 광합성을 하면서 이산화 탄소를 사용하였기 때문이다. 이 결과로 광합성에 이산화 탄소가 필요하다는 것을 알 수 있다.
② 시험관 (다)의 BTB 용액은 노란색을 유지한다. → 햇빛이 차단되어 검정말이 광합성을 하지 않았기 때문이다. 이 결과로 광합성에는 빛에너지가 필요하다는 것을 알 수 있다.

BTB 용액
검정말을 넣은 시험관
(가) (나) (다)
검정말을 넣고 알루미늄 포일로 싼 시험관

광합성으로 발생하는 산소의 확인

꺼져 가던 성냥 불씨가 다시 살아난다.
날숨을 불어 넣은 물
전등
기포
검정말

날숨을 충분히 불어 넣은 물에 검정말을 넣고 빛을 비추면 검정말에서 기포가 발생한다. 이 기체를 모아 꺼져 가는 성냥 불씨를 가까이 가져가면 불씨가 다시 살아난다.
→ 식물은 광합성 결과 산소를 생성한다는 것을 알 수 있다.

❷ 광합성에 영향을 미치는 환경 요인 : 광합성은 빛의 세기, 이산화 탄소의 농도, 온도에 영향을 받으며, 이들 환경 요인이 알맞게 유지될 때 활발하게 일어난다.

빛의 세기	이산화 탄소의 농도	온도
빛의 세기가 강할수록 광합성량이 증가하다가 어느 지점 이상에서는 일정해짐	이산화 탄소의 농도가 증가할수록 광합성량이 증가하다가 어느 지점 이상에서는 일정해짐	온도가 높아질수록 광합성량이 증가하다가 35 ℃~40 ℃에서 최대가 되고, 40 ℃ 이상에서는 급격히 감소함

⊖ 비타민

엽록체와 엽록소

검정말
엽록체

식물 세포에 있는 초록색 알갱이를 엽록체라고 한다. 엽록체 안에는 초록색 색소인 엽록소가 있어서 식물의 잎은 초록색을 띤다.

광합성이 일어나는 장소의 확인

에탄올이 들어 있는 시험관에 넣고 물 중탕으로 탈색시키기 전, 초록색의 엽록체가 관찰된다.

↓

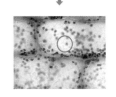

탈색시킨 잎에 아이오딘-아이오딘화 칼륨 용액을 떨어뜨리면 엽록체 속의 녹말과 반응하여 엽록체가 청람색으로 보인다.
⇨ 광합성은 엽록체에서 일어나고, 광합성 결과 녹말이 생성된다.

BTB 용액의 색깔

염기성	중성	산성
적다 ← 이산화 탄소 → 많다		
파란색	초록색	노란색

파란색 BTB 용액에 날숨을 불어 넣으면 날숨에 포함된 이산화 탄소에 의해 산성이 되어 BTB 용액이 노란색으로 변한다. 이산화 탄소가 없어지면 BTB 용액은 다시 파란색이 된다.

필수 비타민

광합성 — 장소 — 엽록체
　　　　 필요한 요소 — 빛에너지, 이산화 탄소, 물
　　　　 산물 — 포도당(→녹말), 산소
　　　　 영향을 미치는 환경 요인 — 빛의 세기, 이산화 탄소의 농도, 온도

증산 작용 — 장소 — 기공
　　　　　　　　　 공변세포
　　　　　 역할 — 물 상승 원동력
　　　　　　　 체온 조절
　　　　　　　 수분량 조절

용어 & 개념 체크

❶ 광합성

01 식물이 빛에너지를 이용하여 포도당을 만드는 과정을 □□□이라고 한다.

02 광합성은 잎에 있는 □□에서 일어나며, □이 강한 낮에 활발하게 일어난다.

03 광합성에 필요한 요소 중 □은 뿌리를 통해 흡수되고, □□□ □□는 잎의 기공을 통해 흡수된다.

❷ 광합성에 영향을 미치는 환경 요인

04 광합성은 □의 세기, □□ □ □□의 농도, □□와 같은 환경 요인의 영향을 받는다.

01 그림은 식물의 잎에서 일어나는 광합성 과정을 나타낸 것이다. (1)~(3)에 알맞은 말을 쓰시오.

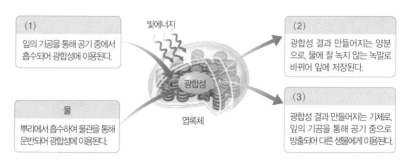

(1) 잎의 기공을 통해 공기 중에서 흡수되어 광합성에 이용된다.

빛에너지

광합성 / 엽록체

물 — 뿌리에서 흡수하여 물관을 통해 운반되어 광합성에 이용된다.

(2) 광합성 결과 만들어지는 양분으로 물에 잘 녹지 않는 녹말로 바뀌어 잎에 저장된다.

(3) 광합성 결과 만들어지는 기체로, 잎의 기공을 통해 공기 중으로 방출되어 다른 생물에게 이용된다.

02 다음은 광합성 과정을 식으로 나타낸 것이다. 빈칸에 알맞은 말을 쓰시오.

$$물 + (㉠\qquad) \xrightarrow[(엽록체)]{(㉡\qquad)} (㉢\qquad) + 산소$$

03 광합성에 대한 설명으로 옳은 것은 ○, 옳지 않은 것은 ×로 표시하시오.

(1) 광합성은 식물 세포의 엽록소에서 일어난다. ·············· (　　)

(2) 광합성 결과 생성되는 최초의 양분은 녹말이다. ·············· (　　)

(3) 식물이 광합성을 하기 위해서는 빛에너지 외에 물과 이산화 탄소가 필요하다. ·············· (　　)

(4) 광합성 결과 생성되는 기체 중 일부는 다시 식물의 광합성에 이용되고, 나머지는 대기 중으로 방출된다. ·············· (　　)

04 파란색의 BTB 용액이 노란색이 될 때까지 날숨을 불어 넣은 후 그림과 같이 장치하여 햇빛이 잘 드는 창가에 두고 BTB 용액의 색깔 변화를 관찰하였다. 이에 대한 설명으로 옳은 것은 ○, 옳지 않은 것은 ×로 표시하시오.

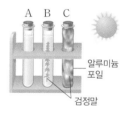

A B C

알루미늄 포일

검정말

(1) 날숨을 불어 넣은 것은 산소를 공급하기 위한 것이다. ·············· (　　)

(2) 시험관 B에서는 이산화 탄소의 양이 감소하여 BTB 용액의 색깔이 파란색으로 변한다. ·············· (　　)

(3) 이 실험을 통해 검정말은 빛을 받을 때에만 광합성을 한다는 것을 알 수 있다. ·············· (　　)

(4) 이 실험을 통해 광합성의 결과로 산소가 발생한다는 것을 알 수 있다. ···· (　　)

05 그림은 환경 요인에 따른 광합성량의 변화를 나타낸 것이다.

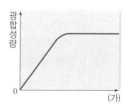

광합성량

보기
ㄱ. 빛의 세기　　ㄴ. 온도　　ㄷ. 이산화 탄소의 농도

(가)에 해당하는 환경 요인을 |보기|에서 모두 고르시오.

1 광합성

❸ 증산 작용과 물의 이동

1 증산 작용 : 식물체 속의 물이 수증기로 변하여 잎의 기공을 통해 공기 중으로 **빠져나가는 현상**

> **증산 작용의 확인**
> 잎을 모두 딴 나뭇가지와 잎이 달린 나뭇가지를 그림과 같이 장치하여 햇빛이 잘 비치는 곳에 두고 물의 높이 변화를 관찰한다.
> ① 줄어든 물의 양 : (가)<(나)
> ② (가)에서는 증산 작용이 거의 일어나지 않고, (나)에서는 증산 작용이 활발하게 일어난다.
> → 물이 줄기를 거쳐 잎으로 이동하여 잎에서 증산 작용이 일어났기 때문이다.

물의 자연 증발을 막기 위해 필요해~

2 증산 작용의 장소

(1) **기공** : 식물 잎 표면에 있는 작은 구멍으로, 공변세포가 둘러싸고 있다. 이산화 탄소와 산소, 수증기와 같은 식물의 생명 활동과 관련된 기체의 이동 통로이다.

(2) **공변세포** : 표피 세포가 변형된 것으로, 공변세포 2개가 기공을 둘러싸고 있으며, 표피 세포와 달리 엽록체가 존재한다.

잎의 앞뒷면에 각각 있는 한 겹의 세포층으로, 표피 세포로 이루어져 있다. 표피 세포에는 엽록체가 없다.

공변세포는 안쪽 세포벽이 바깥쪽 세포벽보다 두꺼워 진하게 보인다.

표피
공변세포   기공
공변세포   엽록체   표피 세포
기공
기공이 열린 상태   기공이 닫힌 상태

3 증산 작용의 조절

(1) 기공을 둘러싼 2개의 공변세포에 의해 기공이 열리고 닫히면서 증산 작용이 조절된다.

(2) 기공이 열리면 증산 작용이 활발하게 일어나고, 기공이 닫히면 증산 작용이 일어나지 않는다.

(3) 기공은 주로 낮에 열리고 밤에 닫히기 때문에 증산 작용은 낮에 활발하게 일어난다.

4 증산 작용과 물의 이동 : 잎맥의 물관은 줄기를 거쳐 뿌리까지 연결되어 있으므로 뿌리에서 흡수한 물은 물관을 따라 잎까지 위로 올라간다.

③ 수증기 기공 잎의 물관
② 줄기의 물관
① 뿌리의 물관 물

> ① 뿌리에서 흡수한 물은 뿌리의 물관을 따라 줄기로 이동한다. → ② 뿌리에서 올라온 물은 줄기의 물관을 거쳐 잎으로 이동한다. → ③ 잎으로 올라온 물은 잎의 물관을 거쳐 세포에서 광합성 등에 사용되고, 나머지는 대부분 수증기가 되어 잎의 기공을 통해 밖으로 나간다.

5 증산 작용의 역할 : 증산 작용은 광합성에 필요한 물을 공급하는 데 중요한 역할을 한다.

(1) **식물체 내 물 상승의 원동력** : 뿌리에서 흡수한 물과 무기 양분이 잎까지 상승할 수 있는 힘을 제공한다.
증산 작용으로 물이 빠져나가면 잎에서 부족한 물을 보충하기 위하여 줄기, 뿌리 속의 물을 연속적으로 끌어올리게 되는 거야~

(2) **체온 조절** : 식물체의 온도가 상승하는 것을 방지
증산 작용으로 물이 증발할 때 주변의 열을 빼앗아 가기 때문에 식물과 주변의 온도를 낮추는 역할을 해~. 여름철 숲에 들어갔을 때 시원함을 느끼는 것은 나무가 햇빛을 가려 주고, 증산 작용으로 주변의 온도를 낮춰 주기 때문이야~

(3) **식물체 내 수분량 조절** : 체내의 수분량이 많으면 기공을 열고, 적으면 기공을 닫아서 일정 수준의 수분량을 유지한다.
잎에서 사용하거나 증발하는 물의 양이 뿌리에서 흡수한 물의 양보다 많으면 식물은 시들게 돼~

🔵 비타민

식물의 잎에서 나온 수증기

식물의 잎에 비닐봉지를 씌워 놓으면 비닐봉지 안쪽에 물방울이 맺힌다. 이것은 식물의 잎에서 나온 수증기가 비닐봉지에 닿아 액화한 것이다.
→ 뿌리에서 흡수한 물이 줄기를 거쳐 잎으로 이동한 다음, 잎에서 수증기로 변하여 식물체 밖으로 빠져나간다는 것을 알 수 있다.

기공의 모형

절연테이프

풍선 2개의 양끝을 연결하고, 각 풍선의 안쪽 면에 절연테이프를 붙인 후, 풍선에 공기를 넣으면 절연테이프를 붙인 안쪽보다 바깥쪽이 더 많이 늘어나 풍선 가운데가 벌어진다.
→ 공변세포도 안쪽 세포벽이 두껍고, 바깥쪽이 얇아 공변세포가 부풀어 오르면 세포가 바깥쪽으로 활처럼 휘어져 기공이 열린다.

기공의 분포

일반적으로 식물은 과도한 수분 손실을 막기 위해 잎의 앞면보다 뒷면에 기공이 더 많이 분포한다. 그러나 수련과 같이 수면에 잎이 떠 있는 식물은 잎의 뒷면에 기공이 있을 경우 공기가 원활하게 드나들 수 없으므로 기공이 대부분 잎의 앞면에 있다.

증산 작용이 활발하게 일어나는 조건(기공이 열리는 조건)
햇빛이 강할 때, 온도가 높을 때, 바람이 잘 불 때, 습도가 낮을 때, 식물체 내 수분량이 많을 때 기공이 잘 열려 증산 작용이 활발하게 일어난다. → 빨래가 잘 마르는 조건과 비슷해~

용어 &개념 체크

❸ 증산 작용과 물의 이동

05 □□ □□은 잎의 기공을 통해 식물체 속의 물을 수증기 형태로 내보내는 현상을 말한다.

06 기공은 2개의 □□□□로 둘러싸여 있으며, 식물의 생명 활동과 관련된 □□의 이동 통로이다.

07 기공은 주로 □에 열리고, □에 닫힌다.

08 증산 작용은 식물체 내 □ 상승의 원동력이 되며, 식물의 □□을 조절하고, 식물체 내의 □□□을 조절하는 기능을 한다.

09 증산 작용은 햇빛이 □□ 때, 온도가 □□ 때, 바람이 □ 불 때, 습도가 □□ 때, 식물체 내의 수분량이 □□ 때 활발하게 일어난다.

[06~09] 잎이 달린 개수와 크기가 같은 나뭇가지 2개와 잎을 모두 딴 나뭇가지 1개를 준비하여 그림과 같이 동일한 양의 물이 들어 있는 눈금실린더에 장치한 후, 약 2시간 뒤 변화를 관찰하였다.

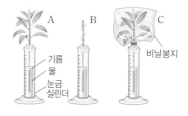

06 이 실험에 대한 설명으로 옳은 것은 ○, 옳지 않은 것은 ×로 표시하시오.
(1) 눈금실린더의 물이 많이 줄어든 순서는 C>A>B이다. .... (　　)
(2) C의 비닐봉지 안쪽에 물방울이 맺혀 뿌옇게 흐려진다. .... (　　)
(3) C에서 비닐봉지를 제거하면 실린더 속 물의 양이 늘어날 것이다. .... (　　)

07 이 실험에서 눈금실린더 A와 B를 비교하여 알 수 있는 사실을 서술하시오.

08 이 실험에서 눈금실린더 A와 C를 비교하여 알 수 있는 사실을 서술하시오.

09 이 실험에서 눈금실린더에 들어 있는 물에 기름을 넣는 까닭을 서술하시오.

10 그림은 잎 뒷면의 일부를 현미경으로 관찰하여 나타낸 것이다.
(1) A~C의 이름을 각각 쓰시오.
A : (　　　　) B : (　　　　) C : (　　　　)
(2) A~C 중 광합성이 일어나는 곳의 기호를 쓰시오.

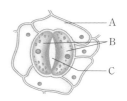

11 그림은 잎의 구조를 나타낸 것이다. 낮에 광합성을 하기 위하여 A를 통해 공기 중으로부터 잎 내부로 흡수되는 물질을 쓰시오.

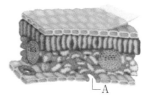

12 증산 작용에 대한 설명으로 옳은 것은 ○, 옳지 않은 것은 ×로 표시하시오.
(1) 2개의 공변세포가 기공을 둘러싸고 있다. .... (　　)
(2) 증산 작용은 기공이 열리고 닫힘에 따라 조절된다. .... (　　)
(3) 증산 작용은 주로 밤에 일어나고 습도가 높을 때 더 활발하다. .... (　　)
(4) 증산 작용은 잎의 공변세포에서 이산화 탄소가 빠져나가는 현상이다. .... (　　)
(5) 증산 작용은 뿌리에서 흡수한 물이 잎까지 상승하는 원동력이 된다. .... (　　)

과정 ❶ 검정말 잎을 따서 현미경 표본을 만들어 현미경으로 관찰한다.
❷ 물이 든 비커 A와 B에 검정말을 각각 넣고 비커 A는 햇빛이 잘 비치는 곳에 3시간 정도 놓아 두고, 비커 B는 어둠상자에 하루 동안 넣어 둔다.
❸ 비커 A에서 검정말 잎을 2~3개 따서 에탄올이 든 시험관에 넣고 물중탕을 하여 탈색한 다음, 증류수로 씻어 낸다. 비커 B의 검정말도 같은 과정을 반복한다.
❹ 각각의 검정말 잎에 아이오딘─아이오딘화 칼륨 용액을 1~2방울 떨어뜨린 후 덮개유리로 덮고 거름종이로 여분의 용액을 제거한다. 이것을 현미경으로 관찰하고 ❶의 결과와 비교한다.

탐구 시 유의점
- 물이나 에탄올이 끓어 넘치지 않도록 주의한다.
- 에탄올은 불이 잘 붙는 물질이므로 가열할 때 불에 직접 닿지 않도록 주의한다.

물중탕
물이 담긴 용기에 가열하고 싶은 물체가 담긴 용기를 넣어 간접적으로 가열하는 방식으로, 알코올이나 인화성 물질을 가열할 때 불이 붙는 것을 피하기 위해 사용한다.

아이오딘─아이오딘화 칼륨 용액
녹말 검출 반응에 사용하는 용액으로, 원래 갈색이지만 녹말과 반응하면 청람색으로 변한다.

결과

비커 A	비커 B
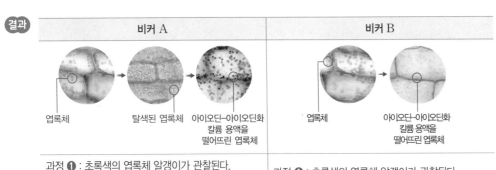	
과정 ❶ : 초록색의 엽록체 알갱이가 관찰된다. 과정 ❸ : 검정말의 잎이 탈색되었다. 과정 ❹ : 아이오딘─아이오딘화 칼륨 용액을 떨어뜨리면 엽록체가 청람색을 띤다.	과정 ❶ : 초록색의 엽록체 알갱이가 관찰된다. 과정 ❹ : 아이오딘─아이오딘화 칼륨 용액을 떨어뜨려도 엽록체의 색이 변하지 않는다.

정리
- 검정말 잎의 엽록체에서 광합성이 일어나 녹말이 만들어진다.
- 광합성 과정에서 양분(녹말)을 만들기 위해서는 빛에너지가 필요하다.

정답과 해설 40쪽

탐구 알약

01 과정 ❷에서 비커 B의 검정말을 어둠상자에 하루 동안 두는 까닭으로 옳은 것은?

① 엽록체를 제거하기 위해서
② 식물의 생장을 늦추기 위해서
③ 포도당을 녹말로 바꾸기 위해서
④ 이산화 탄소의 양을 충분히 늘려 주기 위해서
⑤ 잎에 이미 만들어져 있던 녹말을 제거하기 위해서

서술형
02 위의 실험에서 과정 ❸을 거치는 까닭을 쓰시오.

KEY

엽록소, 색 변화

03 위 실험의 과정 ❹에서 확인할 수 있는 광합성 결과 생성되는 물질은 무엇인지 쓰시오.

04 이 실험을 통해 알 수 있는 것을 |보기|에서 모두 고르시오.

보기
ㄱ. 광합성이 일어나는 장소
ㄴ. 광합성 결과 생성되는 물질
ㄷ. 광합성 결과 생성되는 기체의 종류
ㄹ. 이산화 탄소의 농도와 광합성량의 관계

빛의 세기에 따른 광합성량

과정

❶ 표본병에 1 % 탄산수소 나트륨 수용액을 넣는다.

❷ 검정말 줄기를 깔때기에 넣고 거꾸로 세워 표본병에 넣는다.

❸ 시험관에 1 % 탄산수소 나트륨 수용액을 가득 채우고 입구를 손으로 막은 다음, 시험관을 거꾸로 세운 상태에서 표본병 속의 깔때기 위에 뒤집어 씌운다.

❹ 표본병으로부터 50 cm 떨어진 곳에 전등을 설치한다.

❺ 전등 빛을 점점 밝게 조절하면서 각 밝기에서 1분 동안 발생하는 기포 수를 세어 기록한다.

탐구 시 유의점

전등 빛의 밝기를 바꾼 후에는 기포가 안정적으로 발생하기 시작할 때까지 잠시 기다렸다가 기포 수를 센다.

탄산수소 나트륨 수용액을 사용하는 까닭

탄산수소 나트륨을 물에 녹이면 이산화 탄소가 생성되므로 검정말의 광합성에 필요한 이산화 탄소를 공급하기 위해서이다.

결과

전등의 밝기(빛의 세기)		1단	2단	3단	4단	5단
기포 수 (개/분)	1회	9	12	19	21	21
	2회	11	15	22	22	23
	3회	10	15	21	23	22
	평균	10	14	21	22	22

전등 빛이 밝아질수록(빛의 세기가 증가할수록) 검정말에서 발생하는 기포 수가 증가하지만 어느 정도 이상의 밝기에서는 더 이상 증가하지 않는다. 기포 발생량 = 산소 발생량 = 광합성량!

산소 생성 확인

검정말에서 발생하는 기체를 모은 후 꺼져 가는 불씨를 가까이 가져가면 불씨가 다시 살아난다. ➡ 광합성 결과 산소 기체가 발생한다는 것을 확인할 수 있다.

정리

┌ 꺼져 가는 불씨를 가까이 가져가면 다시 살아나는 것으로 확인할 수 있어!

• 빛을 비췄을 때 검정말에서 발생하는 기체는 <u>산소</u>이다.

• 빛의 세기는 광합성량에 영향을 주며, 빛의 세기가 증가할수록 광합성량이 증가하다가 어느 지점 이상에서는 더 이상 증가하지 않고 일정해진다.

정답과 해설 40쪽

탐구 알약

05 위 실험에 대한 설명으로 옳은 것은 ○, 옳지 <u>않은</u> 것은 ×로 표시하시오.

⑴ 발생하는 기포 수가 적을수록 광합성이 활발하다.

( )

⑵ 전등의 밝기를 밝게 할수록 발생하는 기포 수가 계속 증가한다. ( )

⑶ 1 % 탄산수소 나트륨 수용액에는 이산화 탄소가 포함되어 있다. ( )

⑷ 빛의 세기에 따라 검정말에서 일어나는 광합성량을 비교하는 실험이다. ( )

06 위 실험을 통해 알게 된 빛의 세기와 광합성량의 관계를 그래프로 나타내시오.

서술형

07 위 실험에서 광합성 결과 생성된 기체의 종류를 쓰고, 이를 확인하기 위한 방법을 서술하시오.

 KEY

꺼져 가는 불씨

유형 ① 광합성 과정

그림은 잎에서 일어나는 광합성 과정을 나타낸 것이다.

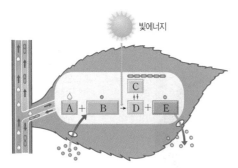

이에 대한 설명으로 옳은 것은?

① 뿌리에서 흡수된 A는 체관을 따라 잎까지 올라간다.
② B의 이동 통로는 뿌리부터 잎까지 연결되어 있다.
③ 식물은 광합성 과정에서 만들어진 C를 D의 형태로 바꿔 운반한다.
④ E를 석회수에 넣으면 석회수가 뿌옇게 변한다.
⑤ 광합성 과정은 빛이 있을 때만 일어난다.

광합성이 일어나는 과정에 대한 문제가 출제돼. 광합성 과정에서 필요한 물질과 광합성으로 생성된 산물이 무엇인지 잘 기억해 두자!

✗ 뿌리에서 흡수된 A는 ~~체관~~을 따라 잎까지 올라간다.
 → 잎맥의 물관은 줄기를 거쳐 뿌리까지 연결되어 있기 때문에 뿌리에서 흡수한 물은 물관을 따라 잎까지 올라가지!

✗ B의 이동 통로는 ~~뿌리부터~~ 잎까지 연결되어 있다.
 → B는 이산화 탄소야! 이산화 탄소는 잎의 기공을 통해 공기 중에서 흡수돼~

✗ 식물은 광합성 과정에서 만들어진 ~~C를 D의 형태~~로 바꿔 운반한다.
 → 식물은 광합성을 통해 포도당(D)을 생성하지만 녹말(C)의 형태로 저장해~ 왜냐 하면 포도당은 크기가 작고 물에 잘 녹아 세포 밖으로 빠져나가기 쉽기 때문이야! 녹말(C)은 물에 잘 녹지 않는 특징이 있지~

✗ ~~E를~~ 석회수에 넣으면 석회수가 뿌옇게 변한다.
 → E는 산소야! 산소는 꺼져 가는 불씨를 가까이 가져가면 다시 타오르는 것으로 확인할 수 있어. 석회수를 뿌옇게 만드는 건 이산화 탄소지~!

⑤ 광합성 과정은 빛이 있을 때만 일어난다.
 → 광합성은 태양의 빛에너지를 포도당의 화학 에너지로 전환시키는 과정으로, 빛이 있을 때만 일어나!

답 : ⑤

$$물 + 이산화 탄소 \xrightarrow[\text{(엽록체)}]{\text{빛에너지}} 포도당 + 산소$$

유형 ② 광합성에 필요한 요소와 생성되는 물질

그림은 광합성에 대해 알아보기 위한 실험을 나타낸 것이다.

이에 대한 설명으로 옳은 것을 모두 고르면?

① 잎을 에탄올에 넣어 물중탕하면 엽록소를 제거할 수 있다.
② 이 실험 결과 광합성에 산소가 필요함을 알 수 있다.
③ 실험 전 식물을 어둠상자에 넣어 잎에 남아 있는 양분을 모두 이동시킨다.
④ 알루미늄 포일로 가린 부분에서만 아이오딘 반응이 일어났다.
⑤ 아이오딘 반응을 통해 광합성이 일어나면 포도당이 생성된다는 것을 알 수 있다.

광합성에는 물, 이산화 탄소, 빛에너지가 필요하지! 이 실험은 그중에 하나를 알아보기 위한 실험이야. 아이오딘 반응을 이용한 이 실험은 시험에 자주 출제되니까 잘 이해해 두자!!

① 잎을 에탄올에 넣어 물중탕하면 엽록소를 제거할 수 있다.
 → 색 변화 관찰을 쉽게 하기 위해서 엽록소를 제거하는 과정이야~

✗ 이 실험 결과 광합성에 ~~산소~~가 필요함을 알 수 있다.
 → 광합성에 필요한 것은 산소가 아니라 이산화 탄소지! 이 실험 결과를 통해 빛이 있을 때만 광합성이 일어난다는 것과 광합성 결과 녹말이 만들어진다는 것을 알 수 있어!

③ 실험 전 식물을 어둠상자에 넣어 잎에 남아 있는 양분을 모두 이동시킨다.
 → 실험 전에 이미 만들어져 있던 녹말을 제거하기 위해서 양분을 이동시키는 과정이야~ 실험 중에 생성되는 녹말만 관찰하기 위한 거지~!

✗ ~~알루미늄 포일로 가린 부분~~에서만 아이오딘 반응이 일어났다.
 → 알루미늄 포일로 가린 부분에서는 광합성이 일어나지 않기 때문에 아이오딘 반응이 나타나지 않아!

✗ 아이오딘 반응을 통해 광합성이 일어나면 ~~포도당~~이 생성된다는 것을 알 수 있다.
 → 아이오딘 반응은 녹말을 검출하는 반응이야~

답 : ①, ③

아이오딘-아이오딘화 칼륨 용액 + 녹말 → 청람색!!

유형 ③ 빛의 세기와 광합성의 관계

그림과 같이 장치하고 전등의 밝기를 조절하면서 검정말에서 1분 동안 발생한 기포 수를 측정하였다.

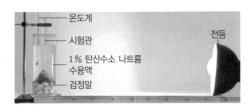

전등 빛의 밝기(lx)	1000	2000	3000	4000
기포 수(개/분)	9	12	19	19

이에 대한 설명으로 옳지 <u>않은</u> 것은?

① 기포 수는 상대적인 광합성량을 의미한다.
② 기포를 모아서 성냥 불씨를 대면 다시 살아난다.
③ 검정말의 수를 늘리면 더 많은 양의 기포가 발생한다.
④ 1 % 탄산수소 나트륨 수용액은 산소를 일정하게 공급하기 위한 것이다.
⑤ 전등 빛의 밝기가 밝아질수록 광합성량은 증가하다가 일정 지점 이상에서는 더 이상 증가하지 않는다.

> 빛의 세기는 광합성에 영향을 미치는 요인 중에 하나야! 빛의 세기에 따라 광합성량이 어떻게 달라지는지 꼭 기억해 두자.

① 기포 수는 상대적인 광합성량을 의미한다.
→ 기포는 광합성 결과 생성되었으니까 기포 수로 상대적인 광합성량을 측정할 수 있어!

② 기포를 모아서 성냥 불씨를 대면 다시 살아난다.
→ 광합성 결과 생성되는 기포는 바로 산소야. 산소는 다른 물질이 타도록 돕는 성질이 있어서 꺼져 가는 성냥 불씨를 가까이 가져가면 다시 살아나는 것을 확인할 수 있지~

③ 검정말의 수를 늘리면 더 많은 양의 기포가 발생한다.
→ 기포를 발생시키는 검정말이 늘어난다면 더 많은 기포가 발생할 거야.

④ 1 % 탄산수소 나트륨 수용액은 ~~산소~~를 일정하게 공급하기 위한 것이다.
→ 탄산수소 나트륨은 물에 녹으면 이산화 탄소를 생성해! 식물의 광합성에 필요한 이산화 탄소를 일정하게 공급하기 위해서 1 % 탄산수소 나트륨을 넣어 주는 거야! 탄산수소 나트륨 대신 입김을 불어 넣고 실험해도 돼~

⑤ 전등 빛의 밝기가 밝아질수록 광합성량은 증가하다가 일정 지점 이상에서는 더 이상 증가하지 않는다.
→ 전등이 밝아질수록 기포 수는 점차 많아지지만 일정 개수 이상 기포 수에 변화가 없는 걸로 보아 빛의 세기가 증가함에 따라 광합성량은 증가하지만 일정 지점 이상에서는 증가하지 않는 걸 알 수 있어!

답 : ④

> 광합성에 영향을 미치는 요인 : 빛의 세기, 이산화 탄소의 농도, 온도!

유형 ④ 증산 작용

그림은 식물의 증산 작용을 알아보기 위한 실험 장치를 나타낸 것이다.

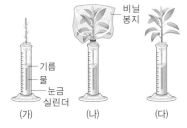

이에 대한 설명으로 옳은 것을 |보기|에서 모두 고른 것은?

> |보기|
> ㄱ. 증산 작용은 (다)>(나)>(가) 순으로 활발히 일어난다.
> ㄴ. (가)와 (나)를 비교하여 습도가 증산 작용에 영향을 주는 것을 알 수 있다.
> ㄷ. 실험 장치 옆에 선풍기를 틀어 놓으면 (다)의 물의 양이 늘어날 것이다.

① ㄱ　　② ㄴ　　③ ㄷ　　④ ㄱ, ㄷ　　⑤ ㄴ, ㄷ

> 각 식물의 조건을 다르게 해서 증산 작용의 결과를 확인하는 실험에 대한 문제가 자주 출제되고 있으니 잘 이해해 두자!

ㄱ. 증산 작용은 (다)>(나)>(가) 순으로 활발히 일어난다.
→ 증산 작용은 식물의 잎에서 일어나며, 습도가 낮을 때 잘 일어나! 따라서 증산 작용은 (다)>(나)>(가) 순으로 활발히 일어나지~

ㄴ. ~~(가)와 (다)~~를 비교하여 습도가 증산 작용에 영향을 주는 것을 알 수 있다.
→ (가)와 (나)는 잎의 수가 달라서 이 둘을 비교해서는 습도가 증산 작용에 미치는 영향을 알 수 없어! (나)와 (다)를 비교해야 습도가 증산 작용에 영향을 주는지 알 수 있어~

ㄷ. 실험 장치 옆에 선풍기를 틀어 놓으면 (다)의 물의 양이 ~~늘어날~~ 것이다.
→ 기공을 통해 방출되어 잎 주위에 머물러 있는 수증기는 잎 주위의 습도를 높여서 증산 작용에 영향을 줘! 그런데 선풍기를 틀어 놓으면 잎 주위에 머물러 있는 수증기를 다른 곳으로 보내기 때문에 잎 주위의 습도를 낮추므로 증산 작용이 더 활발히 일어나겠지. 따라서 (다)의 물의 양은 줄어들어~

답 : ①

> 증산 작용이 활발하게 일어나는 조건은 빨래가 잘 마르는 조건과 비슷!

❶ 광합성

01 그림은 잎에서 일어나는 광합성 과정을 나타낸 것이다.

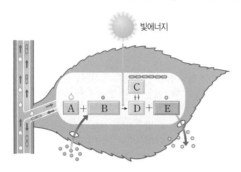

빛에너지

A~E에 해당하는 요소를 옳게 짝지은 것은?

	A	B	C	D	E
①	물	산소	포도당	녹말	이산화 탄소
②	물	산소	녹말	포도당	이산화 탄소
③	물	이산화 탄소	녹말	포도당	산소
④	산소	이산화 탄소	녹말	포도당	물
⑤	포도당	녹말	산소	이산화 탄소	물

[02~03] 초록색 BTB 용액에 입김을 불어 넣어 노란색으로 만든 뒤 시험관 A~C에 나누어 담은 후 그림과 같이 장치하여 햇빛이 잘 드는 곳에 놓아두었다.

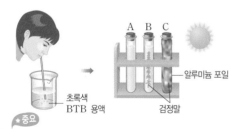

초록색 BTB 용액 / 알루미늄 포일 / 검정말

02 ⭐중요 3시간 정도 시간이 흐른 후 시험관 A~C의 색깔 변화를 옳게 짝지은 것은?

	A	B	C
①	노란색	노란색	파란색
②	노란색	초록색	파란색
③	노란색	파란색	초록색
④	노란색	파란색	노란색
⑤	초록색	노란색	파란색

03 이 실험에 대한 설명으로 옳은 것을 |보기|에서 모두 고른 것은?

> **보기**
> ㄱ. 검정말은 광합성에 산소를 이용한다.
> ㄴ. 입김에는 이산화 탄소가 포함되어 있다.
> ㄷ. 광합성에는 이산화 탄소와 빛에너지가 필요하다.

① ㄱ   ② ㄴ   ③ ㄱ, ㄷ
④ ㄴ, ㄷ   ⑤ ㄱ, ㄴ, ㄷ

04 ⭐중요 그림은 광합성으로 생성되는 물질을 알아보기 위한 실험을 나타낸 것이다.

에탄올 / 물 / 아이오딘–아이오딘화 칼륨 용액 / 알루미늄 포일 / 어둠상자 / 물

이 실험에 대한 설명으로 옳은 것을 <u>모두</u> 고르면?

① 광합성에는 빛에너지가 필요하다.
② 알루미늄 포일은 빛에너지를 차단하는 역할을 한다.
③ 광합성 결과 생성된 물질이 녹말과 이산화 탄소임을 알 수 있다.
④ 알루미늄 포일로 감쌌던 부분만 아이오딘–아이오딘화 칼륨 용액과 반응한다.
⑤ 아이오딘–아이오딘화 칼륨 용액은 포도당의 생성 여부를 확인하기 위해 사용한다.

05 광합성에 대한 설명으로 옳은 것을 |보기|에서 모두 고른 것은?

> **보기**
> ㄱ. 광합성 결과 생성된 모든 산소는 기공을 통해 공기 중으로 방출된다.
> ㄴ. 잎에서 광합성의 에너지원인 빛에너지를 흡수하는 색소는 엽록소이다.
> ㄷ. 광합성 결과 처음 생성되는 양분은 포도당이며 녹말로 전환되어 잎에 저장된다.

① ㄱ   ② ㄴ   ③ ㄱ, ㄷ
④ ㄴ, ㄷ   ⑤ ㄱ, ㄴ, ㄷ

❷ 광합성에 영향을 미치는 환경 요인

[06~07] 탄산수소 나트륨을 첨가한 물에 검정말을 넣고 그림과 같이 장치한 후 전등을 검정말 쪽으로 이동시키면서 검정말에서 발생하는 기포 수를 측정하였다.

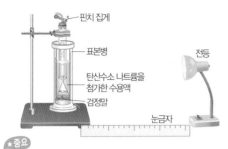

⭐중요

06 이 실험에 대한 설명으로 옳은 것을 |보기|에서 모두 고른 것은?

> |보기|
> ㄱ. 온도와 광합성량의 관계를 알아보기 위한 실험이다.
> ㄴ. 발생하는 기포를 모아 석회수에 넣으면 석회수가 뿌옇게 흐려진다.
> ㄷ. 탄산수소 나트륨을 첨가하는 대신 표본병에 입김을 불어 넣어도 같은 결과를 관찰할 수 있다.

① ㄱ   ② ㄷ   ③ ㄱ, ㄴ
④ ㄴ, ㄷ   ⑤ ㄱ, ㄴ, ㄷ

07 검정말에서 발생한 기포에 (가) 꺼져가는 불씨를 가까이 가져갔을 때 나타나는 현상과 이를 통해 알 수 있는 (나) 기포의 종류를 옳게 짝지은 것은?

	(가)	(나)
①	불씨가 꺼진다.	산소
②	불씨가 꺼진다.	수증기
③	불씨가 다시 살아난다.	산소
④	불씨가 다시 살아난다.	수증기
⑤	불씨가 다시 살아난다.	이산화 탄소

08 광합성에 영향을 미치는 환경 요인에 대한 설명으로 옳은 것을 |보기|에서 모두 고른 것은?

> |보기|
> ㄱ. 산소의 농도가 높아질수록 광합성량도 계속 증가한다.
> ㄴ. 온도가 약 40 ℃ 이상이 되면 광합성량은 급격하게 감소한다.
> ㄷ. 물을 충분히 공급하면 이산화 탄소의 농도와 관계없이 광합성량은 증가한다.

① ㄱ   ② ㄴ   ③ ㄱ, ㄷ
④ ㄴ, ㄷ   ⑤ ㄱ, ㄴ, ㄷ

09 다음은 광합성에 대한 실험을 나타낸 것이다.

공기를 빼낸 시금치 잎 조각 6개를 1 % 탄산수소 나트륨 수용액 150 mL가 담긴 비커에 넣고, 비커 주위에 전등 3개를 설치한 다음, 전등 1개를 켜서 빛을 비추면서 가라앉은 시금치 잎 조각이 모두 떠오르는 데 걸리는 시간을 측정하였다. 전등이 켜진 개수를 1개씩 늘려 가면서 같은 과정을 반복하였다.

이에 대한 설명으로 옳은 것을 |보기|에서 모두 고른 것은?

> |보기|
> ㄱ. 전등이 켜진 개수로 빛의 세기를 조절한다.
> ㄴ. 광합성으로 발생하는 이산화 탄소에 의해 시금치 잎 조각이 떠오른다.
> ㄷ. 전등을 1개 켰을 때보다 3개 켰을 때 시금치 잎 조각이 떠오르는 데 걸리는 시간이 길어질 것이다.

① ㄱ   ② ㄷ   ③ ㄱ, ㄴ
④ ㄴ, ㄷ   ⑤ ㄱ, ㄴ, ㄷ

⭐중요

10 광합성량에 영향을 미치는 환경 요인과 광합성량의 관계를 옳게 나타낸 그래프는?

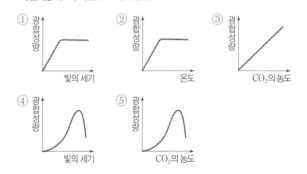

❸ 증산 작용과 물의 이동

11 증산 작용에 대한 설명으로 옳지 <u>않은</u> 것은?
① 낮에 활발하게 일어난다.
② 기공이 열리고 닫히면서 조절된다.
③ 주로 잎의 앞면에서 활발하게 일어난다.
④ 기공이 닫히면 증산 작용은 일어나지 않는다.
⑤ 식물체 속의 물이 수증기가 되어 빠져나가는 현상이다.

12 그림은 어떤 식물의 잎 뒷면 표피를 얇게 벗겨 관찰한 모습을 나타낸 것이다. 이에 대한 설명으로 옳은 것은?

① A는 공변세포이다.
② B에서는 광합성이 일어나지 않는다.
③ B는 안쪽 세포벽보다 바깥쪽 세포벽이 더 두껍다.
④ C는 산소와 이산화 탄소, 수증기 등의 기체가 드나드는 통로이다.
⑤ C가 열렸을 때 식물체 내의 이산화 탄소가 빠져나가는 것을 증산 작용이라고 한다.

13 식물의 증산 작용을 알아보기 위해 그림과 같이 장치하고 햇빛이 잘 드는 곳에 두었더니 (가)의 물이 가장 많이 줄었고, (나)의 물이 가장 조금 줄었다.

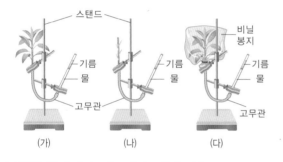

이 실험을 통해 알 수 있는 사실로 옳은 것을 모두 고르면?

① 증산 작용과 잎의 유무는 관련이 없다.
② 잎에서 증산 작용을 통해 물이 빠져나간다.
③ 습도가 높을수록 증산 작용이 활발해진다.
④ 기름을 넣으면 증산 작용이 더 활발히 일어난다.
⑤ 잎의 개수가 많아짐에 따라 증산 작용이 활발해진다.

14 증산 작용의 역할로 옳지 않은 것은?

① 식물체의 온도를 조절한다.
② 식물체 내의 수분량을 조절한다.
③ 광합성에 필요한 물을 공급한다.
④ 식물체 내에 양분을 저장할 수 있게 한다.
⑤ 뿌리에서 흡수한 물이 잎까지 올라가는 원동력이 된다.

15 햇빛을 받은 검정말 잎을 탈색시킨 후 아이오딘-아이오딘화 칼륨 용액을 떨어뜨렸더니 그림과 같이 세포 속의 작은 알갱이가 청람색으로 변하였다.

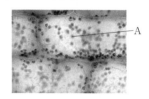

청람색으로 변한 A의 이름을 쓰고, 색깔이 변한 까닭을 서술하시오.

 광합성, 녹말

16 그림은 아침부터 저녁까지 화분에 심은 식물 잎에서의 물 증발량의 변화를 나타낸 것이다.

(1) 증산 작용이 가장 활발할 때는 언제인지 쓰시오.

(2) 광합성이 활발할 때는 언제인지 예측하여 쓰고, 그렇게 생각한 까닭을 서술하시오.

 증산 작용, 기공

17 더운 여름날 나무가 우거진 숲속에 들어갔더니 시원함을 느낄 수 있었다. 이러한 현상이 일어나는 까닭을 서술하시오.

 증산 작용, 주위의 열 흡수

18 초록색 BTB 용액을 비커에 넣고 노란색이 될 때까지 입김을 충분히 불어 넣은 후 시험관 A~C에 같은 양으로 나누어 담고, 그림과 같이 장치하여 햇빛이 잘 비치는 곳에 놓아 두었다.

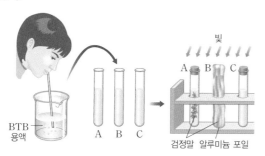

이에 대한 설명으로 옳은 것을 |보기|에서 모두 고른 것은?

> **보기**
> ㄱ. 시험관 B에서 BTB 용액의 색깔은 파란색으로 변한다.
> ㄴ. 시험관 A와 B를 통해 광합성을 하는 데 산소가 필요함을 알 수 있다.
> ㄷ. 시험관 A와 C를 통해 광합성에는 이산화 탄소가 필요하다는 것을 알 수 있다.

① ㄱ   ② ㄷ   ③ ㄱ, ㄴ
④ ㄴ, ㄷ   ⑤ ㄱ, ㄴ, ㄷ

서술형

19 다음은 광합성에 영향을 미치는 환경 요인에 대한 실험을 나타낸 것이다.

> (가) 비커 A에는 증류수를, 비커 B에는 1 % 탄산수소 나트륨 수용액을, 비커 C에는 3 % 탄산수소 나트륨 수용액을 각각 50 mL씩 넣는다.
> (나) 비커 A~C에 공기를 빼낸 시금치 잎 조각을 5개씩 넣고 같은 거리에서 LED 전등을 켜 같은 세기의 빛을 비춘다.
> (다) 가라앉은 시금치 잎 조각이 모두 떠오르는 데 걸리는 시간을 비교한다.

이 실험은 광합성에 영향을 미치는 환경 요인 중 무엇을 알아보기 위한 실험인지 쓰고, 그렇게 생각한 까닭을 서술하시오.

광합성, 이산화 탄소

20 다음은 광합성에 영향을 미치는 환경 요인을 알아보기 위한 실험의 결과를 나타낸 것이다.

실험	빛의 세기(lx)	이산화 탄소 농도(%)	온도(℃)
Ⅰ	4000	0.01	20
Ⅱ	4000	0.02	30
Ⅲ	3000	0.02	30
Ⅳ	3000	0.03	20
Ⅴ	4000	0.02	20

빛의 세기가 광합성량에 미치는 영향을 알아보기 위해 비교해야 할 실험을 옳게 짝지은 것은?

① Ⅰ, Ⅱ   ② Ⅰ, Ⅴ   ③ Ⅱ, Ⅲ
④ Ⅲ, Ⅳ   ⑤ Ⅳ, Ⅴ

21 다음은 증산 작용이 어떤 환경 조건에서 가장 활발하게 일어나는지 알아보기 위한 실험을 나타낸 것이다.

> (가) 같은 양의 물이 들어 있는 눈금실린더에 식물의 가지를 그림과 같이 장치한다.
> (나) A, B, C는 햇빛이 잘 비치는 곳에 두고, C는 선풍기를 틀어 주며, D는 어둠상자에 넣는다.
> (다) 일정 시간 후 각 눈금실린더에 남아 있는 물의 양을 비교한다.

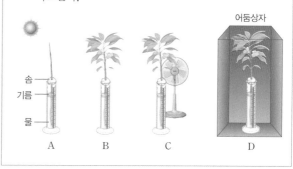

이 실험에 대한 설명으로 옳은 것을 |보기|에서 모두 고른 것은?

> **보기**
> ㄱ. 물의 양이 가장 많이 줄어든 것은 B이다.
> ㄴ. 햇빛이 증산 작용에 미치는 영향을 알아보기 위해 비교해야 할 눈금실린더는 A와 D이다.
> ㄷ. 바람이 증산 작용에 미치는 영향을 알아보기 위해 비교해야 할 눈금실린더는 B와 C이다.

① ㄱ   ② ㄷ   ③ ㄱ, ㄴ
④ ㄴ, ㄷ   ⑤ ㄱ, ㄴ, ㄷ

2 식물의 호흡과 에너지

• 식물의 호흡을 이해하고, 광합성과의 관계를 설명할 수 있다.
• 광합성 산물의 생성, 저장, 사용 과정을 모형으로 표현할 수 있다.

1 식물의 호흡과 광합성

1 호흡 : 세포에서 양분을 분해하여 생명 활동에 필요한 에너지를 얻는 과정

光합성이 엽록체가 있는 세포에서만 일어나는 것과 달리 호흡은 식물체를 구성하는 모든 살아 있는 세포에서 일어나~

(1) **일어나는 장소** : 식물체를 구성하는 살아 있는 모든 세포

(2) **일어나는 시기** : 밤낮 구별 없이 항상

(3) **호흡 과정**

포도당 + 산소 ⟶ 물 + 이산화 탄소 + 에너지

(4) **호흡에 필요한 물질과 생성되는 요소**

호흡에 필요한 물질	산소	광합성으로 발생, 기공 등을 통해 공기 중에서 흡수
	포도당	광합성으로 만들어진 양분
호흡으로 생성되는 요소	물	광합성에 이용되거나 기공 등을 통해 공기 중으로 방출 → 수증기의 형태로 기공을 통해 빠져나가~!!
	이산화 탄소	광합성에 이용되거나 기공 등을 통해 공기 중으로 방출
	에너지	식물이 자라고 꽃이 피거나 열매를 맺는 등의 생명 활동에 이용

2 호흡의 생성물(이산화 탄소) 확인

석회수를 이용하는 방법	BTB 용액을 이용하는 방법
어둠상자에 두었던 2개의 비닐봉지 속의 공기를 석회수에 통과시키면 식물이 든 비닐봉지의 공기를 통과시킨 석회수만 호흡으로 발생한 이산화 탄소에 의해 뿌옇게 변한다.	초록색 BTB 용액에 검정말을 넣고 빛을 차단하면 검정말의 호흡 결과 이산화 탄소가 증가하여 BTB 용액이 노란색으로 변한다. 호흡을 많이 하면 이산화 탄소 ↑ → 산성 → 노란색 광합성을 많이 하면 이산화 탄소 ↓ → 염기성 → 파란색 호노~ 광파!!

3 광합성과 호흡의 관계 : 광합성은 양분을 만들어 에너지를 저장하는 과정이고, 호흡은 양분을 분해하여 에너지를 얻는 과정이다.

결국 식물은 광합성을 통해 호흡에 필요한 물질을 만들어 내고, 호흡은 광합성에 필요한 물질을 생성하는 거지~

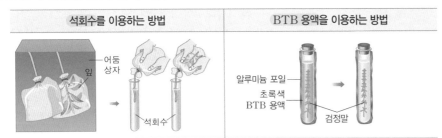

물 + 이산화 탄소 ⟷(광합성(빛에너지 흡수) / 호흡(에너지 발생)) 포도당 + 산소

구분	광합성	호흡
일어나는 장소	엽록체가 있는 세포	살아 있는 모든 세포
일어나는 시기	낮(빛이 있을 때)	항상
반응물	물, 이산화 탄소	포도당, 산소
산물	포도당, 산소	물, 이산화 탄소, 에너지
기체의 출입	이산화 탄소 흡수, 산소 방출	이산화 탄소 방출, 산소 흡수
물질 변화	양분 합성	양분 분해
에너지 관계	에너지 저장	에너지 생성

⊖ 비타민

싹이 트고 있는 콩의 호흡

온도계 / 솜 마개 / 싹이 트고 있는 콩

싹이 트고 있는 콩을 넣은 보온병에 온도계를 꽂은 후 온도 변화를 관찰하면 콩이 호흡하여 에너지를 생성하므로 온도가 상승하고 이산화 탄소가 발생한다.

석회수

이산화 탄소와 반응하면 탄산 칼슘 앙금이 생겨 뿌옇게 흐려진다.

광합성과 호흡에 따른 BTB 용액의 색 변화

• 광합성을 많이 하면 이산화 탄소가 소모되어 용액이 염기성으로 변한다. → 이산화 탄소를 녹여 산성으로 만든 노란색 BTB 용액이 초록색을 거쳐 파란색이 된다.

• 호흡을 많이 하면 이산화 탄소가 많이 생성되어 용액이 산성으로 변한다. → 파란색 BTB 용액이 초록색을 거쳐 노란색이 된다.

호흡 — 장소 — 살아 있는 모든 세포

필요한
물질 — 산소, 포도당

생성
물질 — 물, 이산화 탄소

**기체
교환** — 낮 — 산소 방출
이산화 탄소 흡수

밤 — 이산화 탄소 방출
산소 흡수

용어 & 개념 체크

❶ 식물의 호흡과 광합성

01 생물이 살아가는 데 필요한 ☐☐☐를 얻는 과정을 호흡이라고 한다.

02 호흡은 식물체를 구성하는 살아 있는 모든 ☐☐에서 일어난다.

03 석회수에 ☐☐☐ ☐☐를 통과시키면 석회수가 뿌옇게 흐려진다.

04 초록색의 BTB 용액에 검정말을 넣고 빛을 차단하면 이산화 탄소가 증가하여 BTB 용액이 ☐☐☐으로 변한다.

05 식물이 광합성을 할 때는 ☐ ☐☐ ☐☐를 흡수하고 ☐☐를 방출하며, 호흡을 할 때는 ☐☐를 흡수하고 ☐ ☐☐ ☐☐를 방출한다.

01 다음은 호흡 과정을 식으로 나타낸 것이다. 빈칸에 알맞은 말을 쓰시오. (단, ⓒ과 ⓔ은 기체이다.)

(㉠   ) + (㉡   ) ⟶ (㉢   ) + (㉣   ) + 에너지

02 식물의 호흡에 대한 설명으로 옳은 것은 ○, 옳지 <u>않은</u> 것은 ×로 표시하시오.

(1) 광합성이 일어나는 동안 호흡은 일어나지 않는다. ┈┈┈┈┈ (   )
(2) 잎이 다 떨어진 겨울에는 호흡이 일어나지 않는다. ┈┈┈┈ (   )
(3) 호흡에 필요한 산소는 잎의 기공을 통해 흡수한다. ┈┈┈┈ (   )
(4) 호흡은 뿌리, 줄기, 잎 등 식물 전체에서 일어난다. ┈┈┈┈ (   )
(5) 이산화 탄소를 흡수하고 산소를 방출하는 과정이다. ┈┈┈ (   )
(6) 빛이 있는 환경에서는 광합성과 호흡이 모두 일어난다. ┈ (   )

03 식물이 호흡을 하는 까닭을 서술하시오.

04 다음은 호흡으로 만들어지는 물질을 확인하는 실험의 결과를 나타낸 것이다.

> • 암실에 놓아 두었던 식물이 든 비닐봉지에서 발생한 기체를 석회수에 통과시키면 뿌옇게 흐려진다.
> • 초록색의 BTB 용액에 검정말을 넣고 빛을 차단하면 BTB 용액이 노란색으로 변한다.

이 실험 결과로 알 수 있는 호흡으로 생성되는 요소는 무엇인지 쓰시오.

05 표는 광합성과 호흡을 비교하여 나타낸 것이다. 알맞은 말을 고르시오.

구분	광합성	호흡
일어나는 장소	(㉠ 엽록체가 있는 세포, 살아 있는 모든 세포)	(㉡ 엽록체가 있는 세포, 살아 있는 모든 세포)
일어나는 시기	(㉢ 항상, 빛이 있을 때)	(㉣ 항상, 빛이 있을 때)
기체의 출입	이산화 탄소 (㉤ 흡수, 방출) 산소 (㉥ 흡수, 방출)	이산화 탄소 (㉦ 흡수, 방출) 산소 (㉧ 흡수, 방출)
에너지 관계	에너지 저장	에너지 생성

06 광합성과 호흡에 대한 설명으로 옳은 것은 ○, 옳지 <u>않은</u> 것은 ×로 표시하시오.

(1) 광합성 산물은 호흡에, 호흡의 산물은 광합성에 쓰인다. ┈┈┈┈ (   )
(2) 광합성은 빛에너지를 생물이 이용할 수 있는 에너지로 전환한다. ┈ (   )
(3) 식물은 광합성을 통해 에너지를 생성하고, 호흡을 통해 에너지를 저장한다.

┈┈┈┈┈┈┈┈┈┈┈┈┈┈┈┈┈┈┈┈┈┈┈┈ (   )

4 식물의 기체 교환

낮 - 빛이 강할 때	아침·저녁 - 빛이 약할 때	밤 - 빛이 없을 때
광합성량이 호흡량보다 많아 호흡으로 발생한 이산화 탄소가 모두 광합성에 쓰이며, 식물이 이산화 탄소를 흡수하고 산소를 방출한다.	빛이 약한 아침과 저녁에는 광합성량과 호흡량이 같아 외관상으로는 기체 출입이 없는 것처럼 보인다.	호흡만 일어나므로 식물이 산소를 흡수하고 이산화 탄소를 방출한다. 좁은 방 안에 식물 화분을 많이 가져다 두면 식물이 호흡하면서 방 안의 산소를 흡수하고 이산화 탄소를 배출하기 때문에 산소가 부족해질 수 있어~

② 광합성 산물의 이동, 저장, 사용

1 광합성 산물의 이동 : 식물 잎의 엽록체에서 광합성으로 만들어진 포도당은 잎에서 사용되거나 녹말로 전환되어 잠시 저장되었다가 주로 밤에 설탕으로 전환되어 체관을 따라 이동한다. <small>식물체 내에서 물질의 이동 통로 역할을 해~</small>

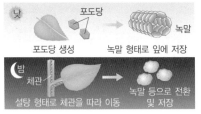

낮에 잎에 저장해 두었던 양분은 주로 밤에 이동되지~!!

광합성 산물	임시 저장 형태	이동하는 형태
포도당	녹말	설탕

2 광합성 산물의 저장 : 잎, 뿌리, 줄기, 열매, 씨 등의 각 기관으로 운반된 설탕은 녹말, 포도당, 설탕, 단백질, 지방과 같은 다양한 형태로 바뀌어 저장된다.

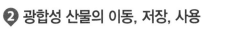

녹말	포도당	설탕	단백질	지방
고구마(뿌리), 옥수수(씨), 감자(줄기), 보리(씨), 벼(씨) 등	양파(비늘잎), 포도(열매), 붓꽃(뿌리) 등	사탕수수(줄기) 등	콩(씨), 팥(씨) 등	깨(씨), 해바라기(씨) 등

<small>식물이 열매에만 양분을 저장하는 것은 아니야~ 고구마는 뿌리에, 콩은 씨에, 포도는 열매에 양분을 저장해!</small>

3 광합성 산물의 사용 <small>식물에 저장된 양분은 동물의 먹이로도 이용돼~</small>
(1) 식물체를 구성하는 재료가 되어 생장하는 데 사용된다.
(2) 식물과 모든 생물의 생명 활동에 필요한 에너지원으로 사용된다.
(3) 광합성으로 발생한 산소는 여러 생물의 호흡에 사용된다.

광합성 산물의 생성, 이동, 저장, 사용
① 광합성을 통해 포도당과 산소가 생성된다.

$$물 + 이산화\ 탄소 → 포도당 + 산소$$

② 포도당은 녹말로 전환되어 잠시 잎에 저장되었다가 밤에 설탕으로 전환되어 체관을 따라 뿌리, 줄기 등 다른 기관으로 이동한다.
③ 이동된 양분은 호흡에 사용되거나, 식물의 조직을 구성하고, 남은 양분은 뿌리, 열매, 씨 등에 저장된다.

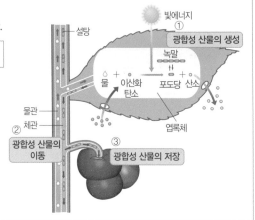

> **비타민**

고랭지 농업

고랭지는 해발 고도가 높고 서늘한 지역으로, 낮에는 기온이 높고 밤에는 기온이 낮다. 따라서 빛이 강하고 기온이 높은 낮에는 광합성이 활발하게 일어나지만 밤에는 기온이 낮아져 호흡량이 적어 광합성 산물이 더 많이 저장된다. 따라서 고랭지에서 식물을 재배하면 평지보다 수확량이 더 많다.

하루 동안 광합성량과 호흡량 변화

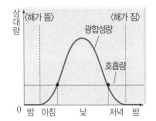

낮에는 광합성량이 호흡량보다 많고, 빛이 없는 밤에는 호흡만 일어나 광합성량이 0이다.

줄기의 단면

나무줄기의 껍질을 벗겨 내면 크고 좋은 과일을 얻을 수 있다?

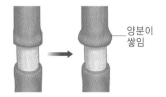

나무줄기의 껍질 일부분을 고리 모양으로 벗긴 후 시간이 지나면 벗겨 낸 부분의 위쪽이 부풀어 오른다. 이는 체관 부분이 잘려 나가 양분이 아래로 이동하지 못하고 쌓이기 때문이다. 농부들은 이를 이용해 크고 좋은 과일을 얻을 수 있다.

바이오 연료

사탕수수, 옥수수, 바나나 껍질, 유채 등에서 얻은 연료로서, 화석 연료의 사용으로 인한 환경 오염, 에너지 부족 등의 여러 문제를 해결하는 대안으로 주목받고 있다.

용어 & 개념 체크

❷ **광합성 산물의 이동, 저장, 사용**

06 식물은 빛이 있는 낮에는 광합성과 호흡을 모두 하며, 빛이 없는 밤에는 □□만 한다.

07 광합성으로 생성된 포도당은 □□로 전환되어 잠시 저장되었다가 □□으로 전환되어 □□을 통해 식물체 곳곳으로 이동한다.

08 식물은 광합성으로 만들어진 양분을 호흡을 통해 □□□를 얻는 데 사용하고, 생장하는 데 사용하거나 뿌리, 열매, 씨 등에 □□한다.

07 그림은 식물의 기체 교환을 나타낸 것이다.

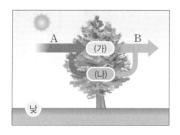 

(1) 식물의 잎에서 일어나는 (가), (나)의 과정은 각각 무엇인지 쓰시오.
(2) A, B 기체는 각각 무엇인지 쓰시오.
(3) 빛이 강한 낮 동안의 광합성량과 호흡량을 부등호를 이용하여 비교하시오.

08 그림은 광합성 산물의 이동과 저장을 나타낸 것이다.

⊙~ⓔ에 알맞은 말을 쓰시오.

09 광합성 산물의 저장과 사용에 대한 설명으로 옳은 것은 ○, 옳지 않은 것은 ×로 표시하시오.

(1) 광합성으로 합성된 양분의 일부는 식물의 생장에 사용된다. ┄┄┄┄┄ ( )
(2) 광합성 결과 생성되는 기체는 식물 자신의 호흡에 이용되기도 한다. ┄┄ ( )
(3) 양분은 식물에 따라 녹말, 단백질, 지방, 포도당 등의 형태로 저장된다. ( )
(4) 식물의 여러 기관으로 운반된 양분은 광합성으로 에너지를 얻는 데 쓰인다.
┄┄┄┄┄┄┄┄┄┄┄┄┄┄┄┄┄┄┄┄┄┄┄┄┄┄┄┄┄┄ ( )

10 표는 여러 가지 식물들의 광합성 산물의 저장 형태와 저장 기관을 나타낸 것이다.

식물	감자	포도	콩	해바라기	사탕수수
저장 형태	녹말	(ⓛ)	(ⓒ)	(ⓔ)	(ⓜ)
저장 기관	(⊙)	열매	씨	씨	(ⓗ)

⊙~ⓗ에 알맞은 말을 쓰시오.

광합성과 호흡에서의 기체 교환

과정
❶ 4개의 시험관 A~D에 같은 양의 초록색 BTB 용액을 넣는다.
❷ 시험관 A는 그대로 두고, 시험관 B에는 싹튼 콩을, 시험관 C와 D에는 검정말을 넣고, 시험관 D만 알루미늄 포일로 감싼다.
❸ 4개의 시험관을 햇빛이 잘 비치는 곳에 두고 약 1시간 후 BTB 용액의 색깔 변화를 관찰한다.

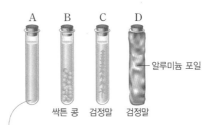
A B C D
싹튼 콩 검정말 검정말
─ 알루미늄 포일

탐구 시 유의점
알루미늄 포일로 시험관을 감쌀 때 빛이 통하지 않도록 빈틈없이 싼다.

실험 결과가 제대로 도출되었는지 파악하기 위해 아무 조건도 가하지 않은 시험관과 비교하는 거야~

결과

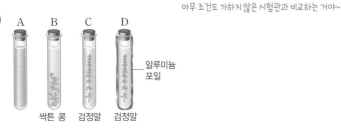
A B C D
싹튼 콩 검정말 검정말
─ 알루미늄 포일

시험관	A	B	C	D
색깔	초록색	노란색	파란색	노란색
까닭	변화 없음	싹튼 콩의 호흡으로 이산화 탄소가 방출되었다.	광합성량이 호흡량보다 많아 이산화 탄소가 소모되었다.	광합성이 일어나지 않고 호흡만 일어나 이산화 탄소가 방출되었다.

정리
• 생물의 호흡 결과 발생한 기체는 이산화 탄소이다.
• 알루미늄 포일로 싼 시험관은 빛이 차단되어 검정말은 광합성을 하지 않고 호흡만 한다.

정답과 해설 44쪽

탐구 알약

01 위 실험에 대한 설명으로 옳은 것은 ○, 옳지 않은 것은 ×로 표시하시오.

(1) 광합성에는 산소가 필요하다는 것을 알 수 있다. (   )

(2) 호흡 결과 이산화 탄소가 발생한다는 것을 알 수 있다.
....( )

(3) 시험관 B와 D에서는 이산화 탄소의 양이 감소한다.
....( )

(4) 시험관 C에서는 검정말의 광합성으로 이산화 탄소가 소모되었다. ....( )

서술형
02 위 실험에서 시험관 C와 D를 비교하여 알 수 있는 사실을 서술하시오.

광합성, 빛에너지

03 위 실험에서 시험관 C의 검정말의 광합성량과 호흡량을 부등호를 이용하여 비교하시오.

04 위 실험에 대한 설명으로 옳은 것을 |보기|에서 모두 고른 것은?

┌ **보기** ┐
ㄱ. 시험관 A를 알코올램프로 가열하면 BTB 용액의 색깔이 노란색으로 변한다.
ㄴ. 시험관 B에 삶은 콩을 넣고 실험해도 결과는 같다.
ㄷ. 과정 ❶에서 초록색 BTB 용액에 입김을 불어 넣은 다음 실험하면 BTB 용액의 색이 파란색으로 변하는 시험관은 1개이다.

① ㄱ   ② ㄷ   ③ ㄱ, ㄴ
④ ㄴ, ㄷ   ⑤ ㄱ, ㄴ, ㄷ

유형 클리닉

유형 ① 호흡 생성물 확인

그림과 같이 비닐봉지 2개 중 하나에만 시금치를 넣고 밀봉하여 2개 모두 어둠상자에 두었다가 다음 날 비닐봉지 속의 공기를 각각 석회수에 통과시켰다.

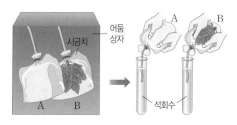

이 실험에 대한 설명으로 옳은 것은?

① A의 공기를 석회수에 넣으면 석회수가 뿌옇게 흐려진다.
② B에서는 호흡과 광합성이 모두 일어나며, 광합성량보다 호흡량이 더 많다.
③ 빛이 없을 때 시금치는 산소를 흡수하고, 이산화 탄소를 방출한다.
④ 광합성을 하는 데 이산화 탄소가 필요함을 알 수 있다.
⑤ 비닐봉지를 어둠상자가 아닌 햇빛이 드는 창가에 두었다가 실험해도 같은 결과가 나타난다.

석회수를 이용해 호흡의 생성물을 확인하는 실험이야~! 이 실험을 통해 식물이 호흡을 할 때 어떤 기체가 방출되는지 꼭 알아 두고, 그 기체가 석회수와 만나면 어떤 반응이 일어나는지도 기억해 두자~!

✗ A의 공기를 석회수에 넣으면 석회수가 뿌옇게 흐려진다.
→ 호흡은 생물체 내에서 일어나~ A에는 생물이 존재하지 않기 때문에 석회수는 아무 변화가 없지~

✗ B에서는 호흡과 광합성이 <s>모두</s> 일어나며, 광합성량보다 호흡량이 더 많다.
→ 빛이 없는 곳에 있는 시금치는 호흡만 해~!! 식물을 빛이 있는 곳에 두었다면 호흡과 광합성이 모두 일어나고, 호흡량보다 광합성량이 더 많아지겠지~

③ 빛이 없을 때 시금치는 산소를 흡수하고, 이산화 탄소를 방출한다.
→ 빛이 없을 때 시금치에서는 호흡만 일어나~. 따라서 산소를 흡수하고, 이산화 탄소를 방출하지~

✗ 광합성을 하는 데 이산화 탄소가 필요함을 알 수 있다.
→ 이 실험은 시금치를 이용해 식물의 호흡 결과 발생하는 기체가 무엇인지 알아보는 실험이야~

✗ 비닐봉지를 어둠상자가 아닌 햇빛이 드는 창가에 두었다가 실험해도 같은 결과가 나타난다.
→ 비닐봉지를 어둠상자가 아닌 햇빛이 드는 창가에 두면 B 비닐봉지의 시금치에서 광합성이 일어나 이산화 탄소가 흡수되므로 다른 결과가 나타날 거야~

답 : ③

이산화 탄소(CO_2) → 석회수를 뿌옇게!!

유형 ② 광합성과 호흡의 비교

식물의 광합성과 호흡을 옳게 비교한 것은?

	구분	광합성	호흡
①	일어나는 시기	낮	밤
②	일어나는 장소	살아 있는 모든 세포	엽록체가 있는 세포
③	에너지	생성	저장
④	물질 변화	양분 합성	양분 분해
⑤	흡수 기체	산소	이산화 탄소

광합성과 호흡을 비교하는 문제가 자주 출제돼~ 각 구분에 따른 광합성과 호흡의 특징을 헷갈리지 않게 잘 기억해 두자!

	구분	광합성	호흡
①	일어나는 시기	낮 빛이 있을 때	<s>밤</s> 항상
②	일어나는 장소	<s>살아 있는 모든 세포</s> 엽록체가 있는 세포	<s>엽록체가 있는 세포</s> 살아 있는 모든 세포
③	에너지	<s>생성</s> 저장	<s>저장</s> 생성
④	물질 변화	양분 합성	양분 분해
⑤	흡수 기체	<s>산소</s> 이산화 탄소	<s>이산화 탄소</s> 산소

광합성은 빛이 있는 낮 동안 엽록체에서 이산화 탄소와 물을 이용하여 양분(포도당)을 만들어 내는 에너지 저장 과정이야~ 이와 반대로 호흡은 밤뿐만 아니라 낮에도 일어나는 과정으로, 살아 있는 모든 세포에서 일어나고 산소를 이용하여 양분을 분해하고 에너지를 얻는 과정이지~

답 : ④

$$\text{물 + 이산화 탄소} \xrightarrow[\text{호흡(에너지 생성)}]{\text{광합성(빛에너지 흡수)}} \text{포도당 + 산소}$$

유형 클리닉

유형 ③ 식물의 기체 교환

그림은 맑은 날 하루 동안 식물에서 일어나는 기체 교환을 나타낸 것이다.

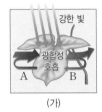 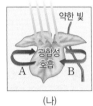 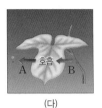

이에 대한 설명으로 옳은 것을 모두 고르면?

① A는 산소, B는 이산화 탄소이다.
② (가)~(다) 중 광합성이 가장 활발하게 일어나는 때는 (가)이다.
③ (나)는 맑은 날 하루 중 아침, 저녁으로 2번 나타나며 광합성에 의한 산소 발생량과 호흡에 의한 산소 흡수량이 같다.
④ (다)는 광합성량보다 호흡량이 많아 호흡만 하는 것처럼 보인다.
⑤ 식물의 광합성은 빛이 있는 낮에만 일어나고, 호흡은 빛이 없는 밤에만 일어난다.

식물에서 일어나는 기체 교환은 낮과 밤, 그리고 아침·저녁이 다르게 나타나~ 각각의 특징과 함께 광합성량과 호흡량이 어떻게 나타나는지 꼭 기억해 두자~!!

✗ A는 산소, B는 이산화 탄소이다.
→ 낮(가)에는 광합성이 활발해서 식물이 이산화 탄소를 흡수하고, 산소를 방출해~ 밤(다)에는 식물이 산소를 흡수하고 이산화 탄소를 방출하지~ 따라서 A는 이산화 탄소, B는 산소를 나타내~!!

② (가)~(다) 중 광합성이 가장 활발하게 일어나는 때는 (가)이다.
→ 낮(가)에는 호흡량보다 광합성량이 많아서 호흡으로 발생한 이산화 탄소가 모두 광합성에 쓰여~

③ (나)는 맑은 날 하루 중 아침, 저녁으로 2번 나타나며 광합성에 의한 산소 발생량과 호흡에 의한 산소 흡수량이 같다.
→ (나)와 같은 기체 교환은 빛이 약한 아침, 저녁에 나타나~ 이때는 광합성량과 호흡량이 같아서 외관상으로는 기체 출입이 없는 것처럼 보이지!

✗ (다)는 광합성량보다 호흡량이 많아 호흡만 하는 것처럼 보인다.
→ 밤(다)에는 광합성은 일어나지 않고, 호흡만 일어나기 때문에 (다)와 같은 기체 교환이 일어나는 거야~

✗ 식물의 광합성은 빛이 있는 낮에만 일어나고, 호흡은 빛이 없는 밤에만 일어난다.
→ 광합성은 빛이 있을 때만 일어나고, 호흡은 항상 일어나~ 즉, 낮에는 광합성도 활발하게 일어나지만, 호흡도 일어나고 있는 거지~!!

답 : ②, ③

아침·저녁 : 광 = 호
낮 : 광 > 호
밤 : 호흡만

유형 ④ 광합성 산물의 이동, 저장, 사용

광합성 산물의 이동, 저장, 사용에 대한 설명으로 옳은 것은?

① 잎에서 만들어진 양분은 물관을 통해 이동한다.
② 벼와 보리는 양분을 단백질 형태로 씨에 저장한다.
③ 광합성으로 만들어진 양분은 주로 낮에 저장 기관으로 이동한다.
④ 광합성으로 만들어진 양분은 녹말 형태로 식물체 각 부분으로 이동한다.
⑤ 광합성으로 만들어진 양분은 식물체를 구성하거나 생활에 필요한 에너지원으로 사용된다.

광합성 산물의 이동, 저장, 사용 과정이 어떤 기관에서 어떤 형태로 일어나는지 잘 알아 두도록 하자!

✗ 잎에서 만들어진 양분은 물관을 통해 이동한다.
→ 잎에서 광합성으로 만들어진 양분은 체관을 통해 식물체 각 부분으로 이동해~

✗ 벼와 보리는 양분을 단백질 형태로 씨에 저장한다.
→ 벼와 보리는 양분을 녹말 형태로 씨에 저장하지~

✗ 광합성으로 만들어진 양분은 주로 낮에 저장 기관으로 이동한다.
→ 광합성으로 만들어진 포도당은 낮에 녹말로 전환되어 잠시 저장되었다가 주로 밤에 저장 기관으로 이동한다는거 잊지 말자~

✗ 광합성으로 만들어진 양분은 녹말 형태로 식물체 각 부분으로 이동한다.
→ 광합성으로 만들어진 양분은 낮에 녹말 형태로 전환되어 잎에 잠시 저장되었다가 주로 밤에 물에 잘 녹는 설탕 형태로 식물체 각 부분으로 이동해~

⑤ 광합성으로 만들어진 양분은 식물체를 구성하거나 생활에 필요한 에너지원으로 사용된다.
→ 광합성 산물은 식물체를 구성하는 재료로 사용되거나, 호흡에 사용되어 생활에 필요한 에너지를 생성하는 데 이용돼~

답 : ⑤

양분 이동 : 설탕의 형태로 체관을 통해!
양분 사용 : 호흡, 식물체 구성, 저장
저장 형태 : 녹말, 설탕, 포도당, 지방, 단백질

❶ 식물의 호흡과 광합성

01 다음은 식물의 호흡 과정을 나타낸 것이다.

포도당 + A → 물 + B + 에너지

이에 대한 설명으로 옳은 것은?

① 빛이 없는 밤에만 일어나는 현상이다.
② A를 석회수에 통과시키면 뿌옇게 흐려진다.
③ A는 식물의 광합성 결과 생성되는 물질이다.
④ B는 동물의 호흡에 이용된다.
⑤ 에너지를 흡수하여 양분을 합성하는 과정이다.

02 ★중요 그림과 같이 비닐봉지 2개 중 하나에만 시금치를 넣고 밀봉하여 2개 모두 어둠상자에 하루 동안 두었다가 비닐봉지 속의 공기를 각각 석회수에 통과시켰다.

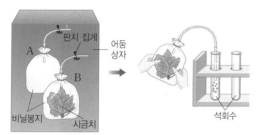

이에 대한 설명으로 옳은 것을 |보기|에서 모두 고른 것은?

| 보기 |
ㄱ. 광합성 결과 발생하는 기체를 확인할 수 있다.
ㄴ. 두 비닐봉지를 빛이 있는 곳에 두면 A 속의 공기가 석회수를 뿌옇게 흐려지게 한다.
ㄷ. B에서 나온 기체는 석회수와 반응해 석회수가 뿌옇게 흐려지게 한다.

① ㄱ ② ㄷ ③ ㄱ, ㄴ
④ ㄴ, ㄷ ⑤ ㄱ, ㄴ, ㄷ

03 광합성과 호흡에 대한 설명으로 옳은 것은?

① 광합성과 호흡은 모든 세포에서 일어난다.
② 빛이 강한 낮에는 호흡량이 광합성량보다 많다.
③ 호흡이 일어나는 동안 광합성은 일어나지 않는다.
④ 광합성량과 호흡량에 따라 식물에서 방출되는 기체의 종류가 달라진다.
⑤ 광합성은 에너지를 얻는 과정이고, 호흡은 에너지를 저장하는 과정이다.

[04~05] 초록색 BTB 용액을 5개의 시험관에 넣고 그림과 같이 장치하여 햇빛이 잘 비치는 창가에 두었다.

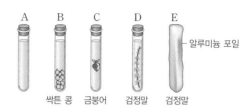

04 약 2시간 후 시험관 속 BTB 용액의 색깔이 같은 것을 옳게 짝지은 것은?

① A, B ② A, D ③ B, D
④ B, C, E ⑤ C, D, E

05 ★중요 이 실험에 대한 설명으로 옳은 것은?

① D에서는 광합성량보다 호흡량이 더 많다.
② 광합성이 활발하게 일어나려면 아주 높은 온도가 필요하다.
③ 식물의 광합성에는 빛에너지와 이산화 탄소가 필요함을 알 수 있다.
④ 식물은 싹이 틀 때 필요한 에너지를 얻기 위해 광합성이 활발히 일어난다.
⑤ E는 검정말의 호흡 결과로 이산화 탄소가 감소하여 BTB 용액이 파란색으로 변한다.

06 ★중요 그림은 광합성과 호흡의 관계를 나타낸 것이다.

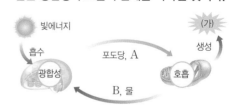

이에 대한 설명으로 옳은 것을 |보기|에서 모두 고른 것은?

| 보기 |
ㄱ. A는 산소이다.
ㄴ. B는 광합성과 호흡에 모두 사용된다.
ㄷ. (가)는 식물의 생명 활동에 필요한 에너지이다.

① ㄱ ② ㄴ ③ ㄱ, ㄷ
④ ㄴ, ㄷ ⑤ ㄱ, ㄴ, ㄷ

07 그림은 강한 빛이 비치는 낮에 식물에서 일어나는 기체 교환을 나타낸 것이다. 이에 대한 설명으로 옳은 것은?

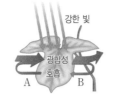

① A는 산소이고, B는 이산화 탄소이다.
② 광합성량과 호흡량이 같아 외관상 기체 출입이 없다.
③ 광합성 결과 생성된 산소의 일부는 식물체의 호흡에 이용된다.
④ 식물은 빛이 있는 낮에는 광합성만 하고, 빛이 없는 밤에는 호흡만 한다.
⑤ 낮에는 흡수되는 이산화 탄소의 양보다 방출되는 이산화 탄소의 양이 더 많다.

② 광합성 산물의 이동, 저장, 사용

08 광합성 산물에 대한 설명으로 옳지 <u>않은</u> 것은?

① 식물체를 구성하는 재료가 된다.
② 광합성 양분은 체관을 따라 이동한다.
③ 양분은 모두 뿌리로 이동되어 저장된다.
④ 생활에 필요한 에너지를 얻는 데 쓰인다.
⑤ 양분은 식물 자신의 호흡에 이용되기도 한다.

09 그림은 나무줄기의 껍질 일부분을 고리 모양으로 벗겨 내고 오랜 시간 이후에 관찰한 모습을 나타낸 것이다. 이 실험에 대한 설명으로 옳은 것을 |보기|에서 모두 고른 것은?

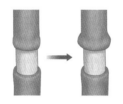

┌─ 보기 ┐
ㄱ. 껍질을 벗기는 과정에서 체관이 절단된다.
ㄴ. 껍질을 벗긴 위쪽의 과일은 크기가 작아진다.
ㄷ. 껍질을 벗긴 곳의 위쪽으로 양분 이동이 차단된다.
└────────────────────┘

① ㄱ ② ㄷ ③ ㄱ, ㄴ
④ ㄴ, ㄷ ⑤ ㄱ, ㄴ, ㄷ

10 광합성으로 생성된 양분을 줄기에 저장하는 식물을 옳게 짝지은 것은?

① 보리, 옥수수 ② 고구마, 감자
③ 복숭아, 고구마 ④ 콩, 사탕수수
⑤ 감자, 사탕수수

11 그림은 낮과 밤에 일어나는 식물의 기체 교환을 나타낸 것이다.

A~D에 해당하는 기체의 이름을 쓰고, 낮과 밤의 광합성과 호흡의 관계를 서술하시오. (A~D는 각각 산소와 이산화 탄소 중 하나이다.)

 KEY
낮 : 광합성 > 호흡, 밤 : 호흡

12 그림은 고랭지 농업을 나타낸 것이다.

고랭지에서 재배한 식물이 평지에서 재배한 식물보다 생산량이 많은 까닭은 무엇인지 광합성 및 호흡 작용과 관련지어 서술하시오.

 KEY
고랭지 ➡ 생산량↑, 기온

13 그림은 포도와 감자를 나타낸 것이다.

포도와 감자는 각각 광합성 산물을 어떤 형태로 어느 기관에 저장하는지 서술하시오.

 KEY
포도당, 녹말, 열매, 줄기

14 다음은 식물의 광합성과 호흡을 알아보는 실험을 나타낸 것이다.

> (가) 초록색 BTB 용액에 입김을 충분히 불어 넣은 후 용액을 시험관 A~D에 나누어 담는다.
> (나) 시험관 A는 그대로 두고, 시험관 B는 가열한다.
> (다) 시험관 C와 D에는 검정말을 넣고, 시험관 C만 알루미늄 포일로 감싼다.
> (라) 시험관 A~D를 모두 햇빛이 잘 드는 곳에 놓아두고, 색깔 변화를 관찰한다.

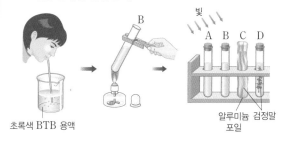

초록색 BTB 용액 / 알루미늄 포일 / 검정말

이에 대한 설명으로 옳은 것을 │보기│에서 모두 고른 것은?

> │보기│
> ㄱ. (가)에서 초록색 BTB 용액에 입김을 불어 넣으면 BTB 용액이 노란색으로 변한다.
> ㄴ. 시험관 C에서는 광합성량과 호흡량이 같으며, 시험관 D에서는 광합성량이 호흡량보다 많다.
> ㄷ. (라)에서 시험관 A~D를 빛이 없는 곳에 놓아두면 파란색으로 변하는 시험관은 1개이다.

① ㄱ   ② ㄴ   ③ ㄱ, ㄷ
④ ㄴ, ㄷ   ⑤ ㄱ, ㄴ, ㄷ

15 그림은 식물이 에너지를 얻는 과정을 확인하기 위한 실험을 나타낸 것이다.

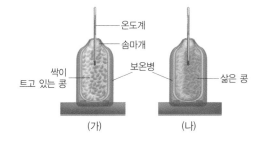

온도계 / 솜마개 / 싹이 트고 있는 콩 / 보온병 / 삶은 콩 / (가) / (나)

이 실험에 대한 설명으로 옳은 것은?

① (가)에서 생성된 기체는 석회수와 반응하지 않는다.
② (가)에서는 산소를 흡수하고, 이산화 탄소를 방출한다.
③ (나)에서는 호흡으로 기체를 방출한다.
④ (가)와 (나)의 온도계의 온도는 거의 같다.
⑤ 강한 빛을 쪼여 주면 다른 결과가 나타난다.

16 표는 하루 중 어떤 식물의 잎과 줄기에서 녹말과 설탕의 양을 조사한 결과를 나타낸 것이다.

시간	오전 6시	오후 2시	오후 8시
잎(녹말)	−	++	+
줄기(설탕)	−	+	++

(− : 없음, + : 있음, ++ : 많이 있음)

이에 대한 설명으로 옳은 것을 │보기│에서 모두 고른 것은?

> │보기│
> ㄱ. 광합성으로 생성된 양분은 주로 밤에 이동한다.
> ㄴ. 광합성으로 생성된 양분은 줄기에서 잎으로 이동하여 녹말로 변한다.
> ㄷ. 오후 2시경에 잎에서 만들어진 녹말이 설탕의 형태로 바뀌어 줄기로 이동하였다.

① ㄱ   ② ㄷ   ③ ㄱ, ㄴ
④ ㄱ, ㄷ   ⑤ ㄱ, ㄴ, ㄷ

17 그림은 하루 동안 어떤 식물의 광합성량과 호흡량을 나타낸 것이다.

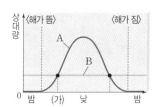

상대량 / 〈해가 뜸〉 / 〈해가 짐〉 / A / B / 0 / 밤 / (가) / 낮 / 밤

이에 대한 설명으로 옳은 것을 │보기│에서 모두 고른 것은?

> │보기│
> ㄱ. A는 광합성량, B는 호흡량이다.
> ㄴ. 광합성량은 빛의 세기에 영향을 받는다.
> ㄷ. (가) 시기에는 외관상 기체의 출입이 없다.

① ㄱ   ② ㄷ   ③ ㄱ, ㄴ
④ ㄴ, ㄷ   ⑤ ㄱ, ㄴ, ㄷ

01 광합성에 대한 설명으로 옳지 <u>않은</u> 것은?

① 이산화 탄소는 잎의 기공을 통해 흡수된다.

② 광합성에 필요한 물질은 물과 이산화 탄소이다.

③ 광합성은 식물의 모든 세포에서 항상 일어난다.

④ 엽록체에서 빛에너지를 흡수하여 광합성에 사용한다.

⑤ 물은 뿌리에서 흡수되어 물관을 통해 잎까지 이동한다.

02 다음은 식물의 광합성 과정을 나타낸 것이다.

$$이산화 탄소 + 물 \longrightarrow \boxed{\text{㉠}} + 산소$$

㉠에 대한 설명으로 옳지 <u>않은</u> 것은?

① 처음 생성되는 유기물인 포도당이다.

② ㉠은 낮에는 녹말로 바뀌어 잎에 저장된다.

③ ㉠은 녹말의 형태로 전환되어 밤에 체관을 통해 필요한 곳으로 이동한다.

④ 빛에너지를 이용하여 ㉠을 합성한다.

⑤ 식물체의 각 부분으로 이동한 ㉠은 호흡에 의해 분해되어 생활 에너지를 만드는 데 쓰인다.

03 그림은 광합성 결과 생성되는 물질을 알아보기 위한 실험을 나타낸 것이다.

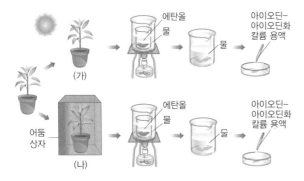

이에 대한 설명으로 옳지 <u>않은</u> 것은?

① (가)의 잎에서만 아이오딘 반응이 일어난다.

② 이 실험으로 광합성에는 빛이 필요하다는 것을 알 수 있다.

③ (가)의 잎을 알루미늄 포일로 싸면 (나)와 같은 결과를 얻을 수 있다.

④ 아이오딘−아이오딘화 칼륨 용액과 녹말이 반응하면 청람색을 나타낸다.

⑤ 잎을 에탄올에 담가 물중탕을 하는 까닭은 잎에서 녹말을 제거하기 위해서이다.

04 초록색 BTB 용액에 입김을 불어 넣어 노란색으로 만든 뒤 그림과 같이 장치한 후, 햇빛을 비춰 주었다. 이 실험에 대한 설명으로 옳지 <u>않은</u> 것은?

① 검정말에서 기포가 생성된다.

② 햇빛 대신 전등 빛을 사용해도 실험 결과는 같다.

③ 깔때기를 통해 모아진 기체는 이산화 탄소이다.

④ 시간이 지나면 용액의 색깔이 파란색으로 변한다.

⑤ 불어 넣은 입김에 포함된 이산화 탄소는 광합성의 재료가 된다.

[05~06] 1 % 탄산수소 나트륨 수용액에 검정말을 넣고 그림과 같이 장치한 후 전등을 점점 가깝게 하면서 각 거리에서 1분 동안 검정말에서 발생하는 기포 수를 측정하였다. 표는 실험 결과를 나타낸 것이다.

전등과의 거리(cm)	60	50	40	30	20	10
기포 수(개/분)	6	13	20	28	30	30

05 이에 대한 설명으로 옳은 것을 |보기|에서 모두 고른 것은?

> **보기**
> ㄱ. 1 % 탄산수소 나트륨 수용액으로 산소를 공급한다.
> ㄴ. 전등과의 거리가 가까워지면 기포 수는 계속 증가한다.
> ㄷ. 전등과의 거리가 가까워질수록 검정말이 받는 빛의 세기가 강해진다.

① ㄱ   ② ㄷ   ③ ㄱ, ㄴ

④ ㄴ, ㄷ   ⑤ ㄱ, ㄴ, ㄷ

06 이 실험에서 발생되는 기포의 수를 증가시키는 방법으로 옳지 <u>않은</u> 것을 모두 고르면?

① 표본병에 얼음을 넣어 준다.

② 표본병에 검정말을 더 넣는다.

③ 표본병에 입김을 불어 넣는다.

④ 표본병에 탄산수소 나트륨을 더 넣는다.

⑤ 표본병 속의 물의 온도를 40 ℃ 이상으로 높여 준다.

07 그림은 온도에 따른 광합성량의 변화를 나타낸 것이다. 이에 대한 설명으로 옳은 것을 |보기|에서 모두 고른 것은?

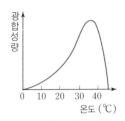

|보기|
ㄱ. 여름철보다 겨울철에 광합성이 더 활발하게 일어난다.
ㄴ. 광합성은 온도가 35 ℃~40 ℃일 때 가장 활발하게 일어난다.
ㄷ. 추운 겨울에 식물을 비닐 하우스와 같은 온실에서 기르는 것은 적당한 온도를 유지하여 식물의 광합성을 잘 일어나게 하기 위해서이다.

① ㄱ ② ㄷ ③ ㄱ, ㄷ
④ ㄴ, ㄷ ⑤ ㄱ, ㄴ, ㄷ

08 그림은 식물 잎의 표피를 벗겨 현미경으로 관찰하여 나타낸 것이다. 이에 대한 설명으로 옳은 것을 |보기|에서 모두 고른 것은?

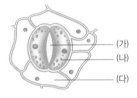

|보기|
ㄱ. (가)는 주로 잎의 뒷면에 많이 분포한다.
ㄴ. (나)와 (다)는 모두 세포 안에 엽록체가 있다.
ㄷ. 현미경으로 관찰한 기공의 모양은 주로 밤에 볼 수 있는 형태이다.

① ㄱ ② ㄷ ③ ㄱ, ㄷ
④ ㄴ, ㄷ ⑤ ㄱ, ㄴ, ㄷ

09 그림은 기공을 관찰하여 나타낸 것이다.

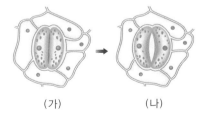

기공이 (가)에서 (나)로 바뀌는 조건으로 옳은 것은?

① 해가 지고 밤이 될 때
② 기온이 점점 높아질 때
③ 습도가 점점 높아질 때
④ 흐리고 비가 계속 올 때
⑤ 날씨가 춥고 구름이 많이 낄 때

10 증산 작용의 역할에 대한 설명으로 옳은 것을 |보기|에서 모두 고른 것은?

|보기|
ㄱ. 식물체 주위의 온도를 상승시킨다.
ㄴ. 식물체 내의 수분량을 일정하게 유지한다.
ㄷ. 뿌리에서 흡수한 물이 잎까지 상승할 수 있도록 한다.

① ㄱ ② ㄷ ③ ㄱ, ㄴ
④ ㄴ, ㄷ ⑤ ㄱ, ㄴ, ㄷ

[11~12] 그림은 식물의 증산 작용을 알아보기 위한 실험을 나타낸 것이다.

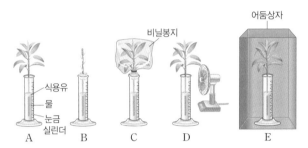

11 (가) 습도가 증산 작용에 미치는 영향, (나) 햇빛이 증산 작용에 미치는 영향, (다) 바람이 증산 작용에 미치는 영향을 알아보기 위해 A와 비교해야 하는 눈금실린더를 각각 옳게 짝지은 것은?

(가)	(나)	(다)
① C	B	D
② C	E	D
③ D	B	E
④ D	E	B
⑤ E	D	B

12 이 실험에 대한 설명으로 옳은 것을 모두 고르면?

① 물 표면에서 물이 자연적으로 증발하는 것을 막기 위해 식용유를 넣는다.
② A, D, E를 물이 많이 줄어든 순서대로 나열하면 A>D>E 순이다.
③ B에 비닐봉지를 씌우고 실험하면 C와 같은 결과가 나타난다.
④ C의 비닐봉지는 시간이 지나면서 뿌옇게 흐려진다.
⑤ 이 실험을 통해 잎의 뒷면보다 앞면에서 증산 작용이 활발하게 일어남을 알 수 있다.

13 증산 작용이 활발하게 일어나는 조건을 옳게 나타낸 것은?

	햇빛	온도	바람	습도
①	강할 때	낮을 때	잘 불 때	낮을 때
②	강할 때	높을 때	안 불 때	높을 때
③	강할 때	높을 때	잘 불 때	낮을 때
④	약할 때	높을 때	안 불 때	높을 때
⑤	약할 때	높을 때	잘 불 때	높을 때

14 식물이 호흡하는 까닭으로 옳은 것은?

① 산소를 발생시키기 위해서이다.
② 물의 소비를 줄이기 위해서이다.
③ 이산화 탄소를 발생시키기 위해서이다.
④ 생활에 필요한 에너지를 얻기 위해서이다.
⑤ 물과 양분을 효율적으로 흡수하기 위해서이다.

15 그림과 같이 페트병 2개 중 하나에만 시금치를 넣고 밀봉하여 암실에 하루 동안 두었다가 페트병 속의 공기를 석회수에 통과시켰다.

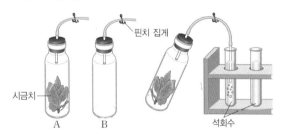

이 실험에 대한 설명으로 옳은 것을 |보기|에서 모두 고른 것은?

> **보기**
> ㄱ. A에서 발생한 기체가 석회수를 뿌옇게 흐려지게 한다.
> ㄴ. 암실에 하루 동안 두는 까닭은 호흡만 일어나게 하기 위해서이다.
> ㄷ. 석회수가 뿌옇게 흐려지는 까닭은 호흡 결과 산소가 발생하기 때문이다.

① ㄱ   ② ㄷ   ③ ㄱ, ㄴ
④ ㄴ, ㄷ   ⑤ ㄱ, ㄴ, ㄷ

16 초록색 BTB 용액에 입김을 충분히 불어 넣은 후 6개의 시험관에 넣고 그림과 같이 장치하여 햇빛이 비치는 곳에 두었다가 약 2시간 후 BTB 용액의 색깔 변화를 관찰하였다. (단, B는 가열 후 관찰하였다.)

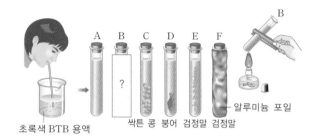

이 실험에 대한 설명으로 옳은 것은?

① 시험관 A, B는 BTB 용액의 색깔이 같다.
② 시험관 D, F에서는 호흡을, 시험관 C, E에서는 광합성을 한다.
③ 시험관에 산소가 많아지면 BTB 용액은 파란색으로 변한다.
④ 시험관 E에 있는 검정말은 광합성만, 시험관 F에 있는 검정말은 호흡만 한다.
⑤ 광합성을 할 때 빛이 필요함을 알아보기 위해서는 시험관 E와 F를 비교하면 된다.

17 그림은 광합성의 전 과정을 나타낸 것이다.

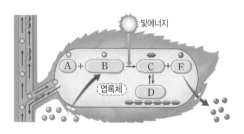

이에 대한 설명으로 옳지 <u>않은</u> 것은?

① A는 뿌리에서 물관을 통해 잎에 공급된 물이다.
② B는 이산화 탄소로 기공을 통해 흡수된다.
③ C는 광합성 최초의 산물로서 밤이 되면 D 형태로 바뀌어 체관을 통해 식물의 각 부분으로 운반된다.
④ E의 일부는 자신의 호흡에 이용되며, 나머지는 공기 중으로 방출된다.
⑤ 광합성을 통해 생성된 양분은 식물의 생활에 필요한 에너지를 공급하는 데 사용된다.

18 그림은 식물체에서 일어나는 기체 교환을 나타낸 것이다.

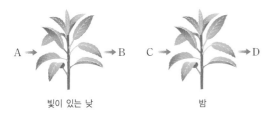

빛이 있는 낮   밤

A~D에 알맞은 말을 옳게 짝지은 것은?

	A	B	C	D
①	산소	이산화 탄소	이산화 탄소	산소
②	산소	이산화 탄소	산소	이산화 탄소
③	이산화 탄소	산소	산소	이산화 탄소
④	이산화 탄소	산소	이산화 탄소	산소
⑤	이산화 탄소	이산화 탄소	산소	산소

19 그림은 빛의 세기를 다르게 했을 때 식물의 광합성량과 호흡량을 나타낸 것이다. 빛의 세기가 (가)일 때, 이 식물의 상태에 대한 설명으로 옳지 않은 것은?

① 광합성량과 호흡량이 같다.
② 광합성이 일어나지 않는다.
③ 외관상 이산화 탄소의 출입이 없다.
④ 이른 아침이나 저녁처럼 빛의 세기가 약할 때이다.
⑤ 빛의 세기가 (가)보다 약한 상태가 오랫동안 지속되면, 식물이 생장하지 못하고 죽는다.

20 표는 봉선화 잎에 있는 녹말의 양과 줄기에 있는 설탕의 양을 시간대별로 조사한 결과를 나타낸 것이다.

구분	오전 5시	오후 2시	오후 5시
잎(녹말)	−	++	+
줄기(설탕)	−	+	++

(− : 없음, + : 있음, ++ : 많음)

이를 통해 알 수 있는 사실로 옳은 것은?

① 봉선화는 줄기에 양분을 저장하는 식물이다.
② 식물은 오후 5시에 줄기에서 광합성을 한다.
③ 광합성 결과 만들어진 녹말은 잎에서 사용된다.
④ 양분은 잎에서는 녹말 형태로, 줄기에서는 설탕 형태로 저장된다.
⑤ 잎에서 생성된 녹말은 설탕 형태로 바뀌어 줄기를 통해 이동한다.

21 다음은 식물에서 일어나는 두 가지 작용을 함께 나타낸 것이다.

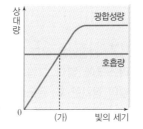

물 + 이산화 탄소 ⇄ 포도당 + 산소

이에 대한 설명으로 옳은 것만을 |보기|에서 모두 고른 것은?

보기
ㄱ. (가)는 살아 있는 모든 세포에서 일어난다.
ㄴ. (가)는 에너지를 저장하는 과정이다.
ㄷ. (나)는 양분을 분해하는 과정이다.
ㄹ. (나)는 빛이 없을 때만 일어난다.

① ㄱ, ㄴ   ② ㄱ, ㄷ   ③ ㄴ, ㄷ
④ ㄴ, ㄹ   ⑤ ㄷ, ㄹ

22 그림은 어떤 식물에서 광합성으로 생성된 양분의 이동 및 저장 과정을 나타낸 것이다.

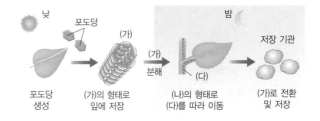

이에 대한 설명으로 옳은 것은?

① (가)는 물에 잘 녹는다.
② (나)는 물에 잘 녹는 설탕이다.
③ (가)를 낮 동안 잠시 저장해 두는 곳은 줄기이다.
④ (다)는 물관이며, 이 관을 통해 잎에서 만든 양분이 식물의 각 부분으로 이동한다.
⑤ (가)의 형태로 양분을 저장하는 대표적인 식물은 콩이다.

23 광합성 결과 생성된 양분에 대한 설명으로 옳은 것을 모두 고르면?

① 광합성 양분은 식물의 활동이나 생장에 이용된다.
② 광합성 양분은 녹말의 형태로 체관을 통해 이동한다.
③ 뿌리나 줄기에 저장된 양분은 광합성으로 만들어진 것이다.
④ 광합성 결과 생성된 양분은 만들어지는 즉시 체관을 통하여 식물체 각 부분으로 운반된다.
⑤ 광합성 결과 녹말이 만들어지지만 더 많은 양분을 저장하기 위해 포도당으로 전환된다.

서술형·논술형 문제

01 식물의 광합성 과정에 영향을 미치는 환경 요인 세 가지를 쓰시오.

02 그림은 광합성에 필요한 물질을 알아보는 실험으로, 시험관 A~C에 1 % 탄산수소 나트륨 수용액을 넣고 그림과 같이 장치한 후 햇빛에 약 3시간 동안 두었다. 초록색 BTB 용액을 넣었을 때 파란색으로 변하는 시험관의 기호를 쓰시오.

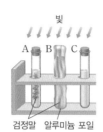

03 네덜란드의 과학자 잉엔하우스는 그림과 같이 쥐와 식물을 밀폐된 유리종에 넣은 다음, 하나는 햇빛을 비추어 주고 다른 하나는 어둠상자 안에 두었다. 그 결과 햇빛을 비춘 곳에서만 식물과 쥐가 모두 살아남는 것을 확인하였다.

식물과 쥐 모두 살아남았다.   식물과 쥐 모두 죽었다.

이 실험으로 알 수 있는 광합성 결과 생성되는 물질과 광합성에 필요한 요소는 무엇인지 순서대로 쓰시오.

04 다음 설명에 해당하는 잎의 작용을 쓰시오.

- 주로 낮에 일어나며, 식물체 내의 물이 수증기 상태로 기공을 통해 증발되는 현상이다.
- 뿌리에서 흡수한 물을 잎까지 상승시키는 원동력이다.

05 다음은 광합성 산물의 이동에 관한 설명을 나타낸 것이다.

광합성 결과 만들어진 (㉠)은 낮에 물에 녹지 않는 (㉡)의 형태로 잎의 엽록체에 저장되었다가 밤이 되면 물에 잘 녹는 (㉢)의 형태로 바뀌어 체관을 통해 저장 기관으로 이동한다.

㉠~㉢에 알맞은 말을 쓰시오.

06 그림은 식물의 광합성을 알아보기 위한 실험을 나타낸 것이다.

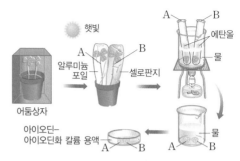

실험 결과 A와 B 중 아이오딘–아이오딘화 칼륨 용액에 의해 청람색으로 변하는 쪽의 기호를 쓰고, 이 실험을 통해 알 수 있는 사실 두 가지를 서술하시오.

 녹말, 빛에너지

07 검정말을 삼각 플라스크에 넣어 그림과 같이 장치한 후, 온도를 10 ℃부터 10 ℃씩 올리면서 1분 동안 검정말에서 발생하는 기포 수를 측정하였다.

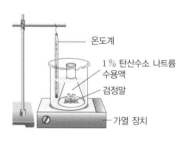

온도(℃)	10	20	30	40	50
기포 수(개)	6	11	23	38	13

이 표의 결과를 토대로 온도와 광합성량의 관계를 서술하시오.

 광합성 ⇨ 35 ℃~40 ℃에서 활발

08 그림은 닭의장풀 잎 뒷면을 현미경으로 관찰했을 때 보이는 세포의 모습을 나타낸 것이다. A, B의 이름을 쓰고, A의 특징을 두 가지만 서술하시오.

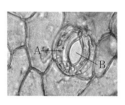

 엽록체, 세포벽의 두께 ⇨ 안쪽＞바깥쪽

09 그림은 맑은 날 시간의 경과에 따라 식물의 이산화 탄소 흡수량을 나타낸 것이다.

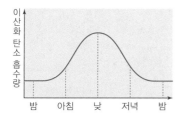

하루 중 광합성이 가장 활발할 때를 쓰고, 그 까닭을 서술하시오. (단, 하루 종일 온도는 일정하다고 가정한다.)

 이산화 탄소의 흡수량∝광합성량

10 그림과 같이 잎이 달린 나뭇가지 (가)와 잎이 없는 나뭇가지 (나)를 같은 양의 물이 든 눈금실린 더에 꽂고 기름을 조금 넣은 후 비닐봉지를 씌워 햇빛이 잘 드는 창가에 3시간 정도 두었다. 실험 결과 (가)의 비닐봉지만 뿌옇게 흐려졌다. 이 실험을 통해 알 수 있는 사실을 서술하시오.

 증산 작용, 잎

11 그림과 같이 푸른색 염화 코발트 종이를 잎의 앞면과 뒷면에 각각 붙이고 일정 시간이 지난 뒤 색의 변화를 확인하였다. 염화 코발트 종이가 먼저 붉은색으로 변하는 곳을 쓰고, 그 까닭은 무엇인지 서술하시오. (단, 푸른색 염화 코발트 종이는 수분을 흡수하면 붉은색으로 변한다.)

 기공 多 ⇨ 증산 작용↑

12 그림은 아침과 저녁에 식물에서 일어나는 기체 교환을 나타낸 것이다. 이 시기는 외부에서 볼 때 기체 출입이 일어나지 않는 것처럼 보이는데, 그 까닭을 서술하시오.

 호흡량＝광합성량

13 초록색 BTB 용액이 들어 있는 시험관에 검정말을 넣었을 때 초록색 BTB 용액을 노란색으로 변하게 하는 방법과 그 현상이 일어나는 까닭을 서술하시오.

 호흡, 이산화 탄소와 BTB 용액의 색

14 실내에 산소를 풍부하게 하기 위해서는 낮과 밤에 화분을 각각 실내와 실외 중 어디에 두어야 하는지 쓰고, 그 까닭을 서술하시오.

 광합성 ⇨ 산소 발생, 호흡 ⇨ 이산화 탄소 발생

15 그림은 나무줄기의 한 부분에서 바깥쪽 껍질을 벗겨낸 후의 모습을 나타낸 것이다.

오랜 시간이 지난 후 (가)와 (나) 중 어느 쪽의 열매가 더 크게 자랐을지 쓰고, 그 까닭을 서술하시오.

 체관, 양분 이동

MEMO

MEMO

백점 맞는 핵심노하우가 들어 있는

백점의 신

백신 과학

중등 2-1

부록

- 5분 테스트
- 수행 평가 대비
- 중간·기말고사 대비

부록

수행평가 대비

+ 5분 테스트

+ 서술형·논술형 평가

+ 창의적 문제 해결 능력

+ 탐구 보고서 작성

중간 기말고사 대비

+ 중단원 개념 정리 & 학교 시험 문제
  & 서술형 문제

+ 시험 직전 최종 점검

01 물질의 기본 성분
I. 물질의 구성

정답과 해설 50쪽

| 이름 | 날짜 | 점수 |

1 고대의 과학자 (　　　　　)는 만물이 4가지 원소로 이루어져 있다고 주장하였고, 라부아지에는 '원소는 현재까지 어떤 수단으로도 더 이상 (합성되지 않는, 분해할 수 없는) 물질이다.'라고 주장하였다.

2 질소, 구리 등과 같이 더 이상 분해되지 않는 물질을 이루는 기본 성분을 (　　　)라고 한다.

3 물을 전기 분해하면 (　　　)와 (　　　)로 분해되므로 물은 (　　　)가 아니라는 것을 알 수 있다.

4 여러 가지 원소의 성질과 이용에 대한 설명으로 옳은 것은 ○, 옳지 않은 것은 ×로 표시하시오.
❶ 수소는 가장 가벼운 원소로 반응성이 작다. ···(　　)
❷ 헬륨은 공기보다 가볍고 불에 타지 않는다. ···(　　)
❸ 금은 산소나 물과 반응하지 않는 노란색의 광택을 갖는 금속 원소이다. ·······················(　　)
❹ 산소는 반응성이 큰 비금속 원소로 생물의 호흡이나 연소에 참여한다. ·························(　　)
❺ 구리는 전기가 잘 통하지 않는다. ···(　　)

5 금속 원소가 포함된 물질을 불꽃에 넣을 때 원소의 종류에 따라 고유한 불꽃 반응 색이 나타나는 것을 (　　　　　)이라고 한다.

6 불꽃 반응 실험에서 니크롬선을 묽은 염산에 씻는 까닭은 (　　　　)을 제거하기 위해서이며, 시료를 묻힌 니크롬선은 토치의 (　　　　)에 넣어 불꽃 반응 색을 관찰해야 한다.

7 여러 가지 원소에 해당하는 불꽃 반응 색을 쓰시오.
⑴ 염화 구리(Ⅱ) ― (　　　　)　　　　⑵ 질산 칼륨 ― (　　　　)　　　　⑶ 염화 스트론튬 ― (　　　　)
⑷ 염화 바륨 ― (　　　　)　　　　⑸ 질산 나트륨 ― (　　　　)　　　　⑹ 질산 구리(Ⅱ) ― (　　　　)

8 햇빛을 분광기로 관찰하면 (　　　) 스펙트럼이 나타나고, 나트륨의 불꽃 반응 색을 분광기로 관찰하면 (　　　) 스펙트럼이 나타난다.

9 |보기|의 물질 중 불꽃 반응 색이 비슷하여 선 스펙트럼으로 구별해야 하는 물질을 골라 짝지으시오.

| 보기 |
| ㄱ. 질산 칼륨　　　　ㄴ. 염화 리튬　　　　ㄷ. 질산 스트론튬　　　　ㄹ. 염화 나트륨 |

(　　　)

1 더 이상 쪼갤 수 없는 가장 작은 알갱이로, 물질을 이루는 기본 입자를 (   )라고 하고, 물질의 성질을 나타내는 가장 작은 입자로, 쪼개지면 그 성질을 잃는 것을 (   )라고 한다.

2 (   )은 입자설을 발전시켜 물질이 원자로 되어 있다는 가설을 세우고 원자설을 주장하였다.

3 (   )은 원자의 중심에 위치하며, ((−), (+))전하를 띤다.

4 (   )는 원자핵의 주위를 움직이는 입자로, ((−), (+))전하를 띠며, 매우 작고 가볍다.

5 원자는 원자핵의 ((−), (+))전하량과 전체 전자의 ((−), (+))전하량이 (같기 , 다르기) 때문에 전기적으로 중성이다.

6 원소와 원자, 분자에 대한 설명으로 옳은 것은 ○, 옳지 않은 것은 ×로 표시하시오.
❶ 원소는 물질을 구성하는 기본 성분이며, 원자는 물질을 이루는 기본 입자이다. ················· (   )
❷ 이산화 탄소 분자는 산소 원소 2개와 탄소 원소 1개로 이루어져 있다. ················· (   )
❸ 분자는 몇 개의 원자가 결합하여 이루어진다. ················· (   )
❹ O_3은 산소 분자 3개로 이루어져 있다. ················· (   )

7 현재 우리가 사용하고 있는 원소 기호는 (   )가 고안한 방법이다.

8 원소 기호를 나타낼 때는 원소 이름의 알파벳에서 첫 글자 또는 첫 글자와 중간 글자를 따서 첫 글자는 (   )로, 두 번째 글자는 (   )로 나타낸다. 예를 들어 탄소(Carboneum)는 (   )(으)로, 염소(Chlorum)는 (   )(으)로 나타낸다.

9 원소 기호에 해당하는 원소의 이름을 쓰시오.
⑴ Na : (   )   ⑵ Be : (   )   ⑶ P : (   )   ⑷ K : (   )

10 분자식을 통해 알 수 있는 것을 | 보기 | 에서 모두 고르시오.

| 보기 |
ㄱ. 분자의 종류   ㄴ. 분자의 개수   ㄷ. 구성 원자의 종류   ㄹ. 분자당 원자의 개수

(   )

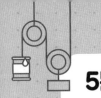
1 전기적으로 중성인 원자가 전자를 잃으면 (양이온, 음이온)이 되고, 전자를 얻으면 (양이온, 음이온)이 된다.

2 | 보기 |는 원자와 이온을 모형으로 나타낸 것이다.

> **보기**
>
> ㄱ. ㄴ. ㄷ. ㄹ.

양이온과 음이온을 각각 고르시오.

(1) 양이온 : (   )   (2) 음이온 : (   )

3 이온에 대한 설명으로 옳은 것은 ○, 옳지 <u>않은</u> 것은 ×로 표시하시오.

❶ 양이온은 원자핵의 (+)전하량보다 전체 전자의 (−)전하량이 작다. ⋯⋯⋯⋯⋯⋯⋯⋯⋯⋯⋯ (   )

❷ 양이온은 원소 이름 뒤에 '~화 이온'을 붙여서 부른다. ⋯⋯⋯⋯⋯⋯⋯⋯⋯⋯⋯⋯⋯⋯⋯⋯⋯⋯⋯ (   )

❸ 모든 물질은 물에 녹아 양이온과 음이온으로 나누어진다. ⋯⋯⋯⋯⋯⋯⋯⋯⋯⋯⋯⋯⋯⋯⋯⋯⋯ (   )

❹ 음이온은 염소(Cl)와 같이 원자 이름이 '소'로 끝나면 '소'를 빼고 '~화 이온'을 붙인다. ⋯⋯⋯⋯ (   )

4 수용액에 전류를 흘려주었을 때에 대한 설명으로 옳은 것은 ○, 옳지 <u>않은</u> 것은 ×로 표시하시오.

❶ 이온이 포함되거나 포함되지 않은 수용액 모두 전류가 흐른다. ⋯⋯⋯⋯⋯⋯⋯⋯⋯⋯⋯⋯⋯⋯⋯ (   )

❷ 이온이 포함된 수용액에서 이온은 자신이 띠고 있는 전하와 반대의 전하를 띠는 전극으로 이동한다. ⋯⋯⋯ (   )

❸ 이온이 포함되지 않은 수용액에서는 분자가 이동하면서 전류가 흐른다. ⋯⋯⋯⋯⋯⋯⋯⋯⋯⋯ (   )

5 이온의 이름이나 이온식을 쓰시오.

(1) I^- : (   )   (2) 마그네슘 이온 : (   )   (3) 수산화 이온 : (   )

(4) SO_4^{2-} : (   )   (5) MnO_4^- : (   )

6 칼슘(Ca) 원자가 전자 (   )개를 잃으면 칼슘 이온이 되며, 이를 이온식으로 나타내면 (   )이다.

7 수용액 속의 이온이 반응하여 앙금을 생성하는 반응을 (   )이라고 한다.

8 Ca^{2+}, Ba^{2+}과 공통적으로 흰색 앙금을 생성하는 이온은 (   ), (   )이다.

9 염화 나트륨 수용액에 질산 은 수용액을 떨어뜨리면 흰색 앙금인 (   )이 생성된다.

10 생활 속의 앙금 생성 반응과 관련된 앙금의 이름과 화학식을 쓰시오.

(1) 보일러의 열전도율이 낮아지는 까닭은 보일러 관에 관석이 생성되기 때문이다. (   )

(2) 수돗물에 질산 은 수용액을 넣으면 뿌옇게 흐려진다. (   )

1 원자는 (＋)전하를 띠는 (   )과 (－)전하를 띠는 (   )로 구성되어 있다.

2 전기적으로 (   )인 원자가 전자를 잃으면 (   )전하를 띠고, 전자를 얻으면 (   )전하를 띤다.

3 전기(전하)를 띤 물체 사이에서 작용하는 힘을 (   )이라고 하며, 다른 종류의 전하를 띠는 물체 사이에는 서로 (끌어당기는, 밀어내는) 방향으로 힘이 작용하고, 같은 종류의 전하를 띠는 물체 사이에는 서로 (끌어당기는, 밀어내는) 방향으로 힘이 작용한다.

4 플라스틱 막대와 털가죽을 서로 마찰하면, 털가죽에서 플라스틱 막대로 (   )가 이동하여 털가죽은 (   )전하를 띠고, 플라스틱 막대는 (   )전하를 띤다.

5 천장에 매단 2개의 고무풍선을 각각 털가죽으로 마찰한 후 가까이 하면 두 고무풍선 사이에는 (   )이 작용하여 서로 벌어진다.

6 그림과 같이 대전되지 않은 금속 막대에 대전체를 가까이 할 때, A~D 중 (＋)전하로 대전되는 부분을 <u>모두</u> 고르시오.

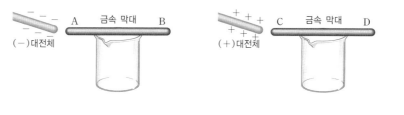

(　　　)

7 대전되지 않은 검전기의 금속판에 대전체를 가까이 하면 (금속판, 금속박)에는 대전체와 다른 종류의 전하가 유도되고, (금속판, 금속박)에는 대전체와 같은 종류의 전하가 유도된다.

8 대전되지 않은 검전기의 금속판에 (＋)대전체를 가까이 하면 금속판은 (   )전하로, 금속박은 (   )전하로 대전된다.

9 그림과 같이 대전되지 않은 검전기의 금속판에 (－)대전체를 가까이 할 때, A와 B 사이에서 전자는 (   )에서 (   )로 이동한다.

10 (＋)전하로 대전된 검전기의 금속판에 (＋)대전체를 가까이 하면 금속박은 (더 벌어진다, 오므라든다).

02 전류, 전압, 저항

II. 전기와 자기

정답과 해설 50쪽

| 이름 | 날짜 | 점수 |

1 전류가 흐를 때 (   )는 전지의 (−)극에서 (+)극 쪽으로 이동한다.

2 전기 기구와 전기 기호를 표시한 그림이 옳은 것은 ○, 옳지 않은 것은 ×로 표시하시오.

❶ —Ⓐ— (   )
전류계

❷ 저항 —◯— (   )

❸ —Ⓥ— (   )
전구

❹ ⊣⊢ (   )
전지

3 물이 흘러 물레방아를 돌리는 것을 전류가 전구에 불을 켜는 전기 회로에 비유할 때 서로 관계있는 것끼리 연결하시오.

❶ 물레방아   •   • ㉠ 전구

❷ 물의 흐름   •   • ㉡ 전압

❸ 물의 높이 차(수압) •   • ㉢ 전류

4 전류와 전압에 대한 설명으로 옳은 것은 ○, 옳지 않은 것은 ×로 표시하시오.

❶ 전류가 흐르는 방향과 전자의 이동 방향은 반대이다. ┄┄┄┄┄┄┄ (   )

❷ 전기 회로에서 전류를 흐르게 하는 능력을 전압이라고 한다. ┄┄┄┄┄ (   )

❸ 전류의 단위는 V(볼트), 전압의 단위는 A(암페어)를 사용한다. ┄┄┄┄ (   )

5 전류, 전압, 저항의 관계에 대한 설명으로 옳은 것은 ○, 옳지 않은 것은 ×로 표시하시오.

❶ 저항이 일정할 때, 전압은 전류의 세기에 비례한다. ┄┄┄┄┄┄┄┄ (   )

❷ 전압이 일정할 때, 전류의 세기는 저항에 비례한다. ┄┄┄┄┄┄┄┄ (   )

❸ 전류의 세기가 일정할 때, 전압은 저항에 비례한다. ┄┄┄┄┄┄┄┄ (   )

6 그림은 저항 A~D에 흐르는 전류와 전압의 관계를 나타낸 것이다. 그래프의 기울기와 저항의 크기를 비교하여 알맞은 부등호를 쓰시오.

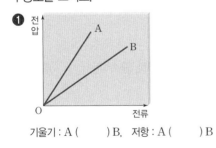

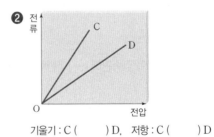

기울기: A (   ) B, 저항: A (   ) B

기울기: C (   ) D, 저항: C (   ) D

7 저항을 직렬연결했을 때의 특징이면 '직', 병렬연결했을 때의 특징이면 '병'으로 표시하시오.

❶ 각 저항에 흐르는 전류의 세기가 같다. ┄┄┄┄┄┄┄┄┄┄┄┄ (   )

❷ 각 저항에 걸리는 전압이 같다. ┄┄┄┄┄┄┄┄┄┄┄┄┄┄┄ (   )

❸ 저항의 길이가 길어지는 효과가 나타난다. ┄┄┄┄┄┄┄┄┄┄┄ (   )

❹ 저항의 단면적이 커지는 효과가 나타난다. ┄┄┄┄┄┄┄┄┄┄┄ (   )

이름   날짜   점수

1 자석이 서로 밀어내거나 끌어당기는 힘을 (　　　　)이라고 한다.

2 자기력선에 대한 설명으로 옳은 것은 ○, 옳지 않은 것은 ×로 표시하시오.

❶ S극에서 나와 N극으로 들어간다. ·· (　　)

❷ 도중에 서로 만나거나 갈라지지 않는다. ·· (　　)

❸ 자기력선의 간격이 좁을수록 자기장의 세기가 작다. ··· (　　)

❹ 자기력선상의 한 점에서 그은 접선 방향이 그 점에서의 자기장의 방향이다. ··················· (　　)

3 그림은 두 막대자석 주위의 자기장을 자기력선으로 나타낸 것이다.

❶ A는 (N, S)극, B는 (N, S)극이다.

❷ (가)와 (나) 지점 중 자기장의 세기가 더 큰 지점은 (　　　)이다.

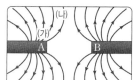

4 전류가 흐르는 도선 주위에는 (　　　　) 모양의 자기장이 생긴다.

5 직선 도선에서 (전류, 자기장)의 방향으로 오른손의 엄지손가락을 향하게 하고 도선을 감아쥘 때, 나머지 네 손가락의 방향이 (전류, 자기장)의 방향이다.

6 직선 도선 주위의 자기장의 세기는 도선에 흐르는 (　　　　　　)가 클수록, 도선으로부터의 거리가 가까울수록 (　　)다.

7 그림과 같이 원형 도선에 화살표 방향으로 전류가 흐를 때, (가) 위치에서 자기장의 방향은 (　　　)이다.

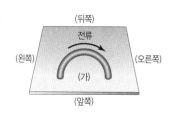

8 전류가 흐르는 코일 속에 철심을 넣어 자기장의 세기가 커지도록 만든 것을 (　　　　)이라고 한다.

9 그림은 전동기의 구조를 나타낸 것이다. A∼E 중 P 지점이 받는 힘의 방향을 쓰시오.

(　　　)

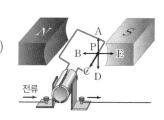

O1 지구와 달

Ⅲ. 태양계

정답과 해설 50쪽

이름	날짜	점수

1 다음은 에라토스테네스가 지구의 크기를 측정하기 위해 가정한 내용을 나타낸 것이다. 빈칸에 알맞은 말을 쓰시오.

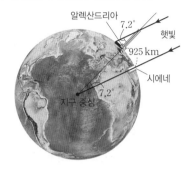

❶ 지구는 완전한 구형이다.
 → 원에서 호의 길이는 (   )의 크기에 비례한다는 원의 성질 이용
❷ 지표면에 들어오는 햇빛은 어디에서나 평행하다.
 → (   )의 원리를 이용

2 다음은 삼각형의 닮음비를 이용하여 달의 크기(D)를 측정하는 방법을 나타낸 것이다. 빈칸에 알맞은 말을 쓰시오.

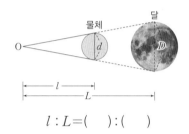

$$l : L = (\quad) : (\quad)$$

3 그림은 북반구의 어느 지역에서 서로 다른 방향의 하늘을 바라본 별의 일주 운동 모습을 나타낸 것이다. (가)와 (나)가 각각 어느 쪽 하늘에 해당하는지 쓰시오.

(가) : (   )　　(나) : (   )

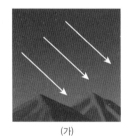
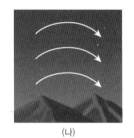

(가)　　　　　　(나)

4 지구의 자전 때문에 나타나는 현상은 '자', 지구의 공전 때문에 나타나는 현상은 '공'을 쓰시오.

❶ 별의 연주 운동 : (   )　　　　　　❷ 천체의 일주 운동 : (   )
❸ 태양의 연주 운동 : (   )　　　　　　❹ 태양의 일주 운동 : (   )

5 그림은 지구를 공전하는 달의 위치를 나타낸 것이다. (가)~(라)에서 볼 수 있는 달의 위상을 쓰고, 그림으로 나타내시오.

(가) : (   ), (   )

(나) : (   ), (   )

(다) : (   ), (   )

(라) : (   ), (   )

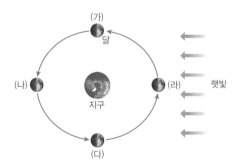

6 태양이 달에 가려지는 현상을 (   ), 달이 지구 그림자에 가려지는 현상을 (   )이라고 한다.

5분 테스트

02 태양계

III. 태양계

정답과 해설 50쪽

이름   날짜   점수

1 태양계 행성 중 화성은 (내행성, 외행성)에 속한다.

2 지구형 행성은 목성형 행성보다 질량이 (작다, 크다).

3 목성형 행성은 지구형 행성보다 반지름이 (작고, 크고) 평균 밀도가 (작다, 크다).

4 태양계 행성 중 단단한 표면이 있는 행성은 지구, (   ), (   ), (   )이다.

[5~9] 그림은 태양에서 관측되는 여러 현상들을 나타낸 것이다. 알맞은 것을 모두 골라 기호를 쓰시오.

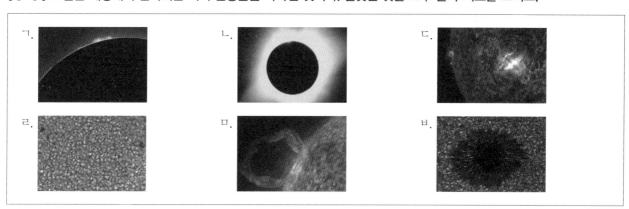

5 개기 일식이 일어날 때 볼 수 있다.   (   )

6 채층 위로 나타나는 청백색의 희미한 가스층이다.   (   )

7 광구와 코로나 사이에 위치하며, 붉은색을 띠는 대기층이다.   (   )

8 태양 표면에서 관측되는 주위보다 온도가 낮아 검게 보이는 부분이다.   (   )

9 흑점 주변에서 짧은 시간 동안 나타나는 폭발로, 고온의 전기를 띤 입자를 방출하는 현상이다.   (   )

10 그림은 망원경의 구조를 나타낸 것이다. A~E에 알맞은 말을 쓰시오.
 A : (   )
 B : (   )
 C : (   )
 D : (   )
 E : (   )

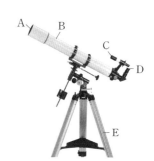

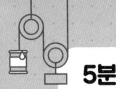

이름　　　날짜　　　점수

1 그림은 식물의 광합성 과정을 나타낸 것이다. 빈칸에 알맞은 말을 쓰시오.

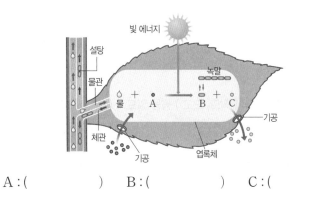

A : (　　　　　)　　　B : (　　　　　)　　　C : (　　　　　)

2 광합성은 잎의 (　　　)에서 빛이 있는 (　　　)에만 일어난다.

3 식물의 광합성에 영향을 미치는 요인은 (　　)의 세기, (　　　　)의 농도, (　　　)이다.

4 검정말 잎을 현미경으로 관찰하면 세포 안에 초록색을 띠는 작은 알갱이 모양의 (　　　)가 들어 있는 것을 볼 수 있다. 또, 검정말 잎을 탈색하여 (　　　　　　) 용액을 떨어뜨린 후 관찰하면 엽록체가 청람색을 띠고 있는 것을 볼 수 있다. 이를 통해 광합성은 식물 세포의 (　　　)에서 일어나며, 광합성으로 만들어진 양분이 (　　　)이라는 것을 확인할 수 있다.

5 초록색 BTB 용액에 날숨을 불어 넣으면 BTB 용액의 색이 (　　　)으로 변한다.

6 광합성에 대한 설명으로 옳은 것은 ○, 옳지 않은 것은 ×로 표시하시오.
❶ 광합성 결과 최초로 생성되는 양분은 포도당이다. ⋯⋯⋯⋯⋯⋯⋯⋯⋯⋯⋯⋯⋯⋯⋯⋯⋯ (　　)
❷ 광합성 결과 생성되는 기체는 이산화 탄소이며, 꺼져 가는 성냥 불씨를 갖다 대면 불씨가 다시 살아난다. (　　)
❸ 빛의 세기가 강할수록 광합성량이 증가하다가 어느 지점 이상에서는 더 이상 증가하지 않는다. ⋯⋯⋯ (　　)
❹ 식물의 광합성량은 온도가 높아질수록 계속해서 증가한다. ⋯⋯⋯⋯⋯⋯⋯⋯⋯⋯⋯⋯⋯⋯⋯⋯ (　　)

7 빛이 강한 낮에 물속에 있는 검정말을 관찰하면 그림과 같이 기포가 발생하는 것을 볼 수 있다. 검정말의 잎에서 발생하는 이 기포는 무엇인지 쓰시오. (　　　　)

8 (　　　　)은 식물 속의 물이 수증기가 되어 (　　　)을 통하여 공기 중으로 빠져나가는 현상으로, (　　　)에서 흡수된 물과 무기 양분이 잎까지 전달되는 원동력이 된다.

9 햇빛의 세기가 (강한, 약한) 날일수록, 바람이 (잘, 안) 부는 날일수록 잎에서 증산 작용이 활발하게 일어난다.

5분 테스트

02 식물의 호흡과 에너지

Ⅳ. 식물과 에너지

이름   날짜   점수

1 그림은 식물의 호흡 과정을 나타낸 것이다. 빈칸에 알맞은 말을 쓰시오.

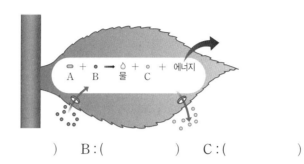

A : (   )   B : (   )   C : (   )

2 호흡은 생물이 살아가는 데 필요한 (   )를 얻는 과정으로, 호흡 과정에서 산소를 (   )하고, 이산화 탄소를 (   )
한다.

3 광합성과 호흡에 대한 설명으로 옳은 것은 ○, 옳지 <u>않은</u> 것은 ×로 표시하시오.
❶ 광합성은 엽록체가 있는 세포에서만 일어나며, 호흡은 모든 세포에서 일어난다. ·············· (   )
❷ 햇빛이 강한 낮에는 광합성만 일어나고, 햇빛이 없는 밤에는 호흡만 일어난다. ·············· (   )
❸ 광합성은 양분을 합성하는 과정이고, 호흡은 양분을 분해하는 과정이다. ·············· (   )
❹ 호흡은 빛에너지를 저장하는 과정이다. ·············· (   )

4 식물의 기체 교환에 대한 설명으로 옳은 것은 ○, 옳지 <u>않은</u> 것은 ×로 표시하시오.
❶ 낮에는 광합성만 일어나므로 이산화 탄소를 흡수하고 산소를 방출한다. ·············· (   )
❷ 아침과 저녁에는 광합성과 호흡이 모두 일어나므로 산소와 이산화 탄소를 모두 방출한다. ·············· (   )
❸ 밤에는 호흡만 일어나므로 산소를 흡수하고 이산화 탄소를 방출한다. ·············· (   )

5 식물은 (   )으로 발생한 이산화 탄소를 (   )에 이용하고, (   )으로 발생한 산소를 (   )에 이용한다.

6 식물은 낮에도 호흡을 하지만 (   )이 (   )보다 많아서 광합성만 하는 것처럼 보인다.

7 맑은 날 하루 동안 광합성량과 호흡량이 같아지는 시기는 (   )번 나타난다.

8 고구마와 같은 식물에서 식물의 광합성 결과 생성된 양분은 주로 (밤, 낮)에 (물관, 체관)을 통해 설탕의 형태로 이동한
후 주로 (포도당, 녹말)의 형태로 저장된다.

 **서술형·논술형 평가** 문제 해결력 **01 물질의 기본 성분**

1 기원전부터 사람들은 물질을 이루는 기본 성분에 대해 궁금해 했다.

(1) 물질을 이루는 기본 성분에 대한 각 학자들의 주장을 말풍선 안에 써 보자.

(2) 원소의 정의를 설명해 보자.

_____

2 그림과 같이 빵을 만들기 위해 밀대로 밀가루 반죽을 얇게 밀다 보니 반죽이 얇아지다가 결국에는 끊어졌다.

(1) 이 현상이 일어난 까닭을 물질을 구성하는 입자와 관련지어 설명해 보자.

_____

(2) 이와 같은 원리로 일어나는 다른 현상의 예를 한 가지 설명해 보자.

_____

3 표를 보고 물질 속에 들어 있는 원소를 구별할 수 있는 방법을 그 원리와 함께 설명해 보자.

_____

_____

나트륨	칼륨
노란색	보라색

4 불꽃 반응 색이 비슷한 원소를 구별할 수 있는 방법을 그 원리와 함께 설명해 보자.

_____

_____

 **서술형·논술형 평가** 문제 해결력 **02 물질을 이루는 입자**

1 그림은 붕소 원자에서 원자핵의 전하량만을 나타낸 것이다.

(1) 원자의 구조에 대해 설명해 보자.

(2) 붕소 원자 모형에 전자를 표시하고, 그렇게 표시한 까닭을 설명해 보자.

2 원소에 해당하는 원소 기호를 써 보자.

원소 이름	수소	헬륨	산소	탄소	질소
원소 기호					

3 원소와 원자를 과일 바구니 안의 과일에 비유하여 설명해 보자.

4 분자의 정의를 설명해 보자.

5 산소 분자와 오존 분자는 같은 종류의 원자로 구성되어 있지만 산소는 생물의 호흡에 이용되고, 오존은 생물의 호흡에 이용되지 않는다. 그 까닭을 설명해 보자.

산소 분자   오존 분자

6 분자에 알맞은 분자 모형을 그리고, 분자를 이루고 있는 원자의 모형에 각 원자의 원소 기호를 써 보자.

수소		산소	
질소		물	
일산화 탄소		이산화 탄소	
메테인		암모니아	
헬륨		염화 수소	

서술형·논술형 평가 (문제 해결력) O3 이온의 형성

1 그림은 이온의 형성 과정을 모형으로 나타낸 것이다. 이온이 형성되는 과정을 각각 설명해 보자. (단, 이온의 종류와 이름, 이온식이 모두 포함되도록 한다.)

(1)

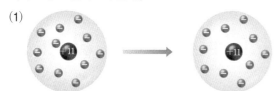

나트륨(Na) 원자

_____

_____

(2)

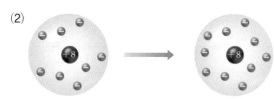

산소(O) 원자

_____

_____

2 이온의 모형을 각각 그리고, 빈칸에 이온의 이름과 이온식을 써 보자.

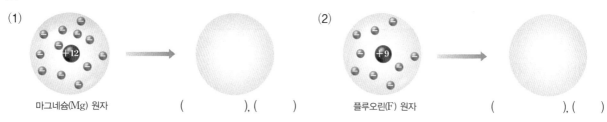

(1)

마그네슘(Mg) 원자　　　　　(　　　　), (　　　)

(2)

플루오린(F) 원자　　　　　(　　　　), (　　　)

3 앙금 생성 반응에 대해 설명해 보자.

_____

_____

4 수영장의 물을 소독할 때는 염소 성분이 들어 있는 소독약을 사용한다. 수영장 물속에 염화 이온이 남아 있는지 확인하는 방법을 설명해 보자.

_____

_____

5 그림과 같이 질산 칼륨(KNO_3) 수용액, 염화 나트륨($NaCl$) 수용액, 질산 납($Pb(NO_3)_2$) 수용액은 색이 없어서 눈으로 구별하기 어렵다. 이 세 가지 수용액을 구별하기 위한 방법을 설명해 보자.

질산 칼륨 수용액　염화 나트륨 수용액　질산 납 수용액

_____

_____

서술형·논술형 평가 · 문제 해결력 · 01 전기의 발생

1 그림은 원자의 구조를 나타낸 것이다. 각 부분의 명칭을 쓰고, 전기적 성질을 설명해 보자.

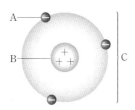

구분	명칭	전기적 성질
A		
B		
C		

2 그림은 서로 다른 두 물체 A, B를 마찰하기 전과 후의 모습을 나타낸 것이다. 두 물체 A, B의 마찰 과정에서 전자의 이동에 대해 설명하고, 마찰 후 물체 A, B의 전기적 성질을 설명해 보자.

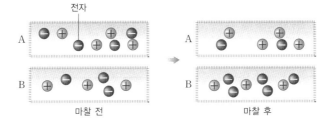

3 표는 검전기를 통해서 알 수 있는 사실을 나타낸 것이다. 검전기의 대전 상태를 보고, 빈칸에 금속박의 변화를 설명해 보자.

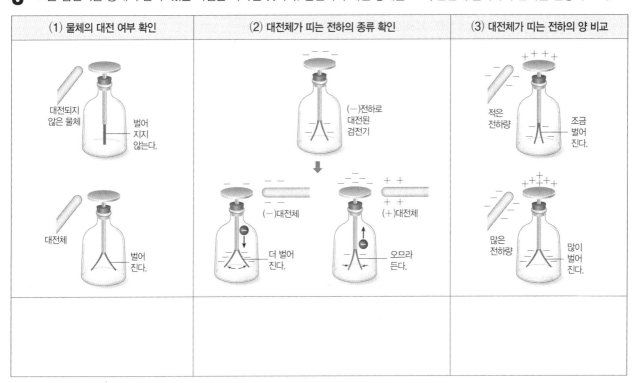

서술형·논술형 평가 (문제 해결력) O2 전류, 전압, 저항

1 표는 전기 회로를 물의 흐름 모형에 비유하여 나타낸 것이다. 빈칸에 알맞은 말을 써 보자.

물의 흐름 모형		전기 회로	
물의 흐름		(1)	
물의 높이 차(수압)		(2)	
펌프		(3)	
밸브		(4)	
물레방아		(5)	
펌프를 설치하여 수로에 물이 흐르면 물레방아가 회전한다.		(6)	

2 표는 전구의 연결과 전구의 밝기를 나타낸 것이다. 빈칸에 알맞은 값을 쓰고, 전구의 밝기와 전류의 세기의 관계를 설명해 보자.

구분	전구의 직렬연결	전구의 연결	전구의 병렬연결
전기 회로도	A B 1 Ω 1 Ω 1 V	C 1 Ω 1 V	D 1 Ω E 1 Ω 1 V
회로의 전체 전압	1 V	1 V	1 V
회로의 전체 저항	2 Ω	1 Ω	0.5 Ω
회로의 전체 전류	(1)	1 A	(2)
전구 1개에 걸리는 전압	0.5 V	1 V	(3)
전구 1개에 흐르는 전류	0.5 A	1 A	1 A
전구의 밝기	A=B<C=D=E ➡ 전구의 밝기와 전류의 세기의 관계 : (4)		

▶ [3~4] 그림은 두 니크롬선 A, B에 걸리는 전압과 전류의 세기의 관계를 나타낸 것이다.

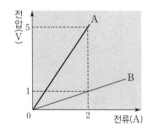

3 그래프의 기울기가 의미하는 것이 무엇인지 써 보자.

_____

4 A와 B의 저항을 각각 구하시오.

_____

5 가정에서 사용하는 전기 기구들이 그림과 같은 방법으로 연결되었을 때 나타나는 특징을 설명해 보자.

_____

_____

서술형·논술형 평가 문제 해결력 03 전류의 자기 작용

1 그림에서 화살표 방향으로 전류가 흐를 때, 나침반 바늘의 방향을 그려 보자. (단, N ◆━▷ S로 나타내시오.)

(1)
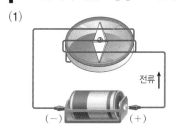

(2)
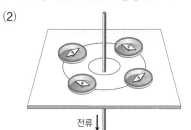

(3)
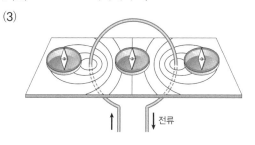

▶ [2~3] 그림과 같이 자석 사이에 알루미늄 포일을 놓고 스위치를 닫았더니 알루미늄 포일이 위쪽으로 들렸다.

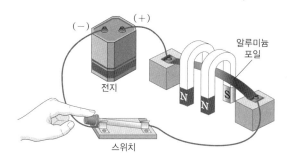

2 알루미늄 포일이 위쪽으로 들린 까닭을 설명해 보자.

_____

_____

3 알루미늄 포일이 아래쪽으로 움직이도록 하는 방법을 두 가지 설명해 보자.

_____

_____

서술형·논술형 평가 O1 지구와 달

문제 해결력

1 우리나라의 남쪽 하늘, 동쪽 하늘, 서쪽 하늘, 북쪽 하늘에서 관측한 별의 일주 운동 모습을 화살표로 나타내고, 별이 이동하는 경로를 설명해 보자.

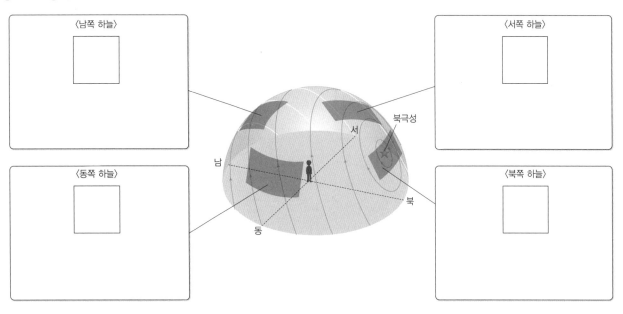

2 풍식이는 어두운 방 안 한쪽에 전등을 놓고, 중앙에 공을 설치한 후 공에 전등을 비추었다. 그 다음 풍식이는 공의 주위를 $30°$ 간격으로 이동하며 A~H의 위치에서 각각 공의 모습을 관찰하였다. (단, C와 G의 위치는 전등과 일직선 상에 있다.)

(1) A~H의 위치에서 풍식이가 본 공의 모습을 색칠해 보자. (단, 밝게 보이는 부분은 흰색으로, 어둡게 보이는 부분은 검은색으로 색칠한다.)

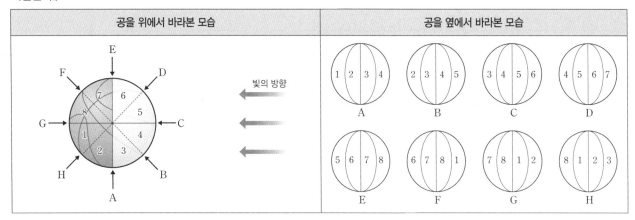

(2) 공을 보는 위치에 따라 공이 밝게 보이는 부분의 방향과 면적이 달라지는 까닭을 설명해 보자.

서술형·논술형 평가   01 지구와 달 ~ 02 태양계

1 다음은 태양, 달, 지구의 상대적 위치에 따라 관측되는 현상을 알아보기 위한 실험 과정을 나타낸 것이다.

① 어두운 방 안에서 전구를 켜고 스타이로폼 공을 한 손으로 든다.
② 그림과 같이 팔을 약간 구부린 채로 스타이로폼 공이 전구를 마주보도록 한다.
③ 스타이로폼 공을 오른쪽에서 왼쪽으로 천천히 움직이면서 전구가 최대로 가려질 때의 모습을 관찰한다.
④ 팔을 뻗어 스타이로폼 공을 전구 쪽에 더 가까이 한 후 과정 ③을 반복한다.

(1) 과정 ③과 ④에서 관찰한 스타이로폼 공은 어떤 모습일지 그려 보자.

실험 과정	과정 ③	과정 ④
관찰 결과		

(2) 과정 ③과 ④에서 관찰한 결과를 태양, 달, 지구와의 상대적 위치에 따라 관측되는 현상과 관련지어 설명해 보자.

과정 ③ : _____

과정 ④ : _____

2 그림 (1)~(4)는 태양계를 구성하는 행성 중 일부를 나타낸 것이다. 각 행성의 이름을 쓰고, 특징을 설명해 보자.

(1) _____	(2) _____	(3) _____	(4) _____

3 태양의 활동이 활발할 때 태양과 지구에서 나타나는 현상을 써 보자.

태양에서 나타나는 현상	지구에서 나타나는 현상

서술형·논술형 평가 · 문제 해결력 · 01 광합성

[1~3] 그림은 식물의 잎에서 일어나는 광합성 작용을 나타낸 것이다.

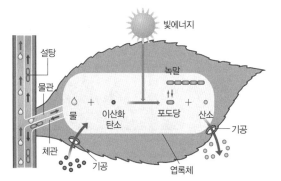

1 광합성에 대해 설명해 보자.

_____

2 광합성에 필요한 물질은 무엇이며, 각각 어떻게 공급되는지 설명해 보자.

_____

_____

3 광합성 결과 생성되는 물질은 무엇이며, 각각 어떻게 이용되는지 설명해 보자.

_____

_____

4 광합성에 영향을 미치는 환경 요인에는 빛의 세기, 이산화 탄소의 농도, 온도 등이 있다. 각 환경 요인에 따른 광합성량의 변화를 그래프로 나타내고, 각 환경 요인과 광합성량의 관계를 설명해 보자.

(1) 빛의 세기	(2) 이산화 탄소의 농도	(3) 온도
광합성량 / 빛의 세기	광합성량 / 이산화 탄소의 농도	광합성량 / 온도

5 가늘고 긴 고무풍선 두 개의 끝을 실로 묶고, 마주 보는 고무풍선의 안쪽에 절연테이프를 붙여 놓았다.

절연테이프

(1) 고무풍선에 들어 있는 공기의 양을 점점 늘려 주었을 때, 고무풍선의 모양 변화에 대해 설명해 보자.

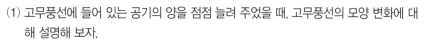

_____

(2) 고무풍선을 이용해 만든 이 모형을 기공과 공변세포에 비유한다면, 각각 어디에 해당되는지 설명해 보자.

_____

서술형·논술형 평가　문제 해결력　02 식물의 호흡과 에너지

[1~2] 그림과 같이 2개의 수조 중 1개에는 식물을 심은 화분과 석회수를 넣고, 나머지 1개의 수조에는 석회수만 넣은 후, 수조를 비닐 랩으로 감싸 밀봉하여 어두운 곳에 하루 동안 두었다.

1 (가)와 (나)의 석회수는 각각 어떻게 변하는지 설명해 보자.

_____

2 이 실험을 통해서 알 수 있는 사실은 무엇인지 설명해 보자.

_____

3 그림은 광합성과 호흡의 관계를 나타낸 것이다. 광합성과 호흡의 에너지 관계를 다음의 용어를 모두 사용하여 비교해 보자.

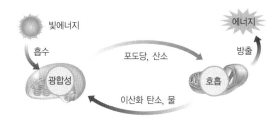

• 빛에너지　• 생명 활동　• 생산　• 저장

_____

_____

4 여름에 한낮은 물론 새벽까지 고온이 이어지는 날씨를 열대야라고 한다. 열대야가 계속 될 때 과일의 당도는 어떻게 될지 광합성량, 호흡량과 관련지어 설명해 보자.

_____

_____

5 낮에 일어나는 기체의 출입을 광합성과 호흡의 관계를 고려하여 설명하고 그림에 나타내 보자.

_____

_____

6 그림의 빈칸에 광합성 산물의 생성, 사용, 저장을 쓰고, 양분의 이동 과정을 그림에 화살표로 나타내 보자. 또, 광합성 산물의 이동, 사용, 저장에 대해 설명해 보자.

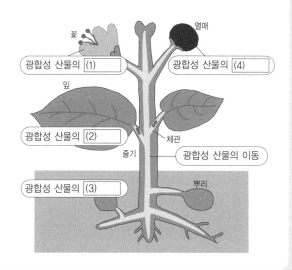

구분	내용
(5) 이동	
(6) 사용	
(7) 저장	

창의적 문제 해결 능력 · 01 물질의 기본 성분 ~ 03 이온의 형성

1 풍돌이는 친구에게 여러 가지 불꽃색을 나타내는 초를 꽂은 특별한 케이크를 선물하려고 한다. 그림과 같이 빨간색, 노란색, 보라색, 청록색, 파란색이 나타나는 초를 만들기 위한 방법을 설명해 보자.

2 우리가 사용하는 휴대 전화 속에는 다양한 원소가 들어 있으며, 이 중 일부 원소들은 휴대 전화의 성능을 향상시키는 데 사용된다. 폐휴대 전화에서 이러한 원소들을 추출하여 재활용하려는 노력을 하고 있다. 휴대 전화에 사용되고 있는 원소들을 조사하고, 이 중 재활용 가능한 원소, 분리 수거해야 하는 원소들은 어떤 것들이 있는지 조사해 보자.

3 지하수에는 칼슘 이온(Ca^{2+})과 마그네슘 이온(Mg^{2+})이 포함되어 있어 비누가 잘 풀리지 않아 세탁 효과가 감소된다. 이 두 이온을 없애 세탁 효과를 증가시키는 방법에 대해 설명해 보자.

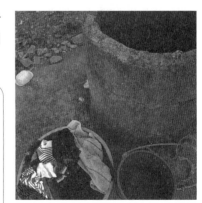

창의적 문제 해결 능력   마인드맵 그리기

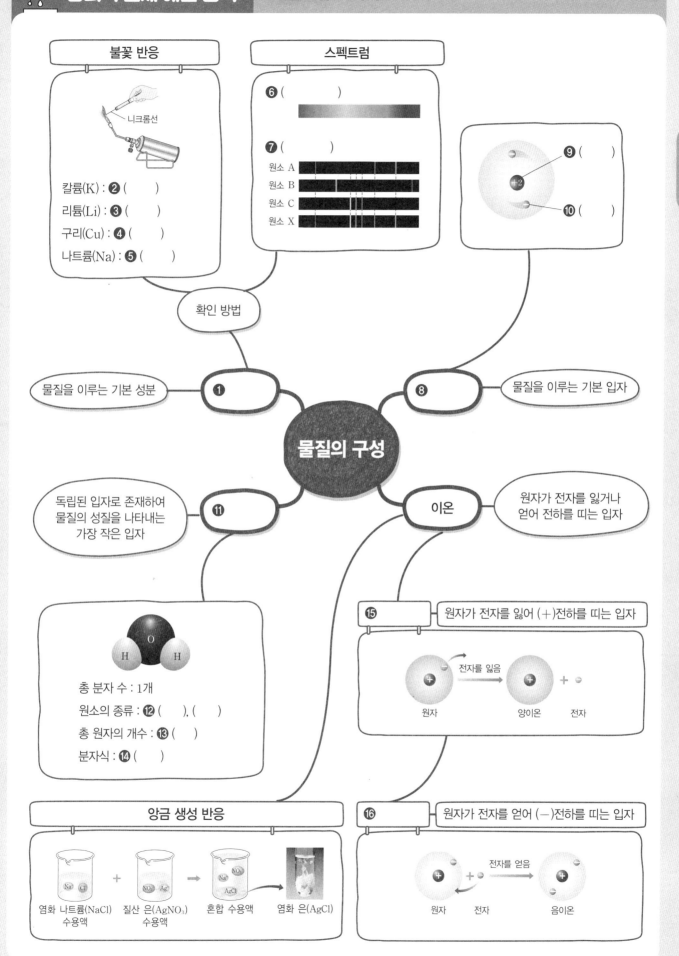

불꽃 반응

니크롬선

칼륨(K) : ❷ (   )

리튬(Li) : ❸ (   )

구리(Cu) : ❹ (   )

나트륨(Na) : ❺ (   )

스펙트럼

❻ (   )

❼ (   )

원소 A
원소 B
원소 C
원소 X

❾ (   )

❿ (   )

확인 방법

물질을 이루는 기본 성분 ——— ❶

❽ ——— 물질을 이루는 기본 입자

물질의 구성

독립된 입자로 존재하여 물질의 성질을 나타내는 가장 작은 입자 ——— ⓫

이온 ——— 원자가 전자를 잃거나 얻어 전하를 띠는 입자

O
H   H

총 분자 수 : 1개

원소의 종류 : ⓬ (   ), (   )

총 원자의 개수 : ⓭ (   )

분자식 : ⓮ (   )

⓯ ——— 원자가 전자를 잃어 (＋)전하를 띠는 입자

전자를 잃음

원자   양이온   ＋   전자

앙금 생성 반응

염화 나트륨(NaCl) 수용액   ＋   질산 은(AgNO₃) 수용액   →   혼합 수용액   →   염화 은(AgCl)

⓰ ——— 원자가 전자를 얻어 (－)전하를 띠는 입자

전자를 얻음

원자   ＋   전자   음이온

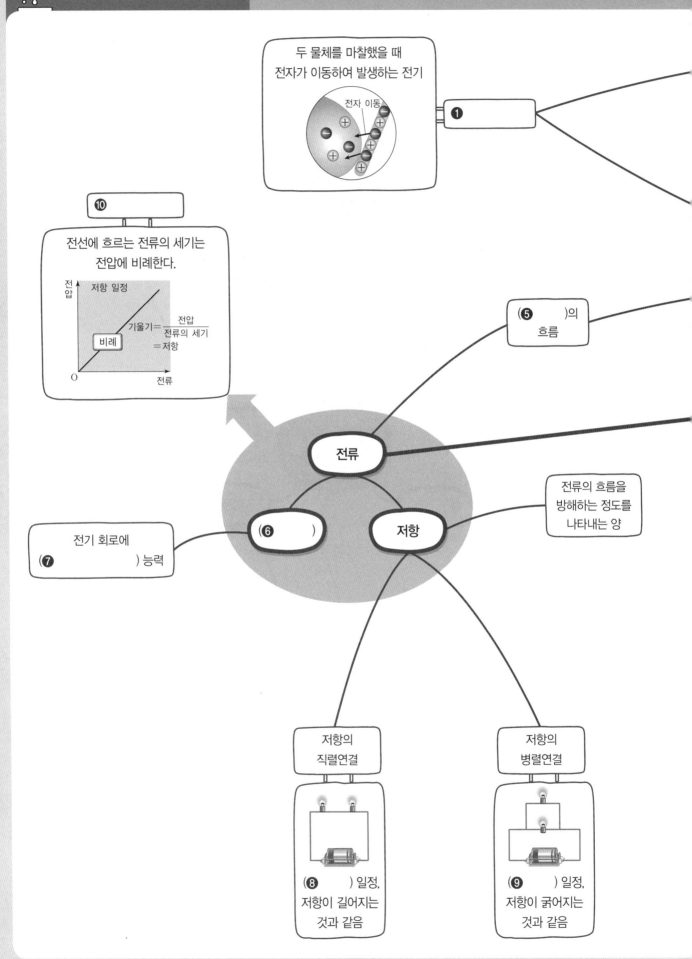

두 물체를 마찰했을 때
전자가 이동하여 발생하는 전기

전자 이동

❶

➓

전선에 흐르는 전류의 세기는
전압에 비례한다.

전압

저항 일정

기울기＝ $\dfrac{전압}{전류의 세기}$ ＝저항

비례

O　　전류

(❺　　　　)의
흐름

전류의 흐름을
방해하는 정도를
나타내는 양

전류

전기 회로에
(❼　　　　　) 능력

(❻　　　　)

저항

저항의
직렬연결

저항의
병렬연결

(❽　　　) 일정,
저항이 길어지는
것과 같음

(❾　　　) 일정,
저항이 굵어지는
것과 같음

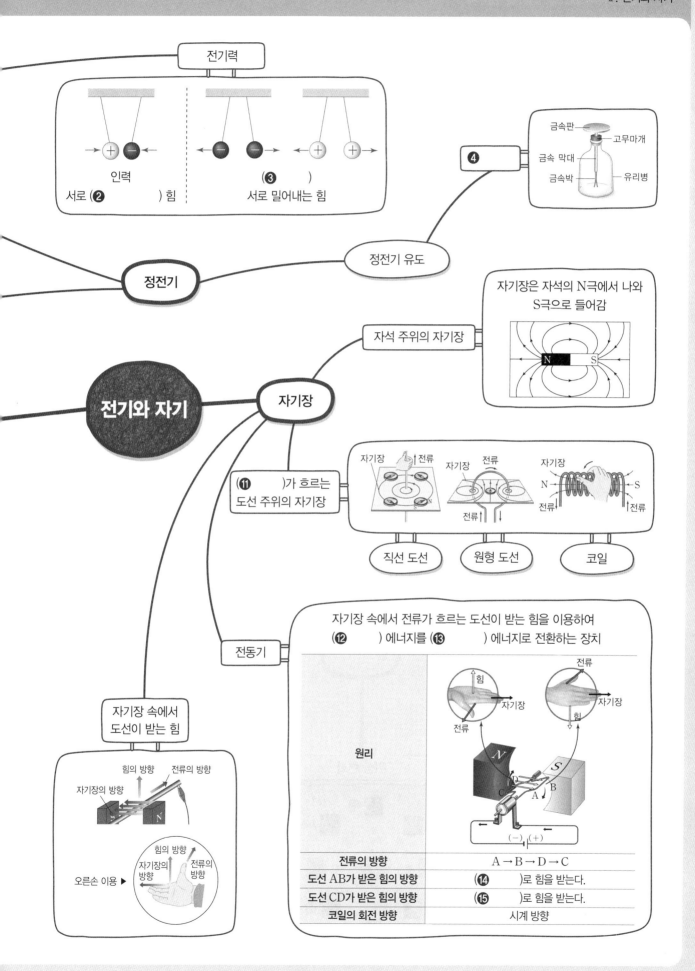

전기력

서로 (❷　　　) 힘   인력   (❸　　　)   서로 밀어내는 힘

❹

금속판 / 고무마개 / 금속 막대 / 금속박 / 유리병

정전기 유도

정전기

전기와 자기

자기장

자석 주위의 자기장

자기장은 자석의 N극에서 나와
S극으로 들어감

N   S

(⓫　　　)가 흐르는
도선 주위의 자기장

자기장 / 전류 / 자기장 / 전류 / 자기장 / N S / 전류 / 전류 / 전류

직선 도선   원형 도선   코일

전동기

자기장 속에서 전류가 흐르는 도선이 받는 힘을 이용하여
(⓬　　　) 에너지를 (⓭　　　) 에너지로 전환하는 장치

자기장 속에서
도선이 받는 힘

힘의 방향 / 전류의 방향 / 자기장의 방향

오른손 이용 ▶

힘의 방향 / 자기장의 방향 / 전류의 방향

원리	
전류의 방향	A → B → D → C
도선 AB가 받은 힘의 방향	(⓮　　　)로 힘을 받는다.
도선 CD가 받은 힘의 방향	(⓯　　　)로 힘을 받는다.
코일의 회전 방향	시계 방향

창의적 사고력

창의적 문제 해결 능력   마인드맵 그리기

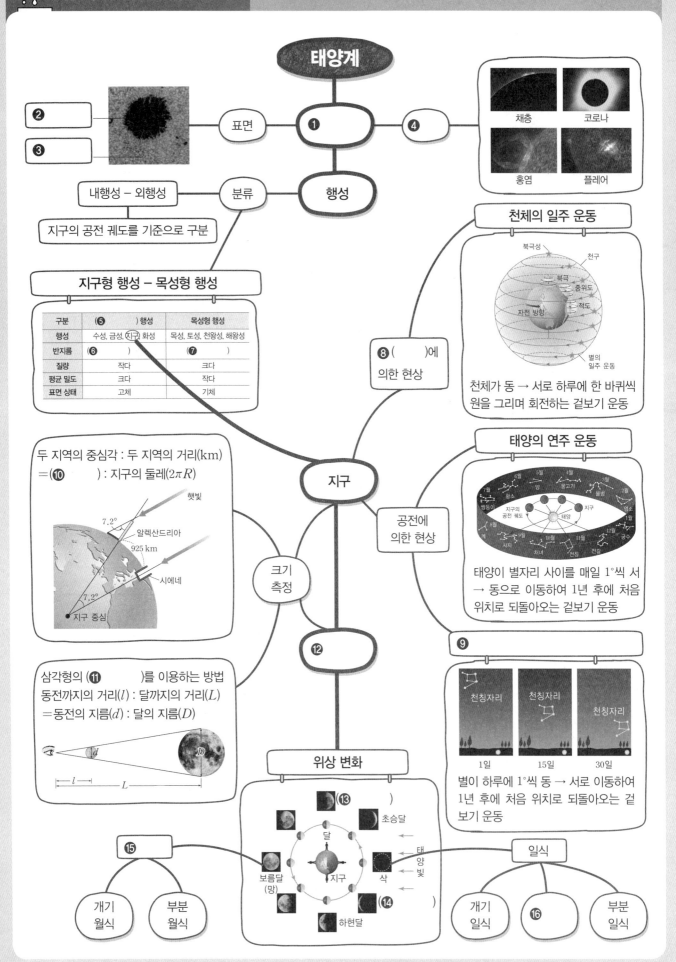

태양계

❷ ___
❸ ___ ── 표면 ── ❶ ── ❹ ──

채층   코로나
홍염   플레어

내행성 – 외행성 ── 분류 ── ❶ ── 행성

지구의 공전 궤도를 기준으로 구분

지구형 행성 – 목성형 행성

구분	(❺) 행성	목성형 행성
행성	수성, 금성, 지구, 화성	목성, 토성, 천왕성, 해왕성
반지름	(❻)	(❼)
질량	작다	크다
평균 밀도	크다	작다
표면 상태	고체	기체

❽ (   )에
의한 현상

천체의 일주 운동

북극성   천구
북극
중위도
자전 방향   적도
별의
일주 운동

천체가 동 → 서로 하루에 한 바퀴씩
원을 그리며 회전하는 겉보기 운동

두 지역의 중심각 : 두 지역의 거리(km)
=(❿   ) : 지구의 둘레($2\pi R$)

햇빛
7.2°
알렉산드리아
925 km
시에네
7.2°
● 지구 중심

지구

크기
측정

❷

공전에
의한 현상

태양의 연주 운동

지구의
공전 궤도   태양   지구

태양이 별자리 사이를 매일 1°씩 서
→ 동으로 이동하여 1년 후에 처음
위치로 되돌아오는 겉보기 운동

삼각형의 (⓫   )를 이용하는 방법
동전까지의 거리(l) : 달까지의 거리(L)
=동전의 지름(d) : 달의 지름(D)

d D
├─ l ─┤
├──── L ────┤

❾

천칭자리   천칭자리   천칭자리
1일   15일   30일

별이 하루에 1°씩 동 → 서로 이동하여
1년 후에 처음 위치로 되돌아오는 겉
보기 운동

위상 변화

(⓭   )
초승달
달
태양
빛
삭
지구
(⓮   )
보름달
(망)
하현달

⓯

개기
월식   부분
월식

일식

개기
일식   ⓰   부분
일식

창의적 문제 해결 능력 01 광합성 ~ 02 식물의 호흡과 에너지

1 다음은 도심의 식물 공장에 대한 설명을 나타낸 것이다.

식물 공장은 최첨단 고효율 에너지 기술을 결합해 실내에서 다양한 고부가 가치의 농산물을 대량 생산할 수 있는 농업 시스템이다. 식물 공장은 계절, 장소 등과 관계없이 자동화를 통한 공장식 생산이 가능하다. 식물 공장은 주로 LED와 분무 장치에 의한 실내 식물 재배 시스템을 이용한 전형적인 저탄소 녹색 사업을 가능하게 하는 곳이다. 이는 자연 환경에 상관없이 비교적 좁은 면적에서 대량의 농작물을 재배할 수 있는 장점이 있어 많은 전자업체가 식물 공장을 이용해 농업 분야에 뛰어들고 있다.

이와 같은 식물 공장에서 식물을 재배할 때 어떤 환경 요인을 조절해야 할지 설명해 보자.

2 그림과 같이 수족관에서 열대어를 키울 때는 수초를 함께 넣는다. 수족관에 수초를 넣어 주는 까닭을 광합성과 호흡 작용과 관련지어 설명해 보자.

3 1630년 헬몬트(Helmont, J. B. van, 1579~1644)는 식물이 물만 먹는 게 아니라 흙 알갱이를 먹고 자란다고 생각하였다. 이를 확인하기 위해 헬몬트는 커다란 화분에 작은 나무를 심고 5년 동안 물만 주고 기르는 실험을 수행하였다. 내가 만약 헬몬트라면 버드나무가 흙 알갱이를 먹고 자란다는 자신의 생각을 입증하기 위해 이 실험에서 무엇을 비교해 보아야 할지 설명해 보자.

5년

창의적 문제 해결 능력 〈창의적 사고력〉 마인드맵 그리기

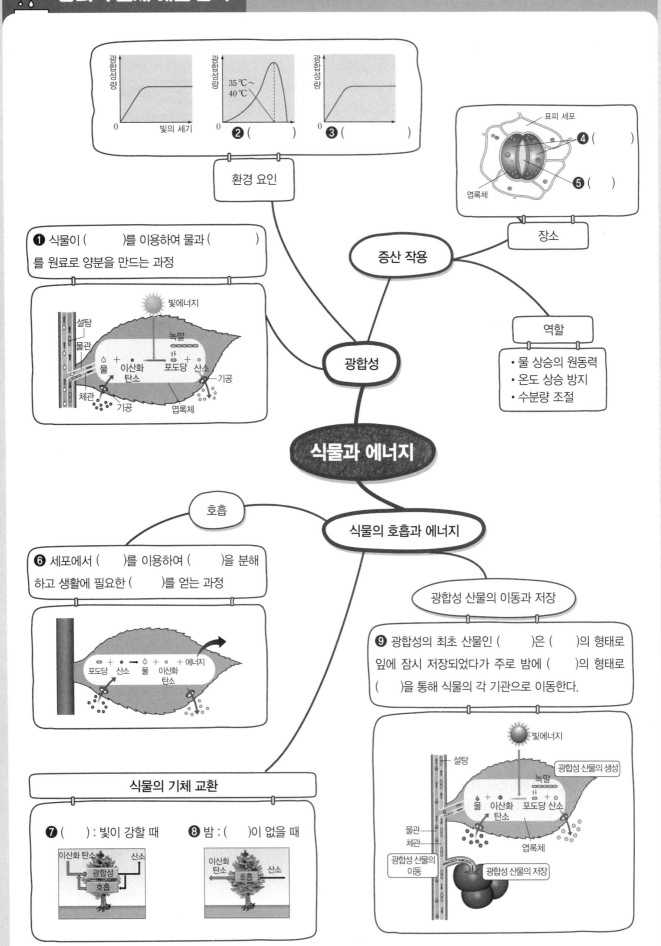

환경 요인

❶ 식물이 (   )를 이용하여 물과 (   )를 원료로 양분을 만드는 과정

증산 작용

장소

광합성

역할

• 물 상승의 원동력
• 온도 상승 방지
• 수분량 조절

식물과 에너지

호흡

식물의 호흡과 에너지

❻ 세포에서 (   )를 이용하여 (   )을 분해하고 생활에 필요한 (   )를 얻는 과정

광합성 산물의 이동과 저장

❾ 광합성의 최초 산물인 (   )은 (   )의 형태로 잎에 잠시 저장되었다가 주로 밤에 (   )의 형태로 (   )을 통해 식물의 각 기관으로 이동한다.

식물의 기체 교환

❼ (   ) : 빛이 강할 때   **❽** 밤 : (   )이 없을 때

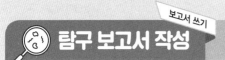

수행 평가 대비

목표	이온이 전하를 띠고 있음을 확인할 수 있다.
준비물	황산 구리(Ⅱ) 수용액, 과망가니즈산 칼륨 수용액, 질산 칼륨 수용액, 페트리 접시, 클립, 스포이트, 흰 종이, 전원 장치, 집게 달린 전선, 실험용 장갑, 보안경, 실험복

과정

질산 칼륨
수용액
클립
페트리 접시

❶ 페트리 접시에 클립을 이용하여 전극을 설치한 다음, 질산 칼륨 수용액을 넣는다.

전원 장치

(−)극　　　(+)극

❷ 클립과 전원 장치를 집게 달린 전선으로 연결한 다음, 전류를 흘려준다.

황산 구리(Ⅱ)
수용액

(−)극　　　(+)극

❸ 페트리 접시 가운데에 황산 구리(Ⅱ) 수용액을 몇 방울 떨어뜨린 후 변화를 관찰한다.

과망가니즈산 칼륨
수용액

(−)극　　　(+)극

❹ 황산 구리(Ⅱ) 수용액 대신 과망가니즈산 칼륨 수용액을 이용하여 과정 ❶~❸을 반복한다.

결과

전원 장치의 전원을 켠 후 황산 구리(Ⅱ) 수용액과 과망가니즈산 칼륨 수용액을 떨어뜨렸을 때 각각 어떤 변화가 나타나는지 그림에 나타내고 설명해 보자.

(−)극　　　(+)극

황산 구리(Ⅱ) 수용액을 떨어뜨렸을 때

(−)극　　　(+)극

과망가니즈산 칼륨 수용액을 떨어뜨렸을 때

_____

_____

정리

황산 구리(Ⅱ) 수용액의 파란색을 띤 이온과 과망가니즈산 칼륨 수용액의 보라색을 띤 이온은 각각 어떤 전하를 띠는지 쓰고, 그렇게 생각한 까닭을 설명해 보자.

_____

_____

탐구 보고서 작성 · 보고서 쓰기 · **03 전류의 자기 작용**

목표	간이 전동기를 제작하고, 전동기의 원리를 설명할 수 있다.
준비물	에나멜선, 원형 네오디뮴 자석, 전지, 전지 끼우개, 사포, 가위(또는 니퍼), 접착 테이프, 클립, 전열 장갑 등
과정	❶ 다음과 같이 간이 전동기를 제작한다. ① 에나멜선을 전지에 여러 번 감아 코일 모양으로 만든다.　② 사포로 코일의 한쪽 끝은 에나멜을 완전히 벗기고, 반대쪽은 에나멜을 반만 벗긴다. ③ 클립으로 받침대를 만들고, 전지 끼우개의 양쪽 단자에 끼워 고정한다.　④ 전지 위에 네오디뮴 자석을 고정하고, 받침대에 코일을 건다. ❷ 과정 ❶에서 만든 간이 전동기의 코일이 어떻게 회전하는지 관찰한다. ❸ 과정 ❷에서 네오디뮴 자석의 극을 바꾸어 고정하고 코일의 회전 방향이 어떻게 변하는지 확인한다. ❹ 과정 ❷에서 전류의 방향을 바꾸어 흐르게 하고 코일의 회전 방향이 어떻게 변하는지 확인한다.
결과 및 정리	1. 코일에 전류가 흐르면 코일이 회전한다. 2. 네오디뮴 자석의 극을 바꾸면 코일의 회전 방향이 　(　　　　). 3. 코일에 흐르는 전류의 방향을 바꾸면 코일의 회전 방향이 　(　　　　). 4. 코일의 회전 속력을 빠르게 하기 위한 방법을 설명해 보자. 5. 전동기의 작동 원리를 설명해 보자.

네오디뮴 자석

전류

자기력　회전

N
S

탐구 보고서 작성　　**01 지구와 달**　　Ⅲ. 태양계

목표	달의 위상 변화를 설명할 수 있다.
준비물	스타이로폼 공 8개, 각도기, 자, 전등, 카메라
과정	❶ 책상 위에 원을 그리고, 원 주위에 스타이로폼 공 8개를 (　　)° 간격으로 놓는다. ❷ 책상의 한쪽 끝에 전등을 설치한 후, 교실을 어둡게 한다. ❸ 전등을 켠 후, 원의 중심에서 카메라를 (　　　) 방향으로 45°씩 회전하면서 각각의 스타이로폼 공을 촬영한다. ❹ 촬영한 공의 모습을 관찰한다. 스타이로폼 공 전등
결과	각 위치에서 카메라로 촬영한 공의 모습을 빈칸에 그려 보자. 20 cm
정리	1. 달의 위상은 약 한 달을 주기로 변하는데, 그 위상의 변화를 순서대로 써 보자. 삭 → (　　　) → (　　　) → (　　　) → (　　　) → (　　　) → 삭 2. 달의 모양이 변하는 까닭을 설명해 보자. _____ _____

탐구 보고서 작성 보고서 쓰기 **02 태양계**

목표	태양계 행성을 특성에 따라 분류할 수 있다.

| 과정 | 표는 태양계 행성들의 물리적 특성을 나타낸 것이다. |

행성	태양과의 거리 (지구=1)	질량 (지구=1)	반지름 (지구=1)	평균 밀도 (g/cm³)	위성 수 (개)	고리의 유무
수성	0.4	0.06	0.38	5.43	0	없음
금성	0.7	0.82	0.95	5.24	0	없음
지구	1.0	1.00	1.00	5.51	1	없음
화성	1.5	0.11	0.53	3.93	2	없음
목성	5.2	317.92	11.21	1.33	69	있음
토성	9.6	95.14	9.45	0.69	62	있음
천왕성	19.2	14.54	4.01	1.27	27	있음
해왕성	30.0	17.09	3.88	1.64	14	있음

(출처 : 미국항공우주국, 2017)

• 여러 가지 기준을 정하여 행성을 두 집단으로 분류해 보자.

결과

(1) 분류 기준 : (   )

구분		
행성		

(2) 분류 기준 : (   )

구분		
행성		

(3) 분류 기준 : (   )

구분		
행성		

(4) 분류 기준 : (   )

구분		
행성		

(5) 분류 기준 : (   )

구분		
행성		

(6) 분류 기준 : (   )

구분		
행성		

정리

1. 행성을 크게 두 집단으로 분류해 보자.

2. 각 집단에 속한 행성의 특징을 정리해 보자.

목표	기공과 공변세포의 구조와 기능을 이해하고, 잎의 앞면과 뒷면에서 나타나는 기공의 분포 차이를 설명할 수 있다.
준비물	닭의장풀 잎, 물, 안전면도날, 스포이트, 받침유리, 덮개유리, 거름종이, 핀셋, 현미경, 실험복, 면장갑, 실험용 고무장갑, 보안경
과정	❶ 닭의장풀 잎의 뒷면의 투명한 표피를 벗겨 낸다. ❷ 닭의장풀 잎의 표피를 한 변의 길이가 약 1 cm인 정사각형 모양으로 자른다. ❸ 표피 조각을 받침유리 위에 놓고 물을 한 방울 떨어뜨린 다음, 덮개유리로 덮고 현미경으로 관찰한다. ❹ ❶~❸과 같은 방법으로 잎 앞면의 표피 조각을 현미경으로 관찰한다.

결과	현미경으로 관찰한 닭의장풀 잎의 앞면과 뒷면의 표피를 그리고, 기공과 공변세포를 찾아 표시해 보자. 앞면　　　　　　　　　　뒷면

정리	1. 표피 세포와 공변세포에서 모두 엽록체를 관찰할 수 있는지 설명해 보자. 2. 몇 개의 공변세포가 기공을 둘러싸고 있는지 써 보자. 3. 닭의장풀 잎의 앞면과 뒷면에서 기공과 공변세포의 수는 어떻게 다른지 설명해 보자. 4. 증산 작용은 잎의 앞면과 뒷면 중 어느 곳에서 더 많이 일어날지 관찰 결과를 토대로 설명해 보자.

01 물질의 기본 성분

❶ 원소

(1) 과학자들이 주장한 원소

고대	탈레스	1원소설 → 만물의 근원은 물이다.
	아리스토텔레스	4원소 변환설 → 물, 불, 흙, 공기
근대	보일	물질은 더 이상 분해되지 않는 원소로 이루어져 있다.
	라부아지에	원소는 현재까지의 어떤 수단으로도 더 이상 분해할 수 없는 물질이다. → 실험을 통해 33종의 원소를 발표

• 라부아지에의 실험 : 주철관을 뜨겁게 가열하면서 주철 관 안으로 물을 통과시키는 실험을 통해 물이 원소가 아 님을 증명하였다.

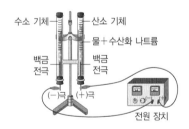

(2) 원소 : 물질을 이루는 기본 성분으로 더 이상 다른 물 질로 분해되지 않는다. → 현재까지 약 120여 종이 알려짐

• 물의 전기 분해 실험 : 물에 전기를 흘려주면 수소와 산 소로 분해되며, 수소와 산소는 더 이상 다른 물질로 분해 되지 않는다.

(+)극	산소 발생 → 꺼져가는 불씨를 대면 다시 타오른다.
(−)극	수소 발생 → 성냥불을 대면 '퍽' 소리를 내면서 잘 탄다.

(3) 원소의 성질 및 이용

구리	전기가 잘 통하는 성질이 있어서 전선에 이용된다.
철	지구 중심핵에 가장 많이 존재하고 단단하므로 기계, 건 축 재료, 철도 레일 등에 이용된다.
헬륨	공기보다 가볍고 불에 타지 않으므로 비행선, 광고용 풍 선 등에 이용된다.

(4) 물질을 이루는 여러 가지 원소 : 우리 주위에 있는 알루 미늄 포일과 같이 한 가지 원소로 이루어진 것도 있고, 물, 소금, 이산화 탄소 등과 같이 두 가지 이상의 원소로 이루 어진 것도 있다.

❷ 원소의 확인

(1) 불꽃 반응 : 금속 원소가 포함된 물질을 겉불꽃 속에 넣었을 때 특정 한 불꽃 반응 색을 나타내는 현상

니크롬선

① 특징

장점	• 실험 방법이 간단하다. • 적은 양으로도 금속 원소의 종류를 알 수 있다.
단점	불꽃 반응 색을 나타내는 일부 금속 원소만 확인 가능하다.

② 여러 가지 원소의 불꽃 반응 색

금속 원소	리튬	나트륨	칼슘	구리
불꽃 반응 색	빨간색	노란색	주황색	청록색

금속 원소	스트론튬	칼륨	바륨	세슘
불꽃 반응 색	진한 빨간색	보라색	황록색	파란색

(2) 스펙트럼 : 빛을 분광기에 통과시킬 때 빛이 분산되어 나타나는 여러 가지 색의 띠

연속 스펙트럼	햇빛이나 백열 전구의 빛에서 나타나는 연속적인 색 의 띠
	햇빛
선 스펙트럼	불꽃 반응의 빛을 분광기에 통과시켰을 때 나타나는 불연속적인 색의 띠
	원소 A
	원소 B
	원소 C
	물질 X

물질 X의 스펙트럼에는 원소 A와 원소 C의 스펙트럼 이 나타난다. → 물질 X에는 원소 A와 원소 C가 포함 되어 있으며, 원소 B는 포함되어 있지 않다.

(3) 선 스펙트럼의 특징

① 선 스펙트럼은 원소의 종류에 따라 선의 색, 위치, 개 수, 굵기가 다르기 때문에 불꽃 반응 색이 비슷한 원소 를 구별할 수 있다.

② 각 원소의 선 스펙트럼이 모두 다르게 나타나기 때문에 물질에 포함된 원소의 종류를 확인할 수 있다.

01 각 학자들이 주장한 물질관에 대한 설명으로 옳은 것을 |보기|에서 <u>모두</u> 고른 것은?

| 보기 |
ㄱ. 탈레스는 만물의 근원을 물이라고 하였다.
ㄴ. 데모크리토스는 만물은 더 이상 쪼개지지 않는 분자로 이루어져 있다고 하였다.
ㄷ. 보일은 만물은 더 이상 분해되지 않는 원소로 이루어져 있다고 최초로 주장하였다.

① ㄱ
② ㄴ
③ ㄱ, ㄷ
④ ㄴ, ㄷ
⑤ ㄱ, ㄴ, ㄷ

02 그림은 라부아지에의 물 분해 실험을 나타낸 것이다.

이 실험에 대한 설명으로 옳은 것을 |보기|에서 모두 고른 것은?

| 보기 |
ㄱ. 실험이 진행되는 동안 주철관과 결합하는 원소는 산소이다.
ㄴ. 냉각수를 통과하여 모인 기체 A에 꺼져가는 불씨를 가까이 가져가면 불꽃이 다시 타오를 것이다.
ㄷ. 라부아지에는 주철관 실험을 통해 물이 원소가 아니라는 사실을 증명하였다.

① ㄱ
② ㄴ
③ ㄱ, ㄷ
④ ㄴ, ㄷ
⑤ ㄱ, ㄴ, ㄷ

03 원소에 대한 설명으로 옳은 것을 |보기|에서 모두 고른 것은?

| 보기 |
ㄱ. 물질을 이루는 기본 성분이다.
ㄴ. 물, 빛, 열은 원소에 속하지 않는다.
ㄷ. 현재까지 알려진 원소는 33종이다.
ㄹ. 인공적으로 만들 수 없으며, 모두 자연계에서 발견된 것이다.

① ㄱ, ㄴ
② ㄱ, ㄷ
③ ㄴ, ㄷ
④ ㄴ, ㄹ
⑤ ㄷ, ㄹ

04 그림은 물 분해 실험 장치를 나타낸 것이다.

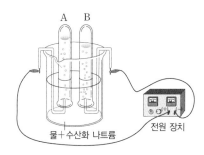

이 실험에 대한 설명으로 옳은 것을 |보기|에서 모두 고른 것은?

| 보기 |
ㄱ. A에 모이는 기체에 불씨를 가까이 가져가면 '퍽' 소리를 낸다.
ㄴ. A에 모이는 기체의 부피는 B에 모이는 기체의 부피보다 작다.
ㄷ. 물에 수산화 나트륨을 녹이는 까닭은 전류를 잘 흐르게 하기 위해서이다.

① ㄱ
② ㄷ
③ ㄱ, ㄴ
④ ㄴ, ㄷ
⑤ ㄱ, ㄴ, ㄷ

05 다음 설명에 해당하는 것을 옳게 짝지은 것은?

- 물질을 이루는 기본 성분이다.
- 더 이상 다른 종류의 물질로 분해되지 않는다.

① 물, 헬륨
② 질소, 과산화 수소
③ 황, 아르곤
④ 리튬, 이산화 탄소
⑤ 염화 나트륨, 은

06 원소와 그 원소의 이용을 옳게 짝지은 것은?

① 금 — 반도체 소재
② 헬륨 — 생물의 호흡
③ 구리 — 파이프, 전선
④ 알루미늄 — 광고용 풍선 기체
⑤ 수소 — 과자 봉지의 충전 기체

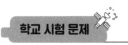
[07~08] 그림은 물질 (가)~(바)의 불꽃 반응 실험 과정을 나타낸 것이다.

(가) 염화 리튬	(나) 염화 구리(Ⅱ)
(다) 염화 바륨	(라) 황산 나트륨
(마) 탄산 칼슘	(바) 질산 스트론튬

07 이 실험에서 나타나는 불꽃 반응 색으로 옳지 <u>않은</u> 것은?

① 주황색 ② 노란색 ③ 청록색
④ 보라색 ⑤ 빨간색

08 불꽃 반응으로 구별하기 어려워 선 스펙트럼을 관찰해야 하는 물질을 옳게 짝지은 것은?

① (가), (다) ② (가), (바) ③ (나), (라)
④ (다), (라) ⑤ (마), (바)

09 불꽃 반응 실험 시 유의해야 할 사항으로 옳지 <u>않은</u> 것을 <u>모두</u> 고르면?

① 토치의 겉불꽃이 무색이 되도록 조절한다.
② 니크롬선 대신 구리선을 사용해도 무방하다.
③ 시료를 묻힌 니크롬선을 토치의 속불꽃 속에 넣는다.
④ 시료를 묻히기 전에 니크롬선에 불꽃 반응 색이 나타나는지 확인한다.
⑤ 시료가 바뀔 때마다 니크롬선을 묽은 염산과 증류수로 깨끗이 씻는다.

10 스펙트럼에 대한 설명으로 옳지 <u>않은</u> 것은?

① 물질 속에 포함된 원소의 종류를 알 수 있다.
② 시료의 양이 적을 때도 원소를 구별할 수 있다.
③ 햇빛을 분광기로 관찰하면 연속 스펙트럼이 나타난다.
④ 불꽃 반응 색이 비슷한 원소는 연속 스펙트럼으로 구별한다.
⑤ 선 스펙트럼에는 그 물질 속에 포함된 금속 원소의 스펙트럼이 모두 나타난다.

11 그림은 두 가지 종류의 스펙트럼을 나타낸 것이다.

이에 대한 설명으로 옳지 <u>않은</u> 것은?

① (가)는 연속 스펙트럼이다.
② (나)는 선 스펙트럼이다.
③ (가)는 금속 원소가 포함된 시료의 불꽃을 분광기로 관찰한 것이다.
④ (나)를 이용하면 불꽃 반응 색이 비슷한 원소도 구별할 수 있다.
⑤ (나)는 원소의 종류에 따라 선의 색이나 위치, 굵기, 개수 등이 다르다.

12 그림은 원소 A~C와 물질 X의 선 스펙트럼을 나타낸 것이다.

물질 X에 포함된 원소를 모두 고른 것은?

① A ② B ③ A, C
④ B, C ⑤ A, B, C

02 물질을 이루는 입자

❶ 원자

(1) 원자 개념의 변천

① 데모크리토스의 입자설 : 물질을 계속 쪼개면 더 이상 쪼갤 수 없는 입자에 도달한다.

② 아리스토텔레스의 연속설 : 물질은 없어질 때까지 계속 쪼갤 수 있으며, 물질에는 빈 공간이 존재하지 않는다.

③ 돌턴의 원자설 : 모든 물질은 더 이상 쪼개지지 않는 입자인 원자로 이루어져 있다. → 현대적인 원자 개념 확립

(2) 원자 : 물질을 이루는 기본 입자

① 원자의 구조 : (＋)전하를 띠는 원자핵과 그 주위를 움직이며 (－)전하를 띠는 전자로 이루어져 있다.

② 원자의 특징

• 원자는 지름이 10^{-10} m 정도로 매우 작아 눈으로 보이지 않는다.

• 원자핵의 (＋)전하량＝전체 전자의 (－)전하량 → 전기적으로 중성

• 원자의 종류에 따라 원자핵의 전하량과 전자 수가 달라진다.

(3) 원자 모형 : 눈으로 볼 수 없는 원자를 설명하기 위해 모형으로 나타낸 것

수소 원자	리튬 원자	탄소 원자	산소 원자
⊕1	⊕3	⊕6	⊕8

원자핵의 전하량 / 전자

❷ 분자

(1) 분자 : 독립된 입자로 존재하여 물질의 성질을 나타내는 가장 작은 입자로, 몇 개의 원자가 결합하여 이루어진다.

(2) 원소, 원자, 분자의 비교 : 원자는 물질을 이루는 기본 입자이고, 원소는 원자의 종류를 의미한다.

분자	물 분자 1개
원소	수소, 산소 2종류
원자	수소 원자 2개＋산소 원자 1개＝3개

(3) 여러 가지 분자와 이용

질소	과자 봉지의 충전재
메테인	천연가스의 주성분
이산화 탄소	냉매
암모니아	냉각제
염화 수소	세균의 살균

❸ 원소와 분자의 표현

(1) 원소 기호 : 원소의 이름 대신 나타내는 간단한 기호

① 원소 기호의 변천

구분	금	은	구리	철	황
연금술사	☉	☾	♀	♂	△
돌턴	Ⓖ	Ⓢ	Ⓒ	Ⓘ	⊕
베르셀리우스	Au	Ag	Cu	Fe	S

② 원소 기호를 나타내는 방법 : 원소 이름의 알파벳 첫 글자를 대문자로 표현 → 서로 다른 두 원소의 첫 글자가 같다면, 중간 글자를 선택하여 첫 글자 다음에 소문자로 표현

예 탄소 : Carboneum → C, 칼슘 : Calcium → Ca, 염소 : Chlorum → Cl

③ 주요 원소 기호

수소(H)	헬륨(He)	리튬(Li)	베릴륨(Be)
붕소(B)	탄소(C)	질소(N)	산소(O)
플루오린(F)	네온(Ne)	나트륨(Na)	마그네슘(Mg)
알루미늄(Al)	규소(Si)	인(P)	황(S)
염소(Cl)	아르곤(Ar)	칼륨(K)	칼슘(Ca)

(2) 분자식 : 분자를 이루는 원자의 종류와 개수를 원소 기호와 숫자로 나타낸 식

① 분자식을 나타내는 방법 : 분자를 이루는 원자의 종류를 원소 기호로 쓴다.

→ 원소 기호의 오른쪽 아래에 원자의 개수를 숫자로 나타낸다. (단, 원자 개수가 1개일 때는 숫자 '1'을 생략)

→ 분자식 앞에 분자의 개수를 숫자로 나타낸다. (단, 분자 개수가 1개일 때는 숫자 '1'을 생략)

예 물의 분자식

② 여러 가지 분자식

분자	분자식	분자	분자식
수소	H_2	암모니아	NH_3
산소	O_2	이산화 탄소	CO_2
질소	N_2	메테인	CH_4
물	H_2O	염화 수소	HCl

[01~02] 그림은 원자에 대한 두 가지 물질관을 모형으로 나타낸 것이다.

01 이에 대한 설명으로 옳은 것을 |보기|에서 모두 고른 것은?

| 보기 |
ㄱ. (가)는 현대적인 원자 개념을 확립하는 계기가 되었다.
ㄴ. (나)는 돌턴의 원자설에 영향을 주었다.
ㄷ. (가)는 데모크리토스가, (나)는 아리스토텔레스가 주장하였다.

① ㄱ   ② ㄴ   ③ ㄱ, ㄷ
④ ㄴ, ㄷ   ⑤ ㄱ, ㄴ, ㄷ

02 물질관 (나)를 증명할 수 있는 현상으로 옳은 것을 |보기|에서 모두 고른 것은?

| 보기 |
ㄱ. 고무풍선에 공기를 넣고 입구를 단단히 묶으면 풍선의 크기가 점점 작아진다.
ㄴ. 냉동실에서 얼음을 꺼내어 실온에 놓아두면 얼음이 녹아 물이 된다.
ㄷ. 물과 에탄올을 혼합하면 전체 부피가 각 부피의 합보다 작다.

① ㄱ   ② ㄴ   ③ ㄱ, ㄷ
④ ㄴ, ㄷ   ⑤ ㄱ, ㄴ, ㄷ

03 원자에 대한 설명으로 옳은 것을 |보기|에서 모두 고른 것은?

| 보기 |
ㄱ. 원자의 중심에는 전기적으로 중성인 원자핵이 있다.
ㄴ. 원자의 대부분은 원자핵이 차지하고 있다.
ㄷ. 원자의 종류에 따라 원자핵의 전하량과 전자 수가 달라진다.
ㄹ. 원자는 (+)전하량과 (−)전하량이 같기 때문에 전기적으로 중성이다.

① ㄱ, ㄴ   ② ㄱ, ㄷ   ③ ㄴ, ㄷ
④ ㄴ, ㄹ   ⑤ ㄷ, ㄹ

04 그림은 어떤 원자의 구조를 모형으로 나타낸 것이다. 이 원자에 대한 설명으로 옳은 것을 |보기|에서 모두 고른 것은?

| 보기 |
ㄱ. 원자핵의 전하량은 +4이다.
ㄴ. 전자의 총 전하량은 −4이다.
ㄷ. 전자 4개가 원자핵 주위에 고정되어 있다.
ㄹ. 원자핵과 전자의 전하가 서로 상쇄되어 전기적으로 중성이다.

① ㄱ, ㄴ   ② ㄱ, ㄷ   ③ ㄷ, ㄹ
④ ㄱ, ㄴ, ㄹ   ⑤ ㄴ, ㄷ, ㄹ

05 표는 여러 가지 원자의 종류에 따른 원자핵의 전하량과 전자의 개수를 나타낸 것이다.

원소 기호	H	Be	O	Ne	Ca
원자핵의 전하량	(가)	(나)	+8	+10	(마)
전자의 개수(개)	1	4	(다)	(라)	20

(가)~(마)에 들어갈 내용을 옳게 짝지은 것은?

① (가) : −1   ② (나) : −4   ③ (다) : 8
④ (라) : 9   ⑤ (마) : +15

06 그림은 어떤 분자의 모양을 나타낸 것이다. 이에 대한 설명으로 옳은 것은? (단, 어두운 공은 탄소 원자, 밝은 공은 수소 원자를 나타낸다.)

① 분자식은 CH_3이다.
② 암모니아의 분자 모형이다.
③ 이 분자의 구성 원소는 탄소와 수소 두 종류이다.
④ 수소 원자 1개는 탄소 원자 4개와 한 분자를 이룬다.
⑤ 이 모형을 3개 만들기 위해서는 수소 원자 모형이 6개 필요하다.

07 그림은 어떤 분자의 모형을 나타낸 것이다. 이에 해당하는 분자식으로 옳은 것은?

① $3CO_2$ ② $2O_3$
③ $3NH_3$ ④ $2CH_4$
⑤ HCl

08 다음은 어떤 물질의 분자식을 나타낸 것이다.

3HCl

이에 대한 설명으로 옳은 것을 <u>모두</u> 고르면?

① 염화 수소의 분자식이다.
② 분자의 개수는 총 3개이다.
③ 원자의 개수는 총 3개이다.
④ 분자를 구성하는 원소는 3종류이다.
⑤ 수소 원자 3개와 탄소 원자 1개로 구성되어 있다.

09 다음은 세 가지 물질의 분자식을 나타낸 것이다.

NH_3 $2CH_4$ H_2

이에 대한 설명으로 옳은 것은?

① H_2는 수소 분자 2개를 나타낸다.
② NH_3는 수산화 나트륨이라고 읽는다.
③ NH_3와 H_2는 모두 두 가지 원소로 이루어진 물질이다.
④ 세 물질 중 수소 원자의 개수가 가장 적은 것은 NH_3이다.
⑤ $2CH_4$는 분자 한 개당 탄소 원자 1개, 수소 원자 4개로 구성된다.

10 원소 기호에 대한 설명으로 옳은 것을 |보기|에서 모두 고른 것은?

| 보기 |
ㄱ. 원소의 종류에 따라 다르다.
ㄴ. 현재는 베르셀리우스가 제안한 원소 기호를 사용하고 있다.
ㄷ. 원소 기호는 항상 두 글자로 나타내며, 첫 글자는 항상 대문자이다.
ㄹ. 서로 다른 두 원소의 첫 글자가 같을 경우 첫 글자의 바로 다음 글자를 소문자로 표현하여 나타낸다.

① ㄱ, ㄴ   ② ㄱ, ㄷ   ③ ㄴ, ㄷ
④ ㄴ, ㄹ   ⑤ ㄷ, ㄹ

11 그림 (가)~(다)는 황을 여러 가지 원소 기호로 나타낸 것이다.

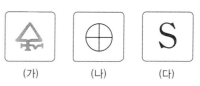

(가)   (나)   (다)

이에 대한 설명으로 옳은 것은?

① (가)는 베르셀리우스가 제안한 표현 방법이다.
② (나)는 연금술사들이 원소 기호를 표현하던 방법이다.
③ (다)의 원소 기호를 사용한 사람은 돌턴이다.
④ (다)의 표현 방법에서 원소는 모두 대문자로 쓴다.
⑤ 원소 기호의 표기법은 (가) → (나) → (다)의 순서로 변화되었다.

12 표는 여러 가지 원소의 이름과 원소 기호를 나타낸 것이다.

원소 이름	원소 기호	원소 이름	원소 기호
헬륨	He	마그네슘	Mg
규소	Si	인	(다)
(가)	K	(라)	Al
황	(나)	(마)	Ca

(가)~(마)에 들어갈 원소 이름이나 원소 기호를 옳게 짝지은 것은?

① (가) − 칼슘   ② (나) − S
③ (다) − I   ④ (라) − 은
⑤ (마) − 칼륨

13 원소 기호와 원소에 대한 설명을 옳게 짝지은 것은?

① Ag − 실온에서 액체인 금속이다.
② Hg − 반도체 회로 기판에 사용된다.
③ Si − 성냥의 불이 붙는 부분에 사용된다.
④ Al − 가벼워서 비행기의 동체에 많이 사용된다.
⑤ He − 폭발성이 강해 일상생활에서 사용이 제한된다.

❶ 이온

(1) 이온 : 전기적으로 중성인 원자가 전자를 잃거나 얻어 전하를 띠는 입자

① 이온의 형성

양이온	음이온
원자가 전자를 잃어 (+)전하를 띠는 입자	원자가 전자를 얻어 (−)전하를 띠는 입자

원자핵의 (+)전하량 > 전자의 (−)전하량	원자핵의 (+)전하량 < 전자의 (−)전하량

② 이온식

이온	양이온	음이온
표시 방법	원소 기호의 오른쪽 위에 잃은 전자의 수와 이온의 전하 '+'를 표시	원소 기호의 오른쪽 위에 얻은 전자의 수와 이온의 전하 '−'를 표시
이온식	이온을 구성하는 원자의 원소 기호 오른쪽 위에 전하의 종류와 잃거나 얻은 전자의 개수를 함께 나타낸 식	
	Na^+ — 잃은 전자 수 (1인 경우 생략) — 전하의 종류 — 원소 기호	S^{2-} — 얻은 전자 수 — 전하의 종류 — 원소 기호
이온의 이름	원소 이름 뒤에 '~ 이온'을 붙여서 부른다. 예) H^+ : 수소 이온 Na^+ : 나트륨 이온	원소 이름 뒤에 '~화 이온'을 붙여서 부른다. 이때 원소 이름이 '소'로 끝나면 '소'를 빼고 '~화 이온'을 붙인다. 예) O^{2-} : 산화 이온 S^{2-} : 황화 이온

③ 여러 가지 이온의 이름과 이온식

이온의 이름	이온식	이온의 이름	이온식
수소 이온	H^+	염화 이온	Cl^-
나트륨 이온	Na^+	산화 이온	O^{2-}
칼슘 이온	Ca^{2+}	수산화 이온	OH^-
암모늄 이온	NH_4^+	탄산 이온	CO_3^{2-}

(2) 이온의 이동

황산 구리(Ⅱ)($CuSO_4$) 수용액	과망가니즈산 칼륨($KMnO_4$) 수용액

파란색을 띠는 구리 이온(Cu^{2+})이 (−)극으로 이동	보라색을 띠는 과망가니즈산 이온(MnO_4^-)이 (+)극으로 이동

(3) 이온의 전하 확인 : 이온이 포함된 수용액에 전류를 흘려주면 전기가 통하는 것을 확인할 수 있다. → 정전기적 인력에 의해 서로 반대 전하를 띤 전극으로 끌려간다.

- Cl^- (염화 이온)
- ⊕ Na^+(나트륨 이온)

(이온이 포함된 수용액에 전류를 흘려주었을 때)

- 설탕 분자

(이온이 포함되지 않은 수용액에 전류를 흘려주었을 때)

❷ 앙금 생성 반응

(1) 앙금 생성 반응 : 두 가지 수용액을 섞었을 때, 수용액 속의 이온이 반응하여 앙금을 생성하는 반응

(2) 여러 가지 앙금 생성 반응

① 염화 나트륨($NaCl$) 수용액 + 질산 은($AgNO_3$) 수용액의 앙금 생성 반응

$$NaCl + AgNO_3 \longrightarrow NaNO_3 + AgCl \downarrow$$

② 질산 납($Pb(NO_3)_2$) 수용액 + 아이오딘화 칼륨(KI) 수용액의 앙금 생성 반응

$$Pb(NO_3)_2 + 2KI \longrightarrow 2KNO_3 + PbI_2 \downarrow$$

(3) 앙금을 생성하지 않는 이온 : Na^+(나트륨 이온), K^+(칼륨 이온), NH_4^+(암모늄 이온), NO_3^-(질산 이온) 등

(4) 앙금을 생성하는 이온

양이온	음이온	앙금(색)
Ag^+	Cl^-, Br^-, I^-	$AgCl$(흰색), $AgBr$(연노란색), AgI(노란색)
Ca^{2+}	CO_3^{2-}, SO_4^{2-}	$CaCO_3$(흰색), $CaSO_4$(흰색)
Ba^{2+}	CO_3^{2-}, SO_4^{2-}	$BaCO_3$(흰색), $BaSO_4$(흰색)
Pb^{2+}	I^-, S^{2-}	PbI_2(노란색), PbS(검은색)
Cu^{2+}, Cd^{2+}, Zn^{2+}, Fe^{2+}	S^{2-}	CuS(검은색), CdS(노란색), ZnS(흰색), FeS(검은색)

(5) 생활 속의 앙금 생성 반응 : 공장 폐수 속 중금속 제거(CdS, PbS), 음식물의 독성 여부(Ag_2S), X−Ray 조영제($BaSO_4$), 보일러 관 속의 관석($CaCO_3$) 등

01 그림 (가)와 (나)는 원자가 이온이 되는 과정을 각각 나타낸 것이다.

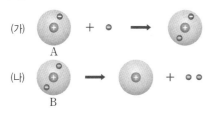

이에 대한 설명으로 옳은 것은?

① (가)에서 원자는 전자 1개를 잃는다.
② (가)는 양이온, (나)는 음이온의 형성 과정이다.
③ (가)와 (나)에서 원자핵의 전하량은 변하지 않는다.
④ (나)에서 형성된 이온을 이온식으로 나타내면 B^{2-}이다.
⑤ 산소 원자가 이온이 되는 과정은 (나)와 같이 나타낼 수 있다.

02 그림은 어떤 원자가 이온이 되는 과정을 모형으로 나타낸 것이다.

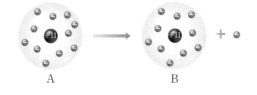

이에 대한 설명으로 옳지 <u>않은</u> 것은?

① B는 10개의 전자를 가지고 있다.
② B는 A가 전자를 1개 잃어 형성된 음이온이다.
③ B는 전하가 +1인 양이온이다.
④ 원자핵의 전하량이 +11인 원자의 이온 형성 과정이다.
⑤ A는 나트륨 원자, B는 나트륨 이온의 모형이다.

03 이온식과 이온의 이름을 옳게 짝지은 것은?

① Cl^- : 염소 이온
② K^+ : 칼륨화 이온
③ OH^- : 수소화 이온
④ NH_4^+ : 암모늄 이온
⑤ CO_3^{2-} : 삼산화 탄소 이온

04 그림은 질산 칼륨 수용액을 적신 거름종이의 가운데에 보라색의 과망가니즈산 칼륨 수용액과 파란색의 황산 구리(Ⅱ) 수용액을 떨어뜨린 후 전원을 연결한 모습을 나타낸 것이다.

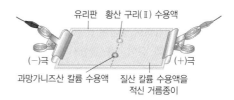

이에 대한 설명으로 옳은 것을 |보기|에서 모두 고른 것은?

| 보기 |
ㄱ. 보라색을 띠는 것은 과망가니즈산 이온이다.
ㄴ. 전극의 방향이 바뀌면 이온의 이동 방향이 바뀔 것이다.
ㄷ. 보라색과 파란색은 서로 반대쪽으로 이동할 것이다.

① ㄱ   ② ㄴ   ③ ㄱ, ㄷ
④ ㄴ, ㄷ   ⑤ ㄱ, ㄴ, ㄷ

05 그림과 같이 염화 나트륨 수용액과 설탕 수용액에 각각 건전지와 전구를 장치하고 전류를 흘려주었더니 염화 나트륨 수용액의 전구에만 불이 켜졌다.

이 실험에 대한 설명으로 옳은 것을 |보기|에서 모두 고른 것은?

| 보기 |
ㄱ. 염화 나트륨 수용액에는 나트륨 이온과 염화 이온이 들어 있다.
ㄴ. 설탕 수용액에서 전구에 불이 켜지지 않는 까닭은 이온이 없기 때문이다.
ㄷ. 염화 나트륨 수용액에서 전구에 불이 켜진 까닭은 수용액 속의 양이온이 (+)극으로, 음이온이 (−)극으로 이동했기 때문이다.

① ㄱ   ② ㄷ   ③ ㄱ, ㄴ
④ ㄴ, ㄷ   ⑤ ㄱ, ㄴ, ㄷ

06 앙금과 앙금 생성 반응에 대한 설명으로 옳은 것을 |보기|에서 모두 고른 것은?

| 보기 |
ㄱ. 앙금 생성 반응은 두 가지 수용액을 섞었을 때, 수용액 속의 이온이 반응하여 앙금이 만들어지는 반응이다.
ㄴ. 앙금은 양이온과 음이온을 결합시키는 정전기적 인력에 의해 생성된다.
ㄷ. 앙금은 종류에 상관없이 흰색을 띤다.

① ㄱ   ② ㄴ   ③ ㄷ
④ ㄱ, ㄴ   ⑤ ㄴ, ㄷ

07 그림은 질산 납 수용액과 아이오딘화 칼륨 수용액의 반응을 모형으로 나타낸 것이다.

질산 납 수용액   아이오딘화 칼륨 수용액   혼합 용액

이 반응에 대한 설명으로 옳은 것을 |보기|에서 모두 고른 것은?

| 보기 |
ㄱ. ㉠은 칼륨 이온(K^+)이다.
ㄴ. 생성된 앙금의 색깔은 노란색이다.
ㄷ. 혼합 용액에서는 전류가 흐르지 않는다.

① ㄱ   ② ㄷ   ③ ㄱ, ㄴ
④ ㄴ, ㄷ   ⑤ ㄱ, ㄴ, ㄷ

08 그림은 유리판 위에서 몇 가지 전해질 수용액을 반응시키는 실험을 나타낸 것이다.

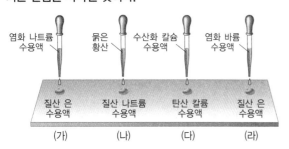

(가)~(라)에서 앙금 생성 반응이 일어나는 것을 모두 고른 것은?

① (가), (나)   ② (나), (라)   ③ (가), (나), (다)
④ (가), (다), (라)   ⑤ (나), (다), (라)

09 장풍이는 갖고 있는 미지의 X 수용액이 무엇인지 알아내기 위해 불꽃 반응 실험을 했더니 빨간색의 불꽃 반응 색이 나타났다. 또한 X 수용액에 질산 은 수용액을 떨어뜨렸더니 흰색 앙금이 생성되었다. 장풍이가 갖고 있는 X 수용액으로 옳은 것은?

① 질산 칼륨   ② 염화 리튬
③ 염화 나트륨   ④ 아이오딘화 납
⑤ 아이오딘화 칼륨

10 다음은 미지의 X 수용액을 알아보기 위해 수행한 실험 결과를 나타낸 것이다.

• X 수용액을 백금선에 묻혀서 겉불꽃 속에 넣었더니 노란색의 불꽃 반응 색이 나타났다.
• X 수용액에 질산 은 수용액을 가했더니 노란색의 앙금이 생겼다.

X 수용액으로 옳은 것은?

① 질산 납   ② 염화 칼슘
③ 염화 나트륨   ④ 아이오딘화 납
⑤ 아이오딘화 나트륨

11 우리 주변에서 일어나는 앙금 생성 반응은 때로는 유용하게 이용되기도 하고, 때로는 불편함을 주기도 한다. 각 상황에서 일어난 앙금 생성 반응에 대한 설명으로 옳은 것을 |보기|에서 모두 고른 것은?

| 보기 |
ㄱ. 조영제로 사용하는 황산 바륨은 몸속에서 바륨 이온과 황산 이온으로 나누어진다.
ㄴ. 보일러에 칼슘 이온이 포함된 센물을 사용하면 관석이 생긴다.
ㄷ. 음식물의 독성을 검사하기 위해 은수저를 사용한다.

① ㄱ   ② ㄴ   ③ ㄷ
④ ㄱ, ㄴ   ⑤ ㄴ, ㄷ

서술형 문제

I. 물질의 구성

정답과 해설 61쪽

01 그림은 라부아지에의 물 분해 실험을 나타낸 것이다.

(1) 이 실험을 통해 알게 된 내용을 서술하시오.

KEY
물 → 수소+산소

(2) 기체 A가 무엇인지 쓰고, 이 기체를 확인할 수 있는 방법을 서술하시오.

KEY
수소 ➡ 폭발성 있는 기체

02 다음은 여러 가지 원소와 물질을 나타낸 것이다.

> 수소, 소금, 철, 질소, 알루미늄, 금, 공기

원소에 해당하는 것을 모두 고르고, 원소의 정의에 대해 서술하시오.

KEY
물질을 이루는 기본 성분

03 그림은 불꽃 축제에서 폭죽이 터지는 모습을 나타낸 것이다.

폭죽이 터질 때 밝은 빛과 함께 여러 가지 색깔의 불꽃이 나타나는 까닭을 서술하시오.

KEY
여러 가지 금속 원소

04 그림은 불꽃 반응 실험 과정을 나타낸 것이다.

이 실험에서 니크롬선을 묽은 염산과 증류수로 씻는 까닭을 서술하시오.

KEY
불순물 제거

05 그림은 원소 A, B와 물질 (가)~(라)의 선 스펙트럼을 나타낸 것이다.

(가)~(라) 중 원소 A, B를 모두 포함하는 물질을 고르고, 그렇게 생각한 까닭을 서술하시오.

KEY
원소, 포함, 선 스펙트럼

06 그림은 염화 수소의 분자 모형을 나타낸 것이다. 염화 수소 분자를 원자와 분자의 개념을 이용하여 서술하시오.

KEY
염화 수소 분자 → 수소+염소

07 그림은 마그네슘 원자가 마그네슘 이온이 되는 과정을 모형으로 나타낸 것이다.

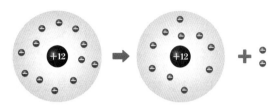

마그네슘 원자가 이온이 되는 과정을 전자의 이동과 관련지어 서술하시오.

KEY
전자를 잃음

_____

_____

08 그림과 같이 물에 젖은 손으로 전기가 통하는 기구를 만지면 감전이 될 수 있어 위험하다.

그 까닭을 이온과 관련지어 서술하시오.

KEY
수돗물, 피부, 이온, 전류

_____

_____

09 그림은 염화 나트륨 수용액 속의 나트륨 이온과 염화 이온을 모형으로 나타낸 것이다.

이 수용액에 전원을 연결하면 이온은 각각 어떻게 움직이는지 쓰시오.

KEY
양이온 ➡ (−)극, 음이온 ➡ (+)극

_____

_____

10 그림은 질산 암모늄 수용액을 적신 거름종이의 양쪽에 아이오딘화 칼륨 수용액과 질산 납 수용액을 떨어뜨린 후 전원을 연결한 모습을 나타낸 것이다.

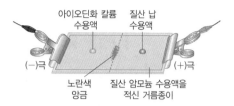

(1) 노란색 앙금이 만들어지는 까닭을 이온의 이동과 관련지어 서술하시오.

KEY
정전기적 인력

_____

_____

(2) 전극의 방향을 바꾸었을 때의 실험 결과를 예측하여 서술하시오.

KEY
앙금이 생성되지 않음

_____

_____

11 풍순이는 할머니가 물려주신 은반지를 끼고 유황온천에 들어갔는데 나와 보니 반지가 까맣게 변해 있었다. 풍순이의 은반지가 까맣게 변한 까닭을 서술하시오.

KEY
검은색의 황화 은(Ag_2S) 생성

_____

_____

12 그림과 같이 보일러의 관에 생기는 관석의 화학식과 관석이 보일러에 끼치는 영향을 서술하시오.

KEY
탄산 칼슘, 열전도율

_____

_____

❶ 마찰 전기

(1) 원자의 구조 : 원자핵과 전자로 이루어져 있다.

① **원자핵** : (+)전하를 띠며, 마찰 과정에서 이동하지 않는다.

② **전자** : (−)전하를 띠며, 마찰이나 충격에 의해 쉽게 이동한다.

(2) 전기력 : 대전체와 같이 전하를 띤 물체 사이에 작용하는 힘

① **전기력의 방향**

• 다른 종류의 전하를 띤 대전체 사이 : 서로 끌어당기는 방향으로 작용한다. ➡ 인력

• 같은 종류의 전하를 띤 대전체 사이 : 서로 밀어내는 방향으로 작용한다. ➡ 척력

다른 종류의 전하 사이	같은 종류의 전하 사이
⊕→ ←⊝	←⊝ ⊝→ ←⊕ ⊕→
인력 작용	척력 작용

② **전기력의 크기** : 대전된 전하의 양이 많을수록, 대전체 사이의 거리가 가까울수록 크다.

(3) 마찰 전기 : 서로 다른 두 물체를 마찰할 때 전자의 이동에 의해 발생하는 전기

① 전자를 잃은 물체 : (+)전하로 대전

② 전자를 얻은 물체 : (−)전하로 대전

③ 마찰한 두 물체 사이에 작용하는 힘 : 인력

(4) 마찰 전기에 의한 현상

① 비질을 할 때 빗자루에 먼지들이 달라붙는다.

② 스웨터를 벗을 때 머리카락이 스웨터에 달라붙는다.

③ 휴지로 모니터를 닦으면 휴지가 모니터에 달라붙는다.

④ 풍선을 머리카락에 문지르면 풍선에 머리카락이 달라붙는다.

❷ 정전기 유도

(1) 정전기 유도 : 물체에 대전체를 가까이 했을 때 전하가 유도되는 현상

(2) 원리 : 전기를 띠지 않는 금속 물체에 대전체를 가까이 하면 물체의 전자(자유 전자)가 대전체의 종류에 따라 끌어 당겨지거나 밀려난다.

➡ 물체와 대전체 사이에는 인력 작용

(3) 대전되는 전하의 종류

① 대전체와 가까운 쪽 : 대전체와 다른 종류의 전하가 유도

② 대전체에서 먼 쪽 : 대전체와 같은 종류의 전하가 유도

❸ 검전기

(1) 검전기 : 정전기 유도 현상을 이용하여 물체의 대전 여부를 알아보는 장치

(2) 검전기를 통해 알 수 있는 것

① 물체의 대전 여부

② 대전된 전하의 양 비교

③ 대전된 전하의 종류

• (−)전하로 대전된 검전기를 이용

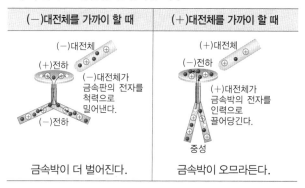

(−)대전체를 가까이 할 때	(+)대전체를 가까이 할 때
금속박이 더 벌어진다.	금속박이 오므라든다.

• (+)전하로 대전된 검전기를 이용

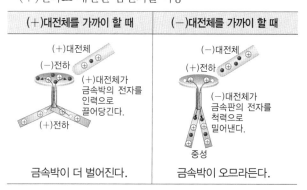

(+)대전체를 가까이 할 때	(−)대전체를 가까이 할 때
금속박이 더 벌어진다.	금속박이 오므라든다.

(3) 검전기를 대전시키는 방법

① 대전체를 검전기의 금속판에 접촉시킨다.

　➡ 대전체와 같은 종류의 전하로 대전

② 대전체를 금속판에 가까이 한 상태에서 금속판에 손가락을 댄 다음, 대전체와 손가락을 동시에 치운다.

　➡ 대전체와 다른 종류의 전하로 대전

01 마찰 전기에 대한 설명으로 옳지 <u>않은</u> 것은?

① 물체가 전자를 얻으면 (−)전하를 띤다.
② 서로 다른 물체를 마찰할 때 마찰 전기가 발생한다.
③ 털가죽과 고무풍선을 마찰하면 두 물체는 서로 다른 종류의 전하를 띤다.
④ 같은 종류의 두 물체를 마찰하면 두 물체는 서로 같은 종류의 전하를 띤다.
⑤ 마찰하는 동안 물체 내부에서 전자가 생성되거나 소멸되지는 않는다.

02 그림은 물체 A~C의 대전 상태를 원자 모형으로 나타낸 것이다.

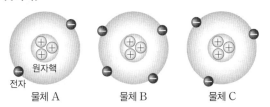

물체 A   물체 B   물체 C

A~C가 띠는 전하의 종류를 옳게 짝지은 것은?

	A	B	C
①	중성	(+)전하	(−)전하
②	(+)전하	중성	(+)전하
③	(+)전하	(−)전하	중성
④	(−)전하	중성	(+)전하
⑤	(−)전하	(+)전하	중성

03 그림은 (+)전하로 대전된 유리 막대를 대전된 두 고무 풍선 A, B 사이에 놓았을 때 관찰되는 모습을 나타낸 것이다. A, B가 띠는 전하의 종류를 옳게 짝지은 것은? (단, A와 B 사이에 작용하는 힘은 무시한다.)

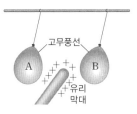

	A	B		A	B
①	(−)전하	(−)전하	②	(−)전하	(+)전하
③	(+)전하	(−)전하	④	(+)전하	(+)전하

⑤ A, B가 띠는 전하의 종류를 알 수 없다.

04 그림과 같이 (−)전하로 대전된 대전체를 대전되지 않은 금속 막대의 A 쪽에 가까이 했다.

이때 일어나는 현상에 대한 설명으로 옳은 것은?

① A 부분에 (−)전하가 유도된다.
② B 부분에 (+)전하가 유도된다.
③ 전자가 A에서 B 쪽으로 이동한다.
④ 원자핵이 B에서 A 쪽으로 이동한다.
⑤ A에는 대전체와 같은 종류의 전하가 유도된다.

05 그림과 같이 대전되지 않은 두 금속 막대 A, B를 접촉하고, (−)전하로 대전된 플라스틱 막대를 금속 막대 A에 가까이 했다.

이 상태에서 A, B를 떼어 놓고 플라스틱 막대를 멀리 치웠을 때 A, B의 대전 상태로 옳은 것은?

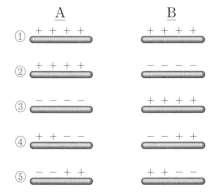

06 그림은 (+)대전체를 접촉해 있는 두 금속 구 A와 B 중 B 쪽에 가까이 한 모습을 나타낸 것이다.

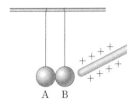

이 상태에서 A, B를 떨어뜨려 놓고 (+)대전체를 치웠을 때, A, B에 나타나는 현상으로 옳은 것을 모두 고르면?

① A와 B는 서로 밀어낸다.
② A와 B는 서로 끌어당긴다.
③ A에 (+)대전체를 가까이 하면 A가 끌려온다.
④ B에 (−)대전체를 가까이 하면 B가 밀려난다.
⑤ A와 B 사이에는 아무런 힘이 작용하지 않는다.

07 검전기를 통해 알 수 있는 사실을 |보기|에서 모두 고른 것은?

> |보기|
> ㄱ. 물체의 대전 여부   ㄴ. 물체의 저항 정도
> ㄷ. 대전된 전자의 수   ㄹ. 대전된 전하의 종류
> ㅁ. 대전체의 상대적인 전하의 양

① ㄱ, ㄷ   ② ㄴ, ㄷ   ③ ㄹ, ㅁ
④ ㄱ, ㄹ, ㅁ   ⑤ ㄴ, ㄷ, ㅁ

08 대전되지 않은 검전기를 (−)전하로 대전시키는 방법으로 옳은 것을 모두 고르면?

① (−)대전체를 검전기에 접촉한다.
② (+)대전체를 검전기에 접촉한다.
③ 금속판 근처에서 (−)전하로 대전된 물체를 천천히 좌우로 흔든다.
④ (−)대전체를 금속판에 가까이 한 상태에서 손가락을 금속판에 접촉한 후, 손가락과 대전체를 동시에 치운다.
⑤ (+)대전체를 금속판에 가까이 한 상태에서 손가락을 금속판에 접촉한 후, 손가락과 대전체를 동시에 치운다.

09 그림은 (−)전하로 대전된 검전기에 (−)대전체를 가까이 하는 모습을 나타낸 것이다.

이때 금속박의 움직임을 나타낸 것으로 옳은 것은?

① 금속박이 오므라든다.
② 금속박이 더 벌어진다.
③ 금속박은 움직이지 않는다.
④ 금속박이 오므라들었다가 벌어진다.
⑤ 금속박이 더 벌어졌다가 오므라든다.

10 다음은 검전기를 이용하여 정전기 유도 실험을 하는 과정을 나타낸 것이다.

> [실험 과정]
> (가) (−)대전체를 대전되지 않은 검전기의 금속판에 가까이 한다.
> (나) 손가락을 금속판에 접촉한다.
> (다) 대전체와 손가락을 동시에 치운다.
>
>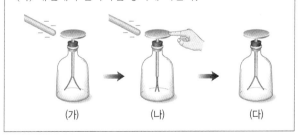
> (가)   (나)   (다)

각 단계에서 일어나는 현상으로 옳은 것은?

① (가)에서 전자는 금속판으로 이동한다.
② (나)에서 전자는 손가락을 통해 검전기로 이동한다.
③ (나)에서 검전기는 전체적으로 (−)전하를 띤다.
④ (다)에서 금속박은 오므라든다.
⑤ (다)에서 검전기는 전체적으로 (+)전하를 띤다.

02 전류, 전압, 저항

❶ 전류

(1) **전류** : 전하의 흐름

① 전류의 방향과 전자의 이동 방향
- 전류의 방향 : 전지의 (+)극 → (−)극
- 전자의 이동 방향 : 전지의 (−)극 → (+)극

② 전선 속 전자의 운동
- 전류가 흐르지 않을 때 : 전자가 여러 방향으로 불규칙하게 움직인다.
- 전류가 흐를 때 : 전자가 일정한 방향으로 이동한다.

(2) **전류의 세기(I)** : 1초 동안 전선의 단면을 통과하는 전하의 양 [단위 : A(암페어), mA(밀리암페어)]

❷ 전압

(1) **전압(V)** : 전기 회로에 전류를 흐르게 하는 능력으로, 전압이 클수록 센 전류를 흐르게 한다. [단위 : V(볼트)]

(2) **물의 흐름 모형과 전기 회로의 비교** : 전압에 의해 전류가 흐르는 것은 물의 높이 차에 의해 물이 흐르는 것에 비유할 수 있다.

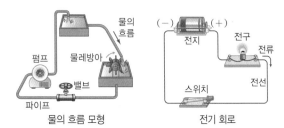

물의 흐름 모형

전기 회로

물의 흐름 모형	물의 흐름	물레 방아	밸브	파이프	펌프	물의 높이 차
전기 회로	전류	전구	스위치	전선	전지	전압

❸ 전류계와 전압계

(1) **전류의 세기와 전압의 측정** : 전기 회로에서 전류의 세기는 전류계, 전압은 전압계로 측정한다.

(2) **전류계와 전압계의 연결**

전류계	전압계
전류계는 전기 회로에 직렬로 연결한다.	전압계는 전기 회로에 병렬로 연결한다.

❹ 전기 저항

(1) **전기 저항(R)** : 전류의 흐름 또는 전자의 이동을 방해하는 정도 [단위 : Ω(옴)]

(2) **전기 저항의 원인** : 전류가 흐를 때 전선을 따라 이동하는 전자들이 전선 내의 원자와 충돌하기 때문

(3) **전기 저항의 크기에 영향을 미치는 요인**

① 물질의 종류 : 물질의 종류에 따라 원자의 배열 상태가 다르므로 저항이 다르다.

② 전선의 길이와 단면적(굵기) : 전선이 길수록, 전선의 단면적(굵기)이 작을수록 전자가 원자와 충돌하는 횟수가 많아져 저항이 커진다.

❺ 옴의 법칙

(1) **전류, 전압, 저항의 관계**

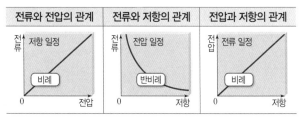

전류와 전압의 관계	전류와 저항의 관계	전압과 저항의 관계

(2) **옴의 법칙** : 전류의 세기(I)는 전압(V)에 비례하고, 저항(R)에 반비례한다.

$$I = \frac{V}{R},\ V = IR,\ R = \frac{V}{I}$$

❻ 저항의 연결

(1) **저항의 직렬연결**

① 전류 : 각 저항에 흐르는 전류는 전체 전류와 같다.

② 전압 : 전체 전압은 각 저항에 걸리는 전압의 합과 같다.

③ 저항 : 저항을 직렬로 연결하는 것은 저항의 길이를 길게 만드는 것과 같다. ➡ 하나의 저항에 전류가 흐르지 않으면 다른 저항에도 전류가 흐르지 않는다.

(2) **저항의 병렬연결**

① 전류 : 전체 전류는 각 저항에 흐르는 전류의 합과 같다.

② 전압 : 각 저항에 걸리는 전압은 전체 전압과 같다.

③ 저항 : 저항을 병렬로 연결하는 것은 저항의 단면적을 크게 만드는 것과 같다. ➡ 하나의 저항에 전류가 흐르지 않아도 다른 저항에 전류가 흐른다.

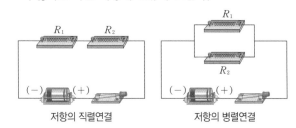

저항의 직렬연결

저항의 병렬연결

01 그림은 전구가 연결된 전기 회로를 나타낸 것이다.

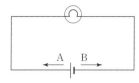

이 전기 회로에 대한 설명으로 옳은 것은?

① 전류가 흐르지 않으면 전자도 존재하지 않는다.
② 전류의 방향은 A이고, 전자의 이동 방향은 B이다.
③ 원자핵은 A 방향으로, 전자는 B 방향으로 이동한다.
④ 전구에서 전자가 소모되면서 전구가 밝게 빛나게 된다.
⑤ 전원의 극을 반대로 연결하여도 전류가 흐르는 방향은 변하지 않는다.

02 다음은 물의 흐름 모형과 전류의 흐름을 비교한 것이다.

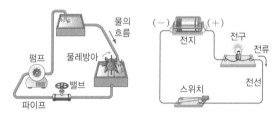

물의 흐름 모형	물의 흐름	물의 높이 차	파이프	물레방아
전기 회로	전류	(가)	전선	(나)

이에 대한 설명으로 옳은 것을 |보기|에서 모두 고른 것은?

| 보기 |
ㄱ. (가)는 전지, (나)는 전구이다.
ㄴ. 펌프가 물을 높은 곳으로 퍼 올려서 계속 흐르게 하는 것과 같이 전지는 전류가 계속 흐르도록 해준다.
ㄷ. 펌프가 작동하여 물이 물레방아를 돌릴 수 있는 것처럼 회로에 전류가 흐르면 전구에 불이 켜진다.

① ㄱ   ② ㄷ   ③ ㄱ, ㄴ
④ ㄴ, ㄷ   ⑤ ㄱ, ㄴ, ㄷ

03 그림 (가)와 (나)는 전선 속 전자의 움직임을 나타낸 것이다.

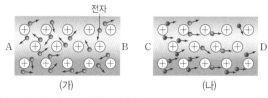

이에 대한 설명으로 옳은 것은?

① (가)의 A는 전지의 (+)극 쪽에 연결되어 있다.
② (가)의 회로에는 전류가 흐른다.
③ (나)의 C는 전지의 (+)극 쪽에 연결되어 있다.
④ (나)의 전자는 불규칙하게 움직인다.
⑤ (나)에서 전류는 D에서 C 방향으로 흐른다.

04 그림 (가)와 같이 전류계의 (−)단자가 50 mA에 연결되어 있을 때 전류계의 눈금이 (나)와 같았다.

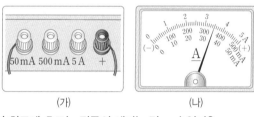

전기 회로에 흐르는 전류의 세기는 몇 mA인가?

① 35 mA   ② 50 mA   ③ 350 mA
④ 500 mA   ⑤ 3500 mA

05 전기 저항에 대한 설명으로 옳지 <u>않은</u> 것은?

① 전기 저항은 전류의 흐름을 방해하는 정도이다.
② 전기 저항은 물질의 종류에 따라 다르다.
③ 전선의 길이가 길수록 전기 저항이 크다.
④ 전선의 단면적이 클수록 전기 저항이 크다.
⑤ 전기 저항은 전선을 따라 이동하는 전자와 전선 속 원자의 충돌에 의해 발생한다.

06 그림은 여러 가지 금속 A~C에 대한 전압과 전류의 세기의 관계를 나타낸 것이다.

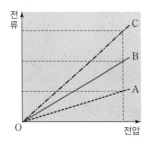

이에 대한 설명으로 옳은 것을 |보기|에서 모두 고른 것은?

┌ 보기 ┐
ㄱ. 저항의 크기는 A가 가장 작다.
ㄴ. 전자의 이동을 방해하는 정도는 A가 B보다 크다.
ㄷ. B와 C는 원자의 배열 상태가 같다.

① ㄱ   ② ㄴ   ③ ㄱ, ㄷ
④ ㄴ, ㄷ   ⑤ ㄱ, ㄴ, ㄷ

07 그림은 두 니크롬선 A, B에 걸리는 전압과 전류의 세기를 나타낸 것이다.

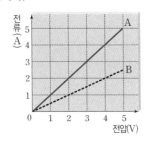

이에 대한 설명으로 옳은 것은?

① 그래프의 기울기는 저항을 나타낸다.
② A와 B의 저항의 비(A : B)는 2 : 1이다.
③ 각 니크롬선에 흐르는 전류의 세기는 전압에 비례한다.
④ 전류의 세기가 같을 때 두 니크롬선에 걸리는 전압은 같다.
⑤ 전압이 같을 때 두 니크롬선에 흐르는 전류의 세기의 비 (A : B)는 1 : 2이다.

08 그림은 500 mA의 전류가 흐르는 전기 회로의 일부를 나타낸 것이다. 저항 R에 걸리는 전압이 120 V일 때, R의 저항 값은 몇 Ω인가?

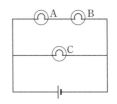

① 20 Ω   ② 60 Ω   ③ 120 Ω
④ 240 Ω   ⑤ 300 Ω

09 그림은 전기 회로에 동일한 세 전구 A~C를 연결한 모습을 나타낸 것이다.

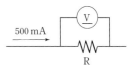

이에 대한 설명으로 옳은 것은?

① 각 전구의 밝기는 모두 같다.
② 각 전구에 걸리는 전압은 모두 같다.
③ 각 전구에 흐르는 전류의 세기는 모두 같다.
④ A가 끊어져도 B는 불이 켜진다.
⑤ A가 끊어져도 C의 밝기는 변화가 없다.

10 저항이 같은 니크롬선 4개를 다음과 같이 연결하였을 때, 전체 저항이 가장 큰 것은?

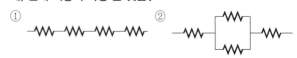

❶ 전류와 자기장

(1) 자석에 의한 자기장

① 자기력 : 자석과 자석 또는 자석과 쇠붙이 사이에 서로 밀어내거나 끌어당기는 힘 ➡ 같은 극끼리는 척력, 다른 극끼리는 인력이 작용한다.

② 자기장 : 자기력이 작용하는 공간

③ 자기장의 방향 : 나침반 바늘의 N극이 가리키는 방향

④ 자기력선 : 눈에 보이지 않는 자기장의 모습을 선으로 나타낸 것

자기력선의 성질
- N극에서 나와 S극으로 들어간다.
- 서로 교차하거나 끊어지지 않는다.
- 자기력선의 간격이 좁을수록 자기장의 세기가 크다.
- 자기력선상의 한 점에서 그은 접선 방향이 그곳에서의 자기장의 방향이다.

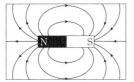

막대자석 주위의 자기력선

---

(2) 전류에 의한 자기장 : 전류가 흐르는 도선 주위에는 자기장이 형성된다.

① 직선 도선 주위의 자기장
- 자기장의 방향 : 도선을 중심으로 동심원 모양의 자기장이 형성된다. ➡ 전류의 방향으로 오른손의 엄지손가락을 향하게 하고 도선을 감아쥘 때 나머지 네 손가락의 방향

- 자기장의 세기 : 도선에 흐르는 전류의 세기가 클수록, 도선으로부터의 거리가 가까울수록 크다.

② 원형 도선 주위에 생기는 자기장
- 자기장의 방향 : 원의 중심에서는 전선 모양, 도선 가까운 곳에서는 원 모양 ➡ 전류의 방향으로 오른손의 엄지손가락을 향하게 하고 도선을 감아쥘 때 나머지 네 손가락의 방향
- 원형 도선 중심에서의 자기장의 세기 : 도선에 흐르는 전류의 세기가 클수록, 원형 도선의 반지름이 작을수록 크다.

직선 도선 주위의 자기장

원형 도선 주위의 자기장

---

③ 코일 주위의 자기장
- 자기장의 방향 : 코일 내부에서는 직선 모양, 외부에서는 막대자석 주위의 자기장과 비슷한 모양 ➡ 코일 내부에서 자기장의 방향은 오른손의 네 손가락을 전류의 방향으로 하고 코일을 감아쥘 때 엄지손가락이 향하는 방향

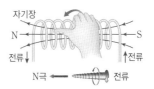

- 자기장의 세기 : 도선에 흐르는 전류의 세기가 클수록, 도선을 촘촘히 감을수록 크다.
④ 전자석 : 코일 속에 철심을 넣어 만든 것으로, 전류가 흐를 때만 자석의 성질을 띤다. ➡ 자동문 개폐기, 전자석 기중기, 자기 부상 열차, 스피커 등에 이용

❷ 자기장 속에서 전류가 흐르는 도선이 받는 힘

(1) 자기장 속에서 전류가 흐르는 도선은 힘(자기력)을 받는다.

(2) 자기장 속에서 전류가 흐르는 도선이 받는 힘의 방향 : 전류의 방향과 자기장의 방향에 각각 수직인 방향이다.
➡ 오른손의 네 손가락을 자기장의 방향, 엄지손가락을 전류의 방향으로 향하게 할 때 손바닥이 향하는 방향이 도선이 받는 힘의 방향이다.

오른손 이용

(3) 자기장 속에서 전류가 흐르는 도선이 받는 힘의 크기 : 도선에 흐르는 전류의 세기가 클수록, 자기장의 세기가 클수록 크며, 전류의 방향과 자기장의 방향이 수직일 때 도선이 받는 힘이 가장 크다.

(4) 전동기 : 자기장 속에서 전류가 흐르는 코일이 받는 힘을 이용하여 전기 에너지를 역학적 에너지로 전환시키는 장치
➡ 선풍기, 세탁기, 전기차, 헤어 드라이어, 스피커, 로봇 청소기, 휴대 전화의 진동 등에 이용

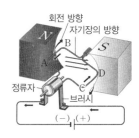

전류의 방향	C → D → B → A	흐르지 않는다.	A → B → D → C
AB	위로 힘을 받는다.	힘 ×	아래로 힘을 받는다.
CD	아래로 힘을 받는다.	힘 ×	위로 힘을 받는다.
회전 방향	시계 방향		

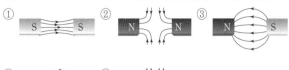
01 두 자석 사이의 자기력선 모양을 옳게 나타낸 것은?

02 그림은 전류가 흐르는 직선 도선의 모습을 나타낸 것이다.

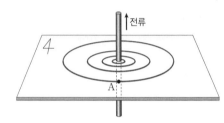

직선 도선에 의한 자기장에 대한 설명으로 옳지 <u>않은</u> 것은? (단, 지구 자기장은 무시한다.)

① 동심원 모양의 자기장이 생긴다.
② 자기장의 방향은 시계 반대 방향이다.
③ 도선에서 멀수록 자기장의 세기가 작다.
④ 전류의 세기가 커지면 자기장의 세기도 커진다.
⑤ A 지점에 나침반을 놓으면 나침반 바늘의 S극은 동쪽을 가리킨다.

03 그림과 같이 전기 회로의 전선 위에 나침반 4개를 올려놓았다.

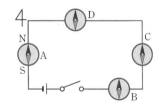

스위치를 닫았을 때, 나침반 바늘의 N극이 동쪽을 가리키는 것은? (단, 지구 자기장은 무시한다.)

① A   ② B   ③ C
④ D   ⑤ A, C

04 그림과 같이 원형 도선에 화살표 방향으로 전류를 흘려주었다.

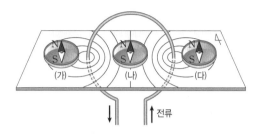

(가)~(다) 지점에 놓은 나침반 바늘의 N극이 가리키는 방향을 옳게 짝지은 것은? (단, 지구 자기장은 무시한다.)

	(가)	(나)	(다)		(가)	(나)	(다)
①	북쪽	북쪽	북쪽	②	남쪽	북쪽	남쪽
③	북쪽	남쪽	북쪽	④	동쪽	남쪽	서쪽
⑤	서쪽	북쪽	동쪽				

05 전자석 내부의 자기장의 세기를 증가시키는 방법에 대한 설명으로 옳지 <u>않은</u> 것을 모두 고르면?

① 코일의 감은 수를 늘린다.
② 코일 내부에 철심을 넣는다.
③ 코일에 흐르는 전류의 방향을 바꾼다.
④ 코일에 흐르는 전류의 세기를 증가시킨다.
⑤ 코일의 감은 수는 일정하게 하고, 코일이 감긴 방향을 바꾼다.

06 그림과 같이 화살표 방향으로 전류가 흐르는 전자석의 좌우에 나침반 A, B를 놓았다.

나침반 A, B의 N극이 가리키는 방향을 옳게 짝지은 것은?

	A	B		A	B
①	↑	↓	②	↓	↑
③	←	→	④	→	←
⑤	←	←			

07 자기장 속에서 전류가 흐르는 도선이 받는 힘에 대한 설명으로 옳은 것을 |보기|에서 모두 고른 것은?

| 보기 |
ㄱ. 힘의 방향은 전류의 방향과 자기장의 방향에 각각 수직이다.
ㄴ. 힘의 크기는 전류의 방향과 자기장의 방향이 나란할 때 최대이다.
ㄷ. 전류의 방향 또는 자기장의 방향을 반대로 바꾸면 도선이 받는 힘의 방향도 반대가 된다.

① ㄴ　　　　　② ㄷ　　　　　③ ㄱ, ㄴ
④ ㄱ, ㄷ　　　　⑤ ㄱ, ㄴ, ㄷ

08 그림은 전류가 흐르는 도선이 자기장 속에서 받는 힘을 알아보기 위한 실험 장치를 나타낸 것이다. 이 실험에서 (가)도선이 받는 힘의

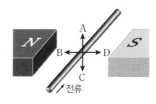

방향과 전류의 방향이 반대로 바뀌었을 때 (나)도선이 받는 힘의 방향을 옳게 짝지은 것은?

	(가)	(나)		(가)	(나)
①	A	B	②	A	C
③	B	D	④	C	A
⑤	D	B			

09 그림은 말굽자석 사이에 도선이 놓여 있는 모습을 나타낸 것이다.

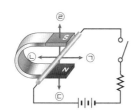

스위치를 닫았을 때, 도선이 움직이는 방향으로 옳은 것은?

① ㉠　　　　　② ㉡　　　　　③ ㉢
④ ㉣　　　　　⑤ 움직이지 않는다.

10 그림은 종이면에 수직 방향으로 전류가 흐르는 직선 도선이 말굽자석 사이에 놓여 있는 모습을 나타낸 것이다.

도선이 받는 힘의 방향으로 옳은 것은?

① 말굽자석 안쪽
② 도선의 왼쪽
③ 도선의 오른쪽
④ 말굽자석 바깥쪽
⑤ 힘을 받지 않는다.

11 그림은 자기장 속에서 전류가 흐르는 도선이 받는 힘의 크기와 방향을 알아보기 위한 실험 장치를 나타낸 것이다.

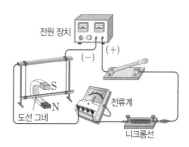

이에 대한 설명으로 옳지 않은 것은?

① 스위치를 닫으면 도선 그네는 말굽자석의 안쪽으로 움직인다.
② 자석의 극만 반대로 바꾸면 처음과 반대 방향으로 움직인다.
③ 전류의 방향만 반대로 바꾸면 처음과 반대 방향으로 움직인다.
④ 자석의 극과 전류의 방향을 동시에 반대로 바꾸면 처음과 같은 방향으로 움직인다.
⑤ 니크롬선의 길이를 짧게 하면 도선 그네는 더 빠르게 움직인다.

01 그림은 가늘게 흘러내리는 물줄기 근처에 (+)전하로 대전된 물체를 가까이 하는 모습을 나타낸 것이다. 이때 물줄기의 모습이 어떻게 되는지 쓰고, 그렇게 생각한 까닭을 서술하시오.

 전자, 인력

_____

_____

02 그림은 검전기의 모습을 나타낸 것이다. 검전기를 이용하여 알 수 있는 사실 세 가지를 서술하시오.

금속판 / 고무마개 / 금속 막대 / 금속박 / 유리병

 금속박이 벌어지는 정도, 대전된 검전기

_____

_____

03 그림은 전류가 흐를 때와 흐르지 않을 때의 전선 속 전자의 운동을 순서 없이 나타낸 것이다.

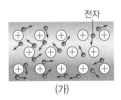 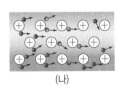

(가)　　　　　　(나)

(가)와 (나) 중 전류가 흐르는 전선을 고르고, 그렇게 생각한 까닭을 서술하시오.

 일정한 방향

_____

_____

04 다음은 전류계의 사용법을 나타낸 것이다.

> (가) 전류계의 영점을 조절한다.
> (나) 전류계는 전류를 측정하려는 부분에 병렬로 연결한다.
> (다) 전류계의 (+)단자는 전지의 (+)극 쪽에, (−)단자는 전지의 (−)극 쪽에 연결한다.

 전류계의 연결, 측정하려는 부분, 직렬

(1) (가)~(다) 중 틀린 문장을 고르고, 그렇게 생각한 까닭을 서술하시오.

_____

_____

(2) (1)의 틀린 문장을 옳게 고치시오.

_____

_____

05 그림은 동일한 세 전구 A~C를 연결한 전기 회로를 나타낸 것이다. 만약 A의 필라멘트가 끊어진다면, B와 C의 밝기는 어떻게 변하는지 쓰고, 그렇게 생각한 까닭을 서술하시오.

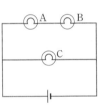

 직렬연결, 병렬연결

_____

_____

06 그림과 같이 전기 회로를 연결하고 전류의 세기를 측정했을 때 전류계의 바늘이 왼쪽 끝으로 돌아가 전류 값을 측정할 수 없었다. 이 문제를 해결하기 위한 가장 옳은 방법을 그 까닭과 함께 서술하시오.

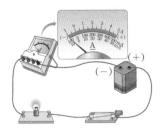

 전류계의 단자, 전지의 (+)극, (−)극

_____

_____

07 그림은 길이와 단면적이 같으나 서로 다른 물질로 만든 전선 A~C에 걸린 전압과 전류의 세기를 나타낸 것이다.

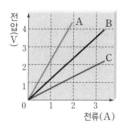

그래프의 기울기, 물질의 종류

⑴ A~C의 저항의 크기를 부등호로 비교하시오.

⑵ 물질마다 저항의 크기가 다른 까닭을 서술하시오.

08 그림은 풍식이네 집의 전기 배선도를 나타낸 것이다.

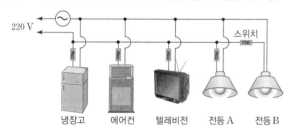

전등 B의 스위치를 끌 때, 에어컨에 흐르는 전류의 세기가 어떻게 되는지 쓰고, 그렇게 생각한 까닭을 서술하시오.

병렬연결, 일정한 전압

09 플러그를 연결할 때 하나의 콘센트에 여러 개의 플러그를 동시에 꽂아 사용하면 위험한 까닭을 서술하시오.

병렬연결, 전류의 세기

10 그림은 자석의 N극과 S극 사이에 놓여 있는 도선을 나타낸 것이다. 도선에 종이면에 수직으로 들어가는 방향으로 전류가 흐르고 있을 때, 이 도선이 받는 힘의 방향을 쓰고, 그렇게 생각한 까닭을 서술하시오.

자기장의 방향, 전류의 방향

11 그림과 같이 장치하고 도선에 화살표 방향으로 전류를 흘려주었더니 도선이 움직였다. 도선이 움직이는 까닭과 A~E 중 도선이 움직이는 방향을 서술하시오.

자기장의 방향, 전류의 방향

12 그림은 직선 도선 주위의 자기장의 방향을 알아보기 위한 실험을 나타낸 것이다.

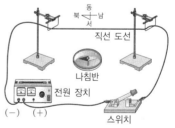

그림과 같이 직선 도선을 남북으로 장치한 다음, 도선과 나침반 사이의 거리를 변화시키면서 나침반 바늘의 움직임을 관찰하였다. 직선 도선이 나침반에 가까워질수록 나침반 바늘의 회전 각도가 어떻게 변하는지를 그 까닭과 함께 서술하시오.

자기장의 세기, 도선과의 거리, 자기력

❶ 지구와 달의 크기

(1) 에라토스테네스의 지구 크기 측정

① 가정
- 지구는 완전한 구형이다. ➡ 원의 성질을 이용하기 위한 가정
- 지구로 들어오는 햇빛은 어디에서나 평행하다. ➡ 엇각의 원리를 이용하기 위한 가정

② 측정 원리 : 원에서 호의 길이는 중심각의 크기에 비례한다.

③ 지구의 크기 계산

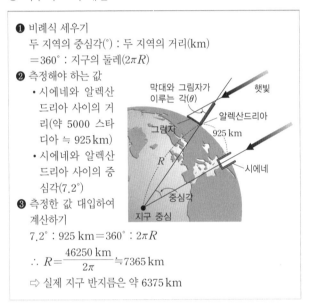

❶ 비례식 세우기
두 지역의 중심각(°) : 두 지역의 거리(km)
$= 360° : $ 지구의 둘레$(2\pi R)$

❷ 측정해야 하는 값
- 시에네와 알렉산드리아 사이의 거리(약 5000 스타디아 ≒ 925 km)
- 시에네와 알렉산드리아 사이의 중심각(7.2°)

❸ 측정한 값 대입하여 계산하기
$7.2° : 925 \text{ km} = 360° : 2\pi R$
$\therefore R = \dfrac{46250 \text{ km}}{2\pi} ≒ 7365 \text{ km}$
➡ 실제 지구 반지름은 약 6375 km

④ 에라토스테네스가 측정한 지구 크기와 실제 지구 크기가 차이 나는 까닭 : 지구는 완전한 구형이 아니기 때문, 두 지역 사이의 거리를 측정한 값이 정확하지 않았기 때문, 두 지역이 같은 경도상에 있지 않았기 때문

(2) 삼각형의 닮음비를 이용하여 달의 크기 측정

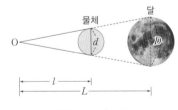

$$l : L = d : D$$

(d : 물체의 지름, D : 달의 지름, l : 물체까지의 거리, L : 달까지의 거리)

❷ 지구의 운동

(1) 지구의 자전 : 지구가 자전축을 중심으로 하루에 한 바퀴씩 서 → 동(시계 반대 방향)으로 회전하는 운동
- 지구의 자전에 의해 나타나는 현상 : 별의 일주 운동, 태양의 일주 운동, 달의 일주 운동 등

(2) 지구의 공전 : 지구가 태양을 한 초점으로 하는 타원 궤도를 따라 1년에 한 바퀴씩 서 → 동(시계 반대 방향)으로 회전하는 운동
- 지구의 공전에 의해 나타나는 현상

태양의 연주 운동	태양이 별자리 사이를 매일 1°씩 서 → 동(시계 반대 방향)으로 이동하여 1년 후에 처음 위치로 되돌아오는 겉보기 운동
별의 연주 운동	매일 같은 시각에 별을 관측하면 별들이 하루에 약 1°씩 동 → 서(시계 방향)로 이동하여 1년 후에 처음 위치로 되돌아오는 겉보기 운동

❸ 달의 운동

(1) 달의 자전 : 달이 자전축을 중심으로 서 → 동으로 한 달에 한 바퀴씩 도는 운동

(2) 달의 공전 : 달이 지구 주위를 약 한 달에 한 바퀴씩 서 → 동(시계 반대 방향)으로 도는 운동
- 달의 위상 변화 : 삭 → 초승달 → 상현달 → 보름달(망) → 하현달 → 그믐달 → 삭

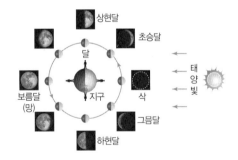

❹ 일식과 월식

(1) 일식 : '태양 − 달 − 지구' 순으로 배열되어 달이 태양을 가리는 현상

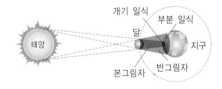

(2) 월식 : '태양 − 지구 − 달' 순으로 배열되어 지구의 그림자가 달을 가리는 현상

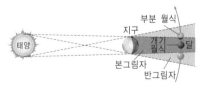

[01~03] 그림은 에라토스테네스가 지구의 크기를 측정했던 방법을 나타낸 것이다.

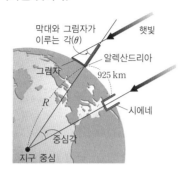

01 에라토스테네스가 실험에서 세운 가정과 사용한 방법에 대한 설명으로 옳지 않은 것은?

① 지구의 모양은 완전한 구이다.
② 지구로 들어오는 햇빛은 평행하다.
③ 중심각은 엇각의 원리를 이용하여 구한다.
④ 원에서 호의 길이는 중심각의 크기에 비례한다.
⑤ 호의 길이는 같은 위도 상에 있는 두 지점의 거리를 측정하여 구한다.

02 막대와 그림자가 이루는 각(θ)과 같은 값을 |보기|에서 모두 고른 것은?

| 보기 |
ㄱ. 알렉산드리아에서의 태양의 고도
ㄴ. 알렉산드리아와 시에네의 위도 차
ㄷ. 알렉산드리아와 시에네의 경도 차
ㄹ. 알렉산드리아와 시에네 사이의 중심각

① ㄱ, ㄴ   ② ㄱ, ㄷ   ③ ㄴ, ㄷ
④ ㄴ, ㄹ   ⑤ ㄷ, ㄹ

03 에라토스테네스가 지구의 반지름(R)을 구하기 위해 세운 식으로 옳은 것은? (단, 막대와 그림자가 이루는 각(θ)는 7.2°이다.)

① $R = \dfrac{360° \times 925\,\text{km}}{2\pi \times 82.8°}$ ② $R = \dfrac{360° \times 925\,\text{km}}{2\pi \times 7.2°}$

③ $R = \dfrac{7.2° \times 925\,\text{km}}{2\pi \times 360°}$ ④ $R = \dfrac{82.8° \times 925\,\text{km}}{2\pi \times 360°}$

⑤ $R = \dfrac{7.2° \times 2\pi}{925\,\text{km} \times 360°}$

04 표는 세 지역의 위도, 경도, 서울로부터의 거리를 나타낸 것이다.

지역	위도(°N)	경도(°E)	서울로부터의 거리(km)
서울	37.5	127	0
전주	35.8	127	189
부산	35.1	129	325

(1) 세 지역 중 에라토스테네스의 방법으로 지구의 둘레를 구할 때 이용하기에 가장 적절한 두 지점을 쓰시오.

_____

(2) 지구 중심을 기준으로 두 지점의 중심각과 호의 길이에 각각 해당하는 값이 무엇인지 각각 쓰시오.

_____

05 그림은 삼각형의 닮음비를 이용하여 달의 크기를 측정하는 방법을 나타낸 것이다.

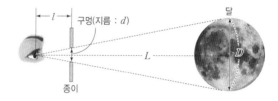

종이 구멍의 지름(d)이 0.5 cm이고, 종이까지의 거리(l)가 55 cm일 때, 지구에서 달까지의 거리(L)를 이용하여 달의 지름(D)을 구하는 식으로 옳은 것은? (단, 지구에서 달까지의 거리(L)는 38만 km이다.)

① $D = \dfrac{38\text{만 km}}{55\,\text{cm} + 0.5\,\text{cm}}$ ② $D = \dfrac{38\text{만 km} + 0.5\,\text{cm}}{55\,\text{cm}}$

③ $D = \dfrac{38\text{만 km} \times 0.5\,\text{cm}}{55\,\text{cm}}$ ④ $D = \dfrac{55\,\text{cm} + 0.5\,\text{cm}}{38\text{만 km}}$

⑤ $D = \dfrac{55\,\text{cm}}{55\,\text{cm} \times 0.5\,\text{cm}}$

06 천체의 운동 방향이 서에서 동으로 나타나는 현상을 |보기|에서 모두 고른 것은?

| 보기 |
ㄱ. 지구의 자전   ㄴ. 지구의 공전
ㄷ. 별의 일주 운동   ㄹ. 태양의 연주 운동
ㅁ. 태양의 일주 운동

① ㄱ, ㄴ   ② ㄷ, ㅁ   ③ ㄱ, ㄴ, ㄹ
④ ㄷ, ㄹ, ㅁ   ⑤ ㄱ, ㄴ, ㄷ, ㅁ

정답과 해설 66쪽

07 그림은 우리나라에서 관측한 별의 일주 운동을 나타낸 것이다.

이에 대한 설명으로 옳은 것을 |보기|에서 모두 고른 것은?

> |보기|
> ㄱ. 별의 회전 방향은 시계 방향이다.
> ㄴ. 우리나라의 북쪽 하늘을 관측한 것이다.
> ㄷ. 사진기의 노출 시간이 2시간일 때 호의 중심각(θ)의 크기는 30°이다.

① ㄱ ② ㄴ ③ ㄷ
④ ㄱ, ㄷ ⑤ ㄴ, ㄷ

08 그림은 지구의 공전 궤도와 황도 12궁을 나타낸 것이다.

5월 자정에 남쪽 하늘에서 보이는 별자리로 옳은 것은?

① 양자리 ② 황소자리 ③ 천칭자리
④ 처녀자리 ⑤ 전갈자리

09 그림은 며칠 동안 달의 움직임을 관측한 사진을 나타낸 것이다. 관측 기간 동안 달의 위상은 변하였지만 달의 표면 무늬는 항상 같은 면이 관측되었다.

그 까닭으로 옳은 것을 |보기|에서 모두 고른 것은?

> |보기|
> ㄱ. 지구의 자전축이 기울어져 있기 때문이다.
> ㄴ. 달의 자전 방향과 달의 공전 방향이 반대이기 때문이다.
> ㄷ. 달의 공전 주기와 달의 자전 주기가 같기 때문이다.

① ㄱ ② ㄷ ③ ㄱ, ㄴ
④ ㄴ, ㄷ ⑤ ㄱ, ㄴ, ㄷ

10 그림은 15일 동안 해가 진 직후 풍식이가 관측한 달의 위상과 위치 변화를 나타낸 것이다.

이에 대한 설명으로 옳은 것을 |보기|에서 모두 고른 것은?

> |보기|
> ㄱ. 달은 서에서 동으로 공전한다.
> ㄴ. 상현달의 관측 가능 시간이 가장 길다.
> ㄷ. 보름달은 지구를 기준으로 태양과 반대편에 위치할 때의 위상이다.

① ㄱ ② ㄴ ③ ㄱ, ㄷ
④ ㄴ, ㄷ ⑤ ㄱ, ㄴ, ㄷ

11 그림 (가)~(다)는 여러 종류의 일식을 촬영하여 나타낸 것이다.

(가) (나) (다)

이에 대한 설명으로 옳은 것을 |보기|에서 모두 고른 것은?

> |보기|
> ㄱ. (가)는 지구와 달의 거리가 가까운 경우에 발생한다.
> ㄴ. (나)는 달의 일부가 지구의 본그림자 속으로 들어가 가려지는 현상이다.
> ㄷ. (다)는 관측자가 달의 본그림자 속에 있어 태양의 광구 전체가 달에 가려져 보이지 않는 현상이다.

① ㄱ ② ㄷ ③ ㄱ, ㄴ
④ ㄴ, ㄷ ⑤ ㄱ, ㄴ, ㄷ

❶ 태양계를 구성하는 행성

(1) 태양계 : 태양과 그 주위를 돌고 있는 행성, 소행성, 혜성, 위성 등으로 구성

(2) 행성의 특징

① 수성 : 태양에서 가장 가깝고, 물과 대기가 없다.

② 금성 : 두꺼운 이산화 탄소 대기층 → 온실 효과가 크다.

③ 지구 : 액체 상태인 물과 생명체가 존재한다.

④ 화성 : 양극에 흰색의 극관이 존재하고, 표면이 붉은색이다.

⑤ 목성 : 태양계에서 가장 큰 행성으로, 가로줄 무늬, 대적점이 나타난다.

⑥ 토성 : 얼음과 암석 조각으로 이루어진 뚜렷한 고리가 있다.

⑦ 천왕성 : 자전축이 공전 궤도면과 거의 평행하다.

⑧ 해왕성 : 표면에 대흑점이 나타난다.

지구형 행성			
① 수성	② 금성	③ 지구	④ 화성

목성형 행성			
⑤ 목성	⑥ 토성	⑦ 천왕성	⑧ 해왕성

(3) 행성의 분류

① 내행성과 외행성 : 지구 공전 궤도를 기준으로 구분

• 내행성 : 지구의 공전 궤도보다 안쪽에 있는 행성
  예 수성, 금성

• 외행성 : 지구의 공전 궤도보다 바깥쪽에 있는 행성
  예 화성, 목성, 토성, 천왕성, 해왕성

② 지구형 행성과 목성형 행성 : 물리적 특성에 따라 구분

구분	행성	반지름	질량	평균 밀도	표면 상태	위성 수	고리
지구형 행성	수성, 금성, 지구, 화성	작음	작음	큼	단단한 암석	적거나 없음	없음
목성형 행성	목성, 토성, 천왕성, 해왕성	큼	큼	작음	가벼운 기체	많음	있음

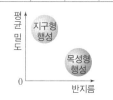

❷ 태양

(1) 태양 : 태양계에서 유일하게 스스로 빛을 내는 천체

① 태양의 표면 : 광구, 쌀알 무늬, 흑점

• 광구 : 태양의 표면을 말한다.

• 쌀알 무늬 : 광구 전체에 나타나는 쌀알을 뿌린 것과 같은 모양의 무늬로, 광구 아래에서 일어나는 대류 운동에 의해 생긴다.

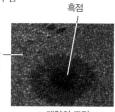
▲ 태양의 표면

• 흑점 : 광구에 나타나는 검은색의 점으로, 모양과 크기가 다양하다.

– 강한 자기장에 의해 대류가 원활하게 일어나지 않아 에너지 공급이 부족하여 주위보다 온도가 낮아 생긴다.

– 흑점은 지구에서 볼 때 동에서 서로 이동하며, 이를 통해 태양이 자전하고 있음을 알 수 있다.

② 태양의 대기 : 채층, 코로나, 홍염, 플레어

채층	코로나	홍염	플레어

(2) 태양의 활동

① 태양의 활동이 활발할 때 태양에서 나타나는 현상 : 흑점 수의 증가, 홍염이나 플레어가 자주 발생, 코로나의 크기가 커짐, 태양풍이 강해짐.

② 태양의 활동이 활발할 때 지구에서 나타나는 현상 : 자기 폭풍 발생, 오로라 자주 발생, 델린저 현상, 대규모 정전, 인공위성의 고장 및 오작동

❸ 망원경을 이용한 천체 관측

(1) 망원경의 구조와 기능

(2) 관측 순서 : 삼각대의 높이 조절 → 가대와 균형추 설치 → 경통 설치 → 보조 망원경과 접안렌즈 설치 → 보조 망원경과 주 망원경 시야 정렬 → 경통이 천체를 향하도록 경통의 방향 조절 → 보조 망원경의 십자선 중앙에 천체가 오도록 조정 → 주 망원경의 접안렌즈를 보며 물체의 상이 정중앙에 오도록 조정 → 접안렌즈 초점 조절 후 관측

학교 시험 문제

01 다음은 태양계 행성들의 특징을 나타낸 것이다.

> (가) 짙은 이산화 탄소 대기로 인한 온실 효과가 나타난다.
> (나) 대기의 소용돌이 현상인 대흑점이 나타난다.
> (다) 자전축이 공전 궤도면과 거의 나란하다.
> (라) 계절 변화가 나타나며, 계절에 따라 극관의 크기가 변한다.

(가)~(라)에 해당하는 행성의 이름을 옳게 짝지은 것은?

	(가)	(나)	(다)	(라)
①	수성	목성	해왕성	지구
②	수성	화성	천왕성	목성
③	금성	천왕성	해왕성	화성
④	금성	해왕성	천왕성	화성
⑤	화성	해왕성	토성	지구

02 그림 (가)와 (나)는 태양계에 속하는 두 행성 수성과 화성의 모습을 순서없이 나타낸 것이다.

(가)　　　　　　(나)

(가)와 (나)에 대한 설명으로 옳은 것을 |보기|에서 모두 고른 것은?

> **보기**
> ㄱ. (가)에는 과거에 물이 흘렀던 흔적이 존재한다.
> ㄴ. (나)에는 이산화 탄소로 이루어진 두꺼운 대기층이 존재한다.
> ㄷ. (가)는 내행성, (나)는 외행성에 속한다.

① ㄱ　　　　　② ㄷ　　　　　③ ㄱ, ㄴ
④ ㄴ, ㄷ　　　　⑤ ㄱ, ㄴ, ㄷ

03 목성형 행성이 지구형 행성에 비해 큰 값을 갖는 물리량으로 옳지 <u>않은</u> 것은?

① 반지름　　　② 질량　　　③ 평균 밀도
④ 위성 수　　　⑤ 고리의 수

04 그림은 태양계 행성들을 물리적 특성에 따라 A와 B 두 집단으로 분류하여 나타낸 것이다.

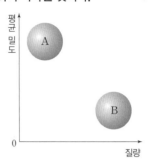

B에 속하는 행성들의 공통적인 특징으로 옳은 것을 |보기|에서 모두 고른 것은?

> **보기**
> ㄱ. 행성의 반지름이 작다.
> ㄴ. 대기는 주로 이산화 탄소, 산소 등의 성분으로 구성되어 있다.
> ㄷ. 지구보다 바깥쪽 궤도에서 공전한다.

① ㄱ　　　　　② ㄷ　　　　　③ ㄱ, ㄴ
④ ㄴ, ㄷ　　　　⑤ ㄱ, ㄴ, ㄷ

05 그림은 태양계의 행성들을 분류하여 나타낸 것이다.

빗금 친 부분에 해당하는 행성의 특징으로 옳은 것을 |보기|에서 모두 고른 것은?

> **보기**
> ㄱ. 지구에서 관측할 때 가장 밝게 보인다.
> ㄴ. 지구처럼 자전축이 기울어져 태양 주위를 공전한다.
> ㄷ. 남극과 북극에 얼음과 드라이아이스로 덮여 하얗게 빛나는 부분이 있다.

① ㄱ　　　　　② ㄷ　　　　　③ ㄱ, ㄴ
④ ㄴ, ㄷ　　　　⑤ ㄱ, ㄴ, ㄷ

06 오른쪽 그림은 태양의 표면에서 볼 수 있는 현상을 나타낸 것이다. A와 B에 대한 설명으로 옳지 않은 것을 모두 고르면?

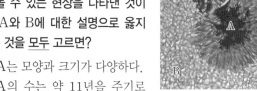

① A는 모양과 크기가 다양하다.
② A의 수는 약 11년을 주기로 증감한다.
③ A와 B는 개기 일식 때 관측할 수 있다.
④ B는 태양의 표면 아래에서 일어나는 대류 운동에 의해 나타난다.
⑤ B에서 고온의 물질이 상승하는 곳은 어둡게 보인다.

07 그림은 며칠 동안 태양의 흑점을 관측하여 나타낸 것이다.

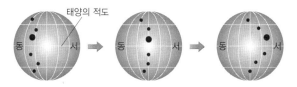

이에 대한 설명으로 옳은 것을 |보기|에서 모두 고른 것은?

| 보기 |
ㄱ. 태양은 자전하고 있다.
ㄴ. 흑점은 서쪽에서 동쪽으로 이동한다.
ㄷ. 흑점의 위치는 시간에 따라 변한다.

① ㄱ 　② ㄴ 　③ ㄱ, ㄷ
④ ㄴ, ㄷ 　⑤ ㄱ, ㄴ, ㄷ

08 그림 (가)~(다)는 태양에서 관측되는 현상들을 나타낸 것이다.

(가)　　　　(나)　　　　(다)

(가)~(다)에 대한 설명으로 옳은 것을 |보기|에서 모두 고른 것은?

| 보기 |
ㄱ. (가)의 A는 태양이 자전하기 때문에 이동한다.
ㄴ. (나)는 수십만 km까지 솟아오르는 가스 물질이다.
ㄷ. (가)~(다) 중 광구에서 볼 수 있는 현상은 (나)와 (다)이다.

① ㄱ 　② ㄷ 　③ ㄱ, ㄴ
④ ㄴ, ㄷ 　⑤ ㄱ, ㄴ, ㄷ

09 그림은 태양의 표면과 대기에서 관측되는 현상들을 정리하여 나타낸 것이다.

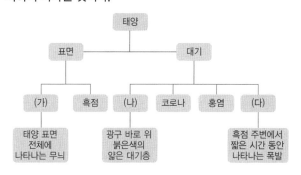

(가)~(다)에 대한 설명으로 옳은 것은?

① (가)는 주위보다 온도가 2000 ℃ 정도 낮게 나타난다.
② (가)에서 밝은 부분은 고온의 물질이 상승하는 곳이다.
③ 태양 활동이 활발해지면 (나)의 크기가 작아진다.
④ (나)와 (다)는 광구의 내부에서 일어나는 현상이다.
⑤ (가)~(다)는 개기 일식 때 관측 가능한 현상이다.

10 태양의 활동이 활발할 때 지구에서 나타나는 현상으로 옳은 것을 모두 고르면?

① 코로나의 크기가 커진다.
② 태양 표면의 흑점 수가 증가한다.
③ 자기 폭풍에 의해 송전 시설이 파괴되기도 한다.
④ 오로라가 더 넓은 지역에서 자주 일어나게 된다.
⑤ 태양풍에 의해 전리층에서 전파를 흡수하거나 반사하여 무선 통신을 원활하게 한다.

11 그림은 망원경의 구조를 나타낸 것이다. 각 부분의 명칭과 기능을 옳게 짝지은 것은?

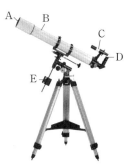

	구분	명칭	기능
①	A	경통	빛을 모은다.
②	B	대물렌즈	상을 확대한다.
③	C	보조 망원경	관측 대상을 쉽게 찾을 수 있도록 도와준다.
④	D	가대	경통을 지지하며 회전시킨다.
⑤	E	균형추	경통과 장치대를 받쳐준다.

01 에라토스테네스가 지구의 크기를 측정하기 위해 세운 가정 두 가지와 그러한 가정을 세워야 하는 까닭을 서술하시오.

 호의 길이 ∝ 중심각의 크기, 엇각

_____

_____

02 에라토스테네스가 구한 지구의 반지름은 현재 지구의 반지름과 약 15 %의 오차가 난다. 에라토스테네스의 실험에서 오차가 발생한 까닭을 두 가지 이상 서술하시오.

 지구가 완전한 구형 ✕, 같은 경도에 위치 ✕, 거리가 부정확

_____

_____

03 그림은 삼각형의 닮음비를 이용하여 달의 크기를 측정하는 방법을 나타낸 것이다.

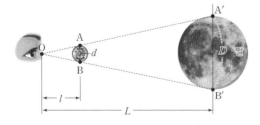

달의 지름(D)을 알기 위한 비례식을 세우고, 측정해야 하는 값과 알아야 하는 값을 서술하시오.

 동전의 지름(d), 눈과 동전 사이의 거리(l), 달까지의 거리(L)

_____

_____

04 그림은 우리나라의 북쪽 하늘을 오랜 시간 동안 촬영한 사진을 나타낸 것이다. 이와 같은 현상을 무엇이라고 하는지 쓰고, 이러한 현상이 나타나는 까닭을 서술하시오.

일주 운동, 자전

_____

_____

05 그림은 15일 간격으로 해가 진 직후 서쪽 하늘에서 관측한 별자리를 나타낸 것이다.

이와 같은 현상을 무엇이라고 하는지 쓰고, 이러한 현상이 나타나는 까닭을 서술하시오.

 연주 운동, 공전

_____

_____

06 그림은 며칠 동안 관측한 달의 위상을 나타낸 것이다.

관측 기간 동안 달의 위상은 바뀌었으나 달의 표면 무늬는 항상 같게 보인다. 그 까닭을 서술하시오.

 달의 공전 주기 = 자전 주기

_____

_____

07 그림은 달이 태양을 가릴 때 관측되는 현상 중 하나를 나타낸 것이다.

이러한 현상을 무엇이라고 하는지 쓰고, 이 현상이 나타나기 위한 조건을 서술하시오.

 달-지구 거리

---

08 그림은 태양계를 구성하는 행성의 공전 궤도를 나타낸 것이다.

수성 금성

금성은 수성보다 태양에서 멀리 있지만, 금성의 표면 온도는 수성의 표면 온도보다 높다. 그 까닭을 서술하시오.

 이산화 탄소 대기층, 온실 효과

---

09 그림 (가)와 (나)는 태양계에 속하는 두 행성을 나타낸 것이다.

(가)　　　　　(나)

(가)와 (나)에 해당하는 행성의 이름을 각각 쓰고, 두 행성에서 공통적으로 나타나는 현상과 그 까닭을 서술하시오.

 자전축 기울기

---

10 그림은 붉게 보이는 화성 표면을 나타낸 것이다.

이처럼 화성 표면이 붉게 보이는 까닭을 서술하시오.

 산화 철

---

11 그림은 태양 표면의 일부를 나타낸 것이다. A의 명칭을 쓰고, 태양의 활동에 따른 A의 개수 변화에 대해 서술하시오.

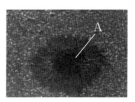

A

 태양 활동↑ → 흑점 수↑

---

12 풍식이는 망원경으로 천체를 관측하려고 한다. 망원경의 조작 방법에 따라 보조 망원경으로 천체를 찾은 다음 접안렌즈로 관측하였다. 그렇게 관측한 까닭에 대해 서술하시오.

 저배율, 고배율

01 광합성

❶ 광합성

(1) 광합성 : 식물이 빛에너지를 이용하여 이산화 탄소와 물을 원료로 양분을 만드는 과정

$$물 + 이산화 탄소 \xrightarrow[\text{(엽록체)}]{\text{빛에너지}} 포도당 + 산소$$

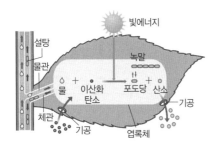

(2) 광합성이 일어나는 장소 : 엽록체

(3) 광합성에 필요한 요소와 생성되는 물질

광합성에 필요한 요소	빛에너지	엽록체 속의 엽록소에서 흡수
	물	뿌리에서 흡수하여 물관을 따라 이동
	이산화 탄소	잎의 기공을 통해 공기 중에서 흡수
광합성 결과 생성되는 물질	산소	생성된 산소 중 일부는 식물체 내에서 사용되고 남은 것은 밖으로 방출
	포도당	광합성 결과 최초로 생성되는 양분

> **광합성으로 발생하는 산소의 확인**
> • 날숨을 충분히 불어 넣은 물에 검정말을 넣고 빛을 비추면 검정말에서 기포가 발생한다.
> • 발생한 기체를 모아 꺼져 가는 성냥 불씨를 가까이 가져가면 성냥 불씨가 다시 살아난다.
> → 식물은 광합성 결과 산소를 생성한다.

(4) 광합성에 영향을 미치는 환경 요인

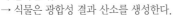

빛의 세기	이산화 탄소의 농도	온도
빛의 세기가 강할수록 광합성량이 증가하다가 어느 지점 이상에서는 일정해진다.	이산화 탄소의 농도가 증가할수록 광합성량이 증가하다가 어느 지점 이상에서는 일정해진다.	온도가 높아질수록 광합성량이 증가하다가 35 ℃~40 ℃에서 최대가 되고, 40 ℃ 이상에서는 급격히 감소한다.

❷ 증산 작용과 물의 이동

(1) 증산 작용 : 식물체 속의 물이 수증기로 변하여 잎의 기공을 통해 공기 중으로 빠져나가는 현상

(2) 증산 작용의 장소

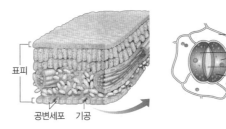

기공	• 식물 잎 표면에 있는 작은 구멍으로, 식물의 생명 활동과 관련된 기체의 이동 통로이다. • 2개의 공변세포가 둘러싸고 있다.
공변세포	• 표피 세포가 변형된 것이다. • 안쪽 세포벽이 바깥쪽 세포벽보다 두껍다. • 엽록체가 있어 초록색을 띠며, 광합성을 한다.

(3) 증산 작용의 조절
① 기공 열림 : 증산 작용 활발(주로 낮)
② 기공 닫힘 : 증산 작용이 일어나지 않음(주로 밤)

(4) 증산 작용과 물의 이동

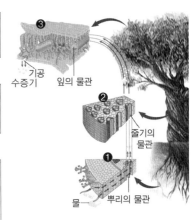

❶ 흙 속의 물이 뿌리로 흡수된다.
⇩
❷ 줄기의 물관을 통해 물이 이동한다.
⇩
❸ 증산 작용으로 물이 잎까지 이동한다. 물은 잎에서 광합성 재료로 이용된다.

(5) 증산 작용의 역할
① 식물체 내 물 상승의 원동력
② 체온 조절
③ 식물체 내 수분량 조절 등

(6) 증산 작용과 광합성의 관계 : 뿌리에서 흡수한 물은 증산 작용으로 잎까지 이동하며, 잎에서 광합성과 같은 생명 활동에 사용된다.

(7) 증산 작용이 활발하게 일어나는 조건

햇빛	온도	바람	습도	체내 수분량
강할 때	높을 때	잘 불 때	낮을 때	많을 때

01 다음은 광합성 과정을 나타낸 것이다.

$$물 + \boxed{A} \xrightarrow{\text{빛에너지}} \boxed{B} + 산소$$

A와 B에 들어갈 말을 옳게 짝지은 것은?

	A	B
①	설탕	포도당
②	이산화 탄소	녹말
③	이산화 탄소	포도당
④	포도당	이산화 탄소
⑤	포도당	녹말

02 광합성에 대한 설명으로 옳지 않은 것은?

① 빛에너지를 이용하는 반응이다.
② 물과 이산화 탄소를 원료로 한다.
③ 양분을 분해하여 에너지를 방출한다.
④ 광합성이 일어나는 장소는 엽록체이다.
⑤ 광합성 결과 최초로 생성되는 양분은 포도당이다.

[03~04] 그림은 식물의 광합성에 대해 알아보기 위한 실험을 나타낸 것이다.

03 이 실험에서 시험관에 에탄올과 잎 조각을 넣은 뒤 물중탕하는 까닭은?

① 잎 속에 있는 엽록소를 제거하기 위해
② 아이오딘 반응이 빠르게 일어나게 하기 위해
③ 잎 속에 있는 포도당이 녹말로 전환되게 하기 위해
④ 빛을 차단시켜 더 이상 녹말을 생성하지 못하게 하기 위해
⑤ 잎에 만들어져 있는 녹말을 다른 기관으로 이동시키기 위해

04 이 실험을 통해 알 수 있는 사실로 옳은 것은?

① 광합성에는 물이 필요하다.
② 광합성 결과 산소가 생성된다.
③ 광합성에 빛은 중요하지 않다.
④ 광합성 결과 녹말이 만들어진다.
⑤ 광합성에는 이산화 탄소가 필요하다.

[05~06] 그림과 같이 시험관 A~C에 날숨을 불어 넣은 노란색 BTB 용액을 넣었다. B와 C에는 검정말을 넣고, C만 알루미늄 포일로 싼 후 햇빛이 잘 드는 곳에 3시간 정도 두고 BTB 용액의 색깔 변화를 관찰하였다.

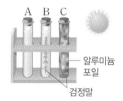

05 이 실험 결과 시험관 A~C 중 BTB 용액이 파란색으로 변하는 것을 모두 고른 것은?

① A　　　② B　　　③ C
④ A, B　　　⑤ B, C

06 이 실험을 통해 알 수 있는 사실로 옳은 것을 모두 고르면?

① 광합성 결과 산소가 방출된다.
② 광합성 결과 녹말이 생성된다.
③ 광합성은 엽록체에서 일어난다.
④ 광합성을 하기 위해서는 빛이 필요하다.
⑤ 광합성을 하기 위해서는 이산화 탄소가 필요하다.

07 빛의 세기와 온도가 일정할 때, 이산화 탄소의 농도와 광합성량의 관계를 나타낸 그래프로 옳은 것은?

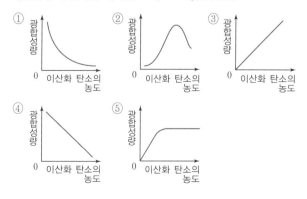

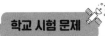
[08~09] 그림과 같이 표본병에 입김을 충분히 불어 넣은 30 °C의 물과 검정말을 넣고, 표본병과 전등 사이의 거리를 10 cm씩 가까이하며 일정 시간 동안 발생한 기포 수를 기록하였더니 표와 같았다.

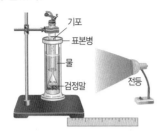

거리(cm)	50	40	30	20	10
기포 수(개)	26	38	53	62	62

08 이 실험에 대한 설명으로 옳은 것을 |보기|에서 모두 고른 것은?

| 보기 |
ㄱ. 발생하는 기포는 산소이므로 성냥 불씨를 가까이 가져가면 다시 살아난다.
ㄴ. 입김 대신 물에 탄산수소 나트륨을 첨가해도 같은 실험 결과를 얻을 수 있다.
ㄷ. 거리가 가까울수록 발생하는 기포의 수가 증가하지만, 일정 거리 이상에서는 더 이상 증가하지 않고 일정해진다.

① ㄱ   ② ㄴ   ③ ㄱ, ㄴ
④ ㄴ, ㄷ   ⑤ ㄱ, ㄴ, ㄷ

09 이 실험에서 검정말에서 발생하는 기포 수를 늘리기 위한 방법으로 옳은 것을 모두 고르면?

① 더 큰 표본병으로 바꾼다.
② 표본병에 산소를 넣어 준다.
③ 표본병에 얼음을 넣어 준다.
④ 입김을 계속 불어 넣어 준다.
⑤ 물의 온도를 37 °C 정도로 높여 준다.

10 그림은 닭의장풀 잎의 뒷면을 얇게 벗겨 관찰한 것을 나타낸 것이다. 이에 대한 설명으로 옳은 것을 |보기|에서 모두 고른 것은?

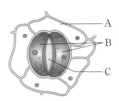

| 보기 |
ㄱ. A에는 엽록체가 존재하지만, B에는 엽록체가 존재하지 않는다.
ㄴ. B는 C가 열리고 닫히는 것을 조절한다.
ㄷ. C를 통하여 산소와 이산화 탄소의 교환이 일어난다.

① ㄱ   ② ㄴ   ③ ㄱ, ㄷ
④ ㄴ, ㄷ   ⑤ ㄱ, ㄴ, ㄷ

11 그림과 같이 잎이 달린 봉선화 가지와 잎을 모두 딴 가지에 비닐봉지를 씌우고 햇빛이 잘 드는 창가에 3시간 정도 두었다. 이 실험에 대한 설명으로 옳은 것을 |보기|에서 모두 고른 것은?

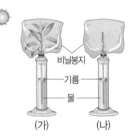

| 보기 |
ㄱ. (나)의 비닐봉지 안쪽이 뿌옇게 흐려진다.
ㄴ. 식물체 내의 물은 잎의 기공을 통해 밖으로 나간다.
ㄷ. 사막 지역에 사는 식물은 잎이 넓을수록 살아가기에 유리할 것이다.

① ㄱ   ② ㄴ   ③ ㄱ, ㄷ
④ ㄴ, ㄷ   ⑤ ㄱ, ㄴ, ㄷ

12 증산 작용에 대한 설명으로 옳지 않은 것을 모두 고르면?

① 식물의 잎에 비닐봉지를 씌워 놓으면 증산 작용이 활발해진다.
② 증산 작용에 의해 양분이 분해되어 생활 에너지를 얻는다.
③ 증산 작용은 물과 무기 양분을 흡수할 수 있는 원동력이 된다.
④ 식물체 내의 수분량이 많을 때 기공이 열려 증산 작용이 일어난다.
⑤ 증산 작용이 일어나면 식물은 기화열을 빼겨 체온을 조절할 수 있다.

02 식물의 호흡과 에너지

❶ 식물의 호흡과 광합성

(1) 호흡 : 생물체 내에서 산소를 이용하여 포도당을 분해하여 생활에 필요한 에너지를 얻는 과정 → 살아 있는 모든 세포에서 밤낮 구별없이 항상 일어남

$$포도당 + 산소 \longrightarrow 물 + 이산화 탄소 + 에너지$$

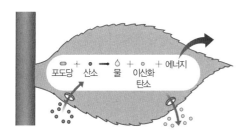

(2) 호흡에 필요한 물질과 생성되는 요소

호흡에 필요한 물질	산소	광합성으로 발생, 공기 중에서 흡수
	포도당	광합성으로 만들어진 양분
호흡 결과 생성되는 요소	물	광합성에 이용, 증산 작용으로 방출
	이산화 탄소	광합성에 이용, 기공을 통해 빠져나감
	에너지	생명 활동에 이용

(3) 광합성과 호흡의 관계

$$물 + 이산화 탄소 \xrightleftharpoons[호흡(에너지 발생)]{광합성(빛에너지 흡수)} 포도당 + 산소$$

구분	장소	시기	반응물	산물(생성물)	기체 출입	물질 변화	에너지 관계
광합성	엽록체	빛이 있을 때	물, 이산화 탄소	포도당, 산소	이산화 탄소 흡수, 산소 방출	양분 합성	저장
호흡	살아 있는 모든 세포	항상	산소, 포도당	물, 이산화 탄소, 에너지	산소 흡수, 이산화 탄소 방출	양분 분해	생성

(4) 식물의 기체 교환

낮	아침·저녁	밤
강한 빛 이산화 탄소 / 산소 광합성 호흡	약한 빛 이산화 탄소 / 산소 광합성 호흡	이산화 탄소 / 산소 호흡
• 광합성량＞호흡량 • 이산화 탄소 흡수, 산소 방출	• 광합성량＝호흡량 • 외관상 기체의 출입 없음	• 호흡만 일어남 • 이산화 탄소 방출, 산소 흡수

❷ 광합성 산물의 이동, 저장, 사용

(1) 광합성 산물의 전환과 이동 : 포도당이 녹말로 전환되어 잎에 잠시 저장 → 설탕으로 전환되어 체관을 따라 이동

광합성 산물	저장 형태	이동 형태
포도당	녹말	설탕

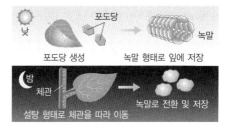

(2) 광합성 산물의 저장 : 잎, 뿌리, 줄기, 열매, 씨 등의 각 기관으로 운반된 설탕은 녹말, 포도당, 설탕, 단백질, 지방 등의 형태로 저장된다.

녹말	포도당	설탕	단백질	지방
감자, 고구마, 옥수수	양파, 포도	사탕수수	콩	깨, 해바라기 씨 등

(3) 광합성 산물의 저장 기관

씨	열매	뿌리	줄기
벼, 보리, 옥수수, 콩, 잣 등	포도, 복숭아, 사과, 배, 감 등	고구마, 무, 우엉 등	감자, 사탕수수 등

(4) 광합성 산물의 사용

① 식물의 몸을 구성하는 성분이 되어 식물의 생장에 사용된다.
② 생물이 살아가는 데 필요한 에너지원으로 사용된다.
③ 동물의 먹이로 이용된다.

(5) 광합성 산물의 생성, 이동, 저장

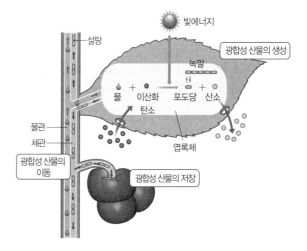

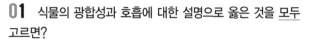
01 식물의 광합성과 호흡에 대한 설명으로 옳은 것을 <u>모두</u> 고르면?

① 광합성은 뿌리, 줄기, 잎 등 모든 세포에서 일어난다.
② 광합성에 의해 생성된 포도당은 모두 녹말의 형태로 저장된다.
③ 광합성으로 만들어진 기체 중 일부는 자신의 호흡에 이용된다.
④ 광합성은 빛이 있을 때에만, 호흡은 빛이 없을 때에만 일어난다.
⑤ 광합성이 일어나면 이산화 탄소를 흡수하고 호흡이 일어나면 이산화 탄소를 방출한다.

02 그림과 같이 공기를 넣은 비닐봉지 A와 공기와 식물을 함께 넣은 비닐봉지 B를 밀봉하여 어둠상자에 하루 동안 두었다가 비닐봉지 속의 공기를 각각 석회수에 통과시켰다.

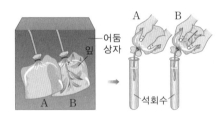

이 실험에 대한 설명으로 옳은 것은?

① A 속의 기체를 석회수에 넣었을 때 뿌옇게 변한다.
② B 속의 기체를 넣은 석회수가 뿌옇게 흐려지는 것으로 보아 산소가 생성되었음을 알 수 있다.
③ A와 B를 암실이 아닌 빛이 있는 곳에 두었다 실험하면 다른 결과를 얻을 것이다.
④ B 속의 식물은 호흡과 광합성을 하지만 호흡량이 더 많아 광합성이 일어나지 않은 것처럼 보인다.
⑤ 식물을 암실에 두는 까닭은 식물을 암실에 두면 광합성이 일어나 실험 결과를 정확히 알 수 있기 때문이다.

[03~04] 초록색 BTB 용액에 입김을 충분히 불어 넣고 5개의 시험관에 넣은 후 그림과 같이 장치하여 햇빛이 비치는 창가에 두었다.

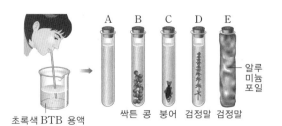

초록색 BTB 용액 싹튼 콩 붕어 검정말 검정말 알루미늄 포일

03 이 실험에 대한 설명으로 옳지 <u>않은</u> 것은?

① 시험관 A는 아무 처리를 하지 않아 BTB 용액이 노란색이다.
② 시험관 B의 싹튼 콩은 많은 에너지가 필요하며 호흡만 일어난다.
③ 시험관 C의 붕어는 이산화 탄소를 방출하므로 BTB 용액이 노란색이다.
④ 시험관 D의 검정말은 광합성량이 호흡량보다 많아 BTB 용액이 파란색으로 변한다.
⑤ 시험관 E의 검정말은 광합성과 호흡을 모두 하지만 호흡량이 광합성량보다 많아 BTB 용액이 그대로 노란색이다.

04 광합성에는 빛이 필요하다는 결론을 내리기 위해 비교해야 할 시험관을 옳게 짝지은 것은?

① A, E   ② B, C   ③ B, D
④ C, E   ⑤ D, E

05 식물의 광합성과 호흡을 옳게 비교한 것은?

	구분	광합성	호흡
①	장소	엽록체	모든 세포
②	시기	빛이 있을 때(낮)	빛이 없을 때(밤)
③	기체의 출입	이산화 탄소 방출	산소 방출
④	물질의 변화	양분 분해	양분 합성
⑤	에너지 관계	에너지 생성	에너지 저장

06 그림은 빛이 약한 아침, 저녁에 식물의 기체 교환을 나타낸 것이다. A와 B에 해당하는 기체, 광합성량과 호흡량의 비교를 옳게 짝지은 것은?

	A	B	비교
①	산소	이산화 탄소	광합성량 > 호흡량
②	산소	이산화 탄소	광합성량 = 호흡량
③	이산화 탄소	산소	광합성량 > 호흡량
④	이산화 탄소	산소	광합성량 < 호흡량
⑤	이산화 탄소	산소	광합성량 = 호흡량

07 그림은 식물의 광합성 과정을 나타낸 것이다.

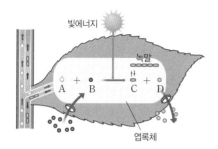

이에 대한 설명으로 옳은 것은?

① A는 물관을 통해 뿌리에서 잎까지 이동한다.
② B는 공변세포를 통해 식물체 내로 흡수된다.
③ C는 체관을 통해 이동하고 물에 잘 녹지 않는다.
④ 쌀이나 감자는 C의 형태로 광합성 양분을 저장한다.
⑤ D는 이산화 탄소이다.

08 광합성으로 만들어진 양분에 대한 설명으로 옳은 것을 |보기|에서 모두 고른 것은?

> |보기|
> ㄱ. 양분은 빛이 있을 때만 운반된다.
> ㄴ. 최초로 만들어진 양분인 녹말은 낮 동안 잎에 잠시 저장된다.
> ㄷ. 광합성으로 만들어진 양분 중 일부는 동물의 먹이로 사용된다.
> ㄹ. 광합성으로 만들어진 양분 중 일부는 식물체를 구성하는 재료로 사용된다.

① ㄱ, ㄴ   ② ㄱ, ㄷ   ③ ㄴ, ㄷ
④ ㄴ, ㄹ   ⑤ ㄷ, ㄹ

09 광합성 결과 생성된 양분의 임시 저장 형태와 이동 형태를 옳게 짝지은 것은?

	임시 저장 형태	이동 형태
①	녹말	포도당
②	녹말	설탕
③	설탕	녹말
④	설탕	포도당
⑤	포도당	설탕

10 표는 맑은 날 식물의 잎과 줄기에서 녹말과 설탕의 양을 조사한 결과를 나타낸 것이다.

구분	오전 5시	오후 2시	오후 8시
잎(녹말)	A	++	B
줄기(설탕)	C	+	D

A~D에 들어갈 기호를 옳게 짝지은 것은? (단, +가 많을수록 양이 많은 것이며, 해는 오전 6시에 떠서 오후 6시에 졌다.)

	A	B	C	D
①	−	−	+	++
②	−	+		++
③	+	−	−	++
④	+	+	++	−
⑤	+	++	+	−

11 그림은 나무줄기의 바깥쪽 껍질 일부분을 고리 모양으로 벗겨 내고 오랜 시간 이후에 관찰한 모습을 나타낸 것이다. 이에 대한 설명으로 옳은 것을 |보기|에서 모두 고른 것은?

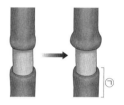

> |보기|
> ㄱ. 줄기의 체관이 제거되었다.
> ㄴ. 뿌리에서 흡수한 물이 위쪽으로 이동하지 못한다.
> ㄷ. ㉠ 부분은 잎에서 생성된 양분을 정상적으로 공급받았다.

① ㄱ   ② ㄷ   ③ ㄱ, ㄴ
④ ㄴ, ㄷ   ⑤ ㄱ, ㄴ, ㄷ

12 광합성으로 만들어진 양분을 같은 형태로 저장하는 식물끼리 옳게 짝지은 것은?

① 고구마, 벼   ② 팥, 깨   ③ 보리, 양파
④ 감자, 붓꽃   ⑤ 옥수수, 사탕수수

13 광합성으로 만들어진 양분을 주로 뿌리에 저장하는 식물끼리 옳게 짝지은 것은?

① 감자, 무   ② 벼, 보리   ③ 양파, 무
④ 고구마, 우엉   ⑤ 옥수수, 콩

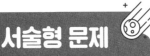
[01~03] 1 % 탄산 수소 나트륨을 첨가한 물에 검정말을 넣고 그림과 같이 장치한 후 빛을 비추었더니 검정말에서 기포가 발생하였다.

기포
1 % 탄산수소
나트륨 수용액
전등
검정말

01 전등의 밝기를 점점 밝게 조절하면 기포 수는 어떻게 변하는지 그 까닭과 함께 서술하시오.

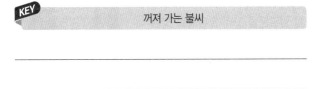
KEY 광합성, 산소

---

02 위 실험에서 시험관 위쪽에 모인 기체의 성분이 무엇인지 알아보기 위한 방법을 서술하시오.

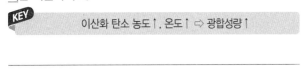
KEY 꺼져 가는 불씨

---

03 검정말에서 발생하는 기포 수를 증가시키는 방법을 두 가지만 서술하시오.

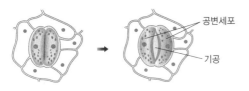
KEY 이산화 탄소 농도↑, 온도↑ ⇨ 광합성량↑

---

04 그림은 식물의 기공이 변하는 모습을 나타낸 것이다.

공변세포

기공

기공이 열리는 조건을 세 가지 쓰시오.

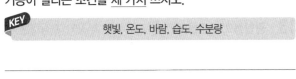
KEY 햇빛, 온도, 바람, 습도, 수분량

---

05 무분별한 개발로 지구상의 열대 우림이 많이 파괴되었다. 앞으로 수십 년 동안 열대 우림이 계속 더 파괴되면 대기의 구성 성분에 어떤 변화가 생길지 광합성과 관련지어 서술하시오.

KEY 산소, 이산화 탄소

---

06 다음은 인공 광합성에 대한 설명을 나타낸 것이다.

> 인공 광합성은 빛에너지와 이산화 탄소를 활용한 21세기 연금술이라고 한다. 인공 광합성에서는 태양 전지가 빛에너지를 흡수하며, 이산화 탄소를 이용하여 탄소가 함유된 연료, 의약품, 플라스틱 원료 등 다양한 물질을 생산할 수 있다. 또한, 태양 전지와 물 전기 분해 기술을 융합해 인공 광합성을 하면 청정 에너지원인 수소를 생산할 수 있다.

인공 광합성과 식물에서 일어나는 광합성의 공통점과 차이점을 서술하시오.

KEY 원료, 산물

[07~08] 식물의 증산 작용을 알아보기 위해 나뭇가지를 그림과 같이 장치하여 햇빛이 드는 곳에 두었다.

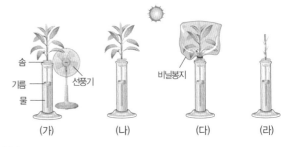

솜
기름
물
선풍기
비닐봉지

(가)   (나)   (다)   (라)

07 3시간 정도 지난 후 실린더에 남아 있는 물의 양이 가장 적은 것의 기호를 쓰고, 그렇게 생각한 까닭을 서술하시오.

KEY 증산 작용↑ ⇨ 햇빛이 강할 때, 바람이 잘 불 때

08 '증산 작용은 잎에서 일어난다.'는 내용을 증명하기 위해 비교해야 하는 실린더의 기호를 쓰고, 그렇게 생각한 까닭을 서술하시오.

 KEY 　　　　　　잎의 유무

[09~10] 파란색의 BTB 용액에 (가)와 같이 입김을 불어 노란색으로 만든 뒤 시험관 A, B에 나누어 담은 후 (나)와 같이 장치하여 햇빛이 잘 드는 창가에 3시간 정도 놓아두었다.

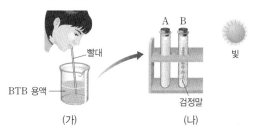

09 (가)에서 BTB 용액이 노란색으로 변하는 까닭을 서술하시오.

 KEY 　　　　이산화 탄소, 산성

10 (나)에서 시험관 B의 BTB 용액의 색은 무슨 색으로 변하는지 쓰고, 그렇게 생각한 까닭을 서술하시오.

 KEY 　　　광합성 ⇨ 이산화 탄소 흡수

11 그림과 같이 밀폐된 유리종 속에 쥐를 넣었을 때, 쥐가 가장 오래 생존하는 경우를 고르고 그렇게 생각한 까닭을 서술하시오.

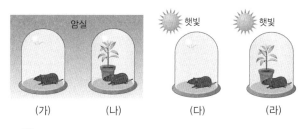

KEY 　　　광합성, 호흡, 산소

12 그림과 같이 시금치가 들어 있는 비닐봉지와 공기만 들어 있는 비닐봉지를 암실에 두었다가 하루가 지난 후 두 비닐봉지 속의 공기를 각각 석회수에 통과시켰다.

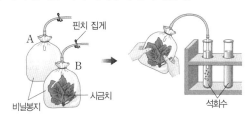

석회수가 뿌옇게 흐려지는 비닐 봉지의 기호를 쓰고, 이 실험을 통해 알 수 있는 것을 발생한 기체와 관련지어 서술하시오.

 KEY 　　　　　호흡

13 식물은 낮에도 호흡을 하는데 이산화 탄소가 식물체 밖으로 나오지 않는 까닭을 서술하시오.

 KEY 　　　낮 ⇨ 광합성량 > 호흡량

14 그림과 같이 물에 불린 싹튼 콩과 삶은 콩을 보온병에 각각 넣고 온도계와 유리관을 꽂은 고무마개로 입구를 막은 후 온도를 측정하였다.

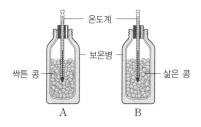

A, B 중 온도계의 눈금이 올라가는 보온병의 기호를 쓰고, 그렇게 생각한 까닭을 서술하시오.

 KEY 　　　　호흡 ⇨ 열 발생

1 원소

> • 원소 : 물질을 이루는 기본 성분으로 더 이상 다른 물질로 분해되지 않는다.

다음 설명 중 옳은 것은 ○, 옳지 않은 것은 ×로 표시하시오.

❶ 수소와 물은 원소이다. ……………………………… (○, ×)

❷ 원소는 종류마다 고유한 성질을 가진다. ………… (○, ×)

❸ 약 120여 종의 원소가 알려져 있으며, 원소의 종류는 물질의 종류보다 많다. …………………………… (○, ×)

❹ 수소는 모든 원소 중 가장 가볍다. ……………… (○, ×)

❺ 헬륨은 공기보다 무겁고 불에 타지 않아 비행선의 충전 기체로 이용된다. ………………………………… (○, ×)

❻ 우리 주변의 물질은 모두 한 가지 원소로 이루어져 있다. ……………………………………………………… (○, ×)

❼ 지금까지 알려진 원소는 모두 자연에서 발견된 것이다. ……………………………………………………… (○, ×)

2 원소의 확인

> • 불꽃 반응 : 금속 원소가 포함된 물질을 겉불꽃 속에 넣었을 때 특정한 불꽃 반응 색을 나타내는 현상

> • 스펙트럼 : 빛을 분광기에 통과시킬 때 빛이 분산되어 나타나는 여러 가지 색의 띠

연속 스펙트럼

선 스펙트럼

다음 설명 중 옳은 것은 ○, 옳지 않은 것은 ×로 표시하시오.

❶ 불꽃 반응을 이용하면 적은 양의 시료로도 금속 원소를 확인할 수 있다. ……………………………………… (○, ×)

❷ 불꽃 반응 실험에서 니크롬선을 묽은 염산에 넣어 씻는 까닭은 불순물을 제거하기 위해서이다. ……… (○, ×)

❸ 불꽃 반응 실험을 할 때 니크롬선 대신 백금선을 사용해도 된다. …………………………………………………… (○, ×)

❹ 불꽃 반응 색을 관찰할 때는 시료가 묻은 니크롬선을 속불꽃 속에 넣어야 한다. ……………………………… (○, ×)

❺ 선 스펙트럼은 원소의 종류에 따라 선의 색, 위치, 개수, 굵기가 다르게 나타난다. …………………………… (○, ×)

3 원자

> • 원자 : 물질을 이루는 기본 입자로, (＋)전하를 띠는 원자핵과 그 주위를 움직이며 (－)전하를 띠는 전자로 이루어져 있다.

원자핵
전자

빈칸에 알맞은 말을 쓰시오.

❶ ( )는 물질을 계속 쪼개면 더 이상 쪼갤 수 없는 입자에 도달한다고 주장하였다.

❷ 돌턴은 ( )을 발표해 현대적인 원자 개념을 확립하는 계기를 만들었다.

❸ 원자는 원자핵의 (＋)전하량과 전체 전자의 (－)전하량이 같기 때문에 전기적으로 ( )이다.

다음 설명 중 옳은 것은 ○, 옳지 않은 것은 ×로 표시하시오.

❹ 원자의 종류에 관계없이 전자 수가 같다. ……… (○, ×)

❺ 전자는 원자 질량의 대부분을 차지한다. ……… (○, ×)

❻ 원자는 매우 작아서 눈으로 볼 수 없기 때문에 모형을 사용하여 나타낸다. ………………………………… (○, ×)

4 분자

> • 분자 : 독립된 입자로 존재하여 물질의 성질을 나타내는 가장 작은 입자로, 몇 개의 원자가 결합하여 이루어진다.

물 분자 모형

분자식을 보고 빈칸에 알맞은 말을 쓰시오.

$$3H_2O_2$$

❶ 한 분자당 수소 원자 ( )개, 산소 원자 ( )개로 이루어져 있다.

❷ 총 분자의 개수는 ( )개이다.

❸ 총 수소 원자의 개수는 ( )개이다.

❹ 한 분자당 원자의 개수는 ( )개이다.

❺ 이 분자를 구성하는 원소는 ( )와 ( ), ( ) 종류이다.

5 원소와 분자의 표현

> • 원소 기호 : 원소의 이름 대신 나타내는 간단한 기호
> • 분자식 : 분자를 이루는 원자의 종류와 개수를 원소 기호와 숫자로 나타낸 식

다음 설명 중 옳은 것은 ○, 옳지 않은 것은 ×로 표시하시오.

❶ 모든 원소 기호는 영어의 알파벳에서 따온 것이다. ……
…………………………………………………… (○, ×)

❷ 첫 글자가 같을 때는 원소 이름의 두 번째 글자를 사용하여 표시한다. …………………………… (○, ×)

❸ 영국의 과학자 돌턴은 둥근 원 안에 기호를 넣어 원소를 표시하였다. ………………………… (○, ×)

❹ 현재의 원소 기호를 처음 제안한 사람은 스웨덴의 과학자 베르셀리우스이다. ……………… (○, ×)

빈칸에 알맞은 말을 쓰시오.

❺ 탄소의 원소 기호는 (   )이며, Cl의 원소 이름은 (   )이다.

❻ 분자식을 쓸 때 분자를 이루는 (   )의 개수를 (   )의 오른쪽 아래에 작은 숫자로 쓴다.

6 이온

> • 양이온 : 전기적으로 중성인 원자가 전자를 잃어 (+)전하를 띠는 입자

원자   양이온

> • 음이온 : 전기적으로 중성인 원자가 전자를 얻어 (−)전하를 띠는 입자

원자   음이온

빈칸에 알맞은 말을 쓰시오.

❶ 음이온은 (+)전하량이 (−)전하량보다 (   ).

❷ 이온을 표현할 때는 원소 기호의 오른쪽 위에 잃거나 얻은 (   )의 수와 (   )의 종류를 표시한다.

❸ 암모늄 이온의 이온식은 (   )이며, 이온식 MnO_4^-의 이름은 (   )이다.

❹ 이온이 들어 있는 수용액에 전류를 흘려주면 양이온은 (   )극 쪽으로, 음이온은 (   )극 쪽으로 이동한다.

다음 설명 중 옳은 것은 ○, 옳지 않은 것은 ×로 표시하시오.

❺ 나트륨 이온은 나트륨 원자가 전자를 얻어 형성된 음이온이다. ……………………………… (○, ×)

❻ Cu^{2+}은 구리(Cu) 원자가 전자 2개를 얻어 형성된 이온이다. ………………………………… (○, ×)

❼ 염화 이온은 염소 원자보다 전자가 1개 더 많다. ………………………………………………… (○, ×)

❽ 마그네슘 이온은 (+)전하량이 (−)전하량보다 크다. …… ……………………………………………… (○, ×)

❾ 염화 나트륨 수용액에 전원을 연결하면 나트륨 이온은 (+)극, 염화 이온은 (−)극으로 이동한다. …… (○, ×)

❿ 증류수에 전구를 설치하고 전원 장치를 연결하면 전구에 불이 들어온다. …………………… (○, ×)

7 앙금 생성 반응

염화 나트륨   질산 은   혼합 수용액
수용액   수용액

빈칸에 알맞은 말을 쓰시오.

❶ 앙금을 생성하지 않는 이온에는 (   ), (   ), (   ), (   ) 등이 있다.

❷ 염화 나트륨 수용액과 질산 은 수용액이 반응하면 흰색 앙금인 (   )이 생성된다.

❸ 납 이온은 아이오딘화 이온을 만나면 (   )색 앙금을 생성한다.

❹ 보일러의 열전도율이 낮아지는 원인인 관석의 성분은 (   )이다.

❺ 병원에서 X−ray 촬영을 할 때 사용하는 조영제의 성분은 (   )이다.

다음 앙금의 색을 쓰시오.

❻ AgBr (   )

❼ AgI (   )

❽ $CaCO_3$ (   )

❾ $BaSO_4$ (   )

❿ PbI_2 (   )

⓫ PbS (   )

⓬ CuS (   )

⓭ CdS (   )

⓮ ZnS (   )

⓯ FeS (   )

1 마찰 전기

마찰 전	마찰 시	마찰 후

- 고무풍선과 유리 막대를 마찰할 때, 전자가 유리 막대에서 고무풍선으로 이동하였다.
- 고무풍선은 전자를 얻어 (−)전하로 대전되었다.
- 유리 막대는 전자를 잃어 (+)전하로 대전되었다.

빈칸에 알맞은 말을 쓰시오.

❶ 전기를 띤 물체 사이에서 작용하는 힘을 (　　　)이라고 한다.

❷ 다른 종류의 전하를 띠는 물체 사이에는 서로 (　　　) 방향으로 힘이 작용하고, 같은 종류의 전하를 띠는 물체 사이에는 서로 (　　　) 방향으로 힘이 작용한다.

❸ 서로 다른 물체를 마찰할 때 발생하는 전기를 (　　　)라고 한다.

❹ 전자를 잃은 물체는 (　　　)전하로 대전된다.

❺ 전자를 얻은 물체는 (　　　)전하로 대전된다.

❻ 마찰한 서로 다른 두 물체 사이에는 (　　　)이 작용한다.

2 검전기

금속판
고무마개
금속 막대
금속박
유리병

빈칸에 알맞은 말을 쓰시오.

❶ 검전기를 통해 물체의 (　　) 여부, 대전된 전하의 (　　) 비교, 대전된 전하의 (　　)를 알 수 있다.

❷ 대전되지 않은 검전기의 금속판에 대전체를 가까이 하면 금속박이 (　　　).

❸ 대전된 전하의 양이 많을수록 (　　　)이 더 많이 벌어진다.

❹ (−)전하로 대전된 검전기에 (−)전하로 대전된 대전체를 가까이 하면 금속박은 (　　　).

❺ 정전기 유도에 의해 대전체와 가까운 쪽은 대전체와 (　　) 종류의 전하로, 대전체에서 먼 쪽은 대전체와 (　　) 종류의 전하로 대전된다.

3 전류

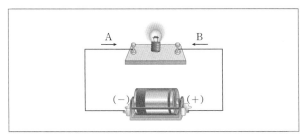

A　　　　　　　B
(−)　　　(+)

다음 설명 중 옳은 것은 ○, 옳지 않은 것은 ×로 표시하시오.

❶ 전하의 흐름을 전류라고 한다. ·············· (○, ×)

❷ A, B 중 전류의 방향은 A이다. ·············· (○, ×)

❸ A, B 중 전자의 이동 방향은 B이다. ·············· (○, ×)

❹ 전류의 세기는 1초 동안 전선의 단면을 통과하는 전하의 양으로 나타낸다. ·············· (○, ×)

❺ 전류의 세기를 나타내는 단위는 A(암페어), mA(밀리암페어)이다. ·············· (○, ×)

4 전류, 전압, 저항

물의 흐름 모형	전기 회로
수압(물의 높이 차)	전압
펌프	전지
물의 흐름	전류
밸브	스위치
파이프	전선
물레방아	전구(저항)

다음 설명 중 옳은 것은 ○, 옳지 않은 것은 ×로 표시하시오.

❶ 전지, 스위치 등을 전선으로 연결하여 전류가 전선을 따라 흐를 수 있도록 한 것을 전기 회로라고 한다. (○, ×)

❷ 전기 회로에 전류를 흐르게 하는 능력을 저항이라고 하며, 단위로는 Ω(옴)을 사용한다. ·············· (○, ×)

❸ 전압계는 측정하려는 부분에 직렬로 연결한다. (○, ×)

5 전류, 전압, 저항의 관계

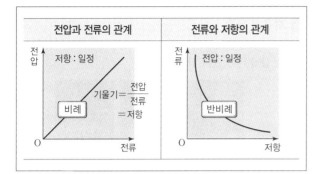

전압과 전류의 관계	전류와 저항의 관계

빈칸에 알맞은 말을 쓰시오.

❶ 전선에 흐르는 전류의 세기는 전압에 (　　　)하고, 저항에 (　　　)한다.

❷ 저항이 10 Ω인 니크롬선에 3 V의 전압을 걸 때, 니크롬선에 흐르는 전류의 세기는 (　　) A이다.

❸ 저항이 10 Ω인 니크롬선에 5 A의 전류가 흐르게 하려면 (　　) V의 전압을 걸어주어야 한다.

❹ 10 V의 전압을 걸 때 2 A의 전류가 흐르는 니크롬선의 저항은 (　　) Ω이다.

❺ 전구의 밝기는 전구에 흐르는 전류의 세기가 (　　)수록 밝다.

6 저항의 연결

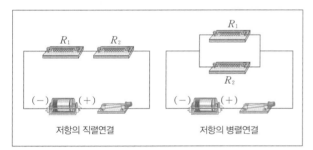

저항의 직렬연결　　　　저항의 병렬연결

다음 설명 중 옳은 것은 ○, 옳지 않은 것은 ×로 표시하시오.

❶ 같은 물질로 만든 경우 전선의 길이가 짧을수록, 전선의 단면적이 작을수록 전기 저항이 크다. ……… (○, ×)

❷ 저항의 직렬연결에서 각 저항에 흐르는 전류는 전체 전류와 같다. ……………………………… (○, ×)

❸ 저항의 직렬연결에서 각각의 저항에 걸리는 전압은 각각의 저항에 반비례한다. ……………… (○, ×)

❹ 저항의 병렬연결에서 연결하는 저항의 수가 증가하면 전체 저항은 감소한다. ………………… (○, ×)

❺ 저항의 병렬연결에서 각 저항의 크기에 관계없이 각 저항에 걸리는 전압은 같다. …………… (○, ×)

7 자석 주위의 자기장

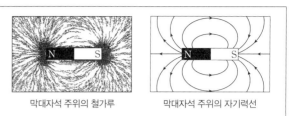

막대자석 주위의 철가루　　　막대자석 주위의 자기력선

다음 설명 중 옳은 것은 ○, 옳지 않은 것은 ×로 표시하시오.

❶ 자기력선은 S극에서 나와 N극으로 들어간다. (○, ×)

❷ 자기력선은 서로 교차되거나 끊어지지 않는다. (○, ×)

❸ 자기력선의 간격이 좁을수록 자기장의 세기가 크다. ………………………………………… (○, ×)

❹ 자기장이 작용하는 공간에 나침반을 놓았을 때, 자기장의 방향은 나침반 바늘의 S극이 가리키는 방향과 같다. ………………………………………… (○, ×)

8 전류의 자기 작용

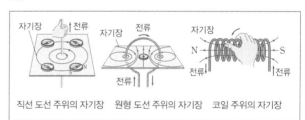

직선 도선 주위의 자기장　원형 도선 주위의 자기장　코일 주위의 자기장

빈칸에 알맞은 말을 쓰시오.

❶ 전류가 흐르는 도선 주위에는 (　　　)이 형성된다.

❷ 직선 도선 주위에는 도선을 중심으로 하는 (　　　) 모양의 자기장이 형성된다.

❸ 직선 전류에 의한 자기장의 세기는 도선에 흐르는 전류의 세기가 (　　)수록, 도선으로부터의 거리가 가까울수록 (　　)다.

❹ 직선 도선에 흐르는 전류의 방향이 반대가 되면 (　　　)의 방향도 반대가 된다.

❺ 코일 주위의 자기장의 세기는 코일에 흐르는 전류의 세기가 클수록, 코일을 촘촘히 감을수록 (　　)다.

❻ 전류가 흐르는 코일 내부에 철심을 넣어 만든 자석을 (　　　)이라고 한다.

❼ 자기장 속에서 전류가 흐르는 도선이 받는 힘의 크기는 전류의 세기가 (　　)수록, 자기장의 세기가 (　　)수록 크다.

❽ 자기장 속에서 전류가 흐르는 도선은 전류의 방향과 자기장의 방향이 수직일 때 가장 (　　) 힘을 받는다.

❾ (　　　)는 자석 사이에 있는 코일에 전류가 흐를 때 받는 힘을 이용하여 코일이 회전하도록 만든 장치이다.

1 지구의 크기 측정

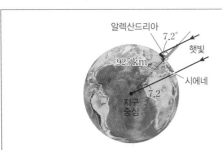

- 가정
- 지구는 완전한 구형이다.
- 지구로 들어오는 햇빛은 어디에서나 평행하다.
- 원리 : 원에서 호의 길이는 중심각의 크기에 비례한다.

빈칸에 알맞은 말을 쓰시오.

❶ 알렉산드리아와 시에네 사이의 거리인 925 km는 원에서 (　　　)에 해당한다.

❷ 알렉산드리아에 세운 막대와 막대의 그림자 끝이 이루는 각도는 7.2°이며, 이는 (　　　)으로 두 도시 사이의 중심각과 같다.

❸ 시에네와 알렉산드리아는 동일 경도 상에 위치하지 않기 때문에 중심각에 대한 호의 길이가 실제보다 (　　　) 측정되었다.

❹ 에라토스테네스가 지구의 반지름을 구하기 위해 세운 비례식은 $2\pi R$: (　　　)=925 km : 7.2°이다.

2 달의 크기 측정

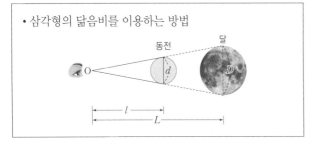

- 삼각형의 닮음비를 이용하는 방법

다음 설명 중 옳은 것은 ○, 옳지 않은 것은 ×로 표시하시오.

❶ 달의 지름(D)과 동전의 지름(d)을 관측자의 눈과 연결한 두 개의 삼각형은 닮은꼴이다. …………… (○, ×)

❷ 지구에서 달까지의 거리(L)는 미리 알고 있어야 하는 값이다. …………… (○, ×)

❸ 달의 지름(D)을 구하기 위한 비례식은 d : D＝360° : $2\pi L$이다. …………… (○, ×)

❹ 동전의 지름(d)이 작을수록 눈과 동전 사이의 거리(l)는 멀어진다. …………… (○, ×)

❺ 눈과 동전 사이의 거리를 조절하여 동전의 지름보다 달의 지름이 1 cm 정도 크도록 맞춘다. …………… (○, ×)

3 지구의 운동

- 공전에 의한 별의 연주 운동

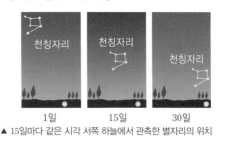

▲ 15일마다 같은 시각 서쪽 하늘에서 관측한 별자리의 위치

다음 설명 중 옳은 것은 ○, 옳지 않은 것은 ×로 표시하시오.

❶ 별자리는 동쪽에서 서쪽으로 이동하고 있다. …… (○, ×)

❷ 계절에 따라 볼 수 있는 별자리가 달라진다. …… (○, ×)

❸ 1일에서 30일로 갈수록 별이 지는 시각이 빨라진다. …………… (○, ×)

❹ 태양이 별자리에 대하여 동에서 서로 이동하는 것처럼 보인다. …………… (○, ×)

❺ 지구의 자전 결과 나타나는 현상이다. …………… (○, ×)

❻ 천구상에서 태양은 별자리와 같은 방향으로 움직인다. …………… (○, ×)

4 달의 운동

- 달의 위상 변화

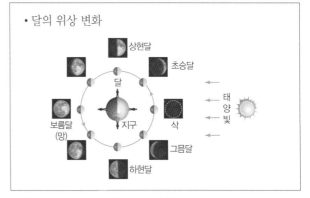

다음 설명 중 옳은 것은 ○, 옳지 않은 것은 ×로 표시하시오.

❶ 보름달은 자정에 남쪽 하늘에서 볼 수 있다. …… (○, ×)

❷ 그믐달은 해 뜨기 전 동쪽 하늘에서 볼 수 있다. …………… (○, ×)

❸ 상현달은 음력 2~3일경 해가 진 후 남쪽 하늘에서 보인다. …………… (○, ×)

❹ 초승달과 그믐달은 같은 날 초저녁과 새벽에 볼 수 있다. …………… (○, ×)

❺ 가장 오랫동안 관측이 가능한 달은 보름달이다. …………… (○, ×)

❻ 태양과 달이 지구를 중심으로 직각으로 위치할 때 상현달 또는 하현달을 볼 수 있다. …………… (○, ×)

5 일식과 월식

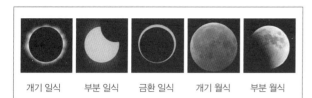

| 개기 일식 | 부분 일식 | 금환 일식 | 개기 월식 | 부분 월식 |

빈칸에 알맞은 말을 쓰시오.

❶ 일식은 태양−(　　)−(　　) 순으로 일직선 상에 놓여 있을 때 관측된다.

❷ 월식은 태양−(　　)−(　　) 순으로 일직선 상에 놓여 있을 때 관측된다.

❸ 일식과 월식이 매달 일어나지 않는 까닭은 (　　)과 (　　)의 공전 궤도가 같은 평면상에 있지 않기 때문이다.

6 태양계의 행성

| 수성 | 금성 | 지구 | 화성 |
| 목성 | 토성 | 천왕성 | 해왕성 |

다음 설명 중 옳은 것은 ○, 옳지 않은 것은 ×로 표시하시오.

❶ 수성, 금성, 지구, 화성은 내행성에 속한다. …… (○, ×)

❷ 대기가 없어 낮과 밤의 온도 차이가 크게 나타나는 행성은 화성이다. ……………………………… (○, ×)

❸ 천왕성은 자전축이 공전 궤도면과 거의 수직이다. ………
………………………………………………………… (○, ×)

❹ 해왕성은 대기 중에 포함된 메테인에 의해 푸른빛을 띤다. …………………………………………… (○, ×)

빈칸에 알맞은 말을 쓰시오.

❺ 얼음과 암석 조각으로 이루어진 뚜렷한 고리가 있는 행성은 (　　)이다.

❻ 지구형 행성은 목성형 행성보다 평균 밀도가 (　　)다.

❼ 목성의 4대 위성에는 (　　), (　　), (　　), (　　)가 있다.

❽ 해왕성의 표면에 나타나는 검은색의 큰 점을 (　　)이라고 한다.

7 태양

• 태양의 표면에서 일어나는 현상

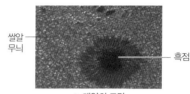

쌀알 무늬 — 흑점

▲ 태양의 표면

• 태양의 대기에서 일어나는 현상

채층	코로나	홍염	플레어

다음 설명 중 옳은 것은 ○, 옳지 않은 것은 ×로 표시하시오.

❶ 흑점과 쌀알 무늬는 개기 일식이 일어날 때 볼 수 있다.
………………………………………………………… (○, ×)

❷ 흑점은 모양과 크기가 정해져 있다. ……… (○, ×)

❸ 흑점이 검게 나타나는 것은 주위보다 온도가 낮기 때문이다. ………………………………………………… (○, ×)

❹ 플레어는 흑점 부근에서 일어나는 폭발로, 흑점 수가 많을 때 활발하다. …………………………… (○, ×)

❺ 광구 아래의 대류 현상으로 인해 일어나는 것은 채층과 코로나이다. ……………………………………… (○, ×)

❻ 홍염은 태양의 표면에서 솟아오르는 저온의 가스 분출 물질이다. ……………………………………………… (○, ×)

8 망원경을 이용한 천체 관측

대물렌즈 — 경통
보조 망원경
가대 — 접안렌즈
균형추
삼각대

빈칸에 알맞은 말을 쓰시오.

❶ 망원경의 균형을 잡고, 관측하려는 천체를 향하도록 (　　)의 방향을 맞춘다.

❷ 시야가 좁아 천체를 찾기 힘들 때는 (　　　)을 통해 천체를 찾을 수 있다.

❸ 천체의 상이 선명하게 보이도록 초점을 조절하면서 (　　　)를 통해 천체의 모습을 자세히 관측한다.

❹ 망원경으로 태양을 관측할 때는 (　　　) 사용하거나 접안렌즈를 통해 나오는 태양빛을 (　　　)에 투영시켜 간접적으로 관측한다.

1 광합성

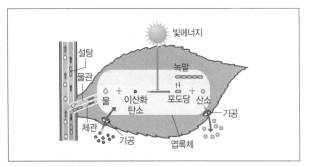

다음 설명 중 옳은 것은 ○, 옳지 않은 것은 ×로 표시하시오.

❶ 광합성은 엽록소에서 일어나며, 그 속에는 엽록체가 들어 있어 광합성에 필요한 빛에너지를 흡수한다. (○, ×)

❷ 이산화 탄소는 체관을 통해 공급된다. ⋯⋯⋯⋯ (○, ×)

❸ 최초로 생성되는 양분인 포도당은 즉시 녹말의 형태로 바뀌어 엽록체에 저장된다. ⋯⋯⋯⋯⋯⋯ (○, ×)

❹ 뿌리에서 흡수되어 물관을 통해 이동한 물을 광합성의 재료로 사용한다. ⋯⋯⋯⋯⋯⋯⋯⋯⋯ (○, ×)

❺ 광합성 결과 생성되는 기체에 꺼져 가는 성냥 불씨를 가까이 가져가면 다시 살아난다. ⋯⋯⋯⋯ (○, ×)

❻ 광합성이 일어난 잎을 탈색한 후 아이오딘─아이오딘화 칼륨 용액을 떨어뜨리면 청람색으로 변한다. ⋯ (○, ×)

2 광합성에 영향을 미치는 환경 요인

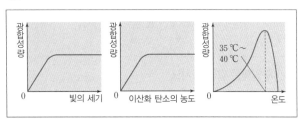

빈칸에 알맞은 말을 쓰시오.

❶ 광합성량에 영향을 미치는 환경 요인은 빛의 세기, (   )의 농도, 온도이다.

❷ 빛의 세기가 증가할수록 광합성량이 증가하다가 어느 지점 이상에서는 (   ).

❸ 온도가 높아질수록 광합성량이 증가하지만, 40 ℃ 이상이 되면 광합성량이 급격하게 (   ).

3 기공과 공변세포

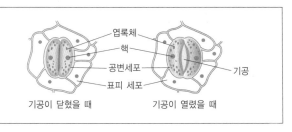

빈칸에 알맞은 말을 쓰시오.

❶ 증산 작용은 (   )이 열리고 닫히는 것에 의해 조절된다.

❷ 기공은 2개의 (   )가 둘러싸고 있으며, 기공을 통해 식물의 생명 활동과 관련된 (   )가 드나든다.

❸ 표피 세포에는 (   )가 없지만, 공변세포에는 (   )가 있어 초록색을 띤다.

❹ 증산 작용은 잎의 앞면과 뒷면 중 주로 (   )에서 더 활발하게 일어난다.

❺ 기공은 낮과 밤 중 주로 (   )에 열리기 때문에 증산 작용은 대부분 (   )에 일어난다.

4 증산 작용과 물의 이동

- 증산 작용 : 식물체 속의 물이 수증기로 변하여 잎의 기공을 통해 공기 중으로 빠져나가는 현상

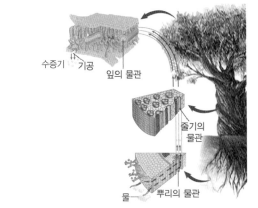

다음 설명 중 옳은 것은 ○, 옳지 않은 것은 ×로 표시하시오.

❶ 증산 작용은 식물체 내의 수분량을 조절한다. ⋯ (○, ×)

❷ 증산 작용은 바람이 잘 불 때, 습도가 높을 때 잘 일어난다. ⋯⋯⋯⋯⋯⋯⋯⋯⋯⋯⋯⋯⋯ (○, ×)

❸ 증산 작용으로 물이 증발하면서 열을 빼앗아 식물체의 온도가 상승하는 것을 막는다. ⋯⋯⋯⋯ (○, ×)

❹ 증산 작용은 뿌리에서 흡수한 물이 잎까지 올라갈 수 있도록 하는 데 중요한 역할을 한다. ⋯⋯⋯⋯ (○, ×)

5 식물의 호흡

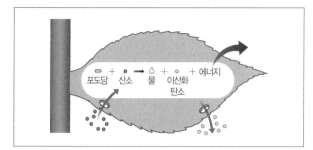

빈칸에 알맞은 말을 쓰시오.

❶ 식물은 호흡을 할 때 (　　　)를 흡수하고, (　　　　　)를 방출한다.

❷ 호흡은 세포에서 (　　　)을 분해하여 생명 활동에 필요한 (　　　)를 얻는 과정이다.

다음 설명 중 옳은 것은 ○, 옳지 않은 것은 ×로 표시하시오.

❸ 호흡을 통해 에너지를 얻는다. ·················· (○, ×)

❹ 식물은 빛이 없는 밤에만 호흡한다. ·············· (○, ×)

❺ 광합성을 하는 동안 호흡은 하지 않는다. ········· (○, ×)

❻ 광합성량이 증가하면 호흡량은 줄어든다. ········· (○, ×)

❼ 식물의 호흡 결과 포도당과 산소가 생성된다. ·· (○, ×)

❽ 호흡은 잎, 줄기, 뿌리 등 살아 있는 모든 세포에서 일어난다. ···················· (○, ×)

❾ 엽록체에서 낮에는 광합성이 일어나고 밤에는 호흡이 일어난다. ···················· (○, ×)

6 호흡의 산물 확인

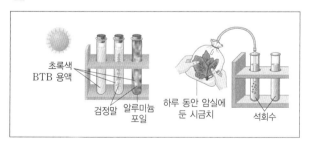

빈칸에 알맞은 말을 쓰시오.

❶ 검정말을 넣은 시험관을 알루미늄 포일로 감싸면 빛이 차단되어 (　　　)만 일어난다.

❷ 초록색 BTB 용액이 담긴 시험관에 검정말을 넣고 빛이 잘 드는 곳에 두면 BTB 용액의 색깔이 (　　　)으로 변한다.

❸ 비닐봉지에 시금치를 넣고 밀봉하여 암실에 하루 동안 두었다가 봉지에 모인 기체를 (　　　)에 통과시키면 뿌옇게 흐려진다.

7 식물의 기체 교환

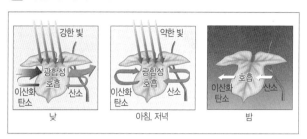

다음 설명 중 옳은 것은 ○, 옳지 않은 것은 ×로 표시하시오.

❶ 이산화 탄소는 주로 밤에 흡수된다. ·············· (○, ×)

❷ 식물의 기체 교환은 잎에서만 일어난다. ········· (○, ×)

❸ 식물은 낮에는 이산화 탄소를 흡수하고 산소를 방출한다. ···················· (○, ×)

❹ 식물은 빛이 있는 낮 동안에는 호흡보다 광합성을 더 많이 한다. ···················· (○, ×)

❺ 맑은 날 하루 중 아침, 저녁 2번은 광합성에 의해 발생한 산소가 모두 호흡에 이용된다. ········· (○, ×)

8 광합성 산물의 생성, 이동, 저장

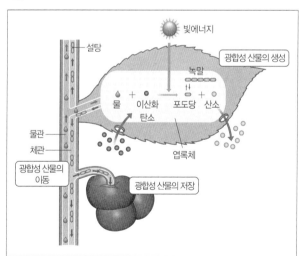

다음 설명 중 옳은 것은 ○, 옳지 않은 것은 ×로 표시하시오.

❶ 광합성으로 처음 생성되는 물질은 녹말이며, 곧바로 체관을 통해 이동한다. ·············· (○, ×)

❷ 양분은 주로 뿌리에서 잎으로 운반된다. ········· (○, ×)

❸ 광합성으로 만들어진 포도당은 녹말로 바뀌어 다른 기관으로 이동한다. ·············· (○, ×)

❹ 광합성 결과 만들어진 양분의 일부는 호흡으로 생명 활동에 필요한 에너지를 얻는 데 사용된다. ········· (○, ×)

백점 맞는 핵심노하우가 들어 있는

백점의 신

백신 과학

중등 2-1

정답과 해설

메가스터디BOOKS

백점 맞는
핵심노하우가
백점의 신 들어 있는
백신 과학
중등 2-1

정답과 해설

I. 물질의 구성

O1 물질의 기본 성분

용어 &개념 체크 11, 13쪽

01 아리스토텔레스 　**02** 분해 　**03** 라부아지에 　**04** 원소
05 불꽃 반응, 스펙트럼 　**06** 금속 원소 **07** 스펙트럼, 종류

개념 알약 11, 13쪽

01 (1) (나) (2) (가) (3) (다) 　**02** (1) 산소 (2) 해설 참조
03 (1) ○ (2) × (3) ○ (4) ○ 　**04** ㄷ, ㅁ, ㅅ, ㅇ
05 해설 참조 　　**06** (1) ⓒ (2) ⓛ (3) ⑤ (4) ⓔ 　**07** ㄱ, ㄷ
08 보라색 　**09** (1) ○ (2) × (3) ○ (4) ○ 　　**10** 원소 A, 원소 C

01

(1) 아리스토텔레스는 만물은 물, 불, 흙, 공기의 4가지 원소로 이루어져 있고, 이 원소들은 따뜻함, 차가움, 건조함, 축축함의 조합에 따라 서로 변환될 수 있다는 4원소 변환설을 주장하였다.
(2) 라부아지에는 원소를 현재까지의 어떤 수단으로도 더 이상 분해할 수 없는 물질이라고 정의하였으며, 실험을 통해 33종의 원소를 발표하였다.
(3) 보일은 물질은 더 이상 분해되지 않는 원소로 이루어져 있다고 주장하였다.

02

(1) 뜨겁게 달군 주철관에 물을 부어 물이 분해될 때 생성된 산소가 주철관의 철과 결합하여 주철관의 질량이 커진다.
(2) **모범 답안** | 물은 분해할 수 있으므로 원소가 아니다.
해설 | 물 분해 실험을 통해 물이 수소와 산소로 분해된다는 것을 알고, 물이 원소가 아님을 증명하였다.

03

바로 알기 | (2) 원소는 화학 변화를 거쳐도 원소 고유의 성질이 변하지 않는다.

04

원소는 물질을 이루는 기본 성분으로, 더 이상 다른 물질로 분해되지 않는다. 따라서 질소, 헬륨, 탄소, 아연은 원소이고, 다른 물질로 분해되는 물, 공기, 암모니아, 이산화 탄소는 원소가 아니다.

05

모범 답안 | 118가지의 원소들이 서로 조합하여 수많은 물질들을 구성하기 때문이다.
해설 | 우리 주위에 있는 물질들은 한 가지 원소로 이루어진 것도 있고, 여러 가지 원소들로 이루어진 것도 있다. 현재까지 알려진 118가지의 원소들은 서로 조합하여 또 다른 수많은 물질들을 구성하게 된다.

06

금속 원소가 포함된 물질을 불꽃 속에 넣으면 물질에 포함된 금속 원소의 종류에 따라 고유한 불꽃 반응 색이 나타난다.

07

불꽃 반응 실험에서는 물질에 포함된 금속 원소의 종류에 따라 고유한 불꽃 반응 색이 나타난다. 염화 구리(Ⅱ)와 질산 구리(Ⅱ)에는 공통적으로 구리 원소가 포함되어 있기 때문에 두 물질은 같은 불꽃 반응 색이 나타난다.

08

칼륨 원소가 포함되어 있는 물질을 불꽃 속에 넣으면 보라색을 나타낸다.

09

바로 알기 | (2) 불꽃 반응 색을 나타내는 원소는 몇몇 금속뿐이므로 불꽃 반응을 통해 모든 원소의 종류를 확인할 수는 없다.

10

물질 X의 스펙트럼에 나타난 선에서 위로 점선을 그었을 때, 물질 X에 나타난 선과 동일한 선을 갖고 있는 원소 A와 원소 C는 물질 X에 포함된 원소이다. 하지만 물질 X의 스펙트럼에 원소 B의 스펙트럼에 나타난 선이 나타나지 않았으므로 물질 X에 원소 B는 포함되어 있지 않다.

탐구 알약 14~15쪽

01 (1) ○ (2) ○ (3) × (4) ○ (5) × (6) × 　**02** 해설 참조
03 A : (−)극, 수소, B : (+)극, 산소 　**04** 해설 참조
05 (1) ○ (2) ○ (3) × (4) ○ (5) ×
06 (1) 노란색 (2) 보라색 (3) 주황색 (4) 황록색 (5) 빨간색 (6) 청록색
　　(7) 파란색 (8) 진한 빨간색
07 해설 참조 　　**08** 해설 참조

01

바로 알기 | (3) 아리스토텔레스는 물질이 물, 불, 흙, 공기의 4가지 원소로 이루어져 있다고 정의하였는데, 물 분해 실험을 통해 물이 원소가 아님을 증명하였으므로 아리스토텔레스의 4원소 변환설의 오류를 증명한 것이다.
(5) (+)극에서 발생한 기체는 산소로, 생물의 호흡이나 연소에 이용된다.
(6) (−)극에서 발생한 기체는 수소로, 반응성이 커 폭발성이 있다.

02 서술형

모범 답안 | 순수한 물은 전류가 잘 흐르지 않으므로 수산화 나트륨을 넣어 전류가 잘 흐르게 한다.

채점 기준	배점
키워드를 포함하여 옳게 서술한 경우	100 %

03

전기 분해 실험 결과 물이 분해되어 (−)극(A)에서는 수소 기체가, (+)극(B)에서는 산소 기체가 발생한다.

04 서술형

모범 답안 | 꺼져가는 불씨를 가까이 가져간다.

해설 | 산소 기체에 꺼져가는 불씨를 가까이 가져가면 불씨가 다시 타오르고, 수소 기체에 불씨를 가까이 가져가면 '퍽' 소리를 내며 탄다.

채점 기준	배점
꺼져가는 불씨를 가까이 가져간다고 옳게 서술한 경우	100 %

05

바로 알기 | (3) 불꽃 반응은 시료의 양이 적더라도 확인이 가능하다.
(5) 황산 구리(Ⅱ)는 구리를 포함하고 있으므로 불꽃 반응 색은 염화 구리(Ⅱ), 질산 구리(Ⅱ)와 같은 청록색으로 나타날 것이다.

06

나트륨, 칼륨, 칼슘, 바륨, 리튬, 구리, 세슘, 스트론튬 금속을 불꽃 반응시켜 불꽃 반응 색을 관찰하면 각각 고유의 색을 나타낸다.

07 서술형

모범 답안 | 겉불꽃은 속불꽃보다 온도가 높고, 무색이어서 불꽃 반응 색을 관찰하기 좋기 때문이다.

채점 기준	배점
겉불꽃이 온도가 높고 무색이라고 옳게 서술한 경우	100 %
겉불꽃이 온도가 높거나 무색이라는 것 중 한 가지만 옳게 서술한 경우	50 %

08 서술형

모범 답안 | 불꽃 반응 색을 비교한다. 물질에 포함된 금속 원소의 종류가 모두 다르기 때문이다.

채점 기준	배점
불꽃 반응 색을 비교한다고 쓰고, 그 까닭을 옳게 서술한 경우	100 %
불꽃 반응 색을 비교한다고만 쓴 경우	50 %

실전 백신 17~18쪽

01 ②	02 ③	03 ④	04 ④	05 ②
06 ③	07 ③	08 ③	09 ③	10 ④

11~13 해설 참조

01

ㄱ. 탈레스는 만물의 근원은 물이라는 1원소설을 주장하였다.
ㄹ. 라부아지에는 원소는 현재까지의 어떤 수단으로도 더 이상 분해할 수 없는 물질이라고 주장하였으며, 실험을 통해 33종의 원소를 발표하였다.
바로 알기 | ㄴ. 아리스토텔레스는 만물이 물, 불, 흙, 공기의 4원소로 이루어져 있고, 물, 불, 흙, 공기는 서로 바뀔 수 있다는 4원소 변환설을 주장하였다.
ㄷ. 보일은 물질은 더 이상 분해되지 않는 원소로 이루어져 있다고 주장하며 현대적인 원소의 개념을 제시하였다.

02

라부아지에는 이 실험을 통해 물이 수소와 산소로 분해됨을 알았고, 물이 원소가 아님을 증명하였다. 라부아지에의 물 분해 실험은 아리스토텔레스의 4원소 변환설이 옳지 않음을 증명하는 결정적인 계기가 되었다.

03

바로 알기 | ④ 지금까지 알려진 원소는 118가지로, 그 중 90여 가지는 자연에서 발견된 것으로 원소의 대부분을 차지하지만 나머지는 인공적으로 합성하여 만들어진 원소이다.

04

어떤 화학적 방법으로도 더 이상 분해되지 않는 물질을 원소라고 한다. 구리, 산소, 금은 더 이상 분해되지 않는 원소이다.
바로 알기 | 유리(규소, 붕소 등), 물(수소, 산소), 소금(염소, 나트륨), 플라스틱(수소, 탄소, 염소 등)은 다른 물질로 나누어지기 때문에 원소에 해당하지 않는다.

05

헬륨은 우주에서 수소 다음으로 흔한 원소이며, 가벼우면서도 다른 원소와 반응하지 않아 안전하여 비행선이나 광고용 풍선 등을 띄우는 기체로 이용된다.

06

③ 불꽃 반응 실험은 물질의 양이 적어도 물질을 구성하는 금속 원소의 종류를 알 수 있다.
바로 알기 | ① 불꽃 반응 색이 같은 물질은 선 스펙트럼을 이용하여 구별할 수 있다.
② 불꽃 반응을 통해 물질에 포함된 원소 중 불꽃 반응 색을 나타내는 일부 금속 원소만 확인할 수 있다.
④ 원소의 종류에 따라 스펙트럼에 나타나는 선의 위치, 색, 굵기가 다르다.
⑤ 불꽃 반응의 빛을 분광기에 통과시키면 선 스펙트럼이 나타나는데, 이 선 스펙트럼은 물질에 포함된 금속 원소에만 영향을 받는다.

07

③ 불꽃 속에 물질을 넣었을 때 물질에 포함된 금속 원소의 종류에 따라 고유한 불꽃 반응 색이 나타나는데, 땀을 이루는 성분 원소 중 하나인 나트륨이 포함된 물질은 노란색의 불꽃 반응 색이 나타난다.
바로 알기 | ① 칼륨이 포함된 물질은 보라색의 불꽃 반응 색이 나타난다.
② 칼슘이 포함된 물질은 주황색의 불꽃 반응 색이 나타난다.
④ 구리가 포함된 물질은 청록색의 불꽃 반응 색이 나타난다.
⑤ 스트론튬이 포함된 물질은 진한 빨간색의 불꽃 반응 색이 나타난다.

08

자료 해석 │ 물질의 불꽃 반응 색			
물질	불꽃 반응 색	물질	불꽃 반응 색
염화 나트륨	노란색	질산 나트륨	노란색
염화 칼륨	보라색	㉠	보라색
염화 구리(Ⅱ)	청록색	질산 구리(Ⅱ)	청록색
염화 칼슘	주황색	질산 칼슘	주황색(㉡)
염화 스트론튬	빨간색	질산 리튬	빨간색

불꽃 반응 색은 물질의 금속 원소에 영향을 받는다. 같은 금속 원소가 포함되어 있다면 같은 불꽃 반응 색이 나타날 것이다.

①, ⑤ 같은 금속 원소를 포함하고 있다면, 물질의 종류가 다르더라도 불꽃 반응 색이 같은 색으로 나타날 것이다. 따라서 물질 ㉠의 불꽃 반응 색은 보라색이므로, 칼륨이 포함되어 있다.
② 염화 칼슘과 질산 칼슘은 다른 물질이지만 같은 금속 원소를 포함하고 있으므로 질산 칼슘의 불꽃 반응 색(㉡)은 염화 칼슘과 같은 주황색으로 나타날 것이다.
④ 스트론튬과 리튬은 불꽃 반응 색으로 구별하기 어렵기 때문에 선 스펙트럼을 이용하여 구별한다.
바로 알기 │ ③ 염소가 포함된 염화 나트륨, 염화 칼륨, 염화 구리(Ⅱ), 염화 칼슘, 염화 스트론튬의 불꽃 반응 색이 모두 다르므로 염화 칼륨의 불꽃 반응 색은 염소 원소에 의한 것이 아님을 알 수 있다.

09

물질을 가열하여 나온 빛을 분광기를 통과시켜 얻은 스펙트럼은 금속 원소에 의해 결정된다. 따라서 리튬이 포함된 염화 리튬의 선 스펙트럼은 리튬의 선 스펙트럼을 포함할 것이다.

10

바로 알기 │ ④ 선 스펙트럼은 원소의 종류에 따라 선의 색, 위치, 개수, 굵기가 다르게 나타나므로 불꽃 반응으로 구별하기 힘든 원소도 확실하게 구별이 가능하다.

서술형 문제

11

모범 답안 │ 원소는 더 이상 분해되지 않는 물질을 이루는 기본 성분을 말하는데, 물은 산소와 수소로 분해되므로 원소가 아니다.

채점 기준	배점
원소가 아닌 까닭을 키워드를 포함하여 옳게 서술한 경우	100%

12

모범 답안 │ 염화 나트륨과 질산 나트륨이 같은 금속 원소인 나트륨을 포함하고 있기 때문이다.
해설 │ 스펙트럼에 나타난 노란색 선은 나트륨에 의한 것으로, 물질이 화학 반응하여 다른 물질로 변해도 물질을 이루는 성분 원소의 스펙트럼은 변하지 않는다.

채점 기준	배점
염화 나트륨과 질산 나트륨이 둘 다 나트륨을 포함한다는 내용을 옳게 서술한 경우	100%
염화 나트륨과 질산 나트륨이 같은 금속 원소를 포함한다고만 서술한 경우	50%

13

모범 답안 │ 불꽃 반응 색이 비슷한 리튬과 스트론튬은 선 스펙트럼을 비교하면 구별할 수 있다.

채점 기준	배점
키워드를 포함하여 옳게 서술한 경우	100%

1등급 백신
19쪽

14 ③   15 ②, ③   16 ④   17 ②

14

(가)는 아리스토텔레스, (나)는 탈레스, (다)는 보일의 주장이므로 (가)~(다)를 시대 순으로 나열하면 (나)-(가)-(다) 순이다.

15

② 염화 구리(Ⅱ)와 질산 구리(Ⅱ)의 불꽃 반응 색은 청록색이다.
③ 니크롬선을 묽은 염산과 증류수에 담가 씻는 과정은 니크롬선에 묻은 불순물을 씻어 내어 정확한 결과를 얻기 위해서이다.
바로 알기 │ ① 물질의 종류가 달라도 포함된 금속 원소가 같으면 불꽃 반응 색은 같다.
④ 니크롬선을 겉불꽃에 넣는 까닭은 겉불꽃의 온도가 높고 무색이어서 불꽃 반응 색을 정확하게 관찰할 수 있기 때문이다.
⑤ 염화 리튬과 질산 스트론튬의 불꽃을 분광기로 관찰하면 금속 원소가 다르기 때문에 각 금속 고유의 선 스펙트럼이 나타난다.

16

ㄴ. 물을 전기 분해하면 (−)극(A)에서는 수소 기체, (+)극(B)에서는 산소 기체가 2 : 1의 부피비로 발생한다.
ㄷ. 물은 수소와 산소로 분해되므로, 물의 분해 실험을 통해 물은 원소가 아님을 알 수 있다.
바로 알기 │ ㄱ. (−)극(A)에서는 수소 기체가 발생한다.

17

② 물질 (나)의 스펙트럼에서 스트론튬과 리튬의 스펙트럼이 모두 나타나므로 스트론튬과 리튬이 모두 들어 있다는 것을 알 수 있다.
바로 알기 │ ① 물질 (가)는 리튬의 스펙트럼과 모두 일치하므로 리튬이 들어 있다는 것을 알 수 있다.
③ 리튬과 스트론튬의 불꽃 반응 색은 빨간색으로 구별하기 어렵지만, 불꽃 반응 색을 분광기로 관찰하면 선 스펙트럼이 다르므로 구별할 수 있다.
④ 불꽃 반응 색으로 구별하기 힘든 물질을 분광기로 관찰하면 다른 선 스펙트럼이 나타날 수 있다.
⑤ 물질 (가)에는 리튬, 물질 (나)에는 리튬과 스트론튬이 들어 있으므로 공통적으로 리튬 원소가 들어 있다는 것을 알 수 있다.

O2 물질을 이루는 입자

용어 & 개념 체크 21, 23, 25쪽

01 돌턴   **02** 전자   **03** 중성   **04** 원자 모형
05 분자   **06** 수소   **07** 헬륨   **08** 탄소
09 원소, 원자   **10** 베르셀리우스   **11** 원소 기호

개념 알약 21, 23, 25쪽

01 ㉠ 원자핵, ㉡ 전자   **02** (1) ○ (2) ○ (3) ×   **03** ㄴ
04 (1) 산소 (2) −8   **05** 해설 참조
06 (1) (가) 수소 (나) 수소, 산소 (다) 탄소, 산소 (2) (가) 2개 (나) 3개
(다) 3개
07 (1) ㉢ (2) ㉠ (3) ㉠ (4) ㉡ (5) ㉣
08 ㉠ 산소 ㉡ 🔴🔴 ㉢ 이산화 탄소 ㉣ 🔴🔴🔴 ㉤ 염화 수소 ㉥ 🔴⚪
㉦ 수소 ㉧ 탄소
09 암모니아, 🔴   **10** 해설 참조
11 (1) H (2) 네온 (3) K (4) 베릴륨 (5) Si (6) 아르곤
12 ㉠ 대문자 ㉡ 소문자   **13** (1) ○ (2) ○ (3) × (4) ○
14 (1) 🔴🔴 (2) 2개 (3) 질소, 수소 (4) 4개 (5) 8개

01

원자는 원자핵(㉠)과 전자(㉡)로 이루어져 있고, 원자핵(㉠)은 원자의 중심에 있으며, 전자(㉡)는 원자핵(㉠)의 주위를 움직인다.

02

바로 알기 | (3) 원자는 원자핵의 (+)전하량과 전체 전자의 (−)전하량이 같기 때문에 전기적으로 중성이다.

03

바로 알기 | ㄱ. 원자핵의 크기는 원자에 비해 매우 작으므로 원자 내부는 대부분 빈 공간이다.
ㄷ. 원자의 종류에 따라 원자핵의 전하량과 전자 수가 달라진다.

04

원자핵의 전하량이 +8이므로 산소 원자이며, (−)전하가 8개 있으므로 전자의 총 전하량은 $(-1) \times 8개 = -8$이다.

05

모범 답안 | 모든 물질은 입자로 이루어져 있다.
해설 | 물과 에탄올을 섞으면 크기가 큰 입자 사이의 공간에 크기가 작은 입자가 끼어 들어간다. 또한 입구를 단단히 묶은 고무풍선에서 공기가 서서히 빠져나가는 까닭은 고무풍선 표면의 매우 작은 틈을 통해 입자가 공기 중으로 빠져나가기 때문이다. 이를 통해 모든 물질은 입자로 이루어져 있다는 것을 알 수 있다.

06

(가)는 수소 원자 2개로 이루어져 있는 수소 분자, (나)는 수소 원자 2개와 산소 원자 1개로 이루어져 있는 물 분자, (다)는 탄소 원자 1개와 산소 원자 2개로 이루어져 있는 이산화 탄소 분자이다.

07

질소 분자는 과자 봉지의 충전재로 이용되며, 산소 분자는 생물의 호흡이나 연소에 이용된다. 고체 이산화 탄소인 드라이아이스는 주로 냉매로 사용되며, 메테인 분자는 천연가스의 연료로 이용되고, 암모니아 분자는 염색제나 비료의 원료로 이용된다.

08

분자	산소	이산화 탄소(㉢)
구성 원자	산소(㉠) 원자 2개	산소 원자 2개 + 탄소 원자 1개
분자 모형	㉡	㉣
분자	염화 수소(㉤)	메테인
구성 원자	수소 원자 1개 + 염소 원자 1개	수소(㉦) 원자 4개 + 탄소(㉧) 원자 1개
분자 모형	㉥	

09

암모니아 분자는 질소 원자 1개, 수소 원자 3개로 이루어져 있으며, 염색제나 비료의 원료 또는 냉각제로 사용된다.

10

모범 답안 | 그림으로 표현된 기호보다 문자로 표현하면 더 체계적이고 간편하다. 세계적으로 공통된 기호를 사용하므로 누구나 쉽게 알 수 있다. 등

11

(1) 수소의 원소 기호는 H이다.
(2) Ne이 나타내는 원소의 이름은 네온이다.
(3) 칼륨(포타슘)의 원소 기호는 K이다.
(4) Be이 나타내는 원소의 이름은 베릴륨이다.
(5) 규소의 원소 기호는 Si이다.
(6) Ar이 나타내는 원소의 이름은 아르곤이다.

12

원소 기호를 나타내는 방법은 먼저 원소 이름의 알파벳 첫 글자를 대문자로 나타내고, 서로 다른 두 원소의 첫 글자가 같다면 중간 글자를 선택하여 첫 글자 다음에 소문자로 나타낸다.

13

바로 알기 | (3) 원소 기호는 한 글자로 이루어진 것도 있고, 두 글자로 이루어진 것도 있다.

14

$2NH_3$는 암모니아 분자 2개를 표현한 분자식이다. 따라서 분자 모형은 🔴🔴으로 나타낼 수 있고, 분자의 총 개수는 2개이며, 분자를 이루는 원소는 질소와 수소 2종류이다. 분자 1개를 이루는 원자의 개수는 질소 원자 1개, 수소 원자 3개로 총 4개이며, 분자를 이루는 원자의 총 개수는 $4 \times 2 = 8$(개)가 된다.

강의 보충제

26쪽

01~04 해설 참조

01

구분	수소	리튬	탄소	질소	산소
원자핵의 전하량	+1	+3	+6	+7	+8
전자의 개수(개)	1	3	6	7	8
원자 모형					

02

원소 이름	원소 기호	원소 이름	원소 기호	원소 이름	원소 기호	원소 이름	원소 기호
수소	H	나트륨(소듐)	Na	루비듐	Rb	납	Pb
헬륨	He	마그네슘	Mg	타이타늄	Ti	수은	Hg
리튬	Li	알루미늄	Al	크로뮴	Cr	은	Ag
베릴륨	Be	규소	Si	망가니즈	Mn	금	Au
붕소	B	인	P	철	Fe	백금	Pt
탄소	C	황	S	코발트	Co	세슘	Cs
질소	N	염소	Cl	니켈	Ni	브로민	Br
산소	O	아르곤	Ar	구리	Cu	아이오딘	I
플루오린	F	칼륨(포타슘)	K	아연	Zn	스트론튬	Sr
네온	Ne	칼슘	Ca	주석	Sn	바륨	Ba

03

분자	분자식	분자	분자식	분자	분자식
수소	H_2	일산화 탄소	CO	염화 수소	HCl
산소	O_2	이산화 탄소	CO_2	메테인	CH_4
질소	N_2	과산화 수소	H_2O_2	오존	O_3

04

분자 모형					
분자식	$2H_2O$	$3NH_3$	CO_2	$4HCl$	$2O_3$

실전 백신

28~30쪽

01 ②	02 ④	03 ①	04 ②	05 ③
06 ③	07 ④	08 ③, ④	09 ⑤	10 ④
11 ⑤	12 ②, ③	13 ②	14 ④	15 ⑤
16 ③	17 ⑤	18 ②	19 ④	

20~23 해설 참조

01

돌턴은 물질을 이루며, 더 이상 쪼갤 수 없는 입자를 원자라고 정의하였다. 이는 현대적인 원자 개념의 기초가 되었으며, 화학 변화에서 일어나는 현상들을 과학적으로 설명할 수 있게 되었다.

02

풍선 입자 사이에 있는 공간 사이로 향기 분자가 빠져나가기 때문에 풍선 밖에서도 향수 냄새를 맡을 수 있다.

03

원자핵의 전하는 (+), 전자의 전하는 (−)이다. 원자는 원자핵의 전하량과 전체 전자의 전하량이 같아 전기적으로 중성이다. 또한 전자의 질량은 매우 작으며, 원자핵은 원자 질량의 99.9 % 이상을 차지한다.

바로 알기 | ① 원자 질량의 대부분을 차지하는 것은 원자핵이다.

04

눈으로 볼 수 없는 원자를 쉽게 이해하기 위해 모형으로 나타낸 것을 원자 모형이라고 한다.

05

원자핵의 전하량이 +6인 이 원자는 전자를 6개 가지고 있으므로, 전자의 총 전하량은 −6이며, (+)전하량과 전체 전자의 (−)전하량이 같기 때문에 전기적으로 중성이다.

바로 알기 | ③ 원자는 전기적으로 중성이므로 원자의 전하량은 0이다.

06

ㄱ, ㄴ. 원자는 전기적으로 중성이므로 ㉠은 +1, ㉡은 3, ㉢은 7이다. 따라서 ㉡+㉢=10이다.

바로 알기 | ㄷ. 헬륨에서 원자핵의 전하량이 +2일 때 전자의 개수가 2개이므로 전자 1개의 전하량은 −1이다.

07

원자는 원자핵과 전자로 구성되어 있으며, 원자핵의 (+)전하량과 전체 전자의 (−)전하량이 같기 때문에 전기적으로 중성이다. 산소 원자의 원자핵 전하량은 +8이므로 전체 전자의 전하량은 −8이 되어야 한다. 따라서 전자를 나타내는 노란색 원 스티커 1개의 전하량이 −1이므로 노란색 원 스티커의 개수는 8개가 되어야 한다.

08

①, ② 분자는 독립된 입자로 존재하여 물질의 성질을 나타내는 가장 작은 입자이다.

⑤ 분자를 이루는 원자의 종류가 같아도 원자의 개수나 배열이 달라지면 서로 다른 분자이다.

바로 알기 | ③ 분자는 원자 1개로 이루어진 것도 있고, 여러 종류의 원자로 이루어진 것도 있다.

④ 분자는 원자로 나누어지면 물질의 성질을 잃는다.

09

ㄱ. 메테인 분자는 탄소와 수소 2종류의 원소로 구성되어 있다.

ㄴ. 메테인 분자는 탄소 원자 1개, 수소 원자 4개로 이루어져 있다.

ㄷ. 메테인 분자 1개를 이루는 원자의 개수는 총 5개이고, 메테인 분자 2개를 이루는 원자의 개수는 총 10개이다.

10

물 분자는 수소 원자 2개, 산소 원자 1개로 구성되어 있으므로 2종류의 원자 모형을 사용하여 나타내야 하지만, 1종류의 원자 모형만 사용하여 나타냈으므로 물 분자 모형으로 적절하지 않다.

11

공기보다 무겁고, 산소 원자 2개와 탄소 원자 1개로 이루어져 있는 분자는 이산화 탄소이다.

12

② 원소 기호는 원소의 종류에 따라 다르게 나타낸다.
③ 원소 기호는 원소 이름의 알파벳 첫 글자를 대문자로 나타낸다.
바로 알기 | ① 염소(Chlorum)의 원소 기호는 Cl로 나타낸다.
④ 현재 모든 나라에서 같은 원소 기호를 사용하고 있다.
⑤ 현재 사용되는 원소 기호는 베르셀리우스가 제안한 방법대로 알파벳을 이용하여 나타낸다.

13

칼슘의 원소 기호는 Ca, 나트륨의 원소 기호는 Na이며, N은 질소, Ni는 니켈, K는 칼륨(포타슘)의 원소 기호이다.

14

바로 알기 | ㉠은 산소, ㉡은 붕소, ㉢은 F, ㉣은 Al이다.

15

분자식은 분자를 구성하는 원자의 원소 기호를 먼저 쓰고, 원소 기호의 오른쪽 아래에 원자의 개수를 작은 숫자로 표시한다.
바로 알기 | ⑤ 이산화 질소는 질소 원자 1개, 산소 원자 2개로 이루어져 있으므로 분자식은 NO_2로 나타낸다.

16

③ 이산화 탄소 분자 1개는 탄소 원자 1개와 산소 원자 2개로 이루어져 있다. $3CO_2$는 이산화 탄소 분자 3개를 나타낸 분자식이므로, 탄소 원자의 개수는 총 3개이다.
바로 알기 | ① 이 물질은 이산화 탄소 분자이다.
② 분자의 개수는 3개이다.
④ 구성 원자의 종류는 탄소, 산소 2가지이다.
⑤ 분자 1개를 이루는 원자의 개수는 탄소 원자 1개, 산소 원자 2개로 총 3개이다.

17

결합하는 탄소 원자와 수소 원자의 개수비가 1 : 3이고, 분자 1개를 이루는 원자의 개수가 총 8개이며, 분자의 개수는 3개이므로 분자식은 $3C_2H_6$이다.

18

$3H_2$는 수소 분자(H_2)가 3개 있는 것을 나타낸 분자식이다.

수소 분자(H_2)

19

바로 알기 | ④ 분자식을 통해 분자의 종류와 개수, 구성 원자의 종류와 개수비를 알 수 있지만 구성 원자의 배열은 알 수 없다.

20

모범 답안 | 원자핵이 띠는 (+)전하량과 전체 전자가 띠는 (−)전하량이 같기 때문이다.
해설 | 원자는 원자핵과 전자로 이루어져 있는데, 원자핵의 (+)전하량과 전체 전자의 (−)전하량이 같기 때문에 전기적으로 중성이다.

채점 기준	배점
원자핵이 띠는 (+)전하량과 전체 전자가 띠는 (−)전하량이 같다고 옳게 서술한 경우	100 %
원자핵과 전자가 띠는 전하량이 같다고만 서술한 경우	70 %

21

모범 답안 | 같은 종류의 원자로 이루어져 있어도 분자를 이루는 원자의 개수가 다르므로 서로 다른 물질이다.

채점 기준	배점
물질을 이루는 원자의 개수가 다르기 때문에 서로 다른 물질이라고 옳게 서술한 경우	100 %

22

모범 답안 | N_2는 2개의 질소 원자가 결합한 질소 분자 1개이고, 2N은 질소 원자 2개가 결합하지 않고 떨어져 있는 것이다.

N_2: 　　2N:

채점 기준	배점
N_2와 2N의 차이를 서술하고, 각각의 모형을 옳게 나타낸 경우	100 %
N_2와 2N의 차이만 옳게 서술한 경우	50 %
모형만 옳게 나타낸 경우	50 %

23

모범 답안 | 과산화 수소를 분해하면 최종적으로 수소와 산소로 나누어지며, 과산화 수소 분자는 수소 원자 2개, 산소 원자 2개로 이루어져 있다.

채점 기준	배점
과산화 수소를 구성하는 원자의 종류와 수를 모두 옳게 서술한 경우	100 %
과산화 수소를 구성하는 원자의 종류만 옳게 쓴 경우	30 %

1등급 백신 　　　　　　　　　　31쪽

| 24 ② | 25 ④ | 26 ④ | 27 ③ | 28 ② |
| 29 ② |

24

① 수소 원자를 구성하는 전자의 개수는 1개이므로 수소 원자 모형에는 전자를 1개 붙인다.

③ 탄소 원자를 구성하는 원자핵의 전하량이 +6이므로 전자의 전하량은 −6이다. 따라서 전자의 개수는 6개이다.

④ 원자를 구성하는 전자 1개의 전하량은 −1이므로 수소 원자를 구성하는 전체 전자의 전하량은 −1, 헬륨 원자를 구성하는 전체 전자의 전하량은 −2, 탄소 원자를 구성하는 전체 전자의 전하량은 −6이다.

⑤ 원자핵의 전하량은 전체 전자의 전하량과 같다.

바로 알기 | ② 원자를 구성하는 원자핵은 (+)전하, 전자는 (−)전하로 서로 다른 전하를 띤다.

25

바로 알기 | ① 원소 기호 (가)는 F(플루오린)이다.

② N(질소)의 원자핵 전하량 (나)는 +7이다.

③ Na(나트륨)의 원자핵 전하량 (다)는 +11이다.

⑤ Ne은 원자핵의 전하량과 전체 전자의 전하량이 같다.

26

X 원자 1개와 Y 원자 2개로 이루어진 분자가 4개 있으므로, 이 모형의 분자식은 $4XY_2$이다.

27

바로 알기 | ① 이 물질은 암모니아이다.

② 원자들이 모여서 만들어진 분자의 개수는 2개이다.

④ 분자식으로 나타내면 $2NH_3$이다.

⑤ 물질을 구성하는 원자의 종류는 2가지이다.

28

② 일산화 탄소 분자는 탄소 원자 1개, 산소 원자 1개로 이루어져 있고, 분자의 개수는 2개이므로 원자의 총 개수는 4개이다.

바로 알기 | ① 질소 분자는 질소 원자 2개로 이루어져 있고, 분자의 개수는 3개이므로 원자의 총 개수는 6개이다.

③ 이산화 탄소 분자는 탄소 원자 1개, 산소 원자 2개로 이루어져 있고, 분자의 개수는 2개이므로 원자의 총 개수는 6개이다.

④ 물 분자는 수소 원자 2개, 산소 원자 1개로 이루어져 있고, 분자의 개수는 3개이므로 원자의 총 개수는 9개이다.

⑤ 암모니아 분자는 질소 원자 1개, 수소 원자 3개로 이루어져 있고, 분자의 개수는 2개이므로 원자의 총 개수는 8개이다.

29

ㄱ. 원자의 종류는 (가)가 2종류, (나)가 1종류로 (가)가 (나)보다 많다.

ㄷ. 수소 원자의 개수는 (가)가 6개, (나)가 6개로 같다.

바로 알기 | ㄴ. 분자의 개수는 (가)가 2개, (나)가 3개로 (나)가 (가)보다 많다.

ㄹ. (나)는 수소 분자를 나타낸 것이다.

03 이온의 형성

01 전자, 전하, 이온   **02** 잃, (+)   **03** 얻, (−)   **04** (−), (+)
05 앙금 생성 반응   **06** 염화 은   **07** 노란

개념 알약 33, 35쪽

01 (1) ◯ (2) × (3) × (4) ×   **02** 해설 참조
03 (1) ㅂ (2) ㄷ   **04** (1) Al^{3+} (2) 플루오린화 이온 (3) S^{2-}
(4) 질산 이온 (5) MnO_4^- (6) 칼슘 이온   **05** (1) 염화 이온(Cl^-)
(2) 나트륨 이온(Na^+)   **06** (1) 염화 은, 흰색 (2) 브로민화 은, 연노란색 (3) 아이오딘화 은, 노란색 (4) 황산 바륨, 흰색   **07** (나), (라)
08 A : 칼륨 이온(K^+) B : 질산 이온(NO_3^-)
09 황산 바륨, 흰색   **10** 탄산 칼슘($CaCO_3$)

01

바로 알기 | (2) 전기적으로 중성인 원자가 갖고 있던 전자가 빠져나가므로 (+)전하량이 (−)전하량보다 크다.

(3) 전자 2개를 잃어 +2의 양이온이 되므로 X^{2+}로 나타낸다.

(4) 염화 이온(Cl^-)은 전자 1개를 얻어 (−)전하를 띠는 음이온이다.

02

모범 답안 | . 산소 원자는 전자 2개를 얻어 음이온인 산화 이온(O^{2-})이 된다.

해설 | 산소 원자는 전자 2개를 얻어 음이온이 되므로 전자 2개를 더 그려야 한다. 생성된 이온은 산화 이온으로, 이온식은 O^{2-}로 나타낸다.

03

전자를 잃은 것은 양이온을 나타내며, 전자를 얻은 것은 음이온을 나타낸다. 따라서 전자를 가장 많이 잃은 이온은 Pb^{2+}(ㅂ)이고, 전자를 가장 많이 얻은 이온은 SO_4^{2-}(ㄷ)이다.

04

(1) 알루미늄 이온의 이온식은 Al^{3+}이다.

(2) F^-이 나타내는 이온의 이름은 플루오린화 이온이다.

(3) 황화 이온의 이온식은 S^{2-}이다.

(4) NO_3^-이 나타내는 이온의 이름은 질산 이온이다.

(5) 과망가니즈산 이온의 이온식은 MnO_4^-이다.

(6) Ca^{2+}이 나타내는 이온의 이름은 칼슘 이온이다.

05

염화 나트륨 수용액에 전류를 흘려주면 음이온인 염화 이온(Cl^-)은 (+)극 쪽으로 이동하고, 양이온인 나트륨 이온(Na^+)은 (−)극 쪽으로 이동한다.

06

(1) 은 이온(Ag^+)과 염화 이온(Cl^-)이 만나면 흰색 앙금인 염화 은($AgCl$)이 생성된다.

(2) 은 이온(Ag^+)과 브로민화 이온(Br^-)이 만나면 연노란색 앙금인 브로민화 은($AgBr$)이 생성된다.

(3) 은 이온(Ag^+)과 아이오딘화 이온(I^-)이 만나면 노란색 앙금인 아이오딘화 은(AgI)이 생성된다.

(4) 바륨 이온(Ba^{2+})과 황산 이온(SO_4^{2-})이 만나면 흰색 앙금인 황산 바륨($BaSO_4$)이 생성된다.

07

염화 이온(Cl^-)은 질산 은($AgNO_3$) 수용액의 은 이온(Ag^+)을 만나 앙금을 생성한다. 따라서 질산 은($AgNO_3$) 수용액과 만나 흰색 앙금을 생성한 (나)와 (라) 수용액에 염화 이온(Cl^-)이 들어 있다는 것을 알 수 있다.

08

질산 납($Pb(NO_3)_2$) 수용액에는 질산 이온(NO_3^-)과 납 이온(Pb^{2+})이 들어 있고, 아이오딘화 칼륨(KI) 수용액에는 아이오딘화 이온(I^-)과 칼륨 이온(K^+)이 들어 있다. 이를 반응시키면 납 이온(Pb^{2+})과 아이오딘화 이온(I^-)이 반응하여 노란색 앙금인 아이오딘화 납(PbI_2)이 생성된다. 따라서 A와 B는 앙금 생성 반응에 참여하지 않는 이온이므로 A는 (+)전하를 띤 칼륨 이온(K^+), B는 (−)전하를 띤 질산 이온(NO_3^-)이다.

09

흰색의 황산 바륨($BaSO_4$) 용액을 조영제로 복용하면 몸속의 장기나 혈관 등 인체 내부를 세밀하게 관찰할 수 있다.

10

조개껍데기, 진주, 석회 동굴 속의 종유석과 석순 등은 탄산 칼슘($CaCO_3$)을 주성분으로 한다. 또한 석회수에 입김을 불어 넣으면 수산화 칼슘과 이산화 탄소가 반응하여 탄산 칼슘($CaCO_3$)이 생성되어 석회수가 뿌옇게 흐려진다. 지하수를 보일러 용수로 오래 사용하면 보일러 관 속에 관석($CaCO_3$)이 쌓여 열이 잘 전달되지 않는다.

탐구 알약 36~37쪽

01 (1) ○ (2) × (3) ○ (4) ○
02 (+)극 : SO_4^{2-}, MnO_4^-, NO_3^- / (−)극 : Cu^{2+}, K^+
03 해설 참조　　　04 염화 이온(Cl^-)
05 탄산 칼슘, $CaCO_3$　　06 (1) × (2) ○ (3) ○　　07 ③

01

바로 알기 | (2) 황산 구리(Ⅱ)($CuSO_4$) 수용액이 파란색을 띠는 까닭은 구리 이온(Cu^{2+}) 때문이다.

02

이온이 들어 있는 수용액에 전류를 흘려주면 전기적 인력에 의해 양이온은 (−)극으로, 음이온은 (+)극으로 이동한다. 따라서 (+)극으로는 음이온인 SO_4^{2-}, MnO_4^-, NO_3^-이 이동하고, (−)극으로는 양이온인 Cu^{2+}과 K^+이 이동한다.

---

03 서술형

모범 답안 | 납 이온(Pb^{2+})과 아이오딘화 이온(I^-)은 서로 반대 전하를 띠는 극으로 이동하다가 만나게 되고, 그 결과 아이오딘화 납(PbI_2)이 만들어지는 것이다.

해설 | 질산 암모늄(NH_4NO_3) 수용액을 적신 거름종이에 놓인 이온은 전원이 연결되면 전기적 인력에 의해 서로 반대 전하를 띠는 극으로 이동한다.

채점 기준	배점
이온이 서로 반대 전하를 띠는 극으로 이동하여 앙금 생성 반응을 했다고 옳게 서술한 경우	100 %

04

질산 은($AgNO_3$) 수용액과 흰색 앙금이 생기는 수용액에는 염화 나트륨($NaCl$), 염화 칼슘($CaCl_2$)과 같이 공통적으로 염화 이온(Cl^-)이 들어 있다.

05

탄산 나트륨(Na_2CO_3) 수용액과 염화 칼슘($CaCl_2$) 수용액이 반응하여 흰색 앙금인 탄산 칼슘($CaCO_3$)이 생성된다.

06

바로 알기 | (1) 수용액에는 양이온과 음이온이 함께 존재하므로 적어도 두 종류의 이온이 들어 있다.

07

바로 알기 | ③ 나트륨 이온(Na^+)은 어떤 이온과도 앙금을 생성하지 않는다.

실전 백신 40~42쪽

01 ⑤	02 ③	03 ④	04 ⑤	05 ①
06 ③	07 ②, ④	08 ④	09 ⑤	10 ③
11 ①	12 ①, ③	13 ②	14 ③	15 ⑤
16 ③	17~19 해설 참조			

01

ㄱ, ㄴ. (+)전하 8개, (−)전하 8개로 구성된 중성 원자가 2개의 전자를 얻어 음이온이 되는 과정을 나타낸 모형이다.

ㄷ. 전자를 8개 갖고 있던 원자가 전자를 2개 얻어 10개의 (−)전하를 가진 이온이 되었으므로 (+)전하와 (−)전하를 10개씩 갖고 있는 네온(Ne) 원자와 같은 전자 수를 갖는다.

02

① 알루미늄 원자는 전자 3개를 잃어 알루미늄 이온(Al^{3+})이 된다.

② 알루미늄 원자의 전자의 개수는 13개이므로 알루미늄 이온(Al^{3+})이 가진 전자의 개수는 10개이다.

④, ⑤ 알루미늄 이온(Al^{3+})은 양이온이므로 원자핵의 (+)전하량이 전자의 총 (−)전하량보다 많으며, 전류를 흘려주면 (−)극으로 이동한다.

바로 알기 | ③ 알루미늄 이온(Al^{3+})은 전자 3개를 잃어 형성된 양이온이다.

03

④ 리튬 원자는 전자를 1개 잃어 +1의 양이온이 된다.

바로 알기 | ① 아이오딘화 이온은 I^-이다.

② 칼슘 이온은 Ca^{2+}이다.

③ 황산 이온은 SO_4^{2-}이다.

⑤ 황화 이온은 S^{2-}이다.

04

⑤ 황화 이온(S^{2-})은 황 원자가 전자 2개를 얻어 형성된다.

바로 알기 | ① 칼륨 이온(K^+)은 칼륨 원자가 전자 1개를 잃어 형성된다.

② 나트륨 이온(Na^+)은 나트륨 원자가 전자 1개를 잃어 형성된다.

③ 구리 이온(Cu^{2+})은 구리 원자가 전자 2개를 잃어 형성된다.

④ 플루오린화 이온(F^-)은 플루오린 원자가 전자 1개를 얻어 형성된다.

05

ㄱ. A는 (+)전하량이 더 많으므로 양이온이다.

바로 알기 | ㄴ. B는 (+)전하량이 더 많아 양이온이므로, B가 들어 있는 수용액에 전류를 흘려주면 (−)극으로 이동한다.

ㄷ. C와 D는 원자핵의 전하량이 다르므로 다른 이온이다.

06

ㄱ. 염화 나트륨 수용액에 전극을 담갔을 때 전구에 불이 켜지므로 염화 나트륨 수용액은 전류가 흐른다.

ㄷ. 염화 나트륨은 물에 녹아 (+)전하를 띠는 나트륨 이온과 (−)전하를 띠는 염화 이온으로 나누어진다. 따라서 염화 이온은 (+)극, 나트륨 이온은 (−)극으로 이동한다.

바로 알기 | ㄴ. 설탕은 물에 녹아도 이온으로 나누어지지 않기 때문에 염화 나트륨 수용액 대신 설탕 수용액으로 실험하면 전류가 흐르지 않아 전구에 불이 켜지지 않는다.

07

② 노란색 성분은 (−)전하를 띠는 크로뮴산 이온(CrO_4^{2-})이므로, (+)극으로 이동한다.

④ 이온은 정전기적 인력에 따라 움직이므로, 전극의 방향이 바뀌면 이온의 이동 방향도 바뀐다.

바로 알기 | ① 파란색 성분은 (+)전하를 띠는 구리 이온(Cu^{2+})이다.

③ 질산 칼륨도 칼륨 이온과 질산 이온으로 이온화되어 각각 (−)극과 (+)극으로 이동한다.

⑤ 거름종이에 질산 칼륨 수용액을 적시는 까닭은 거름종이에 전류가 흐를 수 있도록 만들기 위해서이다.

08

(+)전하를 띠는 구리 이온(Cu^{2+})과 칼륨 이온(K^+)은 (−)극으로 이동하고, (−)전하를 띠는 황산 이온(SO_4^{2-}), 크로뮴산 이온(CrO_4^{2-}), 질산 이온(NO_3^-)은 (+)극으로 이동한다.

09

ㄱ, ㄴ. 질산 납($Pb(NO_3)_2$) 수용액과 아이오딘화 칼륨(KI) 수용액을 반응시키면 납 이온(Pb^{2+})과 아이오딘화 이온(I^-)이 반응하여 노란색 앙금인 아이오딘화 납(PbI_2)이 생성된다. 따라서 ㉠은 (−)전하를 띠는 질산 이온(NO_3^-)이다.

ㄷ. 아이오딘화 칼륨(KI) 수용액 대신 황화 나트륨(Na_2S) 수용액을 반응시키면 검은색 앙금인 황화 납(PbS)이 생성된다.

10

① 은 이온(Ag^+)과 염화 이온(Cl^-)이 만나 염화 은(AgCl) 앙금을 생성한다.

② 구리 이온(Cu^{2+})과 황화 이온(S^{2-})이 만나 황화 구리(CuS) 앙금을 생성한다.

④ 바륨 이온(Ba^{2+})과 황산 이온(SO_4^{2-})이 만나 황산 바륨($BaSO_4$) 앙금을 생성한다.

⑤ 납 이온(Pb^{2+})과 아이오딘화 이온(I^-)이 만나 아이오딘화 납(PbI_2) 앙금을 생성한다.

바로 알기 | ③ 황산 나트륨(Na_2SO_4) 수용액과 질산 칼륨(KNO_3) 수용액은 혼합하여도 앙금을 생성하지 않는다.

11

바로 알기 | ② 황화 철(FeS)은 검은색 앙금이다.

③ 탄산 칼슘($CaCO_3$)은 흰색 앙금이다.

④ 황산 바륨($BaSO_4$)은 흰색 앙금이다.

⑤ 아이오딘화 납(PbI_2)은 노란색 앙금이다.

12

② 황산 이온(SO_4^{2-})과 바륨 이온(Ba^{2+})이 만나 황산 바륨($BaSO_4$) 앙금을 생성한다.

④ 황산 이온(SO_4^{2-})과 칼슘 이온(Ca^{2+})이 만나 황산 칼슘($CaSO_4$) 앙금을 생성한다.

⑤ 황산 이온(SO_4^{2-})과 바륨 이온(Ba^{2+})이 만나 황산 바륨($BaSO_4$) 앙금을 생성한다.

바로 알기 | ① 황산 이온(SO_4^{2-})과 철 이온(Fe^{2+})은 앙금을 생성하지 않는다.

③ 황산 이온(SO_4^{2-})과 구리 이온(Cu^{2+})은 앙금을 생성하지 않는다.

13

(가)는 질산 은($AgNO_3$) 수용액을 떨어뜨렸을 때 흰색 앙금이 만들어지므로 염화 이온(Cl^-)이 포함된 염화 나트륨(NaCl) 수용액이고, (나)는 질산 구리(Ⅱ)($Cu(NO_3)_2$) 수용액과 질산 칼륨(KNO_3) 수용액 중에서 황화 나트륨(Na_2S) 수용액과 반응하여 검은색 앙금이 만들어지므로 질산 구리(Ⅱ)($Cu(NO_3)_2$) 수용액이다. (다)는 질산 은($AgNO_3$) 수용액, 황화 나트륨(Na_2S) 수용액과 반응하지 않으므로 질산 칼륨(KNO_3) 수용액이다.

14

X가 공통적으로 들어 있는 AX 수용액과 BX 수용액 중에서 AX 수용액과 반응하였으므로 앙금에는 A가 들어 있음을 알 수 있다. 따라서 A와 Y가 만나 앙금을 생성하므로 흰색 앙금의 화학식은 AY이다.

15

(가)에서 은 이온(Ag^+)을 분리하기 위해서 염화 이온(Cl^-)이 포함되어 있어야 하며, 은 이온(Ag^+)과 염화 이온(Cl^-)이 앙금을 생성하였으므로 (가)에서 거른 용액에는 칼슘 이온(Ca^{2+}), 암모늄 이온(NH_4^+), 나트륨 이온(Na^+)이 포함되어 있다.

여기에 탄산 나트륨(Na_2CO_3) 수용액을 가하면 칼슘 이온(Ca^{2+})과 탄산 이온(CO_3^{2-})이 반응하여 탄산 칼슘($CaCO_3$) 앙금을 생성한다. (다)에서 거름종이로 탄산 칼슘($CaCO_3$)를 걸러내면 거른 용액에는 나트륨 이온(Na^+)과 암모늄 이온(NH_4^+)이 포함되어 있다. (라)에서 암모늄 이온(NH_4^+)은 불꽃 반응으로 확인할 수 없기 때문에 수용액을 백금선에 묻혀 불꽃 반응 색을 관찰하면 나트륨 이온(Na^+)의 불꽃 반응 색인 노란색이 나타날 것이다.

16

바로 알기 | ③ 농도가 진한 소금물에 소금 알갱이를 넣어 주면 소금 결정이 크게 자라는 것은 앙금 생성 반응에 해당하지 않는다.

서술형 문제

17

(1) 모범 답안 | A : 양이온, B : 음이온 / A 원자는 전자를 잃었으므로 양이온, B 원자는 전자를 얻었으므로 음이온이다.

(2) 모범 답안 | A^{3+}, B^{2-} / A는 전자 3개를 잃었으므로 A의 이온은 A^{3+}, B는 전자 2개를 얻었으므로 B의 이온은 B^{2-}이다.

채점 기준	배점
A와 B를 양이온과 음이온으로 각각 구별하고, 이온식을 모두 옳게 서술한 경우	100 %
A와 B를 양이온과 음이온으로 각각 구별만 한 경우	50 %

18

모범 답안 | ($+$)전하를 띠는 나트륨 이온(Na^+)은 ($-$)극으로 이동하고, ($-$)전하를 띠는 염화 이온(Cl^-)은 ($+$)극으로 이동하기 때문이다.

채점 기준	배점
양이온은 ($-$)극으로 이동하고, 음이온은 ($+$)극으로 이동한다는 내용을 포함하여 옳게 서술한 경우	100 %

19

모범 답안 | 불꽃 반응, 앙금 생성 반응 / 불꽃 반응에서 탄산 나트륨(Na_2CO_3)은 노란색, 염화 칼륨(KCl)은 보라색이 나타나므로 두 가지 수용액을 구별할 수 있다. 또한 특정 이온과 반응하여 앙금을 생성하는 수용액을 통해 두 가지 수용액을 구별할 수 있다. 예를 들어 두 수용액에 염화 칼슘($CaCl_2$) 수용액을 각각 넣으면 탄산 나트륨(Na_2CO_3) 수용액만 흰색 앙금($CaCO_3$)이 생성된다.

채점 기준	배점
불꽃 반응과 앙금 생성 반응 두 가지 모두 옳게 서술한 경우	100 %
둘 중 한 가지만 옳게 서술한 경우	50 %

20

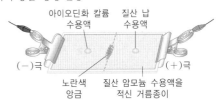

자료 해석 | 질산 납($Pb(NO_3)_2$) 수용액과 아이오딘화 칼륨(KI) 수용액의 앙금 생성 반응

아이오딘화 칼륨 수용액 / 질산 납 수용액 / ($-$)극 / ($+$)극 / 노란색 앙금 / 질산 암모늄 수용액을 적신 거름종이

질산 암모늄(NH_4NO_3) 수용액을 적신 거름종이 양쪽에 질산 납($Pb(NO_3)_2$) 수용액과 아이오딘화 칼륨(KI) 수용액을 각각 떨어뜨리고 전원을 연결하면 납 이온(Pb^{2+})은 ($-$)극으로, 아이오딘화 이온(I^-)은 ($+$)극으로 이동한다. 두 이온은 중간에서 만나 노란색을 띠는 아이오딘화 납(PbI_2) 앙금을 생성한다.

바로 알기 | ② 전극을 반대로 연결하면 납 이온(Pb^{2+})과 아이오딘화 이온(I^-)이 만나지 않으므로 앙금이 생성되지 않는다.

21

ㄱ. 과망가니즈산 이온은 물에 녹아 보라색을 띤다.

바로 알기 | ㄴ. 칼륨 이온도 이동하지만 색을 띠지 않기 때문에 맨눈으로 이온의 이동을 관찰하기가 어렵다.

ㄷ. 보라색을 띠는 음이온인 과망가니즈산 이온이 왼쪽으로 이동하였으므로 빨간색 집게 전선이 연결된 쪽이 ($+$)극이다.

22

③ 물속에 포함된 염화 이온(Cl^-)은 질산 은($AgNO_3$) 수용액을 첨가하여 만들어지는 염화 은($AgCl$)을 통해 검출할 수 있다.

바로 알기 | ① 탄산 칼슘($CaCO_3$)과 황산 바륨($BaSO_4$)은 앙금의 색이 모두 흰색이므로 앙금의 색으로 구별할 수 없다.

② 칼륨 이온(K^+)과 질산 이온(NO_3^-)은 앙금을 생성하지 않는다.

④ 염화 나트륨($NaCl$), 브로민화 나트륨($NaBr$), 아이오딘화 나트륨(NaI)처럼 같은 금속 원소가 포함된 경우에는 불꽃 반응 색으로 물질을 구별할 수 없다. 염화 나트륨($NaCl$), 브로민화 나트륨($NaBr$), 아이오딘화 나트륨(NaI)에 질산 은($AgNO_3$) 수용액을 넣으면 각각 염화 은($AgCl$), 브로민화 은($AgBr$), 아이오딘화 은(AgI) 앙금을 생성하는데, 모두 다른 앙금의 색(흰색, 연노란색, 노란색)을 가지므로 이를 통해 구별할 수 있다.

⑤ 은 이온(Ag^+)은 염화 이온(Cl^-)과 염화 은($AgCl$)을 생성하므로 질산 은($AgNO_3$) 수용액으로 염화 칼륨(KCl), 염화 나트륨($NaCl$), 염화 리튬($LiCl$)을 구별할 수 없다. 염화 칼륨(KCl), 염화 나트륨($NaCl$), 염화 리튬($LiCl$)은 모두 다른 금속 원소를 포함하고 있으므로 불꽃 반응 색을 통해 구별할 수 있다.

23

질산 은($AgNO_3$) 수용액(㉠)과 염화 바륨($BaCl_2$) 수용액(㉡)을 반응시키면 은 이온(Ag^+)과 염화 이온(Cl^-)이 만나 흰색의 염화 은($AgCl$) 앙금이 생성되고, 질산 은($AgNO_3$) 수용액(㉠)과 염화 알루미늄($AlCl_3$) 수용액(㉢)을 반응시켜도 은 이온(Ag^+)과 염화 이온(Cl^-)이 만나 흰색의 염화 은($AgCl$) 앙금이 생성된다.

염화 바륨($BaCl_2$) 수용액(ⓒ)과 황산 마그네슘($MgSO_4$) 수용액
(ⓔ)을 반응시키면 바륨 이온(Ba^{2+})과 황산 이온(SO_4^{2-})이 만나
황산 바륨($BaSO_4$) 앙금이 생성된다. 칼륨 이온(K^+)과 질산 이
온(NO_3^-)은 어떤 이온과도 앙금을 생성하지 않는다.

단원 종합 문제 CT

44~47쪽

01 ③	02 ④	03 ④, ⑤	04 ③	05 ②	06 ⑤
07 ③	08 ①	09 ④	10 ①	11 ②	12 ④
13 ④	14 ⑤	15 ②	16 ④	17 ①	18 ②
19 ⑤	20 ⑤	21 ③	22 ⑤	23 ④	24 ②
25 ④	26 ③, ④	27 ②			

01

자료 해석 | 라부아지에 물 분해 실험

① 기체 A는 수소이므로 불씨를 가까이 가져가면 '퍽' 소리와 함
께 폭발한다.
② 주철관의 온도가 높아질수록 물의 분해가 더 효과적으로 일어
난다.
④ 물은 수소 원자 2개와 산소 원자 1개가 결합하여 생성된 것이다.
⑤ 라부아지에는 물이 원소라고 주장하던 아리스토텔레스의 물질
관을 부정하였다.
바로 알기 | ③ 주철관과 산소가 반응하여 산화 철이 만들어지므로
주철관의 질량은 커질 것이다.

02

자료 해석 | 불꽃 반응 실험

니크롬선을 묽은 염산에 씻는 까닭은 니크롬선에 묻은 불순물을
제거하기 위해서이다.

④ 불꽃 반응 실험을 통해서는 불꽃 반응 색이 비슷한 원소들을
구별하기 어려우며, 이들은 선 스펙트럼으로 구별한다.
바로 알기 | ① 백금선도 사용 가능하다.
② 시료를 소량만 사용해도 불꽃 반응 색을 관찰할 수 있다.
③ 모든 원소가 불꽃 반응 색을 나타내는 것이 아니라 일부 금속
원소만 특정한 불꽃 반응 색을 나타내므로 불꽃 반응은 성분 원소
중 불꽃 반응 색을 나타내는 일부 금속 원소만 확인할 수 있다.
⑤ 니크롬선은 새로운 시료를 묻힐 때마다 묽은 염산에 씻는다.

03

니크롬선을 겉불꽃에 넣는 까닭은 속불꽃보다 산소 공급이 잘 되
어 온도가 높고, 불꽃 자체의 색이 없어서 금속 원소의 불꽃 반응
색을 정확하게 관찰할 수 있기 때문이다.

04

연필심과 다이아몬드, 풀러렌, 흑연에 공통적으로 포함된 원소는
탄소이다.

05

나트륨(Na)의 불꽃 반응 색은 노란색, 구리(Cu)의 불꽃 반응 색
은 청록색, 칼륨(K)의 불꽃 반응 색은 보라색, 세슘(Cs)의 불꽃
반응 색은 파란색, 리튬(Li)의 불꽃 반응 색은 빨간색, 바륨(Ba)의
불꽃 반응 색은 황록색, 칼슘(Ca)의 불꽃 반응 색은 주황색이다.

06

염소(Cl) (가)는 살균 작용을 하여 수돗물 소독에 이용한다. 또한
실온에서 액체인 금속은 수은(Hg) (나)이다. 특정 물질을 첨가
하면 반도체의 성질을 나타내어 각종 전자 장치에 이용하는 것은
규소(Si) (다)이다.

07

③ 산화 구리(Ⅱ)는 구리 원소와 산소 원소로 이루어진 물질이다.
바로 알기 | ① 산화 구리(Ⅱ)는 구리 원소와 산소 원소라는 두 가지
원소로 분해되므로 원소라고 할 수 없다.
② 구리와 산소는 원소이므로, 더 작은 물질로 분해할 수 없다.
④ 산화 구리(Ⅱ)는 구리로 인해 청록색의 불꽃 반응 색이 나타난다.
⑤ 산화 구리(Ⅱ)는 구리, 산소와는 성질이 전혀 다른 물질이다.

08

① 원자는 전자를 잃거나 얻음으로써 이온을 형성한다.
바로 알기 | ② 원자는 물질을 이루는 기본 입자이다.
③ 원자핵은 (+)전하를 띠고, 전자는 (−)전하를 띤다.
④ 원자의 중심에 원자핵이 있고, 그 주위에 전자가 있지만 박혀
있는 구조는 아니다.
⑤ 원자의 대부분은 빈 공간이며, 원자핵은 아주 작은 부피를 차
지한다.

09

A는 원자핵이고, B는 원자핵 주변을 돌고 있는 전자이다. 원자
의 내부는 대부분 빈 공간이며, 어떤 전자는 다른 원자로 쉽게 이
동하여 이온을 형성한다.
바로 알기 | ④ 원자에 따라 원자핵(A)의 전하량은 다르다.

10

③ 암모니아는 고유한 냄새를 풍기는 물질이다.
④, ⑤ 분자 1개를 이루는 원자의 개수는 질소 원자 1개, 수소 원
자 3개이므로, 원자의 총 개수비는 질소 : 수소=1 : 3이다.
바로 알기 | ① 암모니아(NH_3)의 분자 모형이다.

11

ㄴ. 분자식 앞에 분자의 개수를 숫자로 표시한다.

바로 알기 | ㄱ. 분자 모형을 통해 분자를 이루는 원자의 배열을 알수 있다.

ㄷ. 원소 기호의 오른쪽 아래에 원자의 개수를 숫자로 표시한다.

12

① H_2O는 물 분자의 분자식으로 물 분자는 총 3개가 있다.

② 분자 1개를 이루는 산소 원자는 1개이다.

③ 분자 1개를 이루는 원자는 수소 원자 2개, 산소 원자 1개이다.

⑤ 물 분자는 수소 원자와 산소 원자로 이루어져 있다.

바로 알기 | ④ 수소 원자의 개수는 총 6개, 산소 원자의 개수는 총 3개이므로 원자의 총 개수비는 수소 : 산소=2 : 1이다.

13

$4H_2$는 2개의 수소 원자로 이루어진 H_2 분자 4개를 나타낸 분자식이다.

14

풍순 : 이산화 탄소는 산소와 탄소로 분해되므로 원소가 아니다.

풍희 : $3NH_3$은 분자의 개수가 3개이며 분자 1개를 이루는 원자의 개수는 질소 원자 1개, 수소 원자 3개이므로 3개의 분자는 총 12개의 원자로 이루어져 있다.

바로 알기 | 풍식 : 나트륨의 원소 기호는 Na이다.

15

② (나)는 원자핵의 전하량이 +4이고, 전자가 2개이므로 이온의 전하는 +2이고, 칼슘 이온(Ca^{2+})의 전하인 +2와 전하가 같다.

바로 알기 | ① (가)와 (나)는 원자핵의 전하량이 다르므로 다른 원소이다.

③ (가)는 원자핵의 전하량이 +2이고, 전자가 2개이므로 원자이고, (나)는 (+)전하를 띠는 양이온이다.

④ (가)와 (나)는 다른 원소이므로, (가)가 전자를 2개 얻어 (나)가 되지는 않는다.

⑤ A가 (나)가 되는 과정은 $A \longrightarrow A^{2+} + 2\ominus$로 나타낼 수 있다.

16

④ 알루미늄 이온(Al^{3+})은 알루미늄 원자가 전자 3개를 잃어 형성된다.

바로 알기 | ① 아이오딘화 이온(I^-)은 아이오딘 원자가 전자 1개를 얻어 형성된다.

② 산화 이온(O^{2-})은 산소 원자가 전자 2개를 얻어 형성된다.

③ 칼슘 이온(Ca^{2+})은 칼슘 원자가 전자 2개를 잃어 형성된다.

⑤ 암모늄 이온(NH_4^+)은 암모늄 원자가 전자 1개를 잃어 형성된다.

17

바로 알기 | ① CO_3^{2-}는 탄산 이온이다.

18

원자는 원자핵의 전하량과 같은 전하량의 전자 수를 가지고 있고, 여기에서 전자를 잃거나 얻어 이온이 된다. 이온식에는 잃거나 얻은 전자의 양만 표시한다. 산소 원자는 전자 2개를 얻어 전자의 개수가 10개인 산화 이온(O^{2-})이 된다.

바로 알기 | ① 리튬 이온의 전자의 개수는 2개이다.

③ 플루오린화 이온의 전자의 개수는 10개이다.

④ 마그네슘 이온의 전자의 개수는 10개이다.

⑤ 나트륨 원자는 전기적으로 중성을 띤다. 하지만 나트륨 이온은 나트륨이 전자 1개를 잃어 생성된 1가 양이온이다. 따라서 나트륨 원자와 나트륨 이온의 전하는 다르다.

19

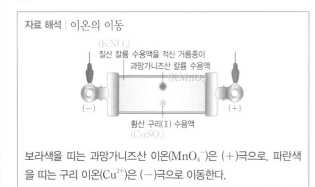

자료 해석 | 이온의 이동

질산 칼륨 수용액을 적신 거름종이 (KNO_3)
과망가니즈산 칼륨 수용액 ($KMnO_4$)
황산 구리(Ⅱ) 수용액 ($CuSO_4$)
(−) (+)

보라색을 띠는 과망가니즈산 이온(MnO_4^-)은 (+)극으로, 파란색을 띠는 구리 이온(Cu^{2+})은 (−)극으로 이동한다.

⑤ 과망가니즈산 칼륨 수용액에서 양이온인 K^+은 무색이다.

20

거름종이는 전류가 흐르지 않으므로 전류가 흐를 수 있는 상태로 만들어 주기 위해 질산 칼륨 수용액을 적신다. 또한 질산 이온과 칼륨 이온은 앙금을 생성하지 않는 이온이므로 질산 칼륨 수용액을 사용한다.

21

앙금은 양이온과 음이온이 강하게 결합하여 생성되는 이온 결합 물질이다.

바로 알기 | ③ 앙금은 고체 상태의 화합물로, 물에 녹지 않고 가라앉는다.

22

① 바륨 이온(Ba^{2+})과 황산 이온(SO_4^{2-})이 만나 흰색의 황산 바륨($BaSO_4$) 앙금이 생성된다.

② 은 이온(Ag^+)과 염화 이온(Cl^-)이 만나 흰색의 염화 은($AgCl$) 앙금이 생성된다.

③ 아연 이온(Zn^{2+})과 황화 이온(S^{2-})이 만나 흰색의 황화 아연(ZnS) 앙금이 생성된다.

④ 칼슘 이온(Ca^{2+})과 탄산 이온(CO_3^{2-})이 만나 흰색의 탄산 칼슘($CaCO_3$) 앙금이 생성된다.

바로 알기 | ⑤ 구리 이온(Cu^{2+})과 황화 이온(S^{2-})이 만나 생성되는 황화 구리(Ⅱ)(CuS)는 검은색을 띠는 앙금이다.

23

① (가)와 (라)에서는 모두 염화 은($AgCl$) 앙금이 만들어진다.

② 묽은 황산(H_2SO_4)과 질산 나트륨($NaNO_3$) 수용액이 반응하면 앙금 생성 반응이 일어나지 않는다.

③ 이 실험에서 만들어지는 앙금은 염화 은($AgCl$), 탄산 칼슘($CaCO_3$)으로 앙금의 색은 모두 흰색이다.

⑤ (다)에서 만들어지는 앙금은 탄산 칼슘($CaCO_3$)으로 진주의 성분과 같다.

바로 알기 | ④ 황산 이온(SO_4^{2-})은 마그네슘 이온(Mg^{2+})과 앙금을 생성하지 않기 때문에 (나)에서 질산 나트륨($NaNO_3$) 수용액 대신 염화 마그네슘($MgCl_2$) 수용액을 사용해도 앙금은 만들어지지 않는다.

24

각 수용액에 포함된 금속 양이온의 종류가 모두 다르기 때문에 불꽃 반응 색을 관찰하면 물질을 구별할 수 있다.

25

질산 이온(NO_3^-), 나트륨 이온(Na^+)과 칼륨 이온(K^+)은 앙금을 생성하지 않는다. 구리 이온(Cu^{2+})은 황화 이온(S^{2-})과 검은색의 황화 구리(Ⅱ)(CuS) 앙금을 생성하고, 은 이온(Ag^+)은 염화 이온(Cl^-)과 흰색의 염화 은($AgCl$) 앙금을 생성한다.

26

③ 탄산 구리(Ⅱ)($CuCO_3$)는 구리 이온(Cu^{2+})을 포함하므로 불꽃 반응 색이 청록색이고, 탄산 이온(CO_3^{2-})은 바륨 이온(Ba^{2+})과 흰색 앙금을 생성한다.
④ 황산 구리(Ⅱ)($CuSO_4$)는 구리 이온(Cu^{2+})을 포함하므로 불꽃 반응 색이 청록색이고, 황산 이온(SO_4^{2-})은 바륨 이온(Ba^{2+})과 흰색 앙금을 생성한다.
바로 알기 | ① 황산 리튬(Li_2SO_4)은 리튬 이온(Li^+)을 포함하므로 빨간색의 불꽃 반응 색이 나타난다.
② 질산 은($AgNO_3$)의 불꽃 반응 색은 청록색이 나타나지 않는다.
⑤ 황산 바륨($BaSO_4$)은 앙금이므로 물에 녹지 않는다.

27

(가)는 황화 나트륨(Na_2S) 수용액과 앙금을 생성하는 질산 카드뮴($Cd(NO_3)_2$), (나)는 질산 은($AgNO_3$) 수용액과 앙금을 생성하는 염화 암모늄(NH_4Cl)이다. 황화 나트륨(Na_2S) 수용액과 질산 카드뮴($Cd(NO_3)_2$) 수용액이 반응하면 황화 카드뮴(CdS) 앙금을 생성하고, 질산 은($AgNO_3$) 수용액과 염화 암모늄(NH_4Cl) 수용액이 반응하면 염화 은($AgCl$) 앙금을 생성한다.

48~49쪽

01

답 | (가) Cu, (나) Si
해설 | (가)는 구리(Cu)로 전기를 잘 통하는 성질이 있다. (나)는 규소(Si)로 지각에 많이 존재한다.

02

모범 답안 | ㄴ, 니크롬선 대신 구리선을 사용하면 구리의 불꽃 반응 색이 나타나 시료의 불꽃 반응 색을 제대로 관찰할 수 없다.

채점 기준	배점
틀린 보기를 고르고, 까닭을 옳게 서술한 경우	100%
틀린 보기만 옳게 고른 경우	50%

03

모범 답안 | 염화 나트륨의 불꽃 반응 색이 염소에 의한 것이라면 염소 원소가 포함된 염화 바륨과 염화 나트륨의 불꽃 반응 색이 같아야 하지만, 서로 다른 불꽃 반응 색을 나타내는 것을 통해 불꽃 반응 색은 염소에 의해 나타나는 것이 아님을 알 수 있다. 염화 나트륨과 질산 나트륨의 불꽃 반응 색이 같은 노란색을 나타내는 것으로 보아 불꽃 반응 색이 두 물질에 공통적으로 포함된 나트륨에 의한 것임을 알 수 있다.

채점 기준	배점
실험 결과를 바탕으로 옳게 서술한 경우	100%
염소가 불꽃 반응 색의 원인이 아니라는 것만 서술한 경우	60%

04

답 | 원소 A, 원소 B, 원소 E

자료 해석 | 선 스펙트럼 분석

화합물의 선 스펙트럼은 화합물에 포함된 각 원소의 선 스펙트럼이 합쳐져서 나타난다. 따라서 성분 원소는 화합물의 선 스펙트럼과 같은 위치에 선이 나타난다.

해설 | 물질 X에는 물질 X의 선 스펙트럼과 같은 위치에 선이 나타나는 성분 원소 A, B, E가 포함되어 있다.

05

답 | CH_4O, $3CH_4$, $4NH_3$, CO_2, $2O_2$
해설 | 분자 1개를 구성하는 원자의 개수가 가장 많은 것부터 나열하면 CH_4O － 6개, $3CH_4$ － 5개, $4NH_3$ － 4개, CO_2 － 3개, $2O_2$ － 2개 순이다.

06

답 | C_4H_{10}
해설 | C : H＝2 : 5이고, 분자 1개를 이루는 원자의 개수는 총 14개이므로 탄소는 4개, 수소는 10개로 구성된 분자이다.

07

답 | 염화 세슘
해설 | 파란색의 불꽃 반응 색은 세슘 이온(Cs^+)에서 나타난다. 염화 이온은 은 이온과 염화 은의 흰색 앙금을 생성한다.

08

모범 답안 | 이산화 탄소를 이루는 원소는 탄소와 산소이고, 이산화 탄소 분자 1개는 탄소 원자 1개와 산소 원자 2개로 이루어져 있다.

채점 기준	배점
이산화 탄소를 이루는 원소와 원자를 잘 구별하여 서술한 경우	100%

09

모범 답안 | 플루오린(F) 원자는 전자 1개를 얻어서 플루오린화 이온(F^-)이 된다.

채점 기준	배점
플루오린 원자가 플루오린화 이온으로 되는 과정을 전자의 이동으로 옳게 서술한 경우	100%

10

모범 답안 | 산소(O) 원자가 전자 2개를 얻어 전하가 -2인 음이온을 형성한다.

채점 기준	배점
전자를 얻어 음이온이 되는 것과 전하를 모두 옳게 서술한 경우	100%
둘 중 하나만 서술한 경우	50%

11

모범 답안 | Be, Mg, Ca / 전자 2개를 잃으면서 전하가 $+2$인 양이온을 형성한다.

채점 기준	배점
전자를 2개 잃어 $+2$가 양이온이 되는 경향성을 가진 원자를 고르고, 과정을 옳게 서술한 경우	100%

12

모범 답안 | $KMnO_4$, 수용액 상태에서 보라색을 띠는 이온은 과망가니즈산 이온(MnO_4^-)이다. 또한 수용액의 불꽃 반응 색으로 양이온을 확인할 수 있는데, 보라색의 불꽃 반응 색을 띠는 이온은 칼륨 이온(K^+)이다.

채점 기준	배점
화학식과 그렇게 생각한 까닭을 모두 옳게 서술한 경우	100%
화학식만 옳게 쓴 경우	50%

13

(1) 모범 답안 | A : $(-)$극, B : $(+)$극 / 노란색 앙금인 아이오딘화 납(PbI_2)이 만들어지기 위해서는 납 이온(Pb^{2+})과 아이오딘화 이온(I^-)이 만나야 한다. 음이온인 아이오딘화 이온(I^-)이 오른쪽으로 이동하기 위해서는 B가 $(+)$극이 되어야 하고, 양이온인 납 이온(Pb^{2+})이 왼쪽으로 이동하기 위해서는 A가 $(-)$극이 되어야 한다.

채점 기준	배점
앙금의 생성을 통해 전극이 띠는 전하를 옳게 서술한 경우	100%
전극이 띠는 전하만 옳게 쓴 경우	30%

(2) 모범 답안 | $(+)$극 : I^-, NO_3^-, $(-)$극 : Pb^{2+}, K^+, NH_4^+ / 전하를 띠는 입자인 이온은 전기적 인력에 의해 서로 반대 전하를 띠는 전극으로 이동하기 때문이다.

채점 기준	배점
각각의 극으로 이동하는 이온의 이온식을 쓰고, 그 까닭을 모두 옳게 서술한 경우	100%
각각의 극으로 이동하는 이온의 이온식만 옳게 쓴 경우	30%

14

모범 답안 | 은 이온(Ag^+)을 첨가하여 앙금 생성 반응을 거친 후 앙금의 색을 비교한다. 은 이온(Ag^+)은 염화 나트륨($NaCl$), 브로민화 나트륨($NaBr$), 아이오딘화 나트륨(NaI) 수용액과 만나 각각 염화 은($AgCl$), 브로민화 은($AgBr$), 아이오딘화 은(AgI) 앙금을 생성하는데, 앙금의 색이 각각 흰색, 연노란색, 노란색으로 다르기 때문에 물질을 구별할 수 있다.

채점 기준	배점
수용액을 구별하는 방법과 앙금의 색을 모두 옳게 서술한 경우	100%
수용액을 구별하는 방법만 옳게 서술한 경우	50%

15

모범 답안 | 황산 바륨($BaSO_4$)은 바륨 이온(Ba^{2+})과 황산 이온(SO_4^{2-})이 강하게 결합된 앙금으로, 물에 잘 녹지 않는 고체 상태이다. 따라서 독성이 있는 바륨 이온(Ba^{2+})으로 나누어지지 않아 우리 몸속에서 흡수되지 않고 배출되기 때문에 조영제로 사용할 수 있다.

채점 기준	배점
황산 바륨을 조영제로 사용할 수 있는 까닭을 옳게 서술한 경우	100%

Ⅱ. 전기와 자기

○1 전기의 발생

용어＆개념 체크 53, 55쪽

01 원자핵, 전자   02 척력, 인력   03 마찰 전기
04 정전기 유도   05 전자   06 정전기 유도
07 대전 여부, 양, 종류   08 벌어진다

개념 알약 53, 55쪽

01 (가), (라)   02 (1) × (2) ○ (3) ○ (4) ×
03 ㉠ 척력 ㉡ 인력   04 C   05 (＋)전하
06 (1) 많이 (2) ㉠ 금속판 ㉡ 금속박 (3) ㉠ 같은 ㉡ 다른
07 (1) ○ (2) ○ (3) ○ (4) ×   08 B, D

01

(＋)전하와 (－)전하 사이에는 서로 끌어당기는 방향으로 전기력(인력)이 작용하고, (＋)전하와 (＋)전하, (－)전하와 (－)전하 사이에는 서로 밀어내는 방향으로 전기력(척력)이 작용한다.

02

바로 알기 | (1) 물질을 이루는 입자인 원자는 (－)전하를 띠는 전자와 (＋)전하를 띠는 원자핵으로 구성되어 있다.
(4) 같은 종류의 전하 사이에는 척력이 작용하고, 다른 종류의 전하 사이에는 인력이 작용한다.

03

헝겊으로 문지른 두 고무풍선은 같은 종류의 전하를 띠므로 서로 가까이 하면 척력이 작용하고, 헝겊과 고무풍선은 다른 종류의 전하를 띠므로 서로 가까이 하면 인력이 작용한다.

04

A와 B를 마찰했을 때 A가 (－)전하를 띠었으므로 B가 A보다 전자를 잃기 쉽다. B와 C를 마찰했을 때 B가 (－)전하를 띠었으므로 C가 B보다 전자를 잃기 쉽다. 따라서 전자를 잃기 쉬운 순서는 C−B−A이므로 A~C 중 가장 전자를 잃기 쉬운 물체는 C이다.

05

(－)전하로 대전된 플라스틱 막대를 알루미늄 캔에 가까이 하면 알루미늄 캔의 전자들이 척력에 의해 밀려나므로 플라스틱 막대와 가까운 쪽에는 (＋)전하가 유도되고, 먼 쪽에는 (－)전하가 유도된다.

06

(1) 대전체에 대전된 전하의 양이 많을수록 금속박이 더 많이 벌어지므로, 검전기의 금속박이 벌어지는 정도로 대전된 전하의 양을 비교할 수 있다.
(2) 대전되지 않은 검전기의 금속판에 대전체를 가까이 하면 금속판에는 대전체와 다른 종류의 전하가 유도되고, 금속박에는 대전체와 같은 종류의 전하가 유도된다.
(3) 대전된 검전기에 대전체를 가까이 했을 때 금속박이 더 벌어

지면 대전체는 검전기와 같은 종류의 전하를 띠고, 금속박이 오므라들면 대전체는 검전기와 다른 종류의 전하를 띤다.

07

검전기를 이용하면 물체의 대전 여부, 대전된 전하의 양 비교, 대전된 전하의 종류를 알 수 있다. 검전기를 이용하더라도 대전체가 가지고 있는 전자의 개수는 알 수 없다.

08

금속에 대전체를 가까이 하면 정전기 유도에 의해 대전체와 가까운 쪽은 대전체와 다른 종류의 전하로, 먼 쪽은 대전체와 같은 종류의 전하로 대전된다.

탐구 알약 56쪽

01 (1) ○ (2) ○ (3) ○ (4) × (5) ○   02 해설 참조

01

(1) 털가죽으로 마찰한 플라스틱 막대는 (－)전하를 띤다. 대전되지 않은 검전기의 금속판에 (－)대전체를 가까이 하면 검전기의 금속판과 금속박이 전하를 띠는 정전기 유도 현상이 일어난다.
(2), (3) (－)대전체에 의해 금속판의 전자들은 금속박으로 이동한다. 따라서 금속판에는 (＋)전하가 유도되고, 금속박에는 (－)전하가 유도되어 금속박은 벌어진다.
(5) 금속박은 (－)전하로 대전되어 서로 척력이 작용하므로 벌어진다. 따라서 금속박의 변화 유무를 통해 물체의 대전 여부를 알 수 있다.
바로 알기 | (4) (－)대전체를 가까이 하면 금속판의 전자들이 금속박으로 밀려나므로 금속박은 (－)전하로 대전되어 벌어진다.

02 서술형

모범 답안 | 금속박은 더 벌어진다. (－)대전체를 가까이 하면 금속판의 전자가 금속박으로 이동하여 금속박의 (－)전하의 양이 증가하므로 전기력이 커져 금속박은 더 벌어지게 된다.

채점 기준	배점
더 벌어진다고 쓰고, (－)전하의 양이 증가함을 옳게 서술한 경우	100%
더 벌어진다고만 쓴 경우	40%

실전 백신 58~60쪽

01 ⑤   02 ④   03 ③   04 ③   05 ②
06 ②   07 ③   08 ②   09 ⑤   10 ④
11 ③   12 ②   13 ①   14~17 해설 참조

01

①, ②, ③ 물질은 원자로 구성되어 있으며, 원자는 (－)전하를 띠는 전자와 (＋)전하를 띠는 원자핵으로 이루어져 있다.
④ 보통 원자는 (＋)전하와 (－)전하의 양이 같기 때문에 전기적으로 중성이다.

바로 알기 | ⑤ 원자핵은 전자에 비해 무거워 쉽게 이동할 수 없고, 두 물체를 마찰하면 한 물체에서 다른 물체로 전자가 이동한다.

02
서로 다른 물체를 마찰할 때 발생하는 전기를 마찰 전기라고 한다.
바로 알기 | ④ 같은 종류의 물체를 마찰하면 물체는 전기를 띠지 않는다.

03
ㄱ. A는 (+)전하의 양이 (−)전하의 양보다 많으므로 (+)전하로 대전되었고, B는 (−)전하의 양이 (+)전하의 양보다 많으므로 (−)전하로 대전되었다.
ㄴ. A는 (+)전하, B는 (−)전하로 대전되었으므로, 두 물체 사이에는 인력이 작용한다.
바로 알기 | ㄷ. 서로 다른 두 물체를 마찰할 때 원자핵은 이동하지 않고 전자가 이동하여 두 물체는 전기를 띤다.

04
ㄱ. 털가죽으로 고무풍선을 문지르면 털가죽과 고무풍선은 서로 다른 종류의 전하로 대전된다. 즉, 털가죽은 (+)전하, 고무풍선은 (−)전하로 대전된다. 서로 같은 종류의 전하로 대전된 두 고무풍선 사이에는 척력이 작용한다.
ㄷ. 털가죽은 (+)전하, 고무풍선은 (−)전하로 대전되어 서로 다른 종류의 전하를 띠므로 인력이 작용한다.
바로 알기 | ㄴ. 두 고무풍선은 서로 같은 종류의 전하로 대전되었다.

05
ㄷ. 털가죽과 플라스틱 막대를 마찰하면 털가죽은 (+)전하, 플라스틱 막대는 (−)전하로 대전되며, 마찰 후 시간이 지나면 공기 중의 두 물체는 모두 방전되어 마찰 전의 상태로 되돌아온다.
바로 알기 | ㄱ. 전자는 털가죽에서 플라스틱 막대로 이동하였다.
ㄴ. 마찰할 때 원자핵은 이동하지 않고, 전자가 이동한다.

06
A는 (−)전하로 대전된 플라스틱 자에 의해 밀려나므로 (−)전하로 대전된 상태이고, B는 플라스틱 자 쪽으로 끌려오므로 (+)전하로 대전된 상태이다.

07

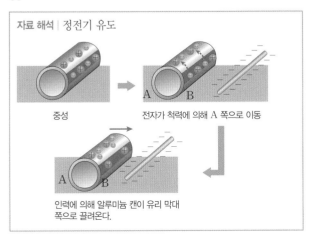

자료 해석 | 정전기 유도

중성
전자가 척력에 의해 A 쪽으로 이동
인력에 의해 알루미늄 캔이 유리 막대 쪽으로 끌려온다.

③ (−)전하로 대전된 유리 막대에 의해 알루미늄 캔의 B 부분에 있던 전자들은 척력에 의해 A 부분으로 이동한다.
바로 알기 | ① 유리 막대에서 먼 A 부분은 (−)전하로 대전되고, 유리 막대에서 가까운 B 부분은 (+)전하로 대전된다.
② A와 B에는 서로 다른 종류의 전하가 유도된다.
④ B 부분이 (+)전하로 대전되므로 인력에 의해 알루미늄 캔은 유리 막대로 끌려간다.
⑤ 알루미늄 캔과 유리 막대가 접촉하지 않았으므로 알루미늄 캔과 유리 막대 사이에서 전자의 이동은 없다.

08
정전기 유도에 의해 알루미늄 막대의 왼쪽은 (+)전하, 오른쪽은 (−)전하로 대전된다. 따라서 (+)전하로 대전된 고무풍선과 알루미늄 막대의 오른쪽 사이에는 인력이 작용하여 고무풍선이 알루미늄 막대 쪽으로 끌려온다.

09
바로 알기 | ⑤ 대전체를 검전기에 가까이 하면 금속판에는 대전체와 다른 종류의 전하가 유도되고, 금속박에는 대전체와 같은 종류의 전하가 유도되어 금속박이 벌어진다.

10
대전체와 가까운 검전기의 금속판은 대전체와 다른 종류의 전하로, 대전체와 먼 곳에 있는 금속박은 대전체와 같은 종류의 전하로 대전되며, 금속박이 벌어진다.

11
(−)전하로 대전된 검전기의 금속판에 다른 종류의 전하로 대전된 금속 막대를 가까이 하면 금속박은 오므라들고, 같은 종류의 전하로 대전된 금속 막대를 가까이 하면 금속박은 더 벌어진다.

12
정전기 유도에 의해 A는 (+)전하, B는 (−)전하, C는 (+)전하, D는 (−)전하로 대전된다.

13
검전기의 금속판 C에 손가락을 대면 금속 막대의 B 부분에 의해 척력을 받아 금속박에 있던 전자들이 손가락으로 이동하게 된다. 그런 다음 유리 막대와 손가락을 함께 멀리 치우면 검전기 전체는 (+)전하로 대전되어 금속박이 벌어지게 된다.

서술형 문제

14
모범 답안 | 원자핵의 (+)전하의 양과 전자의 총 (−)전하의 양이 같기 때문이다.

채점 기준	배점
원자핵의 (+)전하의 양과 전자의 총 (−)전하의 양이 같음을 옳게 서술한 경우	100 %
원자핵과 전자의 전하의 양이 같다고만 서술한 경우	50 %

15

모범 답안 | 고무장갑 : (−)전하, 유리 막대 : (+)전하 / 서로 다른 두 물체를 마찰하면 전자의 이동에 의해 물체는 전하를 띤다. 유리가 고무보다 전자를 잃기 쉬우므로, 유리 막대에서 고무장갑으로 전자가 이동하여 고무장갑은 (−)전하, 유리 막대는 (+)전하로 대전된다.

채점 기준	배점
두 물체에 대전된 전하의 종류를 쓰고, 그렇게 생각한 까닭을 옳게 서술한 경우	100 %
두 물체에 대전된 전하의 종류만 옳게 쓴 경우	50 %

16

모범 답안 | 물체의 대전 여부를 알 수 있고, 대전된 전하의 양을 비교할 수 있으며, 대전된 전하의 종류를 알 수 있다.

채점 기준	배점
세 가지를 모두 옳게 서술한 경우	100 %
두 가지만 옳게 서술한 경우	60 %
한 가지만 옳게 서술한 경우	30 %

17

모범 답안 | 플라스틱 미끄럼틀을 타고 내려올 때 플라스틱 미끄럼틀과 머리카락이 마찰하면서 전기를 띠게 되는데, 플라스틱 미끄럼틀과 머리카락은 다른 종류의 전하를 띠어 인력이 작용하고, 각각의 머리카락은 같은 종류의 전하를 띠어 척력이 작용하기 때문에 머리카락이 사방으로 뻗치게 된다.

채점 기준	배점
플라스틱 미끄럼틀을 타고 내려올 때 머리카락이 뻗치는 까닭을 마찰 전기와 관련지어 옳게 서술한 경우	100 %
다른 까닭을 들어 서술한 경우	0 %

1등급 백신

61쪽

18 ②   **19** ④   **20** ⑤   **21** ①

18

A~D를 전자를 잃기 쉬운 순서대로 나열하면 (+) C−B−D−A (−)의 순으로, 전자를 가장 잃기 쉬운 물체는 C이고, 전자를 가장 얻기 쉬운 물체는 A이다. 따라서 두 물체를 마찰할 때 마찰 전기가 가장 잘 발생하는 물체는 A와 C이다.

19

바로 알기 | ㄱ. 과정 (나), (다)를 통해 물체 A, B의 대전 여부는 알 수 있지만, 대전된 전하의 종류는 알 수 없다.

20

자료 해석 | 검전기를 대전시키는 방법

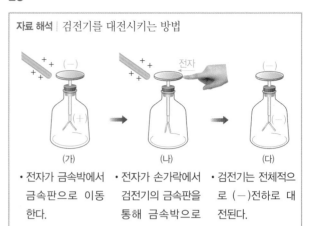

(가)	(나)	(다)
• 전자가 금속박에서 금속판으로 이동한다. • 금속판은 (−)전하로 대전되고, 금속박은 (+)전하로 대전되어 벌어진다.	• 전자가 손가락에서 검전기의 금속판을 통해 금속박으로 이동한다. • 전자의 이동으로 금속박은 중성이 되어 오므라든다.	• 검전기는 전체적으로 (−)전하로 대전된다. • (−)전하로 대전된 금속박은 척력이 작용하여 벌어진다.

바로 알기 | ① (가) 단계에서 (+)대전체를 검전기에 가까이 하면 금속판은 (−)전하로 대전되고, 금속박은 (+)전하로 대전된다.
②, ③ (나) 단계에서 금속판에 손가락을 접촉하면 손가락에서 전자가 들어와 금속박으로 이동하므로 금속박은 오므라든다.
④ (다) 단계에서 대전체와 손가락을 동시에 치우면 검전기 전체는 (−)전하로 대전되며, (−)전하로 대전된 금속박은 벌어진다.

21

ㄱ. (가)에서 (−)전하로 대전된 플라스틱 막대를 검전기에 가까이 한 상태에서 접지하면 검전기의 전자가 땅으로 이동한다. 따라서 스위치를 열고 플라스틱 막대를 치우면 검전기는 (+)전하로 대전된다.
바로 알기 | ㄴ. (나)에서 전자는 (+)전하로 대전된 유리 막대에 의해 인력을 받아 금속박에서 금속판으로 이동한다.
ㄷ. (나)에서 유리 막대와 검전기가 띠는 전하의 종류가 같으므로 금속박은 더 벌어진다.

O2 전류, 전압, 저항

용어 & 개념 체크   63, 65, 67쪽

01 전류   **02** (+), (−), (−), (+)   **03** 1   **04** 전류
05 전지, 전압, 전류   **06** 전류계, 전압계   **07** 직렬, 병렬
08 전기 저항   **09** 전자   **10** 비례, 반비례
11 직렬   **12** 병렬

개념 알약   63, 65, 67쪽

01 (1) ○ (2) ○ (3) ×   **02** (1) ○ (2) × (3) ○
03 (1) ⓒ (2) ⓔ (3) ⓖ (4) ⓛ
04 (1) ○ (2) ○ (3) × (4) ×   **05** (1) 45 mA (2) 7 V
06 해설 참조   **07** (1) ○ (2) × (3) × (4) ○
08 0.5 A   **09** 15 V   **10** 5 Ω   **11** 3 : 1   **12** 5 V
13 (1) ○ (2) ○ (3) × (4) ×

01

바로 알기 | (2) 전류는 전지의 (+)극에서 (−)극으로 흐르고, 전자는 전지의 (−)극에서 (+)극으로 이동한다.
(3) 전류가 흐르지 않는 전선에서 전자는 여러 방향으로 불규칙하게 움직인다.

02

바로 알기 | (2) 전압의 단위는 V(볼트)를 사용한다.

03

전압에 의해 전류가 흐르는 것은 물의 높이 차에 의해 물이 흐르는 것에 비유하여 설명할 수 있다.

물의 흐름 모형	전기 회로
물의 흐름	전류
물레방아	전구
밸브	스위치
파이프	전선
펌프	전지
물의 높이 차(수압)	전압

04

바로 알기 | (3) 전류계와 전압계의 (+)단자는 전지의 (+)극 쪽에 연결하고, (−)단자는 전지의 (−)극 쪽에 연결한다.
(4) (−)단자는 큰 값의 단자부터 차례대로 연결한다.

05

(1) (−)단자가 50 mA에 연결되어 있으므로 (가)의 전기 회로에 흐르는 전류의 세기는 45 mA이다.
(2) (−)단자가 15 V에 연결되어 있으므로 (나)의 전기 회로에 걸리는 전압은 7 V이다.

06

모범 답안 | 전류계의 (+)단자와 (−)단자가 반대로 연결되어 있기 때문이다.

채점 기준	배점
전류계의 바늘이 회전한 까닭을 단자의 연결과 관련지어 옳게 서술한 경우	100 %
다른 까닭을 들어 서술한 경우	0 %

07

바로 알기 | (2) 물질의 종류에 따라 원자의 배열 상태가 다르므로 저항이 다르다.
(3) 전선의 단면적이 같을 때, 전선의 길이가 길수록 저항이 크다.

08

$$\text{전류의 세기} = \frac{\text{전압}}{\text{저항}} = \frac{5\,\text{V}}{10\,\Omega} = 0.5\,\text{A}$$

09

$$\text{전압} = \text{전류의 세기} \times \text{저항} = 0.5\,\text{A} \times 30\,\Omega = 15\,\text{V}$$

10

$$\text{저항} = \frac{\text{전압}}{\text{전류의 세기}} = \frac{3\,\text{V}}{0.6\,\text{A}} = 5\,\Omega$$

11

$$A : B = \frac{30\,\text{V}}{2\,\text{A}} : \frac{15\,\text{V}}{3\,\text{A}} = 15\,\Omega : 5\,\Omega = 3 : 1$$

12

$$\text{전압} = \text{전류의 세기} \times \text{저항} = 0.5\,\text{A} \times 10\,\Omega = 5\,\text{V}$$

13

바로 알기 | (3) 저항을 병렬로 연결했을 때, 전기 회로 전체에 흐르는 전류의 세기는 각 저항에 흐르는 전류의 세기의 합과 같다.
(4) 저항을 병렬로 연결했을 때, 저항의 개수와 관계없이 각 저항에 걸리는 전압은 전기 회로 전체에 걸리는 전압과 같다.

탐구 알약 68~69쪽

01 (1) × (2) × (3) ○ (4) ○ (5) ○ 02 해설 참조
03 (1) ○ (2) ○ (3) ○ (4) × 04 해설 참조

01

바로 알기 | (1) 전압계는 측정하고자 하는 부분에 병렬로 연결해야 한다.
(2) 전류계를 전지에 직접 연결하거나 전기 회로에 병렬로 연결하면 전류가 대부분 전류계로 흐르기 때문에 너무 센 전류가 흘러 고장이 날 수 있다.

02 서술형

모범 답안 | 전압이 큰 전지로 바꾼다. 니크롬선을 길이가 짧은 것으로 바꾼다. 등

채점 기준	배점
전류의 세기를 크게 할 수 있는 방법을 두 가지 모두 옳게 서술한 경우	100 %
전류의 세기를 크게 할 수 있는 방법을 한 가지만 옳게 서술한 경우	50 %

03

바로 알기 | (4) 전구 1개의 밝기는 전구 2개를 직렬연결했을 때보다 병렬연결했을 때가 더 밝다.

04 서술형

모범 답안 | 전구 1개의 연결이 끊어지더라도 다른 전구에 같은 세기의 전류가 일정하게 흐르기 때문에 나머지 전구의 밝기는 일정하다.

채점 기준	배점
나머지 전구의 밝기를 전구의 연결 방법과 관련지어 옳게 서술한 경우	100 %
나머지 전구의 밝기만 옳게 쓴 경우	50 %

실전 백신 72~74쪽

01 ③	02 ⑤	03 ②	04 ①	05 ②	06 ①, ⑤
07 ④	08 ⑤	09 ②	10 ④	11 ③	12 ④
13 ⑤	14 ③	15~17 해설 참조			

01

②, ④ 전류는 전지의 (+)극 쪽에서 (−)극 쪽으로 흐르며, 전자는 전지의 (−)극 쪽에서 (+)극 쪽으로 이동한다.
바로 알기 | ③ 전선에 전류가 흐르는 것은 전자가 (−)전하를 운반하기 때문이다.

02

전류가 흐르고 있는 전선 속에서 전자는 전지의 (−)극 쪽에서 전지의 (+)극 쪽으로 이동하며, 전류의 방향은 전자의 이동 방향과 반대이다. 즉, 전류의 방향은 전지의 (+)극 쪽에서 전지의 (−)극 쪽이다. 전류가 흐르지 않으면 전자의 움직임이 일정하지 않다.
바로 알기 | ① 전류가 흐를 때에 전자는 한 방향으로 움직인다. 그림에서는 전자가 불규칙하게 움직이므로 전류가 흐르지 않는다.
②, ④ 전류가 흐를 때 원자핵은 이동하지 않는다.
③ 전자의 이동 방향과 전류의 방향이 반대로 그려졌다.

03

물의 흐름 모형에서 밸브는 전기 회로에서 스위치, 파이프는 전선, 펌프는 전지, 물레방아는 전구, 물의 흐름은 전류에 비유할 수 있다.

04

바로 알기 | ㄴ. 전류계를 전지에 직접 연결하면 전류계에 흐르는 전류의 세기가 매우 커지기 때문에 전류계가 고장이 날 수 있다.
ㄹ. 전류계와 전압계의 (−)단자는 측정 범위가 큰 단자부터 연결한다.

05

전기 회로에 흐르는 전류의 세기를 측정하기 위해서는 전류계를 전기 회로에 직렬로 연결해야 하고, 전구에 걸리는 전압을 측정

하기 위해서는 전압계를 전구와 병렬로 연결해야 한다. 또한 전류계와 전압계 모두 (+)단자는 전지의 (+)극 쪽에, (−)단자는 전지의 (−)극 쪽에 연결해야 한다.

06

이 회로에 흐르는 전류의 세기는 $100\,\text{mA} = 0.1\,\text{A}$이다. 따라서 (−)단자를 $50\,\text{mA}$에 연결하면 전류의 세기가 측정 범위를 넘어가므로 바늘은 오른쪽 끝으로 돌아가고, (−)단자를 $5\,\text{A}$에 연결하면 바늘은 $0.1\,\text{A}$를 가리킨다.

07

① 전기 저항은 물질의 종류에 따라 다르다. 자유 전자가 많은 도체는 저항이 작고, 자유 전자가 적거나 거의 없는 부도체(절연체)는 저항이 크다.
② 저항은 전류의 흐름 또는 전자의 이동을 방해하는 정도를 말한다.
③ 전선이 굵고 짧으면 전자가 원자와 충돌하는 횟수가 적기 때문에 저항이 작아진다.
⑤ 전선 속 원자들과 전자의 충돌에 의해 전류의 흐름을 방해하는 저항이 발생한다.
바로 알기 | ④ 전압이 일정할 때 전류의 세기는 저항에 반비례하므로 저항이 작을수록 전류의 세기는 커진다.

08

저항$\propto \dfrac{\text{전선의 길이}}{\text{전선의 단면적}}$이므로 저항의 비는 A : B $= \dfrac{2\,\text{m}}{4\,\text{mm}^2} : \dfrac{4\,\text{m}}{6\,\text{mm}^2}$ $= 3 : 4$이다.

09

전압 = 전류의 세기 × 저항, 전류의 세기 $= \dfrac{\text{전압}}{\text{저항}}$,

저항 $= \dfrac{\text{전압}}{\text{전류의 세기}}$이다. 따라서 (가)의 전압(㉠)은 $0.5\,\text{A} \times 4\,\Omega$

$= 2\,\text{V}$, (나)의 전류의 세기(㉡)는 $\dfrac{8\,\text{V}}{40\,\Omega} = 0.2\,\text{A} = 200\,\text{mA}$, (다)

의 저항(㉢)은 $\dfrac{30\,\text{V}}{5\,\text{A}} = 6\,\Omega$이다.

10

전류 − 전압 그래프에서 그래프의 기울기는 $\dfrac{\text{전압}}{\text{전류의 세기}} = $ 저항

이므로 저항은 $\dfrac{3\,\text{V}}{0.2\,\text{A}} = 15\,\Omega$이다.

11

전류계와 전압계에 연결된 (−)단자에 해당하는 눈금을 읽는다. 옴의 법칙에서 저항은 전압을 전류의 세기로 나누어 구하므로 저항은 $\dfrac{2\,\text{V}}{0.2\,\text{A}} = 10\,\Omega$이다.

12

저항의 병렬연결에서 전체 전압은 각 저항에 걸리는 전압과 같고, 전체 전류의 세기는 각 저항에 흐르는 전류의 세기의 합과 같다.

바로 알기 | ㄹ. 저항을 직렬로 연결하는 것은 저항의 길이를 길게 만드는 것과 같고, 저항을 병렬로 연결하는 것은 저항의 단면적을 크게 만드는 것과 같다.

13

병렬연결된 C를 제거하더라도 A와 B는 모두 켜져 있다. 회로의 전체 저항이 증가하여 회로에 흐르는 전체 전류의 세기는 감소하고, 전구의 밝기는 전류의 세기에 비례하므로 A의 밝기는 어두워진다.

14

퓨즈와 화재 감지 장치는 저항의 직렬연결한 예이고, 가로등, 멀티탭, 전기 배선은 저항을 병렬연결한 예이다.

서술형 문제

15

모범 답안 | ㉠ : 500 mA 단자, ㉡ : (+)단자 / 전류계의 (+)단자는 전지의 (+)극 쪽에, 전류계의 (−)단자는 전지의 (−)극 쪽에 연결한다. 이때 전류계의 (−)단자는 예상 전류값인 $0.35\,A$ (=350 mA)보다 조금 큰 500 mA에 연결한다. 너무 큰 단자에 연결하면 바늘이 거의 움직이지 않아 전류의 세기를 측정하기 어렵기 때문이다.

채점 기준	배점
㉠, ㉡의 연결 단자와 그 까닭을 옳게 서술한 경우	100 %
㉠, ㉡의 연결 단자만 옳게 쓴 경우	50 %

16

모범 답안 | 전기 저항은 전류가 흐를 때 전자들과 원자가 충돌하기 때문에 발생한다. 전선의 재질, 전선의 길이, 전선의 단면적이 전기 저항의 크기에 영향을 미친다.

해설 | 전선의 재질에 따라 원자의 배열 상태가 다르므로 전기 저항이 다르며, 전선의 길이가 길수록 전기 저항이 커지고, 전선의 단면적이 작을수록 전기 저항이 커진다.

채점 기준	배점
전기 저항의 원인과 전기 저항의 크기에 영향을 미치는 요인을 모두 옳게 서술한 경우	100 %
전기 저항의 원인과 전기 저항의 크기에 영향을 미치는 요인 중 한 가지만 옳게 서술한 경우	50 %

17

모범 답안 | A와 C, 전구의 밝기는 전구에 흐르는 전류의 세기에 비례한다. 따라서 전구를 병렬연결하면 각 전구에 걸리는 전압이 같아 각 전구에 같은 세기의 전류가 흐르므로 각 전구의 밝기는 전구 1개일 때와 같다.

채점 기준	배점
A~C 중 밝기가 같은 전구 2개를 고르고, 그 까닭을 옳게 서술한 경우	100 %
A~C 중 밝기가 같은 전구 2개만 옳게 고른 경우	50 %

18

회로에 흐르는 전류의 세기는 100 mA이다. (−)단자를 50 mA에 바꿔 연결하면 최대 50 mA까지 측정할 수 있으므로 바늘은 오른쪽 끝으로 돌아간다.

19

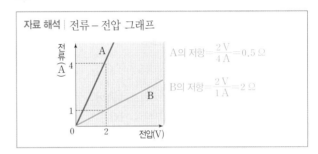

자료 해석 | 전류−전압 그래프

A의 저항 = $\frac{2\,V}{4\,A}$ = 0.5 Ω

B의 저항 = $\frac{2\,V}{1\,A}$ = 2 Ω

③ 저항은 니크롬선의 길이에 비례하고, 단면적에 반비례한다. B의 저항이 A의 저항의 4배이므로 두 니크롬선의 단면적이 같다면 B의 길이는 A의 길이의 4배이다.

바로 알기 | ① 저항은 B가 A의 4배이다.

② 이 그래프의 기울기는 저항의 역수를 나타낸다.

④ A의 단면적이 B의 단면적의 4배라면, A와 B의 길이는 같다.

⑤ A의 길이가 B의 길이의 2배라면, A의 단면적은 B의 단면적의 8배이다.

20

전기 회로에 0.3 A의 전류가 흐를 때 걸리는 전압이 15 V이므로, 이 전기 회로의 전체 저항은 $\frac{15\,V}{0.3\,A}$ = 50 Ω이다. 저항이 직렬연결되었을 경우 전기 회로의 전체 저항은 연결된 저항의 합과 같으므로 $R=50\,Ω-30\,Ω=20\,Ω$이다.

21

전류계의 눈금은 400 mA, 즉 0.4 A이고, R_1에 연결된 전압계의 눈금은 2 V를 가리킨다. 따라서 저항 R_1의 저항 값은 $\frac{2\,V}{0.4\,A}$ =5 Ω이다.

22

ㄴ. 병렬연결되었던 전기 기구의 수가 감소하면 전체 저항이 증가하므로 전기 회로에 흐르는 전체 전류는 감소한다.

ㄷ. 전기 기구가 병렬연결되면 각 전기 기구를 독립적으로 켜고 끌 수 있다.

바로 알기 | ㄱ. 전기 기구는 회로에 병렬로 연결되어 있으므로 모든 전기 기구를 사용하게 되면 저항 값이 최소가 된다.

03 전류의 자기 작용

01 자기력, 자기력선   02 N   03 동심원
04 전류, 크다   05 전자석   06 전류, 크다
07 전류, 수직   08 나란한, 수직인   09 전기, 역학적

01 (1) ◯ (2) ◯ (3) ◯ (4) ◯ (5) × (6) ×   02 풍돌
03 ㉠ 전류 ㉡ 자기장 ㉢ 자기장 ㉣ 크다   04 해설 참조
05 ㉠ 자기장 ㉡ 전류 ㉢ 도선이 받는 힘
06 (1) × (2) ◯ (3) ◯   07 (가) A (나) C
08 (가)-(다)-(나)   09 ④

01

바로 알기 | (5) 직선 도선 주위의 자기장의 세기는 도선에 흐르는 전류의 세기가 클수록, 도선으로부터의 거리가 가까울수록 크다. (6) 자기력선은 서로 교차하거나 끊어지지 않는다.

02

바로 알기 | 풍돌 : 자기력선의 간격이 좁을수록 자기장의 세기도 크므로 자기력선의 모양으로 볼 때 자석의 양 끝에 가까워질수록 자기장의 세기가 커진다.

03

전류가 흐르는 코일에서 오른손의 네 손가락을 전류(㉠)의 방향으로 하고 코일을 감아쥘 때 엄지손가락이 향하는 방향이 코일 내부에서의 자기장(㉡)의 방향이다. 자기장(㉢)의 세기는 코일에 흐르는 전류의 세기가 클수록, 코일을 촘촘히 감을수록 크다(㉣).

04

전류에 의해 도선 주위에 생기는 자기장의 방향은 나침반 바늘의 N극이 가리키는 방향이다.

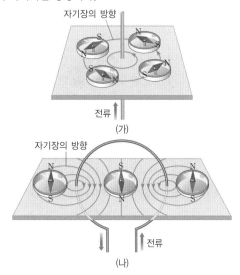

05

오른손의 네 손가락을 자기장(㉠)의 방향, 엄지손가락을 전류(㉡)의 방향으로 향하게 할 때, 손바닥이 향하는 방향이 도선이 받는 힘(㉢)의 방향이다.

06

바로 알기 | (1) 도선이 받는 힘의 크기는 전류의 방향과 자기장의 방향이 수직일 때 가장 크다.

07

오른손을 이용하면 자기장 속에서 전류가 흐르는 도선이 받는 힘의 방향을 알 수 있다.
(가) 그림에서 자기장은 N극에서 나와 S극으로 들어가므로 D 방향이고, 전류는 뒤에서 앞으로 흐르므로 도선은 A 방향으로 힘을 받는다.
(나) 전류의 방향이 반대로 바뀌면 도선은 반대 방향인 C 방향으로 힘을 받게 된다.

08

도선이 받는 힘의 크기는 전류의 방향이 수직일 때 가장 크므로 (가) - (다) - (나) 순이다.

09

전동기는 자기장 속에 있는 코일에 전류가 흐르면 코일이 힘을 받아 회전 운동을 하게 만든 장치로, 선풍기, 세탁기, 전기차, 휴대 전화 등에 이용된다.
바로 알기 | ④ 발전기는 코일을 회전시켜 전류를 발생시키는 장치이다.

01 해설 참조   02 (1) ◯ (2) ◯ (3) × (4) × (5) ◯
03 (1) 해설 참조 (2) 해설 참조   04 (1) ◯ (2) ◯

01

코일 내부에서의 자기장의 방향은 오른손의 네 손가락을 전류의 방향으로 하고 코일을 감아쥘 때 엄지손가락이 향하는 방향이다. 즉, 엄지손가락이 향하는 쪽이 N극이 된다.

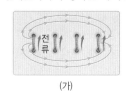   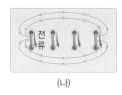

(가)   (나)

02

바로 알기 | (3) 전류의 방향을 바꾸면 자기장의 방향도 바뀐다.
(4) 전류가 흐르면 코일 내부에는 한 방향으로 직선 모양의 자기장이 생긴다.

03 서술형

모범 답안 | (1) 전류의 방향을 반대로 하거나 자석의 극(자기장의 방향)을 반대로 한다.
(2) 전류를 세게 흘려주거나 센 자석을 사용한다.

채점 기준	배점
(1)과 (2)를 모두 옳게 서술한 경우	100 %
(1)과 (2) 중 한 가지만 옳게 서술한 경우	50 %

04

(2) 집게 A를 왼쪽으로 옮기면 니크롬선의 길이가 짧아져 저항이 작아지므로 전기 회로에 흐르는 전류의 세기가 커진다. 전기 회로에 흐르는 전류의 세기가 커지면 자기력이 커지므로 전기 그네는 더 크게 움직인다.

실전 백신
86~88쪽

01 ⑤	02 ②	03 ②	04 ⑤	05 ④
06 ③	07 ⑤	08 ⑤	09 ①	10 ②
11 ⑤	12 ③	13 ④	14 ⑤	15 ③
16~18 해설 참조				

01

자기력선은 N극에서 나와 S극으로 들어간다.

02

ㄴ. 자석의 같은 극끼리는 척력이 작용하고, 다른 극끼리는 인력이 작용한다.
바로 알기 | ㄱ. 자석의 양 끝에서 자기장의 세기가 가장 크다.
ㄷ. 나침반 바늘의 N극이 북쪽을 가리키는 것은 지구의 북극이 S극을 띠기 때문이다.

03

①, ③ 자기력선은 자석의 N극에서 나와 S극으로 들어가며, 중간에 끊어지거나 교차하지 않는 폐곡선을 이룬다.
④ 자기력선의 방향은 나침반 바늘의 N극이 가리키는 방향이다.
바로 알기 | ② 자기장의 세기는 자기력선의 간격으로 나타낸다.

04

① 직선 도선 주위의 자기장은 도선을 중심으로 한 동심원 모양이다.
②, ④ 자기장의 세기는 도선에 흐르는 전류의 세기가 클수록, 도선으로부터의 거리가 가까울수록 세다.
③ 직선 도선에서 전류의 방향으로 오른손의 엄지손가락을 향하게 하고 도선을 감아쥘 때 나머지 네 손가락의 방향이 자기장의 방향이다.
바로 알기 | ⑤ 직선 도선 주위에 생기는 자기력선의 간격은 도선에 가까울수록 좁다.

05

오른손을 이용하여 전류의 방향과 도선 주위에 형성되는 자기장의 방향을 알 수 있다. A와 C는 시계 방향으로 자기장이 형성되므로 종이면에 들어가는 방향으로 전류가 흐른다. 또한 B와 D는 시계 반대 방향으로 자기장이 형성되므로 종이면에서 나오는 방향으로 전류가 흐른다.

06

전류가 흐르는 원형 도선에 의한 자기장은 B에서 뒤로 향하고, A, C에서 앞으로 향한다.

07

바로 알기 | ⑤ 전류의 방향이 반대로 바뀌면 코일에 의한 자기장의 방향이 반대가 되어 전자석의 극도 반대로 바뀐다.

08

⑤ 전류의 방향과 자기장의 방향을 모두 바꾸면 도선이 받는 힘의 방향은 그대로이다.
바로 알기 | ① 자기장의 세기가 커지면 도선이 받는 힘의 크기도 커진다.
② 전류의 방향과 자기장의 방향에 의해 도선이 받는 힘의 방향이 결정된다.
③ 전류의 방향과 자기장의 방향이 나란하면 도선은 힘을 받지 않는다.
④ 도선에 흐르는 전류의 방향이 바뀌면 도선이 받는 힘의 방향도 바뀐다.

09

오른손의 엄지손가락은 전류의 방향, 네 손가락은 자기장의 방향, 손바닥은 힘의 방향이다.

10

자기장의 방향은 아래쪽이므로 전류의 방향이 앞쪽일 때 전기 그네가 받는 힘의 방향은 말굽자석의 바깥쪽이다.
ㄴ. 전류의 방향을 바꾸면 전기 그네가 받는 힘의 방향도 바뀐다.
바로 알기 | ㄱ. 말굽자석 사이에서 전류가 앞쪽으로 흐를 때 전기 그네가 말굽자석의 바깥쪽으로 움직인다.
ㄷ. 전원 장치와 말굽자석의 극을 동시에 바꾸면 전기 그네가 받는 힘의 방향은 그대로이므로 전기 그네는 말굽자석의 바깥쪽으로 움직인다.

11

⑤ 자기장의 방향이 바뀌면 전기 그네가 받는 힘의 방향이 바뀐다.
바로 알기 | ① 말굽자석을 2개 설치하면 자기장의 세기가 커져 전기 그네가 받는 힘의 크기가 커지지만, 전기 그네가 받는 힘의 방향은 바뀌지 않는다.
② 말굽자석의 세기를 증가시키면 전기 그네가 받는 힘의 크기는 커지지만, 전기 그네가 받는 힘의 방향은 바뀌지 않는다.
③ 전기 그네의 크기를 크게 하는 것과 전기 그네가 받는 힘의 방향은 관계없다.
④ 전원 장치의 전압을 증가시키면 전류의 세기가 커져 전기 그네가 받는 힘의 크기가 커지지만, 전기 그네가 받는 힘의 방향은 바뀌지 않는다.

12

ㄱ, ㄷ. 말굽자석의 세기를 변화시키거나 전압의 크기를 변화시키면 전기 그네가 받는 힘의 크기도 변한다.

바로 알기 | ㄴ. 전류의 방향을 반대로 하면 전기 그네가 받는 힘의 방향은 바뀌지만, 힘의 크기는 변하지 않는다.

13

④ 전류의 방향과 자기장의 방향이 나란하면 도선은 아무런 힘도 받지 않는다.

바로 알기 | ① 자기장은 자석의 N극에서 나와 S극으로 들어가므로, 도선은 자기장에 나란한 방향으로 놓여 있다.

⑤ 전류의 방향과 자기장의 방향이 수직일 때 도선이 받는 힘의 크기가 가장 크다.

14

그림과 같이 코일에 전류를 흘려주면 코일의 왼쪽은 D 방향으로 힘을 받고, 코일의 오른쪽은 E 방향으로 힘을 받으므로 코일은 시계 반대 방향으로 회전하게 된다.

15

바로 알기 | ㄴ. AD 부분은 위쪽, BC 부분은 아래쪽으로 힘을 받아 코일은 시계 방향으로 회전한다.

서술형 문제

16

모범 답안 | D, 전류가 흐르는 방향으로 오른손의 엄지손가락을 향하게 하고 나머지 네 손가락으로 도선을 감아쥘 때, 네 손가락이 향하는 방향인 D가 자기장의 방향이다.

채점 기준	배점
나침반 바늘의 N극이 가리키는 방향을 D로 고르고, 오른손을 이용하여 찾는다고 옳게 서술한 경우	100 %
나침반 바늘의 N극이 가리키는 방향을 D라고만 고른 경우	30 %

17

모범 답안 | 전류의 세기를 증가시킨다. 코일의 감은 수를 증가시킨다.

채점 기준	배점
전류의 세기 증가, 코일의 감은 수 증가를 모두 옳게 서술한 경우	100 %
두 가지 중 한 가지만 옳게 서술한 경우	50 %

18

모범 답안 | 아래로 내려간다. 스위치를 닫으면 말굽자석 안에 있는 알루미늄 포일에 전류가 오른쪽으로 흐르고, 말굽자석에 의해 자기장이 N극에서 나와 S극으로 들어가는 방향으로 형성되므로 말굽자석 안에 있는 알루미늄 포일은 힘의 방향인 아래로 내려간다.

채점 기준	배점
알루미늄 포일이 움직이는 방향과 그 까닭을 모두 옳게 서술한 경우	100 %
알루미늄 포일이 움직이는 방향만 옳게 쓴 경우	30 %

19 ②	20 ①	21 ③	22 ③	23 ②

19

나침반 바늘의 N극은 자기장의 방향을 가리킨다.

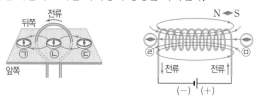

따라서 ㉠은 뒤쪽, ㉡은 앞쪽, ㉢은 뒤쪽, ㉣은 왼쪽, ㉤은 왼쪽을 가리킨다.

20

ㄱ. A에서 자기장의 방향은 종이면에서 수직으로 나오는 방향이고, B에서 자기장의 방향은 종이면에 수직으로 들어가는 방향이다.

바로 알기 | ㄴ. A가 B보다 직선 도선에서 더 가까우므로 A에서의 자기장의 세기가 더 크다.

ㄷ. 전류의 방향이 바뀌면 A와 B에서 자기장의 방향은 바뀌지만, 자기장의 세기는 변하지 않는다.

21

직선 도선의 왼쪽에 있는 전자석의 오른쪽 부분은 코일에 흐르는 전류에 의해 S극, 도선의 오른쪽에 있는 전자석의 왼쪽 부분은 N극을 띤다. 오른손의 엄지손가락을 전류의 방향, 나머지 네 손가락을 자기장의 방향으로 향하게 하면 손바닥의 방향인 C가 도선이 받는 힘의 방향이다.

22

U자형 금속은 코일에 의해 오른쪽은 자석의 N극을, 왼쪽은 자석의 S극을 띤다. 오른손의 엄지손가락과 네 손가락을 각각 전류의 방향(앞쪽)과 자기장의 방향(왼쪽)을 향하게 하면 알루미늄 막대가 받는 힘의 방향은 C 방향이다.

23

ㄷ. (나)에서 코일의 양쪽 끝을 완전히 벗기면 코일이 반 바퀴 회전했을 때 힘의 방향이 반대가 되어 계속 회전하지 않고 제자리에서 진동한다.

바로 알기 | ㄱ. 코일에 흐르는 전류에 의해 코일의 앞쪽은 N극, 뒤쪽은 S극을 띤다. 코일 아래에 놓인 자석에 의해 N극은 밀려나고, S극은 끌어당겨지므로, 코일은 (+)극 쪽에서 보았을 때 시계 방향으로 회전한다.

ㄴ. 네오디뮴 자석의 극을 바꾸면 코일의 회전 방향이 바뀐다. 그러나 코일의 회전 속력에는 영향을 미치지 않는다.

01 ②	02 ④	03 ④	04 ③	05 ②	06 ⑤
07 ①	08 ③	09 ⑤	10 ③	11 ⑤	12 ③
13 ③	14 ⑤	15 ④	16 ③	17 ①	18 ⑤
19 ④	20 ①	21 ⑤	22 ④	23 ③	24 ①
25 ②	26 ①				

01

마찰한 후 (가)는 (+)전하를 띠는 원자핵이 2개, (-)전하를 띠는 전자가 3개 있어 전체적으로 (-)전하로 대전된 상태이고, (나)는 원자핵이 3개, 전자가 2개 있어 전체적으로 (+)전하로 대전된 상태이다. 따라서 (가)와 (나)를 마찰할 때 전자는 (나)에서 (가)로 이동한 것이다.

02

(-)전하를 띤 전자가 A에서 B로 이동하여 A는 (+)전하로, B는 (-)전하로 대전되었다.

03

(+)전하로 대전된 플라스틱 막대를 금속 막대 A에 가까이 하면 금속 막대 A에서 플라스틱 막대와 가까운 쪽은 인력에 의해 전자가 이동하여 (-)전하를 띠고, 먼 쪽은 (+)전하를 띤다. 또한 금속 막대 B에서 금속 막대 A와 가까운 쪽은 인력에 의해 전자가 이동하여 (-)전하를 띠고, 먼 쪽은 (+)전하를 띤다.

04

ㄷ. 플라스틱 자를 털가죽으로 문지르면 대전된 전하의 양이 더 많아지므로 전기력의 크기가 커진다. 따라서 A는 더 많이 밀려난다.

바로 알기 | ㄱ. 명주 헝겊으로 문지른 플라스틱 자는 (-)전하로 대전된다. A는 플라스틱 자에 의해 밀려났으므로 플라스틱 자와 같은 (-)전하를 띠고, B는 끌려왔으므로 (+)전하를 띤다.

ㄴ. 전기력의 크기는 대전체 사이의 거리가 가까울수록 커진다. 따라서 플라스틱 자를 오른쪽으로 움직이면 B는 왼쪽으로 더 많이 끌려온다.

05

(+)대전체를 가까이 하면 검전기 내부의 전자는 인력에 의해 금속판으로 이동하므로 금속판은 (-)전하로 대전되고, 금속박은 (+)전하로 대전되어 벌어진다.

06

(가)에서 정전기 유도 현상에 의해 금속판은 (+)전하, 금속박은 (-)전하로 대전된다. (나)에서 손가락을 통해 금속박에 있는 (-)전하가 빠져나간다. (다)에서 검전기는 전체적으로 (+)전하로 대전된다.

07

바로 알기 | ㄴ. 전자는 전지의 (-)극에서 (+)극으로 이동하므로 전지의 A는 (+)극, B는 (-)극이다.

ㄷ. 전류는 전지의 (+)극에서 (-)극으로 흐르므로, 전지의 극을 바꾸면 전류는 (나) 방향으로 흐른다.

08

전기 회로를 물의 흐름 모형에 비유하면 전압 - 물의 높이 차(수압), 전류(전하의 흐름) - 물의 흐름, 전구 - 물레방아, 스위치 - 밸브, 전선 - 파이프, 전지 - 펌프에 해당한다.

09

전류계의 (-)단자가 최댓값이 5 A인 단자에 연결되어 있으므로, 눈금 중 가장 위쪽 눈금을 읽어야 한다. 따라서 전기 회로에 흐르는 전류의 세기는 4 A=4000 mA이다.

10

바로 알기 | ③ 전류계의 (-)단자는 측정 범위가 큰 단자부터 연결하여 측정해야 한다.

11

ㄱ, ㄷ. 전압은 전류를 흐르게 하는 능력으로, 전기적인 위치 차를 나타내며, 전압이 클수록 센 전류가 흐른다.

ㄴ. 전압의 단위는 V(볼트)를 사용한다.

12

전압계는 측정하고자 하는 전기 기구에 병렬로 연결해야 한다.

13

옴의 법칙에서 전류의 세기에 대한 전압의 비는 저항이므로 그래프의 기울기는 저항을 나타낸다. 따라서 A의 저항은 $\frac{2\,V}{1\,A}=2\,\Omega$이고, B의 저항은 $\frac{2\,V}{2\,A}=1\,\Omega$이므로 두 니크롬선의 저항의 비는 A : B=2 : 1이다.

14

저항=$\frac{전압}{전류의 세기}$, 전류의 세기=$\frac{전압}{저항}$이다. 따라서 (가)는 $\frac{16\,V}{2\,A}=8\,\Omega$, (나)는 $\frac{8\,V}{4\,\Omega}=2\,A$이고, 전기 회로에 저항을 직렬로 연결했을 때 각 저항에 걸리는 전압의 합은 전기 회로 전체에 걸리는 전압이므로, (다)는 16 V+8 V=24 V이다.

15

전기 저항은 니크롬선의 길이에 비례하고, 단면적에 반비례한다. 따라서 전기 저항의 크기는 (다)<(가)<(나)이다.

16

(가)는 전구를 직렬연결한 회로이고, (나)는 전구를 병렬연결한 회로이다.

바로 알기 | ③ (나)의 각 전구에 걸린 전압은 (가)의 각 전구에 걸린 전압의 2배이다.

17

ㄱ. 전기 기구를 병렬로 연결하면 모든 전기 기구에 같은 크기의 전압이 걸린다.

ㄴ. 1개의 스위치를 열어도(전기 기구 하나의 전원을 꺼도) 다른 전기 기구는 사용할 수 있다.

바로 알기 | ㄷ. 1개의 콘센트에 전기 기구를 여러 개 연결할 경우 전체 저항이 작아져 전체 전류의 세기가 커진다.

ㄹ. 전류가 세게 흐르면 화재의 위험이 있으므로 전류가 세게 흐를 때 전기를 차단시킬 수 있는 누전 차단기나 퓨즈를 설치해야 한다.

18

자기력선은 눈에 보이지 않는 자기장을 보기 쉽게 선으로 나타낸 것이다.

바로 알기 | ③ 자기력선은 항상 이어지며, 도중에 교차하거나 끊어지지 않는다.

19

A와 B 모두 자기력선이 나오고 있으므로 둘 다 N극이다.

20

직선 도선에 남쪽으로 전류가 흐르면 나침반이 놓인 도선 아래에서의 자기장의 방향은 동쪽이다. 따라서 나침반 바늘의 N극은 동쪽을 가리킨다.

21

코일에 전류가 세게 흐를수록, 코일을 감은 횟수가 많을수록 코일에 의한 자기장의 세기는 커진다.

바로 알기 | ⑤ 코일에 흐르는 전류의 세기가 클수록 자기장의 세기가 크다.

22

자기장 속에 놓인 도선에 전류가 흐를 때 도선은 힘을 받게 된다. 오른손의 엄지손가락을 전류의 방향(앞쪽)으로, 나머지 네 손가락을 자기장의 방향(왼쪽)으로 향하게 할 때 손바닥이 향하는 방향(아래쪽)이 도선이 받는 힘의 방향이다. 따라서 도선은 아래쪽으로 힘을 받는다.

23

코일에 흐르는 전류에 의해 전자석의 오른쪽은 N극을 띤다. 따라서 서로 같은 극인 N극이 마주하므로 자기력선은 모두 나오는 모습으로 나타난다.

24

바로 알기 | ① 오른손의 엄지손가락을 전류의 방향(오른쪽), 나머지 네 손가락을 자기장의 방향(아래쪽)으로 향하게 할 때, 손바닥은 말굽자석의 안쪽을 향한다. 즉, 도선이 받는 힘이 말굽자석 안쪽으로 작용하므로 도선 그네는 말굽자석 안쪽으로 움직인다.

25

ㄴ. 말굽자석의 N극이 위, S극이 아래에 있으므로 자기장의 방향은 아래쪽이다. 따라서 전류가 a에서 b로 흐르면 그네는 말굽자석 바깥쪽으로 힘을 받게 된다.

바로 알기 | ㄱ. 전류의 세기가 클수록 그네는 더 큰 폭으로 움직인다.

ㄷ. 전류의 방향이 바뀌면 그네가 받는 힘의 방향이 반대가 되며, 그네가 받는 힘의 크기는 변하지 않는다.

26

오른손의 네 손가락을 코일에 흐르는 전류의 방향으로 감아쥐면 엄지손가락이 가리키는 A 부분이 N극임을 알 수 있다. A 부분과 마주하는 쪽이 자석의 N극이므로 척력이 작용하여 전자석은 시계 방향으로 회전하게 된다.

서술형·논술형 문제
94~95쪽

01

모범 답안 | 대전된 텔레비전의 브라운관에 의해 주위의 먼지들이 정전기 유도로 대전되면 브라운관과 먼지 사이에는 인력이 작용한다. 따라서 먼지가 브라운관의 바깥쪽 면에 잘 붙는다.

채점 기준	배점
정전기 유도의 개념을 이용하여 브라운관과 먼지 사이에 인력이 생겼다고 옳게 서술한 경우	100 %
정전기 유도 때문이라고만 서술한 경우	50 %

02

(1) 답 | A : (−)전하, B : (+)전하

(2) 모범 답안 | (+)전하로 대전된 플라스틱 막대를 A 쪽에 가까이 하면 금속 막대 내부의 전자들은 인력에 의해 A 쪽으로 이동한다. 이때 두 금속 막대를 떼어 놓으면 A는 (−)전하, B는 (+)전하를 띠게 된다.

채점 기준	배점
(1)의 A와 B의 전하의 종류를 옳게 쓰고, (2)의 금속 막대 내부의 전자들의 이동을 이용하여 그 까닭을 옳게 서술한 경우	100 %
(1)만 옳게 쓴 경우	40 %

03

모범 답안 | 병렬연결, 각각의 발광 다이오드는 따로 켜거나 끌 수 있어야 하기 때문에 하나의 발광 다이오드가 꺼지더라도 다른 발광 다이오드는 영향을 받지 않도록 병렬연결되어 있다.

채점 기준	배점
발광 다이오드의 연결을 옳게 쓰고, 그 까닭을 옳게 서술한 경우	100 %
발광 다이오드의 연결만 옳게 쓴 경우	40 %

04

(1) 답 | E

(2) 모범 답안 | 저항은 전압에 비례하고, 전류의 세기에 반비례한다. 따라서 전압이 같은 경우 전류의 세기가 가장 작은 E의 저항이 가장 크다.

채점 기준	배점
(1)을 옳게 쓰고, (2)에서 옴의 법칙을 이용하여 E의 저항이 가장 큰 까닭을 옳게 서술한 경우	100 %
(1)만 옳게 쓴 경우	40 %

05

(1) **답** | A

(2) **모범 답안** | 전류는 전지의 (+)극에서 (−)극으로 흐르며, 오른손의 엄지손가락을 전류의 방향, 나머지 네 손가락을 자기장의 방향으로 향하게 할 때, 도선이 받는 힘의 방향인 손바닥의 방향이 A 쪽을 향하므로 알루미늄 막대는 A 쪽으로 움직인다.

채점 기준	배점
(1)을 옳게 쓰고, (2)에서 전류의 방향, 오른손 법칙을 이용하여 옳게 서술한 경우	100 %
(1)만 옳게 쓴 경우	40 %

06

(1) **답** | $2\,\Omega : 0.5\,A$, $8\,\Omega : 0.5\,A$

(2) **모범 답안** | 각 저항에 걸리는 전압은 전류의 세기와 각 저항의 곱과 같으므로 $2\,\Omega$에는 $0.5\,A \times 2\,\Omega = 1\,V$, $8\,\Omega$에는 $0.5\,A \times 8\,\Omega = 4\,V$의 전압이 걸린다.

해설 | 직류 회로에 흐르는 전류의 세기는 모두 같으므로 $2\,\Omega$, $8\,\Omega$에 흐르는 전류의 세기와 전체 전류의 세기는 모두 $0.5\,A$이다.

채점 기준	배점
(1)을 옳게 쓰고, (2)의 계산 과정과 값을 모두 옳게 서술한 경우	100 %
(1)만 옳게 쓰거나, (2)만 옳게 서술한 경우	50 %

07

모범 답안 | 측정하고자 하는 전압이 연결된 (−)단자의 최댓값보다 크기 때문에 바늘이 오른쪽 끝으로 돌아간 것이다. 따라서 전지의 (−)극 쪽에 연결된 전선을 측정 범위가 가장 큰 (−)단자인 30 V 단자에 먼저 연결한 후, 측정한 전압이 15 V보다 작다면 15 V의 (−)단자에 연결하여 더 정확한 전압을 측정한다.

채점 기준	배점
전압을 측정할 수 없는 까닭과 측정 범위가 가장 큰 (−)단자부터 연결해야 함을 옳게 서술한 경우	100 %
전압을 측정할 수 없는 까닭만 옳게 서술한 경우	50 %

08

모범 답안 | 각 전기 기구에 일정한 전압이 걸린다. 각 전기 기구를 독립적으로 작동시킬 수 있다.

채점 기준	배점
두 가지 모두 옳게 서술한 경우	100 %
한 가지만 옳게 서술한 경우	50 %

09

모범 답안 | 전기 회로에서 스위치가 열려 있으면 저항이 1개인 전기 회로가 된다. 그러나 스위치를 닫으면 저항 2개가 병렬로 연결된 전기 회로가 되므로 전체 전압은 변함이 없고, 전체 저항은 작아지며, 전체 전류의 세기는 커진다.

채점 기준	배점
'저항의 병렬연결', '전체 전압'을 모두 포함하여 옳게 서술한 경우	100 %
'저항의 병렬연결', '전체 전압' 중 하나만 포함하여 서술한 경우	50 %

10

모범 답안 | 위쪽, 전류의 방향은 오른손을 이용하여 구할 수 있다. 자기장이 시계 반대 방향을 향하므로 오른손의 네 손가락을 시계 반대 방향으로 감아쥘 때 엄지손가락이 향하는 위쪽이 전류의 방향이다.

채점 기준	배점
오른손을 이용하여 전류의 방향을 옳게 서술한 경우	100 %
자기장이 시계 반대 방향이기 때문이라고만 서술한 경우	50 %

11

모범 답안 | 전류의 방향과 자기장의 방향이 서로 나란하기 때문에 도선은 힘을 받지 않는다. 전류의 방향과 자기장의 방향이 이루는 각이 수직이 되도록 하면 도선이 받는 힘이 가장 커지므로 도선이 가장 빠르게 움직일 수 있다.

채점 기준	배점
도선이 움직이지 않는 까닭과 도선이 가장 빠르게 움직일 수 있는 방법을 모두 옳게 서술한 경우	100 %
까닭과 방법 중 하나만 옳게 서술한 경우	50 %

Ⅲ. 태양계

01 지구와 달

01

에라토스테네스는 지구의 크기를 측정하기 위해 지구는 완전한 구형이라고 가정하여 원의 성질을 이용하였고, 지표면에 들어오는 햇빛은 어디서나 평행하다고 가정하여 엇각의 원리를 이용하였다.

02

두 지역의 중심각(˚) : 두 지역의 거리(km)=360˚(㉠) : 지구의 둘레 2πR(㉡)

지구의 둘레(2πR)=$\dfrac{360˚ \times 925 \text{ km}(㉢)}{7.2˚(㉣)}$

지구의 반지름(R)=$\dfrac{46250 \text{ km}}{2π(㉤)}$

03

경도가 같고 위도가 다른 두 지역의 거리(l)와 중심각(θ)을 알면 지구의 크기를 구할 수 있다. 속초와 대구는 같은 경도, 다른 위도에 위치하고, 두 지역의 직선 거리(l)는 250 km이다. 속초와 대구 사이의 중심각은 두 지역의 위도 차로 구할 수 있다. 따라서 중심각(θ)=두 지역의 위도 차=38˚−35.5˚=2.5˚이다. 이 두 값을 지구의 크기를 구하는 비례식에 대입해서 지구의 반지름(R)을 계산하면 다음과 같다.

$\theta : l = 360˚ : 2πR \Rightarrow 2.5˚ : 250 \text{ km} = 360˚ : 2πR$

$\Rightarrow 2.5˚ \times 2πR = 250 \text{ km} \times 360˚$

$\therefore R = \dfrac{250 \text{ km} \times 360˚}{2π \times 2.5˚} = \dfrac{250 \text{ km} \times 360˚}{2 \times 3 \times 2.5˚} = 6000 \text{ km}$

04

두꺼운 종이에 뚫은 구멍의 지름(d) : 달의 지름(D)=눈과 종이 사이의 거리(l) : 지구에서 달까지의 거리(L)이므로

달의 지름(D)=$\dfrac{d \times L}{l}$이다.

따라서 달의 지름(D)은 $\dfrac{0.5 \text{ cm} \times 38만 \text{ km}}{54 \text{ cm}}$ ≒3519 km이다.

05

(1) 별은 동쪽에서 서쪽(시계 방향)으로 일주 운동을 한다.

(2) 북극 지방에서는 별이 북극성을 중심으로 시계 반대 방향으로 원을 그리며 회전한다.

(3) 별은 1시간에 15˚씩 회전하므로 3시간 후에는 45˚ 회전한 위치에서 관측된다.

(4) 북반구인 우리나라에서 별을 관측하면 동쪽 하늘에서는 ╱ 방향, 남쪽 하늘에서는 ⌒ 방향, 서쪽 하늘에서는 ╲ 방향, 북쪽 하늘에서는 ↻으로 나타난다.

06

모범 답안

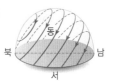

해설 북반구의 중위도 지방에서 별은 동쪽 하늘에서 비스듬히 떠서 남쪽 하늘을 지나 서쪽 하늘로 비스듬히 진다.

07

(1) 물고기자리

(2) 처녀자리

한밤중에 남쪽 하늘에서 관측할 수 있는 별자리는 지구를 기준으로 태양의 반대쪽에 위치한 별자리이고, 태양과 함께 뜨고 지는 별자리는 지구에서 태양을 바라보았을 때 그 배경에 있는 별자리이다.

08

(1) 별자리는 매일 같은 시각에 관측하면 하루에 약 1˚씩 동에서 서로 이동하는 것처럼 보이므로 관측한 순서는 (나)−(다)−(가)이다.

(2) 지구가 공전하기 때문에 별의 연주 운동이 나타난다.

(3) 관측 기간은 30일이며, 이 기간 동안 별자리가 30˚ 이동하였다면 별자리는 하루에 약 1˚씩 동쪽에서 서쪽으로 이동한 것이다.

09

달은 태양과 지구와의 상대적인 위치에 따라 태양빛을 반사하여 밝게 보이는 면적이 달라진다. 달이 지구와 태양 사이에 있을 때를 삭이라고 하며, 이때 달은 보이지 않는다. 달이 지구를 중심으로 태양의 반대편에 있을 때를 망이라고 하며, 이때 달은 보름달로 보인다. 달이 지구, 태양과 직각을 이루어 오른쪽 반원이 보일 때를 상현달, 왼쪽 반원이 보일 때를 하현달이라고 한다. 한편, 삭과 하현달 사이에 있을 때 왼쪽이 조금 보이는 것을 그믐달, 삭과 상현달 사이에 있을 때 오른쪽이 조금 보이는 것을 초승달이라고 한다.

10

보름달은 음력 15일경 초저녁 동쪽 하늘에서 뜬다.

11

(3) A(초승달)에서 B(보름달)로 갈수록 달을 관측할 수 있는 시간은 길어진다. 보름달일 때 가장 오랜 시간 동안 관측이 가능하다.

(4) 달의 공전 속도와 자전 속도가 같아서 지구에서 보는 달은 항상 같은 면이기 때문에 달의 위상이 변해도 관측되는 표면 무늬는 변하지 않는다.

바로 알기 | (1) 달의 위상 변화는 달이 공전하면서 태양—지구—달의 상대적인 위치가 바뀌기 때문에 나타난다.

(2) A는 오른쪽 면적이 조금 보이는 초승달이다.

12

월식은 태양—지구—달의 순서로 일직선 상에 위치할 때 일어난다.

(1) 개기 월식은 달 전체가 지구의 본그림자 속에 들어갔을 때(C) 관측된다.

(2) 부분 월식은 달의 일부가 지구의 본그림자 속에 들어가 가려질 때(B) 관측된다.

탐구 알약 104쪽

01 ㉠ 평행 ㉡ 중심각 ㉢ ∠BB′C(θ)의 크기
02 동일 경도, 다른 위도 　**03** $2\pi R : 360° = l : \theta$ 　**04** 16 cm

---

01

에라토스테네스의 지구 크기 측정 가정 : 지구는 완전한 구형이고, 햇빛은 어디서나 평행(㉠)하게 들어온다.
원호의 길이는 중심각(㉡)의 크기에 비례한다는 원의 성질을 이용한다.
호의 길이(l)와 ∠BB′C(θ)의 크기(㉢)를 측정한다.

02

에라토스테네스의 지구 크기 측정 원리는 '원호의 길이는 그에 대응하는 중심각의 크기에 비례한다.'이므로 지구 모형의 크기를 측정하기 위해 막대를 세울 때는 경도는 같고 위도가 다른 두 지역을 선택하여야 한다.

03

호의 길이는 중심각의 크기에 비례하므로
$2\pi R : 360° = l : \theta$이다.

04

호 AB의 길이(l)는 8 cm이고, ∠BB′C의 크기는 30°로, 두 막대가 축구공의 중심과 이루는 각 θ와 엇각으로 같다. 따라서 축구공의 반지름(R)은 $2\pi R : 360° = 8\,\text{cm} : 30°$에 의해 $\dfrac{360° \times 8\,\text{cm}}{2 \times 3 \times 30°}$ $= 16\,\text{cm}$이다.

실전 백신 108~110쪽

01 ③, ⑤	**02** ②, ③	**03** ②	**04** ④	**05** ③
06 ③	**07** ②	**08** ③	**09** ③	**10** ①
11 ④	**12** ②, ⑤	**13** ⑤	**14** ③	**15** ③
16 ④	**17~19** 해설 참조			

01

에라토스테네스가 측정한 지구의 반지름은 현재 측정한 반지름 값과 약 15 %의 오차가 난다. 이와 같은 오차가 생긴 까닭은 지구는 완전한 구형이 아닌 타원체이고, 두 도시간의 거리가 정확하게 측정되지 않았으며, 두 도시가 같은 경도선 상에 위치하지 않기 때문이다.

바로 알기 | ③ 지구 반지름을 측정하기 위해서는 두 도시의 경도는 같고, 위도가 달라야 한다.

⑤ 태양은 지구로부터 매우 먼 거리에 있기 때문에 지구로 들어오는 햇빛은 평행하게 입사한다.

02

지구의 반지름(R)을 측정하기 위해서는 두 지점 사이의 거리(l)와 두 지점이 이루는 중심각의 크기(θ)를 알아야 한다. 두 지점 사이의 거리(l)는 A와 B 사이의 거리인 호 AB의 길이를 측정하여 알 수 있다. 하지만 중심각의 크기(θ)는 직접 측정할 수 없으므로 이와 엇각으로 크기가 같은 ∠BB′C(θ')의 크기를 측정한다.

03

지구 모형의 반지름(R)을 계산하기 위한 비례식은 $\theta : l = 360° : 2\pi R$이고, $2\pi R = \dfrac{360° \times l}{\theta'}$, $R = \dfrac{360° \times l}{\theta' \times 2\pi}$이 된다. 엇각의 원리에 의해 θ와 θ'의 크기는 같으므로, $R = \dfrac{360° \times 6\,\text{cm}}{30° \times 2 \times 3}$이다. 따라서 지구 모형의 반지름($R$)은 12 cm이다.

04

ㄴ, ㄷ. 구멍을 뚫은 종이를 이용하여 달의 크기를 측정하기 위해서는 눈에서 종이까지의 거리(l), 종이 구멍의 지름(d)을 직접 측정해야 한다.

바로 알기 | ㄱ. 지구에서 달까지의 거리(L)는 미리 알고 있어야 한다.

05

종이에 뚫은 구멍의 지름(d) : 달의 지름(D) = 눈과 종이 사이의 거리(l) : 지구에서 달까지의 거리(L)

달의 지름(D) = $\dfrac{d \times L}{l}$이므로 각각의 값을 대입하면,

$D = \dfrac{0.7\,\text{cm} \times 38\text{만}\,\text{km}}{76\,\text{cm}} = 3500\,\text{km}$

달의 지름(D)은 3500 km가 된다.

06

바로 알기 | ③ 지구는 서쪽에서 동쪽 방향으로 자전한다.

07

우리나라의 동쪽 하늘에서 별의 일주 운동을 관측하면, 오른쪽 위를 향해 비스듬한 방향으로 떠오른다.

08

ㄱ. 지구의 자전축은 북극성을 향해 기울어져 있으므로, 우리나라에서 북쪽 하늘을 바라보고 별의 일주 운동을 관측하면 북극성을 중심으로 원을 그리면서 회전하는 것으로 관측된다.

ㄴ. 지구의 자전 방향은 서 → 동이므로 천체의 일주 운동 방향은 동 → 서이다. 따라서 관측한 별의 일주 운동 방향은 A이다.

바로 알기 | ㄷ. 별의 일주 운동은 지구가 자전하기 때문에 나타나는 현상이다.

09

ㄱ. 10월에 지구에서 태양을 보았을 때 태양의 배경이 되는 별자리인 처녀자리가 태양과 함께 뜨고 진다. 이때 한밤중에 남쪽 하늘에서는 물고기자리가 관측된다.

ㄴ. 지구의 공전 방향은 서 → 동이므로, 지구에서 매일 같은 시각에 별자리를 관측하면 동 → 서로 이동하는 것처럼 보인다.

바로 알기 | ㄷ. 태양의 연주 운동 방향은 서 → 동이므로, 태양은 별자리 사이를 시계 반대 방향으로 이동하는 것처럼 보인다.

10

6월에 천구 상에서 태양과 함께 뜨고 지는 별자리는 황소자리이고, 이때 지구를 기준으로 태양과 반대 방향에 있는 별자리인 전갈자리는 한밤중에 남쪽 하늘에서 관측된다.

11

④ 지구의 공전 방향이 서 → 동이므로 별자리는 동 → 서로 이동하는 것처럼 보인다.

바로 알기 | ① 별의 연주 운동을 나타낸 것이다.

② 별자리는 하루에 약 1°씩 이동한다.

③ 지구의 공전에 의해 나타나는 현상이다.

⑤ 지구의 공전 방향이 서 → 동이므로 태양의 연주 운동 방향은 서 → 동, 별의 연주 운동 방향은 동 → 서이다.

12

(가)는 보름달, (나)는 상현달, (다)는 초승달이다.

① 보름달(가)은 초저녁 동쪽 하늘에서, 상현달(나)은 초저녁 남쪽 하늘에서, 초승달(다)은 초저녁 서쪽 하늘에서 관측된다. 따라서 달을 관측한 시각은 초저녁이다.

③ 달은 공전 주기와 자전 주기가 같아서 지구에서 관측하면 태양빛을 반사하는 달의 면적이 달라질 뿐, 항상 같은 표면 무늬를 볼 수 있다.

④ 초승달(다)은 달의 오른쪽 좁은 면적에서 태양빛을 반사하므로 면적이 작다. 반면 보름달은 상대적 위치가 달─지구─태양 순일 때 달의 전체 면적에서 태양빛을 반사하므로 면적이 크다.

바로 알기 | ② 보름달(가)은 초저녁부터 새벽녘까지 약 12시간 정도 관측되고, 초승달(다)은 초저녁 서쪽 하늘에서 약 3시간 정도 관측된다. 따라서 달의 관측 시간은 (가)보다 (다)가 짧다.

⑤ 보름달(가)은 음력 15일경에 관측되고, 이로부터 일주일 정도 지나면 음력 22일경이 되어 하현달이 관측된다. 하현달은 자정에 동쪽 하늘에서 관측되기 시작해서 새벽녘 남쪽 하늘에서 관측되므로 음력 22일경에 같은 시각인 초저녁에는 관측할 수 없다.

13

⑤ 음력 28일에서 일주일 정도 지나면 음력 7일경이 되어 상현달을 관측할 수 있는 시기이다. 이때 상현달은 정오에 동쪽 하늘에서 떠서 초저녁에 남중하고, 자정에 서쪽 하늘로 진다.

바로 알기 | ① 음력 28일경 새벽 6시에 동쪽 하늘에서 관측되었으므로, 그믐달이다.

② 그믐달은 새벽에 동쪽 하늘에서만 3시간 정도 관측할 수 있다.

③ 태양빛을 반사하는 면적이 작은 시기이다.

④ 약 2~3일 후에는 음력 2~3일경이 되므로 초저녁 서쪽 하늘에서 초승달이 관측된다.

14

A는 보름달, B는 상현달, C는 삭, D는 하현달이 관측되는 위치이다. 보름달(A)은 초저녁에 동쪽 하늘에서 떠서 자정에 남중하고, 새벽에 서쪽 하늘로 진다.

15

일식은 태양─달─지구 순으로 일직선 상에 놓여 있을 때, 월식은 태양─지구─달 순으로 일직선 상에 놓여 있을 때 관측된다.

16

① A는 달의 본그림자 속에 있는 지역으로, 개기 일식을 관측할 수 있다.

② B는 달의 반그림자 속에 있는 지역으로, 부분 일식을 관측할 수 있다.

③ C는 지구의 본그림자 속에 달 전체가 있으므로, 개기 월식을 관측할 수 있다. 이때 태양빛 중 붉은색 빛이 지구 대기에 굴절되어 달을 비추기 때문에 달은 검붉은색으로 관측된다.

⑤ 월식 현상(나)은 달이 지구의 본그림자 속에 들어가 가려지는 현상이므로 밤이 되는 모든 지역에서 관측이 가능하다.

바로 알기 | ④ 일식 현상(가)는 최대 8분, 월식 현상(나)은 최대 1시간 40분 동안 관측이 가능하다.

서술형 문제

17

모범 답안 | (마), 지구의 중심각을 알기 위해 두 개의 막대를 세울 때, 한 막대는 그림자가 생기지 않게 세우고 다른 막대는 처음 막대와 같은 경도, 다른 위도에 위치하도록 세운다.

채점 기준	배점
(마)를 고르고, 한 막대는 그림자가 생기지 않게 세운다는 것과 두 막대는 같은 경도, 다른 위도에 위치하도록 세운다는 것을 모두 옳게 서술한 경우	100 %
(마)를 고르고, 유의점 중 한 가지만 옳게 서술한 경우	70 %
(마)만 고른 경우	30 %

18

모범 답안 | (다)─(나)─(가), 별자리는 지구의 공전에 의해 동에서 서로 이동하는 것처럼 보이기 때문이다.

채점 기준	배점
(다)─(나)─(가)를 순서대로 쓰고, 별자리는 지구의 공전에 의해 동에서 서로 이동하는 것처럼 보이기 때문이라고 옳게 서술한 경우	100 %
(다)─(나)─(가)와 까닭 중 한 가지만 옳게 쓴 경우	50 %

19

모범 답안 | 달은 스스로 빛을 내지 못하고 태양빛을 반사하여 밝게 빛나므로 달, 태양, 지구의 상대적인 위치에 따라 지구에서 볼 수 있는 태양빛을 받는 달의 면적이 달라지기 때문이다.

채점 기준	배점
달은 태양빛을 반사하여 밝게 빛난다는 것과 달, 태양, 지구의 상대적인 위치에 따라 지구에서 볼 수 있는 달의 면적이 달라진다는 것을 모두 옳게 서술한 경우	100 %
두 가지 중 한 가지만 옳게 서술한 경우	50 %

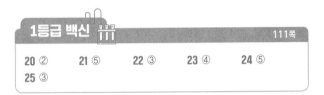

1등급 백신   111쪽

20 ②   **21** ⑤   **22** ③   **23** ④   **24** ⑤
25 ③

20

지구의 반지름을 측정하기에 적합한 곳은 경도는 같고, 위도가 다른 두 지역이다.

21

삼각형의 닮음비를 이용하여 달의 지름(D)을 측정하는 실험이다. 시지름은 물체의 크기 및 거리와 관계가 있다. 따라서 동전과 달의 크기가 다르더라도 거리 비에 따라 관측자가 본 시지름이 같게 측정될 수 있다.

바로 알기 | ⑤ 동전의 지름(d)을 작은 것으로 바꾸면 눈에서 동전까지의 거리(l)는 가까워진다.

22

ㄱ. 황도에서 태양의 반대 방향에 있는 별자리가 자정에 남쪽 하늘에서 관측되므로, 태양은 현재 쌍둥이자리의 반대 방향에 있다.

ㄴ. 6시간 후에는 지구가 서 → 동으로 90° 자전한 후이므로, 별자리는 동 → 서로 90° 이동한 것처럼 보인다. 따라서 6시간 후인 새벽 6시 경에 남쪽 하늘에서 처녀자리가 관측된다.

바로 알기 | ㄷ. 지구의 공전에 의해 나타나는 별의 연주 운동 방향은 동 → 서이다. 따라서 2월에는 자정에 남쪽 하늘에서 게자리가 관측된다.

23

위상	관측일(음력)	뜨는 시각	지는 시각	관측 방향과 시간
삭(A)	1일경	6시경	18시경	관측 불가능
초승달(B)	2~3일경	9시경	21시경	해가 진 후 초저녁에 서쪽 하늘에서 약 3시간
상현달(C)	7~8일경	12시경	24시경	초저녁 남쪽 하늘 ~ 자정에 서쪽 하늘
보름달(망) (D)	15일경	18시경	6시경	초저녁 동쪽 하늘 ~ 새벽녘 서쪽 하늘
하현달(E)	22~23일경	24시경	12시경	자정에 동쪽 하늘 ~ 새벽녘 남쪽 하늘
그믐달(F)	27~28일경	3시경	15시경	해 뜨기 전 새벽녘에 동쪽 하늘에서 약 3시간

A는 삭, B는 초승달, C는 상현달, D는 보름달, E는 하현달, F는 그믐달이다. 상현달(C)은 초저녁에, 보름달(D)은 자정에, 하현달(E)은 새벽에 남중한다.

24

음력 15일경에 관측되는 보름달은 초저녁부터 새벽까지 관측할 수 있어서 달을 가장 오랫동안 볼 수 있다.

25

ㄱ. 달이 지구 주위를 서에서 동으로 공전하므로 우리나라(북반구)에서 일식 진행은 태양의 오른쪽부터 가려진다.

ㄴ. 금환 일식은 지구와 달 사이의 거리가 상대적으로 멀 때 태양의 가장자리 부분이 완전히 가려지지 않아 반지 모양으로 관측되는 현상이다.

바로 알기 | ㄷ. 달이 태양을 가리는 일식은 태양-달-지구 순으로 일직선 상에 놓여 있을 때 나타나는 현상이다.

자료 해석 | 일식

부분 일식   개기 일식   금환 일식

- 부분 일식 : 태양의 일부분만 가려지는 현상이다. 달의 반그림자 속에 있는 지역에서 관측할 수 있으며, 개기 일식보다 넓은 지역에서 관측할 수 있다.
- 개기 일식 : 태양의 전체가 가려진다. 달의 본그림자 속에 있는 좁은 지역에서 관측할 수 있으며, 태양의 대기를 관측할 수 있다.
- 금환 일식 : 지구와 달 사이의 거리가 멀 때, 태양의 중심부만 가려져 가장자리 부분이 반지 모양으로 보이는 현상이다.

02 태양계

용어 &개념 체크 113, 115, 117쪽

01 물, 대기　02 이산화 탄소, 온실 효과　03 극관　04 대적점
05 고리　06 내행성, 외행성　07 작, 크, 크, 작
08 광구, 쌀알 무늬, 흑점　09 자전　10 채층, 홍염, 플레어
11 활발, 델린저 현상　12 접안, 대물　13 균형추
14 바뀌어

개념 알약 113, 115, 117쪽

01 (1) ○ (2) ○ (3) × (4) × (5) × (6) ○ (7) ○ (8) ×
02 ㄱ, 금성　03 ㄷ, 토성　04 ㄴ, 화성
05 (1) 높다 (2) 크다 (3) 목성, 자전　06 (1) ㄱ, ㄴ (2) ㄹ, ㅁ
07 ㄱ, ㄴ, ㄹ　08 (1) ○ (2) ○ (3) × (4) × (5) ○
09 (1) ㉝ (2) ㉣ (3) ㉢ (4) ㉠
10 (1) 커진다 (2) 증가한다 (3) 강해진다　11 ㄴ
12 (다)─(마)─(라)─(나)─(가)　13 C, 보조 망원경

01

A는 수성, B는 금성, C는 지구, D는 화성, E는 목성, F는 토성, G는 천왕성, H는 해왕성이다.
바로 알기 | (3) 지구(C)의 대기는 대부분 질소와 산소로 이루어져 있으며, 액체 상태의 물과 산소가 있어서 생명체가 존재할 수 있다.
(4) 화성(D)의 극지방에는 얼음과 드라이아이스로 이루어진 흰색의 극관이 나타나는데, 계절에 따라 크기가 달라진다.
(5) 목성(E)은 자전 속도가 빨라 표면에 가로줄 무늬가 나타나며, 대기의 소용돌이에 의해 붉은색의 큰 점인 대적점이 나타난다.
(8) 해왕성(H)은 희미한 고리와 여러 개의 위성을 가지고 있다.

02

ㄱ은 금성, ㄴ은 화성, ㄷ은 토성, ㄹ은 목성이다.
금성(ㄱ)은 자전축이 거의 180°로 기울어져 동에서 서로 자전하는 것처럼 보이며, 이산화 탄소로 이루어진 두꺼운 대기층을 가진 행성이다.

03

토성(ㄷ)은 태양계 행성 중 크기가 두 번째로 크며, 평균 밀도가 가장 작고, 뚜렷한 고리가 존재하는 행성이다.

04

화성(ㄴ)은 표면에 붉은색을 띠는 산화 철 성분이 많아서 표면이 붉게 보이며, 최대 크기의 대협곡과 태양계에서 가장 큰 화산인 올림퍼스 화산이 존재하는 행성이다.

05

(1) 금성은 이산화 탄소로 이루어진 두꺼운 대기층에서 햇빛을 잘 반사하여 태양계 행성 중 지구에서 가장 밝게 보이며, 기압이 높고, 표면 온도가 높다.
(2) 수성은 태양에서 가장 가까우며 물과 대기가 없고, 낮과 밤의 온도 차가 크다.
(3) 태양계에서 가장 큰 행성은 목성이다. 주로 수소와 헬륨으로 이루어져 있으며 목성 대기의 대류와 빠른 자전으로 인해 적도와 나란한 가로줄 무늬가 나타난다.

06

ㄱ은 수성, ㄴ은 금성, ㄷ은 화성, ㄹ은 목성, ㅁ은 토성이다.
(1) 지구의 공전 궤도를 기준으로 안쪽에 있는 수성과 금성은 내행성이고, 화성, 목성, 토성, 천왕성, 해왕성은 외행성이다.
(2) 목성형 행성에는 목성, 토성, 천왕성, 해왕성이 있으며, 크기와 질량은 크고 밀도가 작은 물질들로 이루어져 있다.

07

A는 질량이 작고 평균 밀도가 큰 지구형 행성, B는 질량이 크고 평균 밀도가 작은 목성형 행성이다.
바로 알기 | ㄷ, ㅁ. 위성의 수가 많고, 대기가 주로 수소, 헬륨 등으로 이루어져 있는 것은 목성형 행성의 특징이다.

08

바로 알기 | (3) 쌀알 무늬는 태양의 표면인 광구 전체에서 나타나는 무늬이다.
(4) 흑점은 태양의 표면에 나타나는 검은색 점으로, 태양의 내부로부터 에너지가 공급되기 어렵기 때문에 주위보다 온도가 낮아서 어둡게 관측된다.

09

㉠은 플레어, ㉡은 채층, ㉢은 코로나, ㉣은 홍염이다.
(1) 채층(㉡)은 광구 바로 위의 붉은색의 대기층을 말하며, 두께는 약 1만 km이다.
(2) 홍염(㉣)은 태양 표면에서 솟아오르는 고온의 가스 물질로, 모양이 다양하다.
(3) 코로나(㉢)는 채층 위로 나타나는 청백색의 가스층으로, 온도가 약 100만 °C 이상이다.
(4) 플레어(㉠)는 흑점 주변에서 짧은 시간 동안 나타나는 폭발을 말하며, 플레어가 나타날 때 고온의 전기를 띤 입자가 우주 공간으로 방출된다.

10

태양의 활동이 활발할 때는 코로나의 크기가 커지고 태양 표면의 흑점 수가 증가한다. 또한 홍염이나 플레어가 자주 발생하고, 태양풍이 강해진다.

11

태양의 활동이 활발할 때 무선 통신 장애가 나타나며 태양풍에 의해 송전 시설이 파괴되어 대규모 정전이 발생하고, 인공위성의 고장 및 오작동이 일어날 수 있다.
바로 알기 | ㄴ. 태양의 활동이 활발할 때 지구에서는 자기 폭풍이 발생하고, 고위도 지역에서는 오로라가 많이 발생한다.

12

망원경으로 천체를 관측할 때는 먼저 주위가 트여 있고 빛이 적은 평탄한 곳에 망원경을 설치한다. → (다) 주 망원경과 보조 망원경의 방향을 일치시켜 시야를 정렬한다. → (마) 주 망원경과 보조 망원경이 같은 천체를 향하도록 망원경의 위치를 잡는다. → (라) 관측하려는 천체를 보조 망원경의 십자선 중앙에 오도록 조절한다. → (나) 접안렌즈를 보며 천체의 상이 중앙에 오도록 조절한다. → (가) 천체의 상이 선명하게 보이도록 접안렌즈의 초점을 맞춘다.

13

A는 대물렌즈, B는 접안렌즈, C는 보조 망원경, D는 균형추, E
는 삼각대이다. 관측할 천체를 쉽게 찾을 수 있도록 도와주는 역
할을 하는 것은 보조 망원경(C)이다.

탐구 알약 **118쪽**
01 ① 대물렌즈 ② 가대 ③ 균형추 ④ 경통 ⑤ 보조 망원경 ⑥ 접안렌즈
02 해설 참조

01

① 대물렌즈는 볼록렌즈를 사용하여 빛을 모으는 역할을 한다.
② 가대는 경통과 삼각대를 연결하여 망원경이 회전할 수 있도록
한다.
③ 균형추는 망원경의 균형을 잡아 주는 역할을 한다.
④ 경통은 대물렌즈와 접안렌즈를 연결하는 통을 말한다.
⑤ 보조 망원경은 관측할 천체를 쉽게 찾을 수 있도록 도와준다.
⑥ 접안렌즈는 대물렌즈를 통해 들어온 천체의 상을 확대하는 역
할을 한다.

02 서술형

모범 답안 ㉣, 망원경으로 달을 관측하면 달의 상하좌우가 바뀌어
보이기 때문이다.

해설 망원경으로 천체를 관측하면 천체의 상하좌우가 바뀌어 보
인다. 따라서 망원경 시야의 왼쪽 아래에 있는 것처럼 보이는 운
석 구덩이는 실제로는 망원경이 향하는 방향보다 오른쪽 위에 위
치한다. 따라서 운석 구덩이를 시야의 정중앙에 오게 하려면 망
원경이 향하는 방향을 오른쪽 위(㉣)로 조정해야 한다.

채점 기준	배점
㉣을 옳게 쓰고, 그 까닭을 옳게 서술한 경우	100 %
㉣만 옳게 쓴 경우	30 %

실전 백신 122~124쪽

01 ③	02 ③, ④	03 ③	04 ①	05 ⑤
06 ③	07 ⑤	08 ③	09 ③	10 ③
11 ④	12 ①	13 ④	14 ②	

15~17 해설 참조

01

태양계의 행성은 태양으로부터 수성, 금성, 지구, 화성, 목성, 토
성, 천왕성, 해왕성 순으로 분포해 있다. 풍순이가 말하고 있는
가장 큰 행성인 목성은 태양계를 구성하는 행성 중 가장 크며, 태
양으로부터 5번째에 있는 행성이다.

02

(나)는 수성으로 수성과 달은 물과 공기가 없어서 낮과 밤의 온도
차이가 크고, 표면에 운석 구덩이가 많이 남아 있다.

03

자료 해석 | 태양계를 구성하는 행성의 공전 궤도

태양으로부터 수성, 금성, 지구, 화성, 목성, 토성, 천왕성, 해왕성의
순으로 태양 주위를 공전하고 있다.

① 수성(A)에는 물과 대기가 존재하지 않는다.
② 금성(B)은 지구에서 가장 가까운 행성이며, 금성(B)의 두꺼운
구름층에서 태양빛이 대부분 반사되기 때문에 태양계 행성 중 지
구에서 가장 밝게 보인다.
④ 목성(D)은 희미한 고리를 갖고 있는 반면, 토성(E)은 뚜렷한
고리를 갖고 있다.
⑤ 천왕성(F)의 대기에는 메테인이 포함되어 있어 청록색을 띠
며, 해왕성(G)에는 대기의 소용돌이에 해당하는 검은색의 대흑점
이 존재한다.
바로 알기 | ③ 화성(C)은 지구와 비슷한 정도로 자전축이 기울어
져 있다. 이로 인해 화성(C)에도 계절 변화가 나타나고, 계절 변
화에 의해 극관의 크기가 달라진다.

04

자료 해석 | 계절에 따른 화성의 극관 크기 변화

여름 화성의 극관   겨울 화성의 극관

화성의 극관은 얼음과 드라이아이스로 이루어져 있으며, 그 크기는
여름에 작아지고 겨울에 커진다.

극관의 크기 변화를 통해 화성에도 계절의 변화가 나타나는 것을
알 수 있다. 화성은 고리가 없고, 화산과 거대한 협곡이 있으며,
표면에 산화 철 성분이 많아서 붉게 보인다. 또한 포보스, 데이
모스라는 2개의 위성을 갖고 있다. 그러나 이러한 특징은 계절에
따라 극관의 크기가 달라지는 것과는 관계가 없다.

05

자료 해석 | 목성과 토성의 특징

(가) 목성   (나) 토성

(가)는 목성, (나)는 토성이다.

⑤ 목성형 행성인 목성(가)과 토성(나)은 모두 고리를 가지고 있으며, 위성의 수가 많다.

바로 알기 | ① 목성(가)의 표면에 있는 대적점은 대기의 소용돌이로, 붉은색을 띤다. 대기의 소용돌이인 검은색의 큰 점은 대흑점으로, 해왕성에서 나타난다.

② 목성(가)의 가로줄 무늬는 목성(가)의 빠른 자전에 의해 나타나는 특징이다. 또한, 목성(가)의 표면은 기체 상태이므로 퇴적층이 나타나지 않는다.

③ 토성(나)의 평균 밀도는 약 $0.7 \, g/cm^3$로, 물($1 \, g/cm^3$)보다 밀도가 작다. 토성(나)은 태양계 행성 중 평균 밀도가 가장 작은 행성이다.

④ 토성(나)은 평균 밀도가 작고, 자전 속도가 빠르기 때문에 태양계 행성 중 모양이 가장 납작하다.

06

A는 지구 공전 궤도보다 바깥쪽에 있는 외행성의 영역을, B는 지구 공전 궤도보다 안쪽에 있는 내행성의 영역을 나타낸 것이다. 따라서 A 영역에서 공전하는 행성에는 화성, 목성, 토성, 천왕성, 해왕성이 있고, B 영역에서 공전하는 행성에는 수성, 금성이 있다.

07

(가)는 목성형 행성, (나)는 지구형 행성이다.

① 목성형 행성(가)이 지구형 행성(나)보다 위성의 수가 많다.

② 목성형 행성(가)의 표면은 기체로 이루어져 있어서 단단한 표면이 없다.

③ 지구형 행성(나)은 목성형 행성(가)보다 반지름이 작다.

④ 목성형 행성(가)의 주요 대기 성분은 수소, 헬륨, 메테인 등이며, 지구형 행성(나)의 주요 대기 성분은 이산화 탄소, 산소, 질소 등이다.

바로 알기 | ⑤ 목성형 행성(가)과 지구형 행성(나)은 태양계 행성의 물리적 특성에 따라 구분하였다.

08

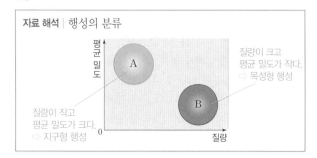

자료 해석 | 행성의 분류

A는 지구형 행성, B는 목성형 행성이다.

ㄱ. 지구형 행성(A)의 표면은 단단한 고체로 이루어져 있다.

ㄴ. 목성형 행성(B)의 목성, 천왕성, 해왕성은 희미한 고리를, 토성은 뚜렷한 고리를 가지고 있으며, 모두 위성의 수가 많다.

바로 알기 | ㄷ. 화성은 질량이 작고 평균 밀도가 큰 지구형 행성(A)이다. 따라서 목성형 행성(B)에 속하지 않는다.

09

A는 흑점, B는 쌀알 무늬이다.

ㄱ. 흑점(A)은 내부로부터 에너지가 공급되기 어려워 쌀알 무늬

(B)가 있는 주위보다 온도가 낮아 검게 보인다.

ㄷ. 쌀알 무늬(B)는 광구 아래에서 일어나는 대류 운동에 의해 생기며, 흑점(A)은 강한 자기장에 의해 대류 운동이 잘 일어나지 않는 지역이다.

바로 알기 | ㄴ. 흑점(A)은 태양의 표면인 광구에 나타나는 검은색 점이다.

10

(가)는 광구, (나)는 플레어, (다)는 코로나, (라)는 흑점과 쌀알 무늬이다.

①, ② 광구에서는 흑점과 쌀알 무늬(라)가 관측된다.

바로 알기 | ③ 플레어(나)는 흑점 부근에서 짧은 시간 동안 에너지가 폭발하는 현상이다.

11

태양의 대기는 태양의 광구가 너무 밝아서 평상시에는 잘 보이지 않으며, 개기 일식이 일어날 때 볼 수 있다. 태양의 대기에서 관측 가능한 현상은 홍염, 채층, 플레어, 코로나이다.

바로 알기 | ㄱ, ㅂ. 흑점과 쌀알무늬는 광구에서 관측할 수 있으므로 광구가 가려지는 개기 일식이 일어나면 관측할 수 없다.

12

태양이 서쪽에서 동쪽으로 자전하기 때문에 지구에서 볼 때 흑점은 동쪽에서 서쪽으로 이동하는 것으로 관측된다.

13

망원경의 설치 장소로는 지형이 평탄하고, 시야가 넓으며, 안개가 자주 발생하지 않는 곳, 도시와의 거리가 멀어 도시 불빛의 영향을 적게 받는 곳이 적당하다.

바로 알기 | ④ 밤에 주위에서 들어오는 빛이 많으면 천체를 관측하는 데 어려움이 생긴다.

14

A는 대물렌즈, B는 균형추, C는 삼각대, D는 보조 망원경, E는 접안렌즈이다. 망원경의 균형을 잡아 주는 역할을 하는 것은 균형추(B)이고, 별빛을 모으는 역할을 하는 것은 대물렌즈(A)이다.

서술형 문제

15

모범 답안 | 금성은 이산화 탄소로 이루어진 두꺼운 대기의 온실 효과 때문에 표면 온도가 수성보다 높다.

채점 기준	배점
이산화 탄소 대기, 온실 효과를 모두 언급하여 옳게 서술한 경우	100 %
온실 효과만 언급하여 옳게 서술한 경우	50 %

16

모범 답안 | 무선 통신 장애가 발생한다. 극지방에서 오로라 현상이 더 넓은 지역에서 더 자주 일어난다. 대규모 정전이 나타난다. 등

해설 | 태양 표면에 흑점의 수가 증가하는 것은 태양의 활동이 활발해졌다는 증거이다. 태양의 활동이 활발해지면 태양 내부에서

생성된 많은 양의 에너지를 우주 공간으로 방출하게 되어 지구에
까지 다양한 영향을 미친다.

채점 기준	배점
흑점 수의 극대기에 지구에서 나타날 수 있는 현상을 두 가지 이상 옳게 서술한 경우	100 %
흑점 수의 극대기에 지구에서 나타날 수 있는 현상을 한 가지만 옳게 서술한 경우	50 %

17

모범 답안 | 주 망원경은 시야가 좁아 천체를 찾기 힘들다. 따라서
시야가 넓은 보조 망원경을 이용해 천체를 찾으면 쉽게 찾을 수
있다.

채점 기준	배점
시야가 넓어 천체를 쉽게 찾을 수 있기 때문임을 옳게 서술한 경우	100 %

1등급 백신   125쪽

18 ①	19 ③	20 ③	21 ⑤	22 ②

18

각 행성들의 물리량을 통해 A는 수성, B는 금성, C는 지구, D
는 목성임을 알 수 있다.

바로 알기 | ① 수성(A)은 태양에서 가장 가까운 행성으로, 대기가
없기 때문에 풍화 작용이 일어나지 않고, 유성체의 충돌을 막을
수 없다. 따라서 표면에 많은 운석 구덩이가 존재한다.

19

자료 해석 | 태양계 행성의 분류

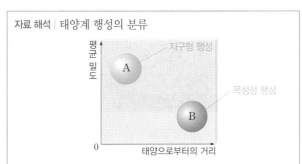

- **지구형 행성** : 수성, 금성, 지구, 화성
- **목성형 행성** : 목성, 토성, 천왕성, 해왕성
- **태양으로부터의 거리** : 지구형 행성 < 목성형 행성
- **평균 밀도** : 지구형 행성 > 목성형 행성
- **질량** : 지구형 행성 < 목성형 행성

A는 지구형 행성, B는 목성형 행성이다.

ㄱ. 지구형 행성(A)에는 수성, 금성, 지구, 화성이 있다.

ㄷ. 목성형 행성(B)은 평균 밀도는 작지만 질량이 크므로 x축을
'질량'으로 바꾸어도 같은 형태의 그래프가 나타난다.

바로 알기 | ㄴ. 목성형 행성(B)에 속하는 행성들은 위성의 수가
많다.

20

A는 태양의 흑점 수를 나타낸 그래프이다.

ㄱ. 태양의 활동이 활발해지면 지구에 영향을 미치는 자기장의
세기가 강해지고, 태양의 표면에는 흑점의 수(A)가 증가한다.

ㄴ. 흑점의 수(A)는 약 11년을 주기로 증감하는데, 흑점의 수(A)
가 증가할 때 태양에서 플레어 현상이 자주 나타난다. 이때 태양
에서 방출하는 태양풍이 강해져 지구 자기 변화량에도 영향을 미
친다.

바로 알기 | ㄷ. 1900년은 지구 자기 변화량이 적고, 흑점의 수(A)
가 감소한 시기이다. 무선 통신 장애가 발생하는 델린저 현상은
흑점의 수(A)가 증가하는 시기에 나타나는 현상이다.

21

(가)는 온도가 100만 K 이상으로 매우 높은 태양 대기층인 코로
나이고, (나)는 광구에서 채층을 통과하여 수천 km 높이까지 솟
아오르는 고온의 가스 물질인 홍염이다. 태양 활동이 활발해지면
코로나의 크기가 커지고, 홍염이 자주 발생한다.

바로 알기 | ⑤ 홍염이 자주 발생하는 시기는 태양의 활동이 활발해
지는 시기로, 지구의 극지방에서는 오로라 관측 범위가 늘어난다.

22

대물렌즈와 접안렌즈에 볼록 렌즈를 사용하는 망원경으로 관측한
상은 실제의 천체와 상하좌우가 바뀌어 보인다.

단원 종합 문제   126~129쪽

01 ⑤	02 ③	03 ①, ③	04 ④	05 ④	06 ⑤
07 ①	08 ③	09 ⑤	10 ①	11 ④	12 ③
13 ④	14 ③	15 ④	16 ④	17 ①	18 ⑤
19 ①, ③	20 ⑤	21 ③	22 ⑤	23 ①	24 ⑤
25 ③					

01

지구의 반지름(R)을 계산하기 위해 비례식을 세우면 두 지역의
중심각(°) : 두 지역의 거리(km)=360° : 지구의 둘레($2\pi R$)이므
로, $7.2° : 925 \, \text{km} = 360° : 2\pi R$이다.

02

① 지구 모형의 크기를 측정하는 실험에서 두 막대의 길이가 서
로 달라도 상관 없다.

② 막대 A와 B 중 하나는 그림자가 생기지 않게 세워야 한다.

④ 줄자를 이용하여 두 막대 사이의 거리를 측정하면 비례식을
이용하여 지구 모형의 반지름을 측정할 수 있다.

⑤ 막대와 막대의 그림자 끝이 이루는 각은 엇각의 원리에 의해
막대가 세워진 두 지점 사이의 중심각과 같다.

바로 알기 | ③ 에라토스테네스의 방법을 사용할 때에는 막대의 그
림자가 지구 모형의 밖으로 벗어나지 않게 해야 한다.

03

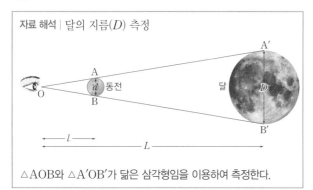

자료 해석 | 달의 지름(D) 측정

△AOB와 △A′OB′가 닮은 삼각형임을 이용하여 측정한다.

달의 지름(D)을 구하기 위해서는 동전까지의 거리(l)와 동전의 지름(d)을 직접 측정해야 한다.

바로 알기 | ⑤ 달까지의 거리(L)는 알고 있어야 하는 값이다.

04

ㄴ. ∠OAB와 ∠OA′B′는 크기가 같다.

ㄷ. 삼각형 AOB와 삼각형 A′OB′는 서로 닮음 관계에 있으므로 각각의 비율을 통해 달의 지름(D)을 알 수 있다.

바로 알기 | ㄱ. 동전의 지름(d)이 작을수록 눈과 동전 사이의 거리는 가까워진다.

05

ㄴ. 별은 동쪽 하늘에서 오른쪽 위로 떠올라, 서쪽 하늘에서 오른쪽 아래로 진다.

ㄷ. 북쪽 하늘에서는 별들이 북극성을 중심으로 시계 반대 방향으로 원을 그리며 회전하는 모습으로 관측된다.

바로 알기 | ㄱ. 별의 일주 운동은 지구의 자전에 의한 현상이다.

06

북극성을 관측하기 위해서는 북쪽 하늘을 관측해야 한다. 북쪽 하늘에서는 별이 북극성을 중심으로 시계 반대 방향으로 원을 그리며 회전하므로 카시오페이아자리는 B → A 방향으로 이동하였다. 별은 1시간에 15°씩 회전하므로 60°를 회전하였다면 카시오페이아자리를 4시간 동안 관측한 것이다.

07

자정에 남쪽 하늘에서 관측된 천칭자리는 지구를 기준으로 태양의 반대쪽에 위치한 별자리이다. 천칭자리 반대쪽에 위치한 별자리는 양자리이며, 태양과 함께 뜨고 진다.

08

ㄱ. 별은 하루에 약 1°씩 이동하는 것처럼 보인다.

ㄴ. 별의 연주 운동은 지구의 공전에 의해 나타난다.

바로 알기 | ㄷ. 지구의 공전 방향이 서 → 동이므로, 천칭자리는 동 → 서로 이동하는 것처럼 보인다.

09

A는 삭, B는 초승달, C는 상현달, D는 보름달, E는 하현달의 위치이다. 음력 22~23일경 관측되는 달의 위상은 하현달(E)이다.

10

② 초승달(B)은 해가 진 직후 초저녁 서쪽 하늘에서 관측할 수 있다.

③ 상현달(C)은 초저녁에 남쪽 하늘에서, 자정에 서쪽 하늘에서 관측할 수 있다.

④ 달이 D의 위치에 있을 때는 보름달(망)이며, 지구의 그림자가 달을 가리는 월식이 관측되기도 한다.

⑤ 하현달(E)은 자정에 동쪽 하늘에서, 새벽녘에 남쪽 하늘에서 관측할 수 있다.

바로 알기 | ① 태양 — 달 — 지구 순으로 일직선 상에 있을 때는 달의 모양이 삭(A)일 때로, 태양과 달이 같은 방향에 있기 때문에 달이 관측되지 않는다.

11

A는 초승달, B는 상현달, C는 보름달(망), D는 하현달, E는 그믐달이다.

① 상현달(B)은 초저녁에 남쪽 하늘에서 관측된다.

② 보름달(C)일 때, 달은 태양이 진 직후부터 새벽까지 관측할 수 있으므로 관측 시간이 가장 길다.

③ 달이 초승달(A)에서 그믐달(E)로 변하는 동안 동쪽 하늘에서 뜨는 시각은 매일 약 50분씩 늦어진다.

⑤ 달의 위상은 변하지만 달의 표면 무늬는 변하지 않는다. 이는 달의 자전 방향과 공전 방향이 같고, 주기도 같아서 지구에서 항상 같은 면이 관측되기 때문이다.

바로 알기 | ④ 일식은 달의 위상이 삭일 때 일어날 수 있고, 월식은 망(C)일 때 일어날 수 있다.

12

자료 해석 | 자정일 때 달의 위상

서로 다른 날 자정에 관측된 달의 위치이므로 동쪽 하늘의 A에는 하현달, 남쪽 하늘의 B에는 보름달, 서쪽 하늘의 C에는 상현달이 위치한다.

ㄱ. 하현달은 새벽에 동쪽 하늘(A)에서 관측된다.

ㄴ. 보름달은 자정에 남쪽 하늘(B)에서 관측된다.

바로 알기 | ㄷ. C에는 상현달이 위치하고, 음력 7~8일경에 관측할 수 있다.

13

ㄱ. A는 달의 본그림자가 위치하는 지역으로, 개기 일식이 관측된다. 따라서 태양의 대기에서 나타나는 현상인 코로나를 관측할 수 있다.

ㄷ. 일식은 달의 위상이 삭일 때 달이 태양을 가리는 현상이다.

바로 알기 | ㄴ. B는 달의 반그림자가 위치하는 지역이며 부분 일식이 관측된다.

14

①, ② 지구형 행성은 반지름이 작지만 평균 밀도가 크다. 목성형 행성은 반지름이 크지만 평균 밀도가 작다.

④, ⑤ 지구형 행성은 위성이 없거나 그 수가 적고, 고리가 없다. 목성형 행성은 위성 수가 많고, 고리가 있다.

바로 알기 | ③ 지구형 행성의 표면은 고체로, 목성형 행성의 표면은 기체로 되어 있다.

15

A에 해당하는 행성은 지구형 행성이면서 외행성이어야 하므로 화성이다.

④ 화성(A)의 대기는 대부분이 이산화 탄소로 이루어져 있다. 하지만 대기가 매우 희박하여 낮과 밤의 온도 차이가 크다.

바로 알기 | ① 화성(A)은 태양에서 네 번째로 가까운 행성이다.

②, ⑤ 태양계의 행성 중 크기가 가장 크며, 표면에 대기의 소용돌이로 만들어진 대적점이 있는 것은 목성이다.

③ 얼음과 암석으로 이루어진 뚜렷한 고리가 있는 것은 토성이다.

16

ㄴ. 지구에서 관측되는 행성 중 가장 밝게 보이는 것은 금성이다.

ㄷ. 금성은 이산화 탄소로 이루어져 있는 두꺼운 대기가 있다. 따라서 금성의 기압은 매우 높다.

바로 알기 | ㄱ. 금성은 수성과 함께 내행성에 속하지만, 수성보다 태양에서 멀다.

17

이 행성은 토성이다.

① 토성은 태양계에서 목성 다음으로 큰 행성이다.

바로 알기 | ② 액체 상태인 물과 공기가 존재하는 것은 지구의 특징이다.

③ 표면이 흙과 암석으로 이루어진 것은 지구형 행성의 특징이다. 토성은 목성형 행성에 속한다.

④ 표면에 대흑점이 나타나는 것은 해왕성이다.

⑤ 토성은 자전 속도가 빠르고 밀도가 작아 태양계의 행성 중에서 가장 납작하다.

18

이 행성은 목성이다.

ㄷ. 목성에는 다른 행성에 비해 많은 수의 위성이 존재한다.

ㄹ. 목성의 표면에서 나타나는 대적점은 대기의 소용돌이로 인해 나타난 것이다.

바로 알기 | ㄱ. 목성에는 희미한 고리가 존재한다.

ㄴ. 붉은색의 사막이 존재하는 행성은 화성이다.

19

(가)는 반지름이 작고 평균 밀도가 큰 지구형 행성이고, (나)는 반지름이 크고 평균 밀도가 작은 목성형 행성이다.

① 지구형 행성(가)은 고리가 없다.

③ 지구형 행성(가)은 반지름과 질량이 작고, 평균 밀도가 크다.

바로 알기 | ② 지구형 행성(가)은 위성이 없거나 그 수가 적다.

④ 목성형 행성(나)은 크기가 크다.

⑤ 목성형 행성(나)의 대기는 주로 수소와 헬륨 등으로 이루어져 있다.

20

A는 수성, B는 금성이다. 수성(A)은 태양과의 거리가 가깝기 때문에 금성(B)보다 태양 에너지를 더 많이 받는다. 하지만 수성(A)에는 대기가 없으므로 받은 에너지를 쉽게 잃는다. 금성(B)은 이산화 탄소로 이루어진 두꺼운 대기층이 있다. 이 대기층에 의해 나타나는 큰 온실 효과 때문에 낮과 밤의 온도 차이가 작고, 평균 온도가 매우 높다.

21

C는 화성, D는 목성, E는 토성, F는 천왕성, G는 해왕성이다.

③ 토성(E)은 태양계의 행성 중에서 목성(D)에 이어 두 번째로 큰 행성이며, 자전 속도가 빠르고 평균 밀도가 작기 때문에 태양계의 행성들 중 가장 납작한 형태를 갖는다. 또한, 토성(E)의 뚜렷한 고리는 얼음과 암석 조각으로 이루어져 있다.

바로 알기 | ① 화성(C)의 극관은 계절에 따라 크기가 달라진다. 극관은 얼음과 드라이아이스로 이루어져 있어서 여름에는 크기가 작아지고, 겨울에는 크기가 커진다.

② 목성(D)의 위성은 수십 개 이상으로 매우 많은 위성을 가지고 있다.

④ 천왕성(F)의 대기에 존재하는 메테인은 붉은빛을 흡수하고, 푸른빛을 반사하여 청록색을 띤다. 또한 천왕성(F)은 희미한 고리를 가지고 있다.

⑤ 해왕성(G)은 푸른색을 띠며, 태양계 가장 바깥에 있는 행성이다. 자전축의 기울기가 공전 궤도면과 거의 평행한 행성은 천왕성(F)이다.

22

(가)는 채층, (나)는 홍염, (다)는 코로나, (라)는 플레어이다.

⑤ 태양의 대기에서 나타나는 현상은 태양의 표면(광구)이 완전히 가려지는 개기 일식 때 가장 관측하기가 좋다.

바로 알기 | ① 채층(가)은 광구 바로 바깥쪽의 붉은색을 띠는 대기층을 말한다.

② 홍염(나)은 태양 표면에서 채층을 뚫고 솟아오르는 고온의 가스 물질이다.

③ 코로나(다)는 채층 밖으로 나타나는 청백색의 희미한 가스층으로 채층(가)과 함께 관측될 수 있다.

④ 플레어(라)는 흑점의 주변에서 짧은 시간 동안 나타나는 폭발 현상이다. 태양의 활동이 활발해져 흑점의 개수가 많은 시기에 자주 나타난다.

23

ㄱ. A는 쌀알 무늬, B는 흑점이다.

바로 알기 | ㄴ. 쌀알 무늬(A)는 태양 내부의 대류에 의해 나타나며, 흑점(B) 주위뿐만 아니라 광구 전체에서 나타난다.

ㄷ. 태양의 활동이 활발할수록 흑점(B)의 수가 증가한다.

24

A는 대물렌즈, B는 경통, C는 보조 망원경, D는 접안렌즈, E는 균형추이다.
① 대물렌즈(A)는 빛을 모아 상을 맺게 하는 역할을 한다.
② 경통(B)은 대물렌즈(A)와 접안렌즈(D)를 연결하는 통이다.
③ 보조 망원경(C)은 상대적으로 시야가 좁은 주 망원경을 대신해 관측할 천체를 쉽게 찾는 역할을 한다.
④ 접안렌즈(D)는 대물렌즈(A)를 통해 들어온 상을 확대해서 보는 역할을 한다. 접안렌즈(D)의 초점 거리가 짧을수록 고배율이 되어 상이 확대되어 보인다.
바로 알기 | ⑤ 균형추(E)는 망원경의 균형을 맞추는 역할을 한다.

25

ㄴ. 경통의 무게 중심을 제대로 맞추지 않으면 천체를 정확히 관측할 수 없고, 망원경의 고장으로 이어질 수 있다.
ㄷ. 저배율인 보조 망원경을 통해 천체를 십자선 중앙에 위치시키고, 주 망원경을 통해 자세히 관측한다.
바로 알기 | ㄱ. 망원경의 설치 장소로는 사방이 트이고 평탄한 곳, 안개가 자주 발생하지 않는 곳, 도시 불빛의 영향을 적게 받는 곳이 좋다.
ㄹ. 태양은 매우 많은 양의 에너지를 방출하고 있기 때문에 망원경을 통해 직접 관측하면 시력을 잃을 수 있다. 그러므로 망원경으로 태양을 관측할 때는 태양 필터를 사용하거나 접안렌즈를 통해 나오는 빛을 투영판에 투영시켜 간접적으로 관측한다.

서술형·논술형 문제

130~131쪽

01

모범 답안 | 지구는 완전한 구형이다. 지표면에 들어오는 햇빛은 어디에서나 평행하다.
해설 | 에라토스테네스는 지구의 크기를 측정할 때, 원의 성질을 이용하기 위해 '지구는 완전한 구형이다.'라는 가정과 엇각의 원리를 이용하기 위해 '지표면에 들어오는 햇빛은 어디에서나 평행하다.'라는 가정을 했다.

채점 기준	배점
에라토스테네스가 세운 가정 두 가지를 모두 옳게 서술한 경우	100 %
가정 한 가지만 옳게 서술한 경우	50 %

02

모범 답안 | (나)와 (라), 에라토스테네스의 방법으로 지구의 반지름을 측정하기 위해서는 경도가 같고 위도가 다른 두 지역을 선택해야 한다.

채점 기준	배점
두 지역을 옳게 고르고, 그 까닭을 옳게 서술한 경우	100 %
두 지역을 고르는 기준만 옳게 서술한 경우	60 %
두 지역만 옳게 고른 경우	40 %

03

모범 답안 | 에라토스테네스는 지구가 완전한 구형이라고 가정했지만, 실제로 지구는 적도 반지름이 극반지름보다 긴 타원체이다.

에라토스테네스가 측정한 두 도시인 시에네와 알렉산드리아 사이의 거리 측정값이 정확하지 않았다. 시에네와 알렉산드리아의 경도가 다르다. 등

채점 기준	배점
에라토스테네스가 측정한 지구의 반지름과 현재 지구의 반지름이 차이 나는 까닭을 세 가지 이상 모두 옳게 서술한 경우	100 %
에라토스테네스가 측정한 지구의 반지름과 현재 지구의 반지름이 차이 나는 까닭을 두 가지만 옳게 서술한 경우	60 %
에라토스테네스가 측정한 지구의 반지름과 현재 지구의 반지름이 차이 나는 까닭을 한 가지만 옳게 서술한 경우	30 %

04

(1) **답** | $l : L = d : D$ (또는 $l : d = L : D$, $d : l = D : L$)
(2) **모범 답안** | 약 3403 km, 달의 지름(D)을 계산하기 위해서 식을 정리하면

$$D = \frac{d \times L}{l} \Rightarrow D = \frac{0.6\,\text{cm} \times 38만\,\text{km}}{67\,\text{cm}} ≒ 3403\,\text{km}이므로$$

달의 지름(D)은 약 3403 km이다.

05

(1) **답** | D
(2) **답** | B
해설 | A는 상현달, B는 보름달, C는 하현달, D는 삭일 때의 위치이다. 일식은 달의 위상이 삭(D)일 때 일어날 수 있고, 월식은 달의 위상이 보름달(B)일 때 일어날 수 있다.

06

답 | (다) − (가) − (나) − (라)
해설 | (가)는 화성, (나)는 목성, (다)는 금성, (라)는 토성이다. 태양에서 가까운 행성부터 순서대로 나열하면 금성(다) − 화성(가) − 목성(나) − 토성(라)이다.

07

모범 답안 | 수성과 달에는 대기가 존재하지 않아 낮과 밤의 온도 차이가 크게 나타나고, 표면에는 유성체 충돌에 의해 생긴 운석 구덩이가 많다.

채점 기준	배점
낮과 밤의 온도 차이가 크게 나고, 운석 구덩이가 많다는 내용을 옳게 서술한 경우	100 %
둘 중 한가지만 옳게 서술한 경우	50 %

08

모범 답안 | 화성, 화성은 산화 철 성분이 많기 때문에 표면이 붉게 보인다. 양극에 드라이아이스와 얼음으로 이루어진 흰색의 극관이 존재한다. 화성은 자전축이 지구와 비슷한 각도로 기울어져 있기 때문에 계절 변화가 나타나며, 계절에 따라 극관의 크기가 달라진다. 화성의 표면에는 과거에 물이 흘렀던 흔적이 나타난다. 태양계에서 가장 큰 화산과 대협곡이 존재한다.

채점 기준	배점
화성과 그 특징을 세 가지 이상 옳게 서술한 경우	100 %
화성과 그 특징을 두 가지만 옳게 서술한 경우	60 %
화성과 그 특징을 한 가지만 옳게 서술한 경우	30 %

09

(1) **답** | 쌀알 무늬

(2) **모범 답안** | 광구 아래에서 일어나는 대류 운동에 의해 나타난다.

해설 | 쌀알 무늬는 태양 표면 전체에서 나타나며, 쌀알을 뿌려 놓은 듯한 모양이다. 쌀알 무늬는 태양의 표면인 광구 아래에서 일어나는 대류 운동에 의해 나타난다.

채점 기준	배점
쌀알 무늬가 나타나는 원인을 옳게 서술한 경우	100 %

10

모범 답안 | 동 → 서, 지구에서 태양의 표면에 있는 흑점을 관측하면 동 → 서로 이동하는 것으로 관측되며, 이것을 통해 태양이 자전하고 있음을 알 수 있다.

채점 기준	배점
흑점의 이동 방향을 옳게 쓰고, 태양이 자전한다는 것을 옳게 서술한 경우	100 %
흑점의 이동 방향만 옳게 쓴 경우	50 %

11

모범 답안 | 태양 표면의 흑점 수가 증가한다. 홍염이나 플레어가 자주 발생한다. 코로나의 크기가 커진다. 태양이 방출하는 태양풍이 강해진다.

채점 기준	배점
태양의 활동이 활발할 때 태양에서 나타나는 현상을 세 가지 이상 옳게 서술한 경우	100 %
태양의 활동이 활발할 때 태양에서 나타나는 현상을 두 가지만 옳게 서술한 경우	60 %
태양의 활동이 활발할 때 태양에서 나타나는 현상을 한 가지만 옳게 서술한 경우	30 %

12

모범 답안 | (가), 빛을 모으는 역할을 하는 대물렌즈(가)의 크기가 클수록 천체에서 오는 빛을 더 많이 모을 수 있기 때문에 어두운 천체를 더 자세히 관측할 수 있다.

채점 기준	배점
(가)와 빛을 모으는 역할을 하는 대물렌즈의 크기가 클수록 빛을 더 많이 모을 수 있기 때문에 어두운 천체를 더 자세히 관측할 수 있기 때문이라고 옳게 서술한 경우	100 %
(가)와 대물렌즈가 빛을 모으는 역할을 하기 때문이라고만 서술한 경우	30 %

Ⅳ. 식물과 에너지

01 광합성

01

(1) 잎의 기공을 통해 공기 중에서 흡수되어 광합성에 이용되는 것은 이산화 탄소이다.

(2) 광합성 결과 최초로 생성되는 양분은 포도당이며, 물에 녹지 않는 녹말로 전환되어 잎에 저장되었다가 주로 밤에 설탕의 형태로 체관을 통해 이동한다.

(3) 광합성 결과 생성되는 기체는 산소이며, 식물의 호흡에 이용되고 남은 산소는 잎의 기공을 통해 공기 중으로 방출되어 다른 생물의 호흡에 이용된다.

02

광합성은 뿌리에서 흡수한 물과 잎의 기공을 통해 흡수한 이산화 탄소(㉠)를 원료로 빛에너지(㉡)를 이용하여 포도당(㉢)과 산소를 만드는 과정이다.

03

바로 알기 | (1) 광합성은 식물 세포의 엽록체에서 일어난다. 엽록소는 엽록체에 들어 있는 초록색 색소이다.

(2) 광합성 결과 생성되는 최초의 양분은 포도당이다.

(4) 광합성 결과 생성되는 산소의 일부는 식물의 호흡에 이용된다.

04

자료 해석 | 광합성에 필요한 물질의 확인

빛 차단 → 광합성 × → BTB 용액 노란색으로 유지

날숨을 불어 넣으면 날숨 속의 이산화 탄소가 녹아 BTB 용액은 산성이 되어 노란색을 띰

알루미늄 포일

검정말

검정말의 광합성 작용 → 이산화 탄소 사용 → 이산화 탄소의 양 감소 → BTB 용액은 염기성이 되어 파란색으로 변함

(2) 시험관 B에서는 광합성이 활발하게 일어나 이산화 탄소의 양이 감소하여 BTB 용액이 노란색에서 파란색으로 변한다.

(3) 시험관 B와 C를 비교했을 때, 시험관 B에서만 광합성이 일어나 이산화 탄소의 양이 감소하여 BTB 용액이 파란색으로 변하였고, 시험관 C에서는 빛이 차단되어 검정말이 빛을 받지 못해 광합성이 일어나지 않았다. 따라서 검정말은 빛을 받을 때에만 광합성을 한다는 것을 알 수 있다.

바로 알기 | (1) 날숨을 불어 넣은 것은 이산화 탄소를 공급하기 위한 것이다.

(4) 시험관 B에서만 광합성이 일어나 이산화 탄소의 양이 감소하였으므로, 이 실험을 통해 광합성에는 빛과 이산화 탄소가 필요하다는 것을 알 수 있다.

05

광합성량은 빛의 세기가 강할수록, 이산화 탄소의 농도가 증가할수록 증가하다가 어느 지점 이상에서는 더 이상 증가하지 않고 일정해진다.

[06~09]

자료 해석 | 증산 작용의 확인

잎에서 증산 작용 ○ → 물 배출 → 배출된 물(수증기 형태)이 비닐봉지에 맺힘 → 비닐봉지 내의 습도 높아짐 → 증산 작용 감소

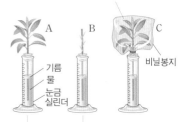

잎에서 증산 작용 ○   잎이 없어 증산 작용 ×
→ 물 배출   → 물 배출 ×
→ 물이 줄어듦   → 물이 줄어들지 않음

① 증산 작용이 일어난 정도 : A>C>B
• A : 증산 작용이 가장 활발하게 일어났다.
• B : 증산 작용이 일어나지 않았다.
• C : 증산 작용이 점차 감소하였다. ∵ 습도가 높아졌기 때문에
② 이 실험으로 알 수 있는 사실
• 증산 작용은 잎에서 일어난다.
• 증산 작용은 습도가 낮을 때 활발하게 일어난다.

06

바로 알기 | (1) 물이 많이 줄어든 순서는 A>C>B이다.

(3) C에서 비닐봉지를 제거하면 습도가 낮아져 증산 작용이 더 활발하게 일어나 실린더 속 물의 양이 줄어들 것이다.

07

모범 답안 | 증산 작용은 잎에서 일어난다.

해설 | 잎이 있는 A의 물이 잎이 없는 B의 물보다 많이 줄어든 것으로 보아 증산 작용은 잎에서 일어난다는 것을 알 수 있다.

채점 기준	배점
증산 작용은 잎에서 일어난다는 내용을 포함하여 옳게 서술한 경우	100 %

08

모범 답안 | 증산 작용은 습도가 낮을 때 더 활발하게 일어난다.

해설 | 비닐봉지를 씌운 C는 잎의 증산 작용으로 배출된 수증기로 인해 비닐봉지 내의 습도가 높다. 상대적으로 습도가 낮은 A의 물이 더 많이 줄어드는 것으로 보아 증산 작용은 습도가 낮을 때 더 활발하게 일어난다는 것을 알 수 있다.

채점 기준	배점
증산 작용은 습도가 낮을 때 더 활발하게 일어난다는 내용을 포함하여 옳게 서술한 경우	100 %

09

모범 답안 | 물의 자연 증발을 막아 실험 결과를 정확하게 비교하기 위해서 기름을 넣는다.

채점 기준	배점
물의 자연 증발을 막는다는 내용을 포함하여 옳게 서술한 경우	100 %

10

(1) A는 표피 세포, B는 공변세포, C는 기공이다.
(2) 표피 세포(A)와 달리 공변세포(B)에는 엽록체가 존재하여 광합성이 일어난다.

11

A는 기공이다. 광합성에 필요한 이산화 탄소는 기공(A)을 통해 잎 내부로 흡수된다.

12

바로 알기 | (3) 증산 작용은 주로 햇빛이 강한 낮에 일어나며, 습도가 낮을 때 더 활발하게 일어난다.

(4) 증산 작용은 잎에서 물이 수증기로 변하여 기공을 통해 공기 중으로 빠져나가는 현상이다.

탐구 알약 138~139쪽

01 ⑤	02 해설 참조	03 녹말	04 ㄱ, ㄴ
05 (1) × (2) × (3) ○ (4) ○		06 해설 참조	07 해설 참조

01

검정말을 하루 동안 어둠상자에 두는 까닭은 검정말의 잎에 이미 만들어져 있던 녹말을 이동시키거나 소비하게 하여 검정말의 잎에 녹말이 존재하지 않게 하기 위해서이다.

02 서술형

모범 답안 | 검정말 잎 속의 엽록소를 제거하여 색 변화를 잘 관찰하기 위해서이다.

해설 | 엽록소는 에탄올에 녹는 특성이 있어 검정말의 잎을 에탄올에 넣고 물중탕하면 잎이 탈색되어 반응 색을 잘 관찰할 수 있다.

채점 기준	배점
검정말 잎 속의 엽록소를 제거하여 색 변화를 잘 관찰하기 위함이라는 내용을 포함하여 옳게 서술한 경우	100 %
검정말 잎의 색 변화를 잘 관찰하기 위함이라는 내용만을 포함하여 옳게 서술한 경우	60 %

03

비커 A에 있던 검정말의 잎이 아이오딘-아이오딘화 칼륨 용액과 반응하여 청람색으로 변했으므로, 광합성 결과 생성되는 물질은 녹말이라는 것을 알 수 있다.

04

이 실험을 통해 광합성에는 빛에너지가 필요하고, 식물 세포 속 엽록체에서 광합성이 일어나며, 광합성 결과 녹말이 생성된다는 것을 확인할 수 있다.

05

바로 알기 (1) 발생하는 기포 수가 많을수록 광합성이 활발하다.
(2) 전등의 밝기를 밝게 하면 발생하는 기포의 수가 증가하다가 어느 지점 이상에서는 더 이상 증가하지 않고 일정해진다.

06

모범 답안

해설 광합성량은 빛의 세기가 강할수록 증가하다가 어느 지점 이상에서는 더 이상 증가하지 않고 일정해진다.

07 서술형

모범 답안 산소, 기체를 모은 후 꺼져 가는 불씨를 가까이 가져가 본다.
해설 검정말에서 발생하는 기포는 광합성 결과 생성되는 산소이다. 따라서 기체를 모은 후 꺼져 가는 불씨를 가까이 가져가면 불씨가 다시 살아난다.

채점 기준	배점
발생한 기체의 종류와 이를 확인하기 위한 방법을 모두 옳게 서술한 경우	100 %
발생한 기체의 종류만 옳게 쓴 경우	30 %

실전 백신

142~144쪽

01 ③	02 ④	03 ④	04 ①, ②	05 ④
06 ②	07 ③	08 ②	09 ①	10 ①
11 ③	12 ④	13 ②, ⑤	14 ④	

15~17 해설 참조

01

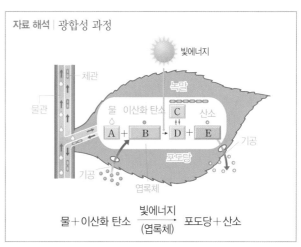

자료 해석 광합성 과정

$$물 + 이산화 탄소 \xrightarrow[(엽록체)]{빛에너지} 포도당 + 산소$$

A는 물관을 통해 뿌리에서부터 공급된 물, B는 잎의 기공을 통해 흡수한 이산화 탄소, C는 포도당이 모여 만들어진 녹말, D는 광합성 결과 생성된 양분인 포도당, E는 광합성 결과 생성되어 잎의 기공을 통해 방출되는 산소이다.

02

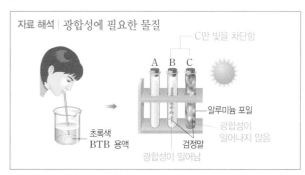

자료 해석 광합성에 필요한 물질

초록색 BTB 용액에 입김을 넣으면 노란색으로 색깔이 변한다. 시험관 A는 아무 처리도 하지 않았으므로 BTB 용액의 색깔 변화가 일어나지 않아 그대로 노란색을 나타낸다. 시험관 B는 검정말에 의해 광합성이 일어나 노란색 BTB 용액의 색깔이 파란색으로 변한다. 시험관 C는 알루미늄 포일에 의해 빛이 차단되어 검정말의 호흡만 일어나므로 BTB 용액은 노란색을 나타낸다.

03

ㄴ. 입김에는 이산화 탄소가 포함되어 있어 초록색 BTB 용액을 노란색으로 변화시킨다.
ㄷ. 시험관 B와 C의 결과를 비교해 보면 광합성에는 이산화 탄소와 빛에너지가 필요하다는 것을 알 수 있다.
바로 알기 ㄱ. 시험관 B의 색깔 변화를 통해 검정말이 광합성에 이산화 탄소를 이용한다는 것을 확인할 수 있다.

04

① 식물이 광합성을 하기 위해서는 빛에너지가 필요하고, 광합성에 의해 녹말이 생성된다.
② 알루미늄 포일은 빛을 차단하여 알루미늄 포일로 싼 부분에서는 아이오딘 반응이 나타나지 않는다.
바로 알기 ③ 광합성 결과 생성된 물질은 녹말과 산소로, 이 실험에서는 녹말만 확인이 가능하다.

④ 아이오딘-아이오딘화 칼륨 용액과 반응이 일어나는 부분은 빛을 받아 광합성이 일어나 녹말이 생성된 부분이다.

⑤ 아이오딘-아이오딘화 칼륨 용액은 녹말을 검출할 때 사용된다. 포도당은 베네딕트 용액으로 검출한다.

05

ㄴ. 엽록체 속에 있는 엽록소라는 초록색 색소에서 광합성에 필요한 빛에너지를 흡수한다.

ㄷ. 광합성 결과 처음 생성되는 양분인 포도당은 녹말로 전환되어 잎에 저장되었다가 주로 밤에 설탕의 형태로 체관을 통해 이동한다.

바로 알기 | ㄱ. 광합성 결과 생성된 산소의 일부는 식물의 호흡에 이용되고, 나머지는 방출된다.

06

ㄷ. 물에 탄산수소 나트륨을 첨가하는 까닭은 광합성에 필요한 이산화 탄소를 공급하기 위해서이다. 우리가 내뱉는 입김에는 이산화 탄소가 공기 중에서보다 많이 포함되어 있기 때문에 입김을 불어 넣어도 같은 결과를 관찰할 수 있다.

바로 알기 | ㄱ. 빛의 세기와 광합성량의 관계를 알아보기 위한 실험이다.

ㄴ. 검정말에서 발생하는 기포의 성분은 산소이다. 석회수를 뿌옇게 만드는 것은 이산화 탄소이다.

07

검정말에서 발생한 기포에 꺼져가는 불씨를 가까이 가져가면 불씨가 다시 살아난다. 이 현상을 통해 검정말에서 발생한 기포는 산소라는 것을 알 수 있다.

08

ㄴ. 광합성은 35 ℃~40 ℃에서 가장 활발하며, 약 40 ℃ 이상이 되면 광합성량이 급격하게 감소한다.

바로 알기 | ㄱ. 산소의 농도는 광합성량에 영향을 미치는 요인에 해당하지 않는다.

ㄷ. 물의 양과 관계없이 어느 지점까지는 이산화 탄소의 농도가 증가할수록 광합성량도 증가한다.

09

ㄱ. 전등이 켜진 개수가 많아질수록 빛의 세기가 증가한다.

바로 알기 | ㄴ. 빛을 비추면 가라앉은 시금치 잎 조각에서 광합성이 일어나 산소가 발생하여 시금치 잎 조각이 떠오른다.

ㄷ. 전등이 켜진 개수가 많아질수록 빛의 세기가 증가하여 광합성이 활발하게 일어나기 때문에 기포가 더 많이 발생하여 시금치 잎 조각이 떠오르는 데 걸리는 시간이 짧아질 것이다.

10

빛의 세기가 강할수록 광합성량이 증가하다가 어느 지점 이상에서는 더 이상 증가하지 않고 일정해진다.

11

바로 알기 | ③ 주로 잎의 뒷면에 있는 표피에 기공이 더 많이 존재하므로 증산 작용은 주로 잎의 뒷면에서 활발하게 일어난다.

12

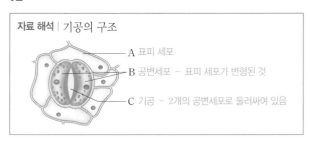

자료 해석 | 기공의 구조

A 표피 세포
B 공변세포 - 표피 세포가 변형된 것
C 기공 - 2개의 공변세포로 둘러싸여 있음

④ 기공(C)은 이산화 탄소, 산소, 수증기와 같은 식물의 생명 활동과 관련된 기체의 이동 통로이다.

바로 알기 | ① A는 표피 세포이다.

②, ③ 공변세포(B)는 엽록체가 있어 광합성이 일어나고, 안쪽 세포벽이 바깥쪽 세포벽보다 두꺼워서 진하게 보인다.

⑤ 증산 작용은 기공(C)이 열렸을 때 식물체 내의 물이 수증기로 변하여 빠져나가는 현상이다.

13

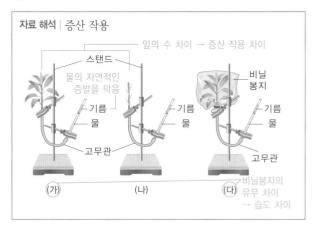

자료 해석 | 증산 작용

잎의 수 차이 → 증산 작용 차이
스탠드
물의 자연적인 증발을 막음
기름
물
고무관
(가)
(나)
기름
물
고무관
비닐봉지
기름
물
고무관
(다) 비닐봉지의 유무 차이
→ 습도 차이

② 잎에서 증산 작용을 통해 물이 빠져나가는 것을 알아보기 위한 실험이다.

⑤ 잎의 개수가 많은 (가)가 잎이 없는 (나)보다 물의 양이 더 많이 줄었으므로 잎의 개수가 많아지면 증산 작용이 활발해진다.

바로 알기 | ①, ③ (가)와 (나)를 통해 증산 작용에는 잎의 유무가 관련이 있음을 알 수 있고, (가)와 (다)를 통해 습도가 낮을수록 증산 작용이 활발하다는 것을 알 수 있다.

④ 기름은 물의 자연적인 증발을 막기 위해서 넣어 준 것이다.

14

증산 작용은 광합성에 필요한 물을 공급하는 데 중요한 역할을 한다. 또한 식물체 내 물 상승의 원동력이 되며, 식물체의 온도를 조절하고, 식물체 내의 수분량을 조절한다.

바로 알기 | ④ 식물체에 양분을 저장할 수 있도록 하는 것은 증산 작용의 역할에 해당하지 않는다.

서술형 문제

15

모범 답안 | 엽록체, 엽록체에서 광합성이 일어나면 녹말이 만들어지고, 녹말은 아이오딘-아이오딘화 칼륨 용액과 반응하여 청람색을 나타내기 때문이다.

채점 기준	배점
색깔이 변한 부분의 이름과 그 까닭을 옳게 서술한 경우	100%
색깔이 변한 부분의 이름만 옳게 쓴 경우	50%

16

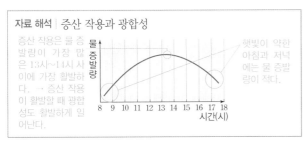

자료 해석 | 증산 작용과 광합성

증산 작용은 물 증발량이 가장 많은 13시~14시 사이에 가장 활발하다. → 증산 작용이 활발할 때 광합성도 활발하게 일어난다.

햇빛이 약한 아침과 저녁에는 물 증발량이 적다.

(1) 답 | 13시~14시 사이

해설 | 물 증발량이 가장 많은 13시~14시 사이에 증산 작용이 가장 활발하다.

(2) 모범 답안 | 13시~14시 사이, 증산 작용이 활발하면 뿌리에서 흡수한 물이 잎까지 상승하고 열린 기공을 통해 공기 중의 이산화 탄소가 많이 흡수되므로 광합성이 활발해진다. 따라서 증산 작용이 가장 활발한 13시~14시 사이에 광합성도 활발하다.

17

모범 답안 | 증산 작용으로 인해 잎에서 물이 수증기로 증발하면서 주위의 열을 흡수하여 온도가 낮아지기 때문이다.

해설 | 잎의 기공을 통해 물이 증발하면서 식물로부터 기화열을 빼앗아 가므로 증산 작용은 식물체와 주위의 온도를 낮춰 주는 역할을 한다.

채점 기준	배점
증산 작용으로 인해 주위의 열을 흡수한다는 내용을 포함하여 옳게 서술한 경우	100%

1등급 백신

145쪽

18 ②   19 해설 참조   20 ③   21 ②

18

ㄷ. 시험관 A에서는 검정말의 광합성으로 이산화 탄소가 소모되어 BTB 용액의 색깔이 파란색으로 변한다. 따라서 광합성에는 이산화 탄소가 필요하다는 것을 알 수 있다.

바로 알기 | ㄱ. 시험관 B는 알루미늄 포일로 싸여 있어 햇빛이 차단되기 때문에 광합성이 일어나지 못한다. 따라서 시험관 B의 BTB 용액의 색깔은 노란색 그대로이다.

ㄴ. 시험관 A는 빛을 받아 광합성을 하고, 시험관 B는 햇빛이 차단되어 광합성을 하지 못한다. 따라서 시험관 A와 B의 비교를 통해 광합성에는 빛이 필요하다는 사실을 알 수 있다.

19 서술형

모범 답안 | 이산화 탄소의 농도와 광합성량의 관계, 비커 A~C에서 빛의 세기와 온도는 모두 같게 유지하고 이산화 탄소를 공급

하는 탄산수소 나트륨 수용액의 농도만 다르게 하였다. 따라서 이 실험은 이산화 탄소의 농도와 광합성량의 관계를 알아보기 위한 실험이다.

채점 기준	배점
비커 A~C에서 같게 한 조건과 다르게 한 조건을 모두 옳게 쓰고, 이산화 탄소의 농도와 광합성량의 관계를 알아보기 위한 실험이라고 옳게 서술한 경우	100%
이산화 탄소의 농도와 광합성량의 관계를 알아보기 위한 실험이라는 내용만 옳게 서술한 경우	30%

20

자료 해석 | 광합성에 영향을 미치는 환경 요인

Ⅱ, Ⅲ : 이산화 탄소의 농도와 온도가 같고 빛의 세기만 다르므로 빛의 세기와 광합성량의 관계를 알 수 있다.

실험	빛의 세기(lx)	이산화 탄소 농도(%)	온도(℃)
Ⅰ	4000	0.01	20
Ⅱ	4000	0.02	30
Ⅲ	3000	0.02	30
Ⅳ	3000	0.03	20
Ⅴ	4000	0.02	20

Ⅰ, Ⅴ : 빛의 세기와 온도가 같고 이산화 탄소의 농도만 다르므로 이산화 탄소의 농도와 광합성량의 관계를 알 수 있다.

Ⅱ, Ⅴ : 빛의 세기와 이산화 탄소의 농도가 같고 온도만 다르므로 온도와 광합성량의 관계를 알 수 있다.

빛의 세기가 광합성량에 미치는 영향을 알아보기 위해서는 빛의 세기 외에 다른 요인은 같은 두 실험군을 비교해야 한다. 빛의 세기는 3000 lx와 4000 lx로 다르고 이산화 탄소의 농도와 온도가 같은 Ⅱ, Ⅲ을 비교해야 한다.

21

자료 해석 | 증산 작용이 잘 일어나는 조건

어둠상자

솜
기름
물

A   B   C   D

- A와 B 비교 : 증산 작용이 일어나는 곳 확인
- B와 C 비교 : 바람이 증산 작용에 미치는 영향 확인
- B와 D 비교 : 햇빛이 증산 작용에 미치는 영향 확인
- 증산 작용이 일어난 정도 : C > B > D > A

ㄷ. 환경 요인이 증산 작용에 미치는 영향을 비교하기 위해서는 비교할 환경 요인 외에는 모두 같은 조건을 유지시켜 주어야 한다. 따라서 바람이 증산 작용에 미치는 영향을 알아보기 위해서는 B와 C를 비교해야 한다.

바로 알기 | ㄱ. 증산 작용은 햇빛이 강할 때, 바람이 잘 불 때, 습도가 낮을 때 활발하게 일어난다. 따라서 물의 양이 가장 많이 줄어든 눈금실린더는 C이다.

ㄴ. 햇빛이 증산 작용에 미치는 영향을 알아보기 위해서는 B와 D를 비교해야 한다.

02 식물의 호흡과 에너지

용어&개념 체크 147, 149쪽

01 에너지 02 세포 03 이산화 탄소 04 노란색
05 이산화 탄소, 산소, 산소, 이산화 탄소 06 호흡
07 녹말, 설탕, 체관 08 에너지, 저장

개념 알약 147, 149쪽

01 ㉠ 포도당 ㉡ 산소 ㉢ 물 ㉣ 이산화 탄소
02 (1) × (2) × (3) ○ (4) ○ (5) × (6) ○
03 해설 참조 04 이산화 탄소
05 ㉠ 엽록체가 있는 세포 ㉡ 살아 있는 모든 세포 ㉢ 빛이 있을 때 ㉣ 항상 ㉤ 흡수 ㉥ 방출 ㉦ 방출 ㉧ 흡수 06 (1) ○ (2) ○ (3) ×
07 (1) (가) 광합성 (나) 호흡 (2) A : 이산화 탄소 B : 산소
(3) 광합성량 > 호흡량 08 ㉠ 포도당 ㉡ 녹말 ㉢ 설탕 ㉣ 체관
09 (1) ○ (2) ○ (3) ○ (4) ×
10 ㉠ 줄기 ㉡ 포도당 ㉢ 단백질 ㉣ 지방 ㉤ 설탕 ㉥ 줄기

01

호흡은 세포에서 산소를 이용하여 포도당을 분해하여 생활에 필요한 에너지를 얻는 과정이다.

02

(3) 식물은 잎의 기공을 통해 호흡에 필요한 산소를 흡수하고, 호흡 결과 만들어진 이산화 탄소를 방출한다.
(4) 호흡은 식물체를 구성하는 살아 있는 모든 세포에서 일어난다.
(6) 빛이 있을 때는 광합성과 호흡이 모두 일어난다.
바로 알기 | (1), (2) 호흡은 항상 일어난다.
(5) 이산화 탄소를 흡수하고 산소를 방출하는 과정은 광합성이다.

03

모범 답안 | 생활에 필요한 에너지를 얻기 위해서이다.
해설 | 식물과 동물 등 모든 생물은 생활에 필요한 에너지를 얻기 위해서 호흡을 한다.

04

석회수에 이산화 탄소를 통과시키면 석회수가 뿌옇게 변하며, 초록색의 BTB 용액에 검정말을 넣고 빛을 차단하면 호흡으로 이산화 탄소가 증가하여 BTB 용액의 색깔이 노란색으로 변한다.

05

구분	광합성	호흡
일어나는 장소	엽록체가 있는 세포	살아 있는 모든 세포
일어나는 시기	빛이 있을 때	항상
기체의 출입	이산화 탄소 흡수, 산소 방출	이산화 탄소 방출, 산소 흡수
에너지 관계	에너지 저장	에너지 생성

06

(1) 광합성 산물인 산소와 포도당은 호흡에, 호흡의 산물인 이산화 탄소와 물은 광합성에 쓰인다.
(2) 광합성은 빛에너지를 이용하여 포도당과 같은 양분을 만들어 에너지를 저장한다. 생물들은 광합성 산물을 호흡에 이용하여 에너지를 얻는다.
바로 알기 | (3) 식물은 광합성을 통해 에너지를 저장하고, 호흡을 통해 생명 활동에 필요한 에너지를 생성한다.

07

(1) 낮에는 (나)에서 발생한 기체가 모두 (가)에 이용되고 있으므로 (가)는 광합성, (나)는 호흡이다.
(2) 식물은 낮에는 이산화 탄소를 흡수하고 산소를 방출하며, 밤에는 산소를 흡수하고 이산화 탄소를 방출한다. 따라서 A는 이산화 탄소, B는 산소이다.
(3) 식물은 낮에는 광합성량이 호흡량보다 많아 이산화 탄소를 흡수하고 산소를 방출하여 광합성만 일어나는 것처럼 보인다.

08

광합성 최초의 산물인 포도당(㉠)은 낮에 녹말(㉡) 형태로 잎에 저장되었다가 밤에 설탕(㉢)의 형태로 체관(㉣)을 따라 이동한다.

09

(1) 광합성으로 합성된 양분은 식물을 구성하는 재료가 되거나 생장에 사용된다.
(2) 광합성 결과 생성되는 산소는 식물 자신의 호흡에 이용되기도 하고, 다른 생물의 호흡에 이용되기도 한다.
(3) 고구마는 양분을 녹말의 형태로 뿌리에 저장하고, 포도는 포도당, 콩은 단백질의 형태로 양분을 저장하는 등 식물에 따라 다양한 형태로 양분을 저장한다.
바로 알기 | (4) 식물의 여러 기관으로 운반된 양분은 호흡으로 에너지를 얻는 데 쓰인다.

10

감자와 사탕수수는 줄기에 양분을 저장한다. 포도는 주로 포도당, 콩은 단백질, 해바라기는 지방, 사탕수수는 설탕의 형태로 양분을 저장한다.

탐구 알약 150쪽

01 (1) × (2) ○ (3) × (4) ○ 02 해설 참조
03 광합성량 > 호흡량 04 ②

01

바로 알기 | (1) 광합성 결과 산소가 생성되지만 이 실험으로는 확인할 수 없다.
(3) 시험관 B와 D에서는 각각 싹튼 콩과 검정말의 호흡으로 이산화 탄소의 양이 증가한다.

02 서술형

모범 답안 | 광합성에는 빛에너지가 필요하다는 것을 알 수 있다.

채점 기준	배점
광합성에는 빛에너지가 필요하다는 것을 알 수 있다는 내용을 포함하여 옳게 서술한 경우	100 %

03

빛을 받은 시험관 C의 검정말에서는 광합성과 호흡이 모두 일어나지만, 광합성이 더 활발하게 일어나 호흡량보다 광합성량이 많다.

04

ㄷ. 초록색 BTB 용액에 입김을 불어 넣으면 이산화 탄소가 녹아 노란색으로 변하는데, 시험관 C는 검정말의 광합성으로 이산화 탄소가 소모되어 파란색으로 변한다.

바로 알기 | ㄱ. 시험관 A를 가열하면 이산화 탄소가 날아가기 때문에 BTB 용액은 파란색으로 변한다.

ㄴ. 삶은 콩은 호흡을 하지 않기 때문에 BTB 용액의 색깔은 변화 없이 초록색을 나타낸다.

실전 백신 153~154쪽

01 ③	02 ②	03 ④	04 ④	05 ③
06 ③	07 ③	08 ③	09 ①	10 ⑤

11~13 해설 참조

01

③ 식물의 광합성으로 만들어지는 물질은 포도당과 산소이다.

바로 알기 | ① 호흡은 항상 일어난다.

②, ④ A는 산소, B는 이산화 탄소이다. 석회수에 통과시키면 뿌옇게 흐려지는 것은 이산화 탄소이고, 동물과 식물의 호흡에 이용되는 것은 산소이다.

⑤ 에너지를 흡수하여 양분을 합성하는 과정은 광합성이며, 호흡은 양분에 저장된 에너지를 생활에 이용할 수 있는 에너지로 방출하는 과정이다.

02

ㄷ. B에서는 시금치의 호흡으로 이산화 탄소가 발생하기 때문에 B에 들어 있는 기체를 석회수와 반응시키면 뿌옇게 흐려진다.

바로 알기 | ㄱ. 비닐봉지를 어둠상자에 두었으므로 B에서는 호흡이 일어나 이산화 탄소가 발생한다. 따라서 호흡 결과 발생하는 기체를 확인할 수 있는 실험이다.

ㄴ. 빛이 있는 곳에 두어도 A에는 생물이 없으므로 기체를 석회수에 통과시켜도 아무 변화가 일어나지 않는다.

03

④ 광합성량이 호흡량보다 많을 경우 산소가 방출되며, 호흡량이 광합성량보다 많을 경우 이산화 탄소가 방출된다.

바로 알기 | ① 광합성은 엽록체가 있는 세포에서, 호흡은 살아 있는 모든 세포에서 일어난다.

② 빛이 강한 낮에는 광합성량이 호흡량보다 많다.

③ 호흡이 일어나는 동안에도 빛이 있으면 광합성이 일어난다.

⑤ 광합성은 양분을 만들어 에너지를 저장하는 과정이고, 호흡은 양분을 분해하여 에너지를 얻는 과정이다.

04

④ A는 아무런 변화도 일어나지 않으므로 초록색으로 유지된다. 하지만 B와 C는 호흡만 일어나므로 노란색, D는 검정말이 빛을 받아 광합성이 일어나므로 파란색, E는 빛이 차단되어 호흡만 일어나므로 노란색으로 변한다.

05

③ 이 실험을 통해 광합성에는 빛에너지가 필요하고, 이산화 탄소가 사용됨을 알 수 있다.

바로 알기 | ① D는 빛을 받아 광합성량이 호흡량보다 더 많으므로 BTB 용액이 초록색에서 파란색으로 변한다.

② 40 ℃ 이상의 온도에서 식물의 광합성량은 급격히 감소한다.

④ 식물은 싹이 틀 때 많은 에너지가 필요하므로 호흡이 활발하다.

⑤ E는 검정말의 호흡으로 이산화 탄소가 발생하므로 BTB 용액이 노란색으로 변한다.

06

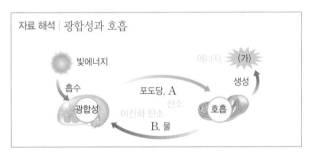

자료 해석 | 광합성과 호흡

ㄱ. A는 산소, B는 이산화 탄소이다.

ㄷ. (가)는 호흡 과정에서 생성되는 에너지로, 식물의 생명 활동에 이용된다.

바로 알기 | ㄴ. 산소(A)는 호흡에, 이산화 탄소(B)는 광합성에 각각 이용된다.

07

③ 광합성 결과 생성된 산소의 일부는 호흡에 이용된다.

바로 알기 | ① 빛이 강한 낮에는 광합성량이 호흡량보다 많아 이산화 탄소를 흡수하고 산소를 방출하므로 A는 이산화 탄소, B는 산소이다.

② 빛이 강한 낮에는 광합성량이 호흡량보다 많아 이산화 탄소(A)는 흡수되는 것으로만, 산소(B)는 방출되는 것으로만 보인다.

④ 식물은 빛이 있을 때는 광합성과 호흡을 모두 하지만 빛이 없을 때는 호흡만 한다.

⑤ 낮에는 흡수되는 이산화 탄소의 양이 방출되는 이산화 탄소의 양보다 많아 외관상 이산화 탄소가 흡수만 되는 것처럼 보인다.

08

바로 알기 | ③ 양분은 잎, 뿌리, 줄기, 열매, 씨 등에 여러 가지 형태로 저장된다.

09

ㄱ. 나무줄기의 바깥쪽 껍질을 고리 모양으로 벗기면 그 부분의 체관이 제거된다.

바로 알기 | ㄴ. 껍질을 벗긴 위쪽의 과일은 양분이 많이 저장되므로 크기가 커진다.

ㄷ. 껍질을 벗기면서 체관 부분이 잘려 나가 양분이 아래로 이동하지 못한다.

10

감자와 사탕수수는 줄기에, 보리와 옥수수, 콩은 씨에, 고구마는 뿌리에, 복숭아는 열매에 양분을 저장한다.

서술형 문제

11

모범 답안 | A : 이산화 탄소, B : 산소, C : 이산화 탄소, D : 산소 / 낮에는 광합성과 호흡이 모두 일어나며, 호흡보다 광합성이 더 활발하게 일어난다. 밤에는 광합성은 일어나지 않고 호흡만 일어난다.

채점 기준	배점
A~D에 해당하는 기체의 이름과 낮과 밤의 광합성과 호흡의 관계를 모두 옳게 서술한 경우	100 %
A~D에 해당하는 기체의 이름만 옳게 쓴 경우	30 %

12

모범 답안 | 평지의 경우 밤에도 비교적 기온이 높아서 식물의 호흡이 활발하게 일어나므로 상대적으로 기온이 낮은 고랭지보다 호흡으로 소모되는 양분이 더 많다. 따라서 고랭지에서 재배한 식물의 생산량이 평지에서 재배한 식물의 생산량보다 더 많다.

채점 기준	배점
평지보다 고랭지에서 재배한 식물의 호흡량이 더 적다는 사실을 포함하여 옳게 서술한 경우	100 %
평지와 고랭지의 호흡량 차이에 대한 설명이 없는 경우	20 %

13

모범 답안 | 포도는 광합성 산물을 포도당의 형태로 열매에 저장하며, 감자는 광합성 산물을 녹말의 형태로 줄기에 저장한다.

채점 기준	배점
각 식물의 광합성 산물의 형태와 저장 기관을 옳게 서술한 경우	100 %
둘 중 하나만 옳게 서술한 경우	50 %

1등급 백신 155쪽

14 ③	15 ②	16 ④	17 ⑤

14

ㄱ. 초록색 BTB 용액에 입김을 불어 넣으면 이산화 탄소가 녹아 들어가 산성이 되어 BTB 용액이 노란색으로 변한다.

ㄷ. 시험관 A~D를 빛이 없는 곳에 놓아두면 시험관 D에서 호흡만 일어나 이산화 탄소가 생성되므로 노란색이 유지된다. 따라서 가열한 시험관 B만 파란색을 유지한다.

바로 알기 | ㄴ. 시험관 C에서는 호흡만 일어나며, 시험관 D에서는 광합성과 호흡이 모두 일어나지만 광합성량이 호흡량보다 많다.

15

② 싹이 트고 있는 콩에서는 호흡이 일어나 산소를 흡수하고, 이산화 탄소를 방출한다.

바로 알기 | ① 싹이 트고 있는 콩에서 호흡이 일어나면 이산화 탄소가 발생한다. 이산화 탄소가 석회수와 반응하면 석회수가 뿌옇게 흐려진다.

③, ④ (가)에서는 싹이 트고 있는 콩이 호흡을 하여 에너지를 내므로 온도가 상승하지만, (나)에서는 삶은 콩이 호흡을 하지 않으므로 온도가 변하지 않는다.

⑤ (가), (나) 모두 광합성을 하지 않으므로 빛의 영향을 받지 않는다.

16

ㄱ. 광합성 산물은 설탕의 형태로 이동하기 때문에 설탕의 양이 많은 밤에 양분이 주로 이동한다는 것을 알 수 있다.

ㄷ. 오후 2시경에 잎에서 생성된 녹말이 설탕으로 전환되어 줄기로 이동하여 오후 8시경에 줄기에서 설탕의 양이 많아진 것이다.

바로 알기 | ㄴ. 광합성으로 생성된 양분은 낮에 녹말로 전환되어 잠시 잎에 저장되었다가 주로 밤에 설탕으로 전환되어 체관을 통해 이동한다.

17

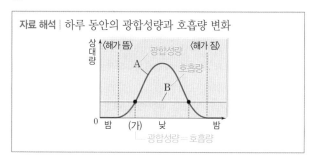

자료 해석 | 하루 동안의 광합성량과 호흡량 변화

ㄱ. 낮에는 광합성량이 호흡량보다 많고, 밤에는 호흡만 일어나므로 A는 광합성량, B는 호흡량이다.

ㄴ. 광합성은 빛의 세기가 강할수록 활발하게 일어난다.

ㄷ. (가) 시기에는 광합성량(A)과 호흡량(B)이 같아 외관상 기체의 출입이 없는 것처럼 보인다.

단원 종합 문제 CT 156~159쪽

01 ③	02 ③	03 ⑤	04 ④	05 ②	06 ①, ⑤
07 ④	08 ①	09 ②	10 ④	11 ②	12 ①, ④
13 ③	14 ④	15 ③	16 ⑤	17 ③	18 ③
19 ②	20 ⑤	21 ③	22 ②	23 ①, ③	

01

① 기공은 이산화 탄소와 산소, 수증기와 같은 식물의 생명 활동과 관련된 기체의 이동 통로이다.

② 광합성에는 물과 이산화 탄소, 빛에너지가 필요하다.
④ 광합성에 필요한 빛에너지는 엽록체 속에 있는 엽록소라는 초록색 색소에서 흡수한다.
⑤ 물은 뿌리에서 흡수되어 물관을 따라 잎까지 이동한다.
바로 알기 | ③ 광합성은 엽록체가 있는 식물 세포에서 빛이 있을 때에만 일어난다.

02
㉠은 광합성 과정에서 빛에너지를 이용하는 처음으로 생성되는 물질이다.
바로 알기 | ③ 녹말은 물에 녹지 않으므로, 물에 잘 녹는 설탕으로 전환되어 주로 밤에 체관을 통해 필요한 곳으로 이동한다.

03
이 실험을 통해 식물이 광합성을 하기 위해서는 빛이 필요하다는 것과, 광합성 결과 녹말이 생성된다는 것을 알 수 있다. (가)의 잎은 광합성을 하여 녹말이 생성되므로 아이오딘-아이오딘화 칼륨 용액과 반응하여 청람색으로 변한다. (나)의 잎은 광합성을 하지 못하므로 녹말이 생성되지 않는다.
바로 알기 | ⑤ 식물의 잎을 에탄올에 넣어 물중탕하는 까닭은 엽록체 속에 있는 엽록소를 제거하기 위해서이다. 이 과정을 거치지 않으면 아이오딘-아이오딘화 칼륨 용액에 의한 색 변화를 뚜렷하게 구분하기 어렵기 때문이다.

04
④ 시간이 지나면 검정말이 광합성을 하면서 이산화 탄소를 흡수하기 때문에 BTB 용액의 색깔이 점차 파란색으로 변한다.
바로 알기 | ③ 깔때기를 통해 모아진 기체는 광합성 결과 생성되는 산소이다.

05
ㄷ. 전등과의 거리가 가까워질수록 검정말이 받는 빛의 세기가 강해진다.
바로 알기 | ㄱ. 1 % 탄산수소 나트륨 수용액은 이산화 탄소를 공급하기 위한 것이다.
ㄴ. 빛의 세기가 강해지면 기포의 수는 증가하다가 어느 정도 이상이 되면 일정해진다.

06
② 검정말을 더 넣으면 광합성이 더 많이 일어나 기포의 수가 증가한다.
③ 이산화 탄소는 광합성에 필요한 물질이므로 입김을 불어 넣어 이산화 탄소의 양이 증가하면 광합성량이 증가하기 때문에 발생하는 산소의 양도 증가한다.
④ 탄산수소 나트륨을 더 넣으면 이산화 탄소의 농도가 증가하기 때문에 광합성량도 증가한다.
바로 알기 | ① 기포의 수는 광합성량을 의미한다. 광합성은 40 ℃가 될 때까지는 온도가 높아질수록 활발하기 때문에 얼음을 넣어서 물의 온도가 내려가면 광합성량이 감소한다.
⑤ 온도가 40 ℃ 이상으로 올라가면 광합성량은 급격하게 감소한다.

07
ㄴ. 온도가 높아질수록 광합성량이 증가하다가 35 ℃~40 ℃에서 최대가 된다.
ㄷ. 겨울에 식물을 온실에서 기르는 것은 식물이 광합성을 활발하게 하기 위해서는 적당한 온도가 유지되어야 하기 때문이다.
바로 알기 | ㄱ. 여름철은 겨울철보다 평균 기온이 높으므로 여름철에 광합성이 더 활발하게 일어난다.

08
(가)는 기공, (나)는 공변세포, (다)는 표피 세포이다.
ㄱ. 기공(가)은 주로 잎 뒷면에 많이 분포한다.
바로 알기 | ㄴ. 표피 세포(다)에는 엽록체가 없다.
ㄷ. 기공(가)은 햇빛이 있는 낮에 열리고 햇빛이 없는 밤에 닫힌다.

09
(가)는 기공이 닫힌 상태이고, (나)는 기공이 열린 상태이다. 기공은 습도가 낮고, 기온이 높으며, 빛의 세기가 강하고, 바람이 부는 날에 잘 열린다.

10
ㄴ. 식물 체내의 수분량이 많으면 기공을 열고, 적으면 기공을 닫아서 일정 수준으로 수분량을 조절한다.
ㄷ. 증산 작용으로 물이 빠져나가면 잎에서 부족한 물을 보충하기 위해 뿌리에서 흡수한 물과 무기 양분이 잎까지 상승할 수 있는 힘을 제공한다.
바로 알기 | ㄱ. 증산 작용이 일어나면 물이 증발할 때 주위의 열을 빼앗아 가므로 주위의 온도를 낮추는 역할을 한다.

11
습도가 증산 작용에 미치는 영향을 비교하기 위해서는 습도 이외는 모두 같은 조건으로 유지시켜 주어야 한다. 이는 햇빛이 증산 작용에 미치는 영향을 비교할 때에도, 바람이 증산 작용에 미치는 영향을 비교할 때에도 마찬가지이다.
(가) 습도가 증산 작용에 미치는 영향 : 식물에 비닐봉지를 씌우면 증산 작용으로 배출된 수증기가 외부로 빠져나가지 못해 비닐봉지 안의 습도가 높아진다. 따라서 A를 C와 비교한다.
(나) 빛이 증산 작용에 미치는 영향 : 빛이 있는 것과 없는 것을 비교해야 하므로 A를 E와 비교한다.
(다) 바람이 증산 작용에 미치는 영향 : 선풍기로 바람을 일으키는 D와 A를 비교한다.

12
① 식용유를 넣어 물이 자연적으로 증발되는 것을 막아야 실험 결과를 정확하게 얻을 수 있다.
④ C에서는 증산 작용이 일어나 비닐봉지 내부에 물방울이 맺혀 뿌옇게 변한다.
바로 알기 | ② 증산 작용은 바람이 잘 불 때, 빛이 강할 때 활발하게 일어난다. 따라서 물이 많이 줄어든 순서대로 나열하면 D>A>E 순이다.
③ B에 비닐봉지를 씌우고 실험해도 B에는 잎이 없으므로 증산 작용이 일어나지 못한다.

⑤ 잎 앞면과 뒷면의 증산 작용 여부를 비교하는 실험은 실시하지 않았으므로 잎의 앞면에서 증산 작용이 더 잘 일어나는지는 알 수 없다.

13

증산 작용은 햇빛이 강할 때, 온도가 높을 때, 바람이 잘 불 때, 습도가 낮을 때 활발하게 일어난다.

14

호흡은 산소를 이용하여 양분을 분해하고 생활에 필요한 에너지를 얻는 과정이다.

15

ㄱ. A에서 발생한 이산화 탄소는 석회수를 뿌옇게 흐려지게 한다.
ㄴ. 식물을 암실에 두는 까닭은 빛을 차단하여 호흡만 일어나게 하기 위해서이다.
바로 알기 | ㄷ. 석회수가 뿌옇게 흐려지는 까닭은 호흡 결과 이산화 탄소가 발생하기 때문이다.

16

⑤ 광합성을 할 때 빛이 필요함을 알아보기 위해서는 검정말을 넣은 E와 F를 비교한다. F는 빛을 차단하여 호흡만 일어나므로 이산화 탄소가 발생하여 노란색이고, E는 광합성으로 이산화 탄소를 소모하므로 파란색으로 변한다.
바로 알기 | ① 시험관 A는 노란색, B는 파란색이다.
② 시험관 C, D, F에서는 호흡만 하며, E는 검정말이 광합성과 호흡을 한다.
③ BTB 용액은 이산화 탄소의 양에 따라 색깔이 변한다.
④ 시험관 E의 검정말은 광합성과 호흡을 함께 하지만 호흡량보다 광합성량이 더 많아 BTB 용액이 파란색으로 변한다.

17

①, ② A는 줄기로부터 공급되고 있으므로 물, B는 기공을 통해 밖에서 공급되고 있으므로 이산화 탄소, C는 광합성의 최초의 산물이므로 포도당, D는 잎에 잠시 저장되는 녹말, E는 공기 밖으로 방출되고 있으므로 산소이다.
④ 산소(E)의 일부는 호흡에 이용되고 나머지는 외부로 방출된다.
⑤ 광합성을 통해 생성된 양분은 호흡의 재료로 사용된다.
바로 알기 | ③ 포도당(C)은 광합성 최초의 산물로서 낮에 물에 녹지 않는 녹말(D)로 바뀌어 잎에 저장되었다가 밤이 되면 물에 잘 녹는 설탕으로 바뀌어 체관을 통해 식물의 각 부분으로 운반된다.

18

식물은 낮에는 광합성이 호흡보다 활발하게 일어나고, 밤에는 호흡만 일어난다. 따라서 낮에는 이산화 탄소를 흡수하고, 산소를 방출하며, 밤에는 호흡에 사용되는 산소를 흡수하고 이산화 탄소를 방출한다. 따라서 A와 D는 이산화 탄소, B와 C는 산소이다.

19

바로 알기 | ② 빛의 세기가 (가)일 때는 광합성량과 호흡량이 같아 외관상 이산화 탄소의 출입이 없는 것처럼 보인다. 빛의 세기가 (가)보다 강해야 식물이 잘 생장할 수 있게 된다.

20

자료 해석	광합성 산물의 이동과 저장		
	낮에는 잎에 녹말의 형태로 있음을 알 수 있다.		
구분	오전 5시	오후 2시	오후 5시
잎(녹말)	−	++	+
줄기(설탕)	−	+	++

오전에 잎과 줄기에 아무 것도 없으므로 밤 사이에 저장 기관으로 이동하였음을 알 수 있다.

줄기에 설탕이 있는 것으로 보아 설탕의 형태로 이동하고 있음을 알 수 있다.

광합성을 통해 낮에 만들어진 포도당은 봉선화 잎에 녹말 형태로 잠시 저장되었다가 주로 밤에 설탕의 형태로 전환되어 체관(줄기)을 통해 이동한다.

21

바로 알기 | ㄱ. (가)는 광합성으로, 엽록체가 있는 세포에서 일어난다. (나)는 호흡으로, 살아 있는 모든 세포에서 일어난다.
ㄹ. (가)는 낮에만, (나)는 낮과 밤에 모두 일어난다.

22

(가)는 녹말, (나)는 설탕, (다)는 체관이다. 광합성 산물인 포도당은 낮에는 물에 잘 녹지 않는 녹말(가)의 형태로 잎의 엽록체에 저장되어 있다가 밤에 물에 잘 녹는 설탕(나)으로 바뀌어 체관(다)을 통해 저장 기관으로 이동한다.
② (나)는 물에 잘 녹는 설탕이다.
바로 알기 | ① (가)는 녹말로, 물에 잘 녹지 않는다.
③ 녹말(가)을 낮 동안 잠시 저장해 두는 곳은 잎이다.
④ (다)는 체관이며, 이 관을 통해 잎에서 만든 양분이 식물의 각 부분으로 이동한다.
⑤ 녹말(가)의 형태로 양분을 저장하는 대표적인 식물은 감자, 옥수수, 벼, 고구마 등이며, 콩은 단백질의 형태로 양분을 저장한다.

23

바로 알기 | ② 광합성 양분은 설탕 형태로 체관을 통해 이동한다.
④ 광합성 결과 생성된 양분은 녹말로 전환되어 잠시 잎에 저장되었다가 설탕으로 바뀌어 체관으로 이동한다.
⑤ 광합성 결과 포도당이 생성되며, 더 많은 양을 저장하기 위해 녹말로 바뀐다.

서술형·논술형 문제 160~161쪽

01

답 | 빛의 세기, 온도, 이산화 탄소의 농도

02

답 | A

해설 | 시험관 A에서는 검정말의 광합성에 의해 이산화 탄소가 사용되었으므로 초록색 BTB 용액을 넣었을 때 파란색으로 변한다.

03

답 | 산소, 빛에너지

해설 | 잉엔하우스의 실험을 통해 식물은 빛에너지가 있을 때만 광합성을 하여 쥐에게 필요한 산소를 발생시킨다는 것을 알 수 있다.

04

답 | 증산 작용

05

답 | ㉠ 포도당, ㉡ 녹말, ㉢ 설탕

06

모범 답안 | B, 광합성에는 빛에너지가 필요하며, 광합성 결과 녹말이 생성된다.

채점 기준	배점
기호를 옳게 쓰고, 알 수 있는 사실 두 가지를 옳게 서술한 경우	100%
기호를 옳게 쓰고, 알 수 있는 사실 한 가지만 옳게 서술한 경우	60%

07

모범 답안 | 온도가 증가하면 광합성량이 증가하고 40 ℃ 정도의 온도에서 광합성이 가장 활발하며, 온도가 40 ℃를 넘으면 광합성량이 급격히 감소한다.

채점 기준	배점
광합성이 가장 활발한 때와 급격하게 감소하는 구간에 대하여 옳게 서술한 경우	100%
광합성이 가장 활발한 때에 대해서만 옳게 서술한 경우	50%

08

모범 답안 | A : 공변세포, B : 기공 / 엽록체가 존재하여 광합성을 한다. 안쪽 세포벽이 반대쪽 세포벽보다 두껍다. 등

채점 기준	배점
A, B의 이름과 A의 특징을 모두 옳게 서술한 경우	100%
A, B의 이름이나 A의 특징 중 한 가지만 옳게 서술한 경우	50%

09

모범 답안 | 낮, 이산화 탄소는 광합성에 필요한 물질로 이산화 탄소의 흡수량은 광합성량을 의미하므로, 광합성은 낮에 가장 활발하게 일어난다.

채점 기준	배점
하루 중 광합성이 가장 활발할 때를 쓰고, 그 까닭을 옳게 서술한 경우	100%
하루 중 광합성이 가장 활발할 때만 옳게 쓴 경우	30%

10

모범 답안 | 증산 작용은 잎에서 일어난다는 것을 알 수 있다.

채점 기준	배점
증산 작용이 잎에서 일어난다는 내용을 포함하여 옳게 서술한 경우	100%

11

모범 답안 | 잎의 뒷면, 잎의 앞면보다 잎의 뒷면에 기공이 더 많아 증산 작용이 활발하게 일어나 수증기가 방출되기 때문이다.

채점 기준	배점
염화 코발트 종이가 먼저 붉은색으로 변하는 곳을 옳게 쓰고, 그 까닭을 옳게 서술한 경우	100%
염화 코발트 종이가 먼저 붉은색으로 변하는 곳만 옳게 쓴 경우	50%

12

모범 답안 | 호흡량과 광합성량이 같아 광합성 결과 생성된 산소를 모두 호흡에 사용하고, 호흡 결과 생성된 이산화 탄소를 모두 광합성에 사용하기 때문이다.

채점 기준	배점
호흡량과 광합성량이 같고, 광합성과 호흡 결과 생성된 기체의 출입에 대한 내용을 포함하여 옳게 서술한 경우	100%
호흡량과 광합성량이 같기 때문이라고만 옳게 서술한 경우	50%

13

모범 답안 | 시험관을 알루미늄 포일로 감싸 빛을 차단하면 검정말은 호흡만 하기 때문에 호흡 결과 생성된 이산화 탄소에 의해 BTB 용액이 노란색으로 변한다.

채점 기준	배점
초록색 BTB 용액을 노란색으로 변하게 하는 방법과 그 까닭을 옳게 서술한 경우	100%
초록색 BTB 용액을 노란색으로 변하게 하는 방법만 옳게 서술한 경우	50%

14

모범 답안 | 낮 : 실내, 밤 : 실외 / 식물은 낮에 광합성과 호흡을 함께 하는데 호흡에 이용되는 산소의 양보다 훨씬 많은 양의 산소가 광합성으로 만들어지기 때문에 호흡에 이용되고 남은 산소는 기공을 통해 방출된다. 그러므로 낮에는 화분을 실내에 둔다. 밤에는 식물이 호흡만 하여 산소를 흡수하고 이산화 탄소를 방출하므로 밤에는 화분을 실외에 둔다.

채점 기준	배점
낮과 밤에 화분을 어디에 두어야 하는지 쓰고, 그 까닭을 옳게 서술한 경우	100%
낮과 밤에 화분을 어디에 두어야 하는지만 옳게 서술한 경우	30%

15

모범 답안 | (가), 체관 부분을 벗겨 냈으므로 잎이 달린 나무의 위쪽에서 만들어진 양분이 아래로 이동하지 못하고 벗겨 낸 부분의 위쪽에 쌓이게 되므로 (가)의 열매가 더 크게 자란다.

해설 | 나무줄기의 껍질을 고리 모양으로 벗기면 체관이 함께 제거되어 껍질을 벗긴 위쪽의 잎에서 생성된 양분이 아래쪽으로 이동하지 못하고 쌓인다.

채점 기준	배점
열매가 더 크게 자란 곳의 기호를 쓰고, 체관 부분을 벗겨 낸 잎에서 만들어진 양분이 아래로 이동하지 못한다는 내용을 포함하여 옳게 서술한 경우	100%
체관 부분을 벗겨 낸 것과 잎에서 만들어진 양분이 아래로 이동하지 못한다는 내용 중 한 가지만 옳게 서술한 경우	50%

5분 테스트

Ⅰ. 물질의 구성

01 물질의 기본 성분   2쪽

1 아리스토텔레스, 분해할 수 없는   2 원소   3 수소, 산소, 원소
4 ❶ × ❷ ○ ❸ ○ ❹ ○ ❺ ×   5 불꽃 반응   6 불순물, 겉불꽃
7 (1) 청록색 (2) 보라색 (3) 진한 빨간색 (4) 황록색 (5) 노란색
(6) 청록색   8 연속, 선   9 ㄴ, ㄷ

02 물질을 이루는 입자   3쪽

1 원자, 분자   2 돌턴   3 원자핵, (+)   4 전자, (−)
5 (+), (−), 같기   6 ❶ ○ ❷ × ❸ ○ ❹ ×   7 베르셀리우스
8 대문자, 소문자, C, Cl   9 (1) 나트륨 (2) 베릴륨 (3) 인 (4) 칼륨
10 ㄱ, ㄴ, ㄷ, ㄹ

03 이온의 형성   4쪽

1 양이온, 음이온   2 (1) ㄴ (2) ㄹ   3 ❶ ○ ❷ × ❸ × ❹ ○
4 ❶ × ❷ ○ ❸ ×   5 (1) 아이오딘화 이온 (2) Mg^{2+} (3) OH^-
(4) 황산 이온 (5) 과망가니즈산 이온   6 2, Ca^{2+} 7 앙금 생성 반응
8 CO_3^{2-}, SO_4^{2-} 9 염화 은($AgCl$)
10 (1) 탄산 칼슘 − $CaCO_3$ (2) 염화 은 − $AgCl$

Ⅱ. 전기와 자기

01 전기의 발생   5쪽

1 원자핵, 전자   2 중성, (+), (−)   3 전기력, 끌어당기는, 밀어내는
4 전자, (+), (−)   5 척력   6 A, D   7 금속판, 금속박
8 (−), (+)   9 A, B   10 더 벌어진다

02 전류, 전압, 저항   6쪽

1 전자   2 ❶ ○ ❷ × ❸ × ❹ ○   3 ❶ ㉠ ❷ ㉢ ❸ ㉡
4 ❶ ○ ❷ ○ ❸ ×   5 ❶ ○ ❷ × ❸ ○
6 ❶ >, > ❷ >, <   7 ❶ 직 ❷ 병 ❸ 직 ❹ 병

03 전류의 자기 작용   7쪽

1 자기력   2 ❶ × ❷ ○ ❸ × ❹ ○   3 ❶ N, N ❷ (가)
4 동심원   5 전류, 자기장   6 전류의 세기, 크   7 뒤쪽   8 전자석
9 A

Ⅲ. 태양계

01 지구와 달   8쪽

1 ❶ 중심각 ❷ 엇각   2 d, D 3 (가) 서쪽 하늘 (나) 남쪽 하늘
4 ❶ 공 ❷ 자 ❸ 공 ❹ 자
5 (가) 상현달, ☽ (나) 보름달, ● (다) 하현달, ☾ (라) 삭, ○
6 일식, 월식

02 태양계   9쪽

1 외행성   2 작다   3 크고, 작다   4 수성, 금성, 화성
5 ㄱ, ㄴ, ㄷ, ㅁ   6 ㄴ   7 ㄱ   8 ㅂ   9 ㄷ
10 A : 대물렌즈, B : 경통, C : 보조 망원경, D : 접안렌즈, E : 삼각대

Ⅳ. 식물과 에너지

01 광합성   10쪽

1 A : 이산화 탄소 B : 포도당 C : 산소   2 엽록체, 낮
3 빛, 이산화 탄소, 온도
4 엽록체, 아이오딘−아이오딘화 칼륨, 엽록체, 녹말   5 노란색
6 ❶ ○ ❷ × ❸ ○ ❹ ×   7 산소   8 증산 작용, 기공, 뿌리
9 강한, 잘

02 식물의 호흡과 에너지   11쪽

1 A : 포도당 B : 산소 C : 이산화 탄소
2 에너지, 흡수, 방출   3 ❶ ○ ❷ × ❸ ○ ❹ ×
4 ❶ × ❷ ○ ❸ ○   5 호흡, 광합성, 광합성, 호흡
6 광합성량, 호흡량   7 2   8 밤, 체관, 녹말

서술형·논술형 평가

Ⅰ. 물질의 구성
01 물질의 기본 성분 12쪽

1

모범 답안 | (1) • 아리스토텔레스 : 모든 물질은 물, 불, 흙, 공기의 4가지 원소로 이루어져 있다.
• 보일 : 물질은 더 이상 분해할 수 없는 원소로 이루어져 있다.
• 라부아지에 : 원소는 더 이상 분해할 수 없는 물질의 성분이다.
(2) 원소는 다른 물질로 분해되지 않으면서 물질을 이루는 기본 성분이다.

2

모범 답안 | (1) 밀가루 반죽은 모두 입자로 구성되어 있어서 입자의 크기보다 더 얇아지거나 가늘어질 수 없기 때문이다.
(2) 풍선을 계속 불면 어느 순간 터진다.

3

모범 답안 | 금속 원소가 포함된 물질을 겉불꽃에 넣었을 때 원소의 종류에 따라 특정한 불꽃 반응 색을 나타내는데, 이 반응을 불꽃 반응이라고 한다. 불꽃 반응을 이용하면 금속 원소의 종류를 구별할 수 있다.

4

모범 답안 | 빛을 분광기로 관찰하면 여러 가지 색의 띠가 나타나는데, 이러한 색의 띠를 스펙트럼이라고 한다. 이때 스펙트럼이 선 모양으로 나타나는 것을 선 스펙트럼이라고 한다. 선 스펙트럼은 원소의 종류에 따라 선이 나타나는 위치, 색깔, 굵기, 개수 등이 다르기 때문에 선 스펙트럼을 비교하면 원소의 종류를 구별할 수 있다. 리튬과 스트론튬은 불꽃 반응 색이 빨간색으로 비슷하지만, 선 스펙트럼에서 선의 위치, 개수 등이 다르게 나타나기 때문에 구별할 수 있다.

Ⅰ. 물질의 구성
02 물질을 이루는 입자 13쪽

1

모범 답안 | (1) 원자는 (＋)전하를 띠는 원자핵과 (－)전하를 띠는 전자로 구성되어 있으며, 원자핵은 원자의 중심에 위치하고 전자는 원자핵 주위를 빠르게 움직이고 있다.
(2) 한 원자를 구성하는 원자핵의 (＋)전하량과 전자들의 (－)전하량이 같아서 원자는 전기적으로 중성이다. 따라서 붕소는 원자핵의 전하량이 ＋5이므로 전하량이 －1인 전자 5개가 있다.

2

원소 이름	수소	헬륨	산소	탄소	질소
원소 기호	H	He	O	C	N

3

모범 답안 | 과일 바구니 안에 배 3개, 귤 2개, 사과 2개가 들어 있으므로 과일은 3종류이고 과일의 개수는 총 7개이다. 이때 과일의 종류는 원소, 과일 하나하나는 원자에 비유할 수 있다. 즉, 원소는 물질을 구성하는 성분의 종류를 뜻하고, 원자는 물질을 구성하는 각각의 입자를 뜻한다.

4

모범 답안 | 분자는 독립된 입자로 존재하여 물질의 성질을 나타내는 가장 작은 입자이다.

5

모범 답안 | 산소 분자와 오존 분자는 각 분자를 이루는 산소 원자의 수와 배열이 달라서 서로 다른 성질을 나타낸다.

6

모범 답안 |

수소	H H	산소	O O
질소	N N	물	O H H
일산화 탄소	C O	이산화 탄소	O C O
메테인	H H C H H	암모니아	N H H H
헬륨	He	염화 수소	H Cl

Ⅰ. 물질의 구성
03 이온의 형성 14쪽

1

모범 답안 | (1) 나트륨 원자가 전자 1개를 잃어 양이온이 되면 나트륨 이온(Na^+)이 된다.
(2) 산소 원자가 전자 2개를 얻어 음이온이 되면 산화 이온(O^{2-})이 된다.

2

모범 답안 |

(1)

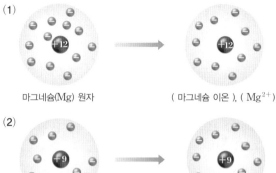

마그네슘(Mg) 원자 → (마그네슘 이온), (Mg^{2+})

(2)

플루오린(F) 원자 → (플루오린화 이온), (F^-)

3

모범 답안 | 이온이 들어 있는 서로 다른 두 수용액을 섞었을 때 수용액 속의 이온들이 반응하여 물에 잘 녹지 않는 물질을 생성하기도 한다. 이때 생긴 물질을 앙금이라고 하고, 이러한 반응을 앙금 생성 반응이라고 한다.

4

모범 답안 | 염화 이온이 들어 있는 수용액에 은 이온이 들어 있는 수용액을 넣으면 흰색 앙금이 생성되므로, 수용액 속에 염화 이온이 들어 있다는 것을 알 수 있다.

5

모범 답안 | 은 이온(Ag^+)을 첨가하여 흰색 앙금이 생성되는 것이 염화 나트륨(NaCl) 수용액이고, 아이오딘화 이온(I^-)을 첨가하여 노란색 앙금이 생성되는 것이 질산 납($Pb(NO_3)_2$) 수용액이다. 칼륨 이온(K^+)은 앙금을 생성하지 않는다.

Ⅱ. 전기와 자기

01 전기의 발생   15쪽

1

모범 답안 |

구분	명칭	전기적 성질
A	전자	(−)전하를 띤다.
B	원자핵	(+)전하를 띤다.
C	원자	중성을 띤다.

2

모범 답안 | A와 B를 마찰하는 과정에서 A에 있던 전자의 일부가 B로 이동하였다. 마찰 후 A는 (+)전하를 띠고, B는 (−)전하를 띤다.

3

모범 답안 |

(1) 물체의 대전 여부 확인	(2) 대전체가 띠는 전하의 종류 확인	(3) 대전체가 띠는 전하의 양 비교
• 대전되지 않은 물체를 검전기의 금속판에 가까이 하면 금속박에 아무런 변화가 없다. • 대전된 물체를 검전기의 금속판에 가까이 하면 금속박이 벌어진다.	• 대전체를 검전기의 금속판에 가까이 할 때 금속박이 더 벌어지면 대전체는 검전기와 같은 종류의 전하를 띤다. • 대전체를 검전기의 금속판에 가까이 할 때 금속박이 오므라들면 대전체는 검전기와 다른 종류의 전하를 띤다.	대전된 전하의 양(전하량)이 많을수록 금속박이 많이 벌어진다.

Ⅱ. 전기와 자기

02 전류, 전압, 저항   16쪽

1

모범 답안 |

물의 흐름 모형	전기 회로
물의 흐름	(1) 전류
물의 높이 차(수압)	(2) 전압
펌프	(3) 전지
밸브	(4) 스위치
물레방아	(5) 전동기(저항)
펌프를 설치하여 수로에 물이 흐르면 물레방아가 회전한다.	(6) 회로에 전지를 연결하여 전선에 전류가 흐르면 전동기가 작동한다.

2

모범 답안 | (1) 0.5 A (2) 2 A (3) 1 V (4) 전구의 밝기는 전구에 흐르는 전류의 세기가 클수록 밝다.

3

모범 답안 | 저항

해설 | 가로축이 전류의 세기, 세로축인 전압인 그래프에서 기울기는 $\dfrac{전압}{전류의 세기}$＝저항이다.

4

모범 답안 | A : 2.5 Ω, B : 0.5 Ω

해설 | $R=\dfrac{V}{I}$이므로 $R_A=\dfrac{5\ V}{2\ A}=2.5\ Ω$, $R_B=\dfrac{1\ V}{2\ A}=0.5\ Ω$이다.

5

모범 답안 | 가정에서 사용하는 전기 기구들은 병렬연결되어 있어서 각 전기 기구를 독립적으로 켜고 끌 수 있다. 각 전기 기구에

같은 전압이 걸린다. 모든 전기 기구를 동시에 사용하면 전체 저항이 작아져 회로에 흐르는 전류의 세기가 증가하므로 화재의 위험이 있다.

Ⅱ. 전기와 자기

03 전류의 자기 작용   17쪽

1

모범 답안 |

(1)   (2)

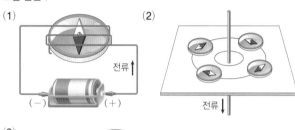

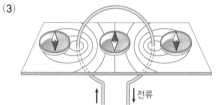

(3)

2

모범 답안 | 스위치를 닫으면 자기장 속에 놓여 있는 알루미늄 포일에 전류가 흘러 힘을 받는다. 이때 힘의 방향은 오른손의 엄지손가락을 전류의 방향, 나머지 네 손가락을 자기장의 방향으로 향하게 할 때 손바닥이 향하는 방향이다. 따라서 손바닥의 방향이 위쪽이므로 알루미늄 포일은 위쪽으로 힘을 받아 위쪽으로 들린다.

3

모범 답안 | 전지의 극을 바꿔 연결하여 전류의 방향을 바꾼다. 자석의 극 위치를 반대로 하여 자기장의 방향을 바꾼다.

Ⅲ. 태양계

01 지구와 달   18쪽

1

모범 답안 |

〈남쪽 하늘〉

 별들이 지표면과 나란하게 동에서 서로 이동하는 것처럼 보인다.

〈동쪽 하늘〉

 별들이 오른쪽 위로 비스듬하게 뜬다.

〈서쪽 하늘〉

 별들이 오른쪽 아래로 비스듬하게 진다.

〈북쪽 하늘〉

별들이 북극성을 중심으로 원을 그리면서 시계 반대 방향으로 회전하는 것처럼 보인다.

2

모범 답안 |

(1)

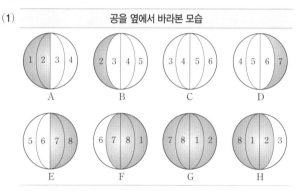

공을 옆에서 바라본 모습

A	B	C	D
1 2 3 4	2 3 4 5	3 4 5 6	4 5 6 7

E	F	G	H
5 6 7 8	6 7 8 1	7 8 1 2	8 1 2 3

(2) 공을 보는 위치에 따라 전등과 풍식이의 사이에서 공의 상대적인 위치가 변하여 공에 전등 빛이 반사되는 면적이 달라지기 때문이다.

Ⅲ. 태양계

01 지구와 달 ~ 02 태양계   19쪽

1

모범 답안 |

(1)

과정 ③	과정 ④

(2) • 과정 ③ : 개기 일식, 달의 본그림자 속에 있어 태양의 광구 전체가 가려져 보이지 않는 현상이다.
• 과정 ④ : 금환 일식, 지구와 달의 거리가 멀어져 달이 태양을 완전히 가리지 못해 태양의 가장자리가 보이는 현상이다.

2

모범 답안 |

(1) ___금성___	(2) ___화성___
[예시 답안] • 반지름과 질량이 지구와 거의 비슷하다. • 이산화 탄소로 이루어진 두꺼운 대기층이 있어 기압이 매우 높다. • 큰 온실 효과로 인해 표면 온도가 높다. • 표면에는 화산 활동으로 생긴 용암이 흐른 흔적이 있다. • 자전축이 거의 180°로 기울어져 동에서 서로 자전하는 것처럼 보인다. • 지구에서 관측 시 가장 밝게 보인다.	[예시 답안] • 산화 철 성분에 의해 표면이 붉게 보인다. • 주요 대기 성분은 이산화 탄소이고, 대기의 양이 매우 희박하여 낮과 밤의 표면 온도 차이가 크다. • 극지방에서 얼음과 드라이아이스로 이루어진 흰색의 극관이 관측된다. • 극관의 크기는 여름에는 작아지고 겨울에는 커진다. • 올림퍼스 화산과 최대 크기의 대협곡이 있다. • 과거에 물이 흘렀던 흔적이 있다.
(3) ___목성___	(4) ___토성___
[예시 답안] • 태양계에서 가장 큰 행성이다. • 대기의 대류와 빠른 자전으로 인해 적도와 나란한 가로줄 무늬가 나타난다. • 표면에 대기의 소용돌이인 대적점이 있다. • 이오, 유로파, 가니메데, 칼리스토 외 수많은 위성과 희미한 고리가 있다. • 극지방에서 오로라가 관측되기도 한다.	[예시 답안] • 태양계 행성 중 두 번째로 크고, 태양계 행성 중 평균 밀도가 가장 작다. • 주로 수소와 헬륨으로 이루어진 대기가 있다. • 얼음과 암석 조각으로 이루어진 뚜렷한 고리가 있다. • 극지방에서 오로라가 관측되기도 한다. • 60개 이상의 많은 위성이 있다.

3

모범 답안 |

태양에서 나타나는 현상
[모범 답안] • 태양 표면의 흑점 수가 증가한다. • 코로나의 크기가 커진다. • 홍염이나 플레어 현상이 더 자주 나타난다. • 태양풍이 강해진다.
지구에서 나타나는 현상
[모범 답안] • 지구 자기장이 불규칙하게 변하는 현상인 자기 폭풍이 발생한다. • 고위도 지역에서는 오로라가 더 넓은 지역에서, 더 자주 일어나게 된다. • 무선 전파 통신이 방해를 받는 델린저 현상이 나타난다. • 송전 시설의 고장으로 대규모 정전이 발생하기도 한다. • 지구 주위를 돌고 있는 인공위성이 고장나기도 한다.

01 광합성   20쪽

1

모범 답안 | 식물이 빛에너지를 이용하여 이산화 탄소와 물을 원료로 양분을 만드는 과정이다.

2

모범 답안 | 광합성에 필요한 물질은 물과 이산화 탄소이다. 물은 뿌리에서 흡수되어 증산 작용으로 줄기를 거쳐 잎 세포 속의 엽록체까지 이동한다. 이산화 탄소는 잎의 기공을 통해 공기 중에서 흡수한다.

3

모범 답안 | 광합성 결과 생성되는 물질은 산소와 포도당이다. 생성된 산소 중 일부는 식물체 내에서 사용되고, 남은 것은 밖으로 방출된다. 생성된 포도당은 즉시 녹말로 바뀌어 잎에 저장되었다가 호흡, 생장 등에 이용되고 남은 것은 뿌리, 줄기, 열매, 씨 등에 저장된다.

4

모범 답안 |

(1) 빛의 세기	(2) 이산화 탄소의 농도	(3) 온도
빛의 세기가 강할수록 광합성량이 증가하다가 어느 지점 이상에서는 더 이상 증가하지 않고 일정해진다.	이산화 탄소의 농도가 증가할수록 광합성량이 증가하다가 어느 지점 이상에서는 더 이상 증가하지 않고 일정해진다.	온도가 높아질수록 광합성량이 증가하다가 35 ℃ ~ 40 ℃에서 최대가 되고, 그 이상이 되면 급격히 감소한다.

5

모범 답안 | (1) 고무풍선에 공기의 양을 점점 늘려 주면 절연테이프를 붙인 안쪽보다 바깥쪽이 더 많이 늘어나 활 모양처럼 휘어진다.
(2) 마주 보는 두 개의 고무풍선은 공변세포, 고무풍선 사이의 빈 공간은 기공에 해당한다.

02 식물의 호흡과 에너지   21쪽

1

모범 답안 | (가)의 석회수는 뿌옇게 흐려지고, (나)의 석회수는 변하지 않는다.

2

모범 답안 | 빛이 없을 때 광합성은 일어나지 않고 호흡만 일어나며, 식물은 호흡의 결과 이산화 탄소를 방출한다는 것을 알 수 있다.

3

모범 답안 | 광합성은 빛에너지를 이용하여 에너지를 저장하는 과정이고, 호흡은 생명 활동에 필요한 에너지를 생산하는 과정이다.

4

모범 답안 | 열대야가 계속되면 식물은 호흡 활동이 활발해져 호흡량이 커진다. 호흡량이 커지면 저장되어 있던 양분을 더 소비하게 되므로 과일에 저장되어 있던 당의 양이 감소하여 과일의 당도가 떨어지게 된다.

5

모범 답안 | 빛이 강한 낮에는 식물의 광합성량이 호흡량보다 많아 호흡으로 발생한 이산화 탄소는 모두 광합성에 쓰인다. 식물은 광합성에 필요한 이산화 탄소를 흡수하고 광합성 산물인 산소를 방출한다.

6

모범 답안 |

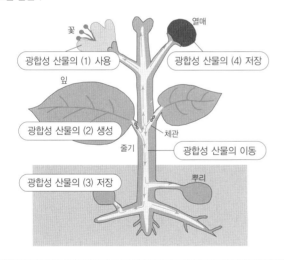

구분	내용
(5) 이동	잎에 저장되어 있던 녹말은 밤에 설탕으로 전환되어 이동한다.
(6) 사용	식물의 각 기관으로 이동한 양분은 호흡과 생장 등에 사용된다.
(7) 저장	이용하고 남은 양분은 녹말, 포도당, 단백질, 지방 등의 형태로 씨, 열매, 뿌리, 줄기 등에 저장된다.

창의적 문제 해결 능력

Ⅰ. 물질의 구성

01 물질의 기본 성분 ~ 03 이온의 형성   22쪽

1

예시 답안 | 특정 원소를 포함한 물질을 양초의 심지에 묻혀 놓거나 양초에 포함시켜서 만들면 양초가 탈 때 독특한 불꽃색이 나타나게 된다. 양초에 리튬을 포함한 물질을 넣으면 빨간색 불꽃, 나트륨을 포함한 물질을 넣으면 노란색 불꽃, 칼륨을 포함한 물질을 넣으면 보라색 불꽃, 구리를 포함한 물질을 넣으면 청록색 불꽃, 세슘을 포함한 물질을 넣으면 파란색 불꽃이 나타난다.

2

예시 답안 | 휴대 전화의 회로 기판, 반도체 속에는 금, 은 등이 들어 있는데, 폐휴대 전화 약 1t에서 금 400g 정도를 얻을 수 있다. 또, 휴대 전화에는 망가니즈, 코발트, 인듐, 탄탈럼 등이 포함되어 있는데, 이 원소들은 자연에서 쉽게 구하기 어려운 원소들이다. 따라서 폐휴대 전화에서 이 원소들을 추출하여 재활용하는 것이 효율적이다. 한편, 휴대 전화 속에는 납, 카드뮴 등의 원소도 포함되어 있는데, 이러한 원소들은 인체에 유해하며 환경 오염을 일으킨다. 그러므로 폐휴대 전화는 정해진 장소에 버려야 환경 오염을 줄일 수 있다.

3

예시 답안 | 칼슘 이온(Ca^{2+})과 마그네슘 이온(Mg^{2+})은 황산 이온(SO_4^{2-})에 의하여 앙금이 잘 생성된다. 따라서 황산 이온을 포함하는 황산 나트륨, 황산 칼륨 등을 지하수에 넣으면 황산 칼슘과 황산 마그네슘 앙금이 생성되어 칼슘 이온과 마그네슘 이온을 제거할 수 있다.

Ⅰ. 물질의 구성

마인드맵 그리기   23쪽

❶ 원소

❷ 보라색

❸ 빨간색

❹ 청록색

❺ 노란색

❻ 연속 스펙트럼

❼ 선 스펙트럼

❽ 원자

❾ 원자핵

❿ 전자

⓫ 분자

⓬ 산소, 수소

⓭ 3개

⑭ H₂O

⑮ 양이온

⑯ 음이온

01 광합성 ~ 02 식물의 호흡과 에너지   27쪽

1

예시 답안 | 식물 공장에서는 빛의 세기, 이산화 탄소의 농도, 온도 등을 식물이 가장 잘 자랄 수 있는 조건으로 조절해야 한다.

2

예시 답안 | 수족관에 수초를 함께 넣으면 수초는 광합성을 하여 열대어가 호흡으로 생성하는 이산화 탄소를 소모하고 산소를 방출하며, 열대어는 이 수초에서 생성된 산소를 호흡에 이용한다. 따라서 수족관 속 이산화 탄소의 농도와 산소의 농도가 열대어가 살기 좋은 조건으로 유지된다.

3

예시 답안 | 버드나무가 흙을 먹고 자랐다면 흙의 무게가 줄어들 것이므로 실험 전후 화분에 담긴 흙의 무게를 재어 보는 것이 필요하다. 또한 실제 흙의 무게가 줄어들었다면 버드나무의 무게가 그만큼 늘어났는지 측정해 보는 것도 필요하다.

Ⅱ. 전기와 자기

마인드맵 그리기   24~25쪽

❶ 마찰 전기

❷ 끌어당기는

❸ 척력

❹ 검전기

❺ 전하

❻ 전압

❼ 전류를 흐르게 하는

❽ 전류

❾ 전압

❿ 옴의 법칙

⓫ 전류

⓬ 전기

⓭ 역학적

⓮ 아래

⓯ 위

Ⅳ. 식물과 에너지

마인드맵 그리기   28쪽

❶ 빛에너지, 이산화 탄소

❷ 온도

❸ 이산화 탄소의 농도

❹ 공변세포

❺ 기공

❻ 산소, 포도당, 에너지

❼ 낮

❽ 빛

❾ 포도당, 녹말, 설탕, 체관

Ⅲ. 태양계

마인드맵 그리기   26쪽

❶ 태양

❷ 흑점

❸ 쌀알 무늬

❹ 대기

❺ 지구형

❻ 작다

❼ 크다

❽ 자전

❾ 별의 연주 운동

❿ 360°

⓫ 닮음비

⓬ 달

⓭ 상현달

⓮ 그믐달

⓯ 월식

⓰ 금환 일식

탐구 보고서 작성

Ⅰ. 물질의 구성
03 이온의 형성　　29쪽

결과 | 모범 답안

황산 구리(Ⅱ) 수용액의 파란색을 띤 구리 이온(Cu^{2+})이 (−)극으로 이동하며, 과망가니즈산 칼륨 수용액의 보라색을 띤 과망가니즈산 이온(MnO_4^-)이 (+)극으로 이동한다.

정리 | 모범 답안

전하를 띤 입자인 이온이 정전기적 인력에 의해 서로 반대 전하를 띤 전극으로 끌려가기 때문에 황산 구리(Ⅱ) 수용액의 파란색을 띤 이온은 (+)전하, 과망가니즈산 칼륨 수용액의 보라색을 띤 이온은 (−)전하를 띨 것이다.

Ⅱ. 전기와 자기
03 전류의 자기 작용　　30쪽

결과 및 정리 | 모범 답안

2. 바뀐다

3. 바뀐다

4. 전지의 개수를 늘려 전류의 세기를 증가시킨다. 네오디뮴 자석의 개수를 늘려 자기장의 세기를 증가시킨다. 코일의 감은 수를 증가시킨다.

5. 네오디뮴 자석이 만드는 자기장 속에 있는 코일이 받는 힘의 방향은 코일에 흐르는 전류의 방향과 자기장의 방향에 각각 수직이므로, 코일은 회전축을 중심으로 회전한다. 코일의 한쪽 끝만 에나멜을 완전히 벗긴 상태이므로 코일이 반 바퀴 회전했을 때는 전류가 흐르지 않지만, 계속 회전하려는 성질(관성) 때문에 원래의 회전 방향으로 계속 회전하게 된다.

Ⅲ. 태양계
01 지구와 달　　31쪽

과정 | 모범 답안

❶ 45

❸ 시계 반대

결과 | 모범 답안

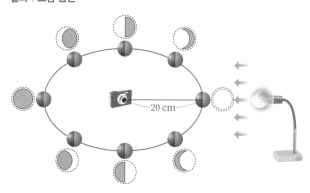

정리 | 모범 답안

1. 초승달, 상현달, 보름달, 하현달, 그믐달

2. 달이 지구 둘레를 공전하면서 태양 − 지구 − 달의 상대적인 위치가 변하므로, 달에 햇빛이 반사되어 우리 눈에 보이는 면적이 달라지기 때문이다.

Ⅲ. 태양계
02 태양계　　32쪽

결과 | 모범 답안

(1) 분류 기준 : 태양과의 거리		
구분	지구보다 가까운 행성	지구보다 먼 행성
행성	수성, 금성	화성, 목성, 토성, 천왕성, 해왕성

(2) 분류 기준 : 질량		
구분	작은 행성	큰 행성
행성	수성, 금성, 지구, 화성	목성, 토성, 천왕성, 해왕성

(3) 분류 기준 : 반지름		
구분	작은 행성	큰 행성
행성	수성, 금성, 지구, 화성	목성, 토성, 천왕성, 해왕성

(4) 분류 기준 : 평균 밀도		
구분	작은 행성	큰 행성
행성	목성, 토성, 천왕성, 해왕성	수성, 금성, 지구, 화성

(5) 분류 기준 : 위성 수		
구분	없거나 적은 행성	많은 행성
행성	수성, 금성, 지구, 화성	목성, 토성, 천왕성, 해왕성

(6) 분류 기준 : 고리의 유무		
구분	없는 행성	있는 행성
행성	수성, 금성, 지구, 화성	목성, 토성, 천왕성, 해왕성

정리 | 모범 답안

1. 내행성과 외행성으로 분류하거나 지구형 행성과 목성형 행성으로 분류할 수 있다.

2. • 내행성과 외행성의 분류 : 지구의 공전 궤도를 기준으로 지구의 공전 궤도 안쪽에서 공전하는 내행성(수성, 금성)과 지구의 공전 궤도 바깥쪽에서 공전하는 외행성(화성, 목성, 토성, 천왕성, 해왕성)으로 구분할 수 있다.

• 지구형 행성과 목성형 행성의 분류 : 수성, 금성, 지구, 화성은 질량과 반지름이 작고, 평균 밀도가 큰 행성으로 지구형 행성이라고 한다. 지구형 행성은 위성이 없거나 위성 수가 적고, 고리가 없다. 목성, 토성, 천왕성, 해왕성은 질량과 반지름이 크고, 밀도가 작은 행성으로 목성형 행성이라고 한다. 목성형 행성은 위성수가 많고, 고리가 있다.

Ⅳ. 식물과 에너지

01 광합성
33쪽

결과 | 모범 답안

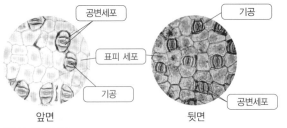

공변세포	기공
표피 세포	
기공	공변세포
앞면	뒷면

정리 | 모범 답안

1. 표피 세포에서는 엽록체가 관찰되지 않으나 공변세포에서는 엽록체가 관찰된다.

2. 2개

3. 닭의장풀 잎의 앞면과 뒷면 모두에 기공과 공변세포가 존재하지만, 앞면보다 뒷면에 더 많이 분포한다.

4. 증산 작용은 식물의 기공을 통해 일어난다. 기공은 잎의 앞면보다 뒷면에 더 많이 존재하므로 증산 작용은 잎의 뒷면에서 더많이 일어난다.

E=MC² **중간·기말고사 대비**

Ⅰ. 물질의 구성

01 물질의 기본 성분

학교 시험 문제			35~36쪽
01 ③	02 ③	03 ①	04 ④
05 ③	06 ③	07 ④	08 ②
09 ②, ③	10 ④	11 ③	12 ③

01

ㄱ. 탈레스는 만물의 근원은 물이라는 1원소설을 주장하였다.

ㄷ. 보일은 모든 물질은 더 이상 분해되지 않는 원소로 이루어져 있다고 주장하였다.

바로 알기 | ㄴ. 데모크리토스는 물질을 계속 쪼개면 더 이상 쪼갤수 없는 입자에 도달한다는 원자설을 주장하였다.

02

자료 해석 | 라부아지에의 물 분해 실험

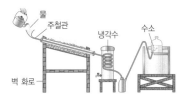

뜨거운 주철관에 물을 통과시키면 수소와 산소로 분해된다. 라부아지에는 물이 분해되는 현상을 통해 물이 원소가 아님을 증명하였으며, 물이 4원소 중 한 가지라고 주장한 아리스토텔레스의 4원소변환설이 옳지 않음을 증명하였다.

바로 알기 | ㄴ. 기체 A는 수소이고, 불꽃이 타오르게 도와주는 기체는 산소이다.

03

ㄱ, ㄴ. 원소는 물질을 이루는 기본 성분으로, 옛날과 달리 현재에는 물, 빛, 열은 원소에 속하지 않는다.

바로 알기 | ㄷ, ㄹ. 원소란 물질을 이루는 기본 성분이며, 현재120여 종이 발견되었다. 이 중 90여 종은 자연계에 존재하는 원소이며, 나머지는 인공적으로 만들어졌다.

04

ㄴ. A는 (+)극에 연결되어 있으므로 모이는 기체는 산소, B는 (−)극에 연결되어 있으므로 모이는 기체는 수소이다. A에 모이는 기체의 부피는 B에 모이는 기체의 부피보다 작다.

ㄷ. 순수한 물은 전류가 흐르지 않는데 수산화 나트륨을 녹이면전류가 잘 흐르게 된다.

바로 알기 | ㄱ. A에 모이는 기체는 산소로, 산소에 꺼져가는 불씨를 가까이 가져가면 다시 타오른다. 불씨를 가까이 가져가면 '퍽' 소리를 내는 기체는 수소이다.

05

물질을 이루는 기본 성분으로, 더 이상 다른 종류의 물질로 분해되지 않는 것은 원소이다. 헬륨, 질소, 황, 아르곤, 리튬, 은은 원소이다.

06

바로 알기 | ① 반도체 소재로 이용되는 것은 규소이다.

② 생물의 호흡에 이용되는 것은 산소이다.

④ 광고용 풍선 기체로 이용되는 것은 헬륨이다.

⑤ 과자 봉지의 충전 기체로 이용되는 것은 질소이다.

07

염화 리튬(가)의 불꽃 반응 색은 빨간색, 염화 구리(Ⅱ)(나)의 불꽃 반응 색은 청록색, 염화 바륨(다)의 불꽃 반응 색은 황록색, 황산 나트륨(라)의 불꽃 반응 색은 노란색, 탄산 칼슘(마)의 불꽃 반응 색은 주황색, 질산 스트론튬(바)의 불꽃 반응 색은 빨간색이다.

바로 알기 | ④ 보라색은 칼륨의 불꽃 반응 색이다. 제시된 물질 중에는 칼륨을 포함하는 물질이 없으므로 보라색을 관찰할 수 없다.

08

리튬과 스트론튬의 불꽃 반응 색은 빨간색으로 비슷하기 때문에 불꽃 반응으로는 구별하기 어렵다.

09

바로 알기 | ② 구리선은 구리의 불꽃 반응 색인 청록색을 띠므로 니크롬선 대신 사용할 수 없다.

③ 불꽃 반응 실험에서 시료는 무색의 겉불꽃 속에 넣는다.

10

① 물질에 따라 고유한 스펙트럼을 나타내므로 스펙트럼을 관찰하면 물질 속에 포함된 원소의 종류를 확인할 수 있다.

② 시료의 양이 적더라도 불꽃 반응이 가능하므로 스펙트럼을 통해 원소의 종류를 확인할 수 있다.

③ 분광기를 통해 햇빛을 관찰하면 연속 스펙트럼을 관찰할 수 있다.

⑤ 물질에 포함된 금속 원소는 스펙트럼에 모두 나타나게 된다.

바로 알기 | ④ 연속 스펙트럼은 햇빛이나 백열 전구의 빛을 분광기에 통과시켰을 때 나타난다. 불꽃 반응의 빛을 분광기에 통과시키면 선 스펙트럼이 나타나는데, 물질마다 선 스펙트럼의 굵기나 위치 등이 다르므로 불꽃 반응 색이 같은 물질은 선 스펙트럼을 통해 확실히 구별할 수 있다.

11

(가)는 연속 스펙트럼, (나)는 선 스펙트럼이다.

바로 알기 | ③ 금속 원소가 포함된 시료는 선 스펙트럼(나)이 나타나며 원소의 종류에 따라 선의 색이나 개수, 굵기, 위치 등이 달라 원소를 구별할 수 있다.

12

물질 X의 선 스펙트럼에는 원소 A, 원소 C와 같은 위치에 선이 나타나므로 물질 X에는 원소 A와 C가 포함되어 있다.

02 물질을 이루는 입자

학교 시험 문제   38~39쪽

01 ②   02 ③   03 ⑤   04 ④
05 ③   06 ③   07 ⑤   08 ①, ②
09 ⑤   10 ①   11 ⑤   12 ②
13 ④

01

바로 알기 | ㄱ. 현대적인 원자 개념을 확립하는 계기가 된 것은 돌턴의 원자설이다.

ㄷ. (가)는 아리스토텔레스의 연속설, (나)는 데모크리토스의 입자설에 대한 내용이다.

02

ㄱ. 고무풍선 표면의 작은 틈을 통하여 기체를 이루는 입자가 공기 중으로 빠져나오기 때문에 입구를 단단히 묶어도 시간이 지나면 풍선의 크기가 점점 작아진다.

ㄷ. 크기가 큰 입자 사이의 빈 공간에 크기가 작은 입자가 끼어들어가기 때문에 전체의 부피가 각 부피의 합보다 작아진다.

바로 알기 | ㄴ. 고체가 액체로 상태가 변하는 융해에 대한 설명이다.

03

바로 알기 | ㄱ. 원자핵은 전기적으로 중성이 아닌 (+)전하를 띤다.

ㄴ. 원자의 대부분은 빈 공간으로 이루어져 있다.

04

ㄱ. (+)전하의 개수가 4개이므로 원자핵의 전하량은 +4이다.

ㄴ. (−)전하의 개수가 4개이므로 전자의 총 전하량은 −4이다.

ㄹ. 원자핵의 (+)전하량과 전자의 (−)전하량이 같으므로 전기적으로 중성이다.

바로 알기 | ㄷ. 원자에서 전자는 원자핵 주위를 계속해서 움직이고 있다.

05

원자는 원자핵의 전하량과 전자의 총 전하량이 같다.

바로 알기 | ① (가)는 +1이다.

② (나)는 +4이다.

④ (라)는 10이다.

⑤ (마)는 +20이다.

06

바로 알기 | ① 분자식은 CH_4이다.

② 메테인의 분자 모형이다.

④ 수소 원자 4개는 탄소 원자 1개와 한 분자를 이룬다.

⑤ 이 모형을 3개 만들기 위해서는 수소 원자 모형이 12개 필요하다.

07

그림은 두 종류의 원소로 구성된 분자이며, 한 분자당 4개의 원자로 구성되어 있다. 따라서 그림의 분자는 $3NH_3$를 나타낸다는 것을 알 수 있다.

08

HCl은 염화 수소이며, 3HCl은 염화 수소 분자 3개를 나타낸다. 염화 수소는 염소 원자 1개와 수소 원자 1개로 이루어져 있다. 따라서 3HCl은 수소 원자 3개와 염소 원자 3개로 이루어져 있다.

09

2CH₄는 총 2개의 분자로 구성되어 있으며, 분자 한 개당 탄소 원자 1개, 수소 원자 4개로 구성된다.

10

바로 알기 | ㄷ. H, C, N과 같이 한 글자인 원소 기호도 존재한다.
ㄹ. 서로 다른 두 원소의 첫 글자가 같은 경우 중간 글자를 선택하여 소문자로 표현한다.

11

(가)는 연금술사, (나)는 돌턴, (다)는 베르셀리우스가 제안한 원소의 표현 방법이다.
바로 알기 | ④ 서로 다른 두 원소의 첫 글자가 같다면, 중간 글자를 선택하여 첫 글자 다음에 소문자로 표현한다.

12

바로 알기 | (가)는 칼륨, (다)는 P, (라)는 알루미늄, (마)는 칼슘에 해당한다.

13

바로 알기 | ① 실온에서 액체인 유일한 금속은 수은(Hg)이다.
② 반도체를 만들 때 규소(Si)를 사용한다.
③ 인화성이 있어 성냥에 사용하는 것은 인(P)이다.
⑤ 헬륨(He)은 매우 안정적인 기체로 비행선 등에 이용된다.

03 이온의 형성

학교 시험 문제

41~42쪽

01 ③	02 ②	03 ④	04 ⑤
05 ③	06 ④	07 ③	08 ④
09 ②	10 ⑤	11 ⑤	

01

③ 전기적으로 중성인 원자가 이온이 될 때, 원자핵의 전하량은 달라지지 않는다.
바로 알기 | ① (가)에서 원자는 전자 1개를 얻어 음이온이 된다.
② (가)는 전자를 얻었으므로 음이온의 형성 과정, (나)는 전자를 잃었으므로 양이온의 형성 과정이다.
④ (나)에서 형성된 이온은 전자를 잃었으므로 이온식으로 나타내면 B²⁺이다.
⑤ 산소 원자는 전자 2개를 얻어 음이온이 되므로, (나)와 같은 과정을 거치지 않는다.

02

원자핵의 전하량이 +11인 원자는 나트륨으로, 나트륨 원자(Na)(A)가 전자 1개를 잃어 양이온(Na⁺)(B)이 되는 과정을 나타낸 것이다.
바로 알기 | ② Na⁺은 Na이 전자 1개를 잃어 양이온이 된 것이다.

03

바로 알기 | Cl⁻은 염화 이온, K⁺은 칼륨 이온, OH⁻은 수산화 이온, CO₃²⁻은 탄산 이온이다.

04

보라색을 띠는 과망가니즈산 이온(MnO_4^-)은 (+)극이 있는 오른쪽으로, 파란색을 띠는 구리 이온(Cu^{2+})은 (−)극이 있는 왼쪽으로 움직인다.

05

ㄱ. 염화 나트륨 수용액에는 나트륨 이온과 염화 이온이 들어 있다.
ㄴ. 설탕은 이온으로 이루어진 물질이 아니기 때문에 물에 녹아도 중성인 설탕 분자 상태로 존재한다.
바로 알기 | ㄷ. 염화 나트륨 수용액 속 양이온은 (−)극으로, 음이온은 (+)극으로 이동하므로 전구에 불이 켜진다.

06

바로 알기 | ㄷ. 앙금 생성 반응을 통해 만들어진 앙금은 결합하는 이온에 따라 각각 다른 색을 띤다.

07

ㄱ, ㄴ. 질산 납($Pb(NO_3)_2$) 수용액과 아이오딘화 칼륨(KI) 수용액을 반응시키면 납 이온(Pb^{2+})과 아이오딘화 이온(I^-)이 반응하여 노란색 앙금인 아이오딘화 납(PbI_2)이 생성된다. 따라서 ㉠은 (+)전하를 띠는 칼륨 이온(K^+)이다.
바로 알기 | ㄷ. 혼합 용액에는 반응에 참여하지 않은 이온이 들어 있으므로 전류가 흐른다.

08

(가)에서 염화 나트륨(NaCl) 수용액과 질산 은($AgNO_3$) 수용액이 반응하면 은 이온(Ag^+)과 염화 이온(Cl^-)이 염화 은(AgCl) 앙금을 생성한다.
(다)에서 수산화 칼슘($Ca(OH)_2$) 수용액과 탄산 칼륨(K_2CO_3) 수용액이 반응하면 칼슘 이온(Ca^{2+})과 탄산 이온(CO_3^{2-})이 탄산 칼슘($CaCO_3$) 앙금을 생성한다.
(라)에서 염화 바륨($BaCl_2$) 수용액과 질산 은($AgNO_3$) 수용액이 반응하면 은 이온(Ag^+)과 염화 이온(Cl^-)이 염화 은(AgCl) 앙금을 생성한다.
바로 알기 | (나)에서 묽은 황산(H_2SO_4)과 질산 나트륨($NaNO_3$) 수용액을 반응시켜도 앙금을 생성하지 않는다.

09

빨간색의 불꽃 반응 색을 나타낸 것은 리튬(Li)이다. 염화 리튬(LiCl) 수용액은 질산 은($AgNO_3$) 수용액과 앙금 생성 반응을 하여 흰색의 앙금인 염화 은(AgCl)을 생성한다.

10

노란색의 불꽃 반응 색은 나트륨 이온(Na^+)에서 나타난다. 질산은($AgNO_3$) 수용액은 아이오딘화 이온(I^-)과 만나 노란색의 아이오딘화 은(AgI) 앙금을 생성한다.

11

바로 알기 | ㄱ. X−ray 촬영 검사를 할 때 기관지, 위, 장 등의 인체 내부를 잘 볼 수 있도록 조영제를 투여하는데, 조영제로는 황산 바륨($BaSO_4$) 용액을 사용한다. 황산 바륨($BaSO_4$)은 물에 녹지 않는 앙금이므로 이온으로 나누어지지 않아 몸속에서 흡수되지 않고 배출되기 때문에 부작용이 거의 없다.

서술형 문제 ⦿ I. 물질의 구성   43~44쪽

01

모범 답안 | (1) 라부아지에는 이 실험으로 물이 수소와 산소로 분해된다는 것을 알아내어 물이 원소가 아님을 증명하였다.

채점 기준	배점
물이 분해되는 원리를 이용해 물이 원소가 아님을 증명하였다는 것을 옳게 서술한 경우	100 %

(2) 수소, 불씨를 가까이 가져가면 '퍽' 소리를 내며 잘 탄다.

채점 기준	배점
기체 A가 무엇인지 쓰고, 기체의 확인 방법을 옳게 서술한 경우	100 %
기체 A가 무엇인지만 옳게 쓴 경우	20 %

02

모범 답안 | 수소, 철, 질소, 알루미늄, 금 / 원소는 물질을 이루는 기본 성분으로, 더 이상 다른 물질로 분해되지 않는다.

채점 기준	배점
원소를 모두 고르고, 원소의 정의에 대해 옳게 서술한 경우	100 %
원소만 옳게 고른 경우	30 %

03

모범 답안 | 불꽃놀이에 사용하는 폭죽 속에 특유의 불꽃 반응 색을 나타내는 여러 가지 금속 원소가 포함되어 있기 때문이다.

채점 기준	배점
폭죽 속에 포함되어 있는 금속 원소에 따라 폭죽의 색깔이 달라진다는 내용을 옳게 서술한 경우	100 %

04

모범 답안 | 니크롬선에 다른 종류의 금속 시료를 묻히기 전에 니크롬선에 묻은 불순물을 제거하기 위해 묽은 염산과 증류수로 깨끗이 씻어줘야 한다.

채점 기준	배점
키워드를 포함하여 옳게 서술한 경우	100 %

05

모범 답안 | (가), 원소를 포함하는 물질에는 각 원소에 해당하는 선 스펙트럼이 모두 포함되어 있기 때문이다.

채점 기준	배점
A, B를 모두 포함하는 물질을 쓰고, 그 까닭을 옳게 서술한 경우	100 %
A, B를 모두 포함하는 물질만 옳게 쓴 경우	30 %

06

모범 답안 | 염화 수소 분자 1개는 수소 원자 1개와 염소 원자 1개로 이루어져 있다.

채점 기준	배점
염화 수소 분자를 원자와 분자의 개념을 이용하여 옳게 서술한 경우	100 %

07

모범 답안 | 마그네슘 원자(Mg)는 전자 2개를 잃고 마그네슘 이온(Mg^{2+})이 된다.

채점 기준	배점
마그네슘 원자가 이온이 되는 과정을 전자의 이동으로 옳게 서술한 경우	100 %

08

모범 답안 | 수돗물에 녹아 있는 이온과 피부에 묻어 있던 이온이 모두 물에 녹아 전류가 흐르기 때문이다.

채점 기준	배점
이온과 관련지어 옳게 서술한 경우	100 %

09

모범 답안 | 나트륨 이온(Na^+)은 (−)극으로, 염화 이온(Cl^-)은 (+)극으로 움직인다.

채점 기준	배점
이온의 이동 방향을 옳게 서술한 경우	100 %

10

모범 답안 | (1) 질산 암모늄(NH_4NO_3) 수용액을 적신 거름종이에 놓인 이온은 전원이 연결되면 정전기적 인력에 의해 서로 반대 전하를 띠는 극으로 이동하므로, 노란색 앙금이 만들어진다.

채점 기준	배점
이온의 이동과 관련지어 옳게 서술한 경우	100 %

(2) 전극의 방향을 바꾸면 납 이온(Pb^{2+})과 아이오딘화 이온(I^-)이 서로 만나지 않기 때문에 노란색의 앙금이 생성되지 않을 것이다.

채점 기준	배점
전극의 방향을 바꾸었을 때의 실험 결과를 이온과 관련지어 옳게 서술한 경우	100 %

11

모범 답안 | 유황온천에 들어 있는 황 이온(S^{2-})이 은반지와 반응하여 검은색을 띠는 황화 은(Ag_2S)을 생성했기 때문이다.

채점 기준	배점
은반지가 까맣게 변한 까닭을 이온과 관련지어 옳게 서술한 경우	100 %

12

모범 답안 | $CaCO_3$, 관석의 양이 많아지면 열전도율이 낮아지고, 관이 터질 위험이 있다.

채점 기준	배점
관석의 화학식과 보일러에 끼치는 영향을 옳게 서술한 경우	100 %
관석의 화학식만 옳게 쓴 경우	30 %

Ⅱ. 전기와 자기

01 전기의 발생

학교 시험 문제

46~47쪽

01 ④	02 ③	03 ③	04 ③
05 ②	06 ②, ④	07 ④	08 ①, ⑤
09 ②	10 ⑤		

01

① 전자를 얻은 물체는 (−)전하를 띠고, 전자를 잃은 물체는 (+)전하를 띤다.
⑤ 마찰 과정에서 새로운 전자가 생성되거나 소멸되지 않으며, 전자가 한 물체에서 다른 물체로 이동하여 전기를 띠게 된다.
바로 알기 | ④ 같은 종류의 두 물체를 마찰하면 두 물체는 전자를 잃는 정도가 같아 전기를 띠지 않는다.

02

A는 전자를 잃어 (+)전하로 대전되었고, B는 전자를 얻어 (−)전하로 대전되었다. C는 (+)전하와 (−)전하의 양이 같으므로 전기적으로 중성이다.

03

A는 (+)전하로 대전된 유리 막대에 의해 밀려나므로 유리 막대와 같은 종류의 전하를 띠고, B는 유리 막대 쪽으로 끌려오므로 유리 막대와 다른 종류의 전하를 띤다. 따라서 A는 (+)전하, B는 (−)전하를 띤다.

04

③ (−)대전체를 금속 막대의 A 쪽에 가까이 하면 척력에 의해 전자가 A에서 B 쪽으로 이동한다.
바로 알기 | ①, ② 정전기 유도에 의한 전자의 이동으로 A 부분에는 (+)전하, B 부분에는 (−)전하가 유도된다.
④ 원자핵은 이동하지 않고 전자의 이동에 의해 정전기 유도가 일어난다.
⑤ 금속 막대에 대전체를 가까이 하면 대전체와 가까운 A에는 대전체와 다른 종류의 전하가 유도된다.

05

(−)전하로 대전된 플라스틱 막대를 A에 가까이 할 때 A 내부의 전자들은 척력을 받아 B 쪽으로 이동한다. 이때 A, B를 떼어 놓으면 A는 (+)전하, B는 (−)전하를 띠게 된다.

06

② A와 B를 떨어뜨려 놓고 (+)대전체를 치우면 A는 (+)전하, B는 (−)전하로 대전되므로 A와 B는 서로 끌어당긴다.
④ B는 (−)전하를 띠므로 (−)대전체를 가까이 하면 B가 밀려난다.
바로 알기 | ③ A는 (+)전하를 띠므로 (+)대전체를 가까이 하면 A가 밀려난다.

⑤ A와 B는 서로 다른 종류의 전하로 대전되어 있으므로 A와 B 사이에는 서로 끌어당기는 인력(전기력)이 작용한다.

07

검전기를 통해 물체의 대전 여부, 대전된 전하의 종류, 물체가 대전된 정도(대전체의 상대적인 전하의 양)를 비교할 수 있다.

08

검전기에 (−)대전체를 접촉하거나, (+)대전체를 가까이 한 상태에서 손가락을 접촉한 후 손가락과 대전체를 동시에 치우면 검전기를 (−)전하로 대전시킬 수 있다.

09

(−)전하로 대전된 검전기에 (−)대전체를 가까이 하면 금속박으로 더 많은 전자들이 밀려나면서 금속박 사이에 작용하는 척력이 커지므로 금속박이 더 벌어진다.

10

(−)대전체를 가까이 한 상태에서 손가락을 접촉한 후 손가락과 대전체를 동시에 치우면 검전기 전체는 (+)전하로 대전된다.

O2 전류, 전압, 저항

01

② 전지 기호에서 길이가 긴 선은 전지의 (+)극, 길이가 짧은 선은 전지의 (−)극이다. 전류는 전지의 (+)극에서 (−)극 쪽으로 흐르고, 전자는 전지의 (−)극에서 나와 (+)극 쪽으로 이동한다.

바로 알기 | ① 전류가 흐르지 않아도 전자들은 존재한다. 다만 일정한 방향으로 움직이지 않기 때문에 전류가 흐르지 않는다.
③ 원자핵은 이동하지 않고, 전자는 B 방향으로 이동한다.
④ 전자가 가진 전기 에너지가 전구를 밝게 빛나게 하며, 전자는 없어지지 않는다.
⑤ 전원의 극을 반대로 연결하면 전류가 흐르는 방향은 반대 방향이 된다.

02

바로 알기 | ㄱ. (가)는 전압, (나)는 전구이다.

03

⑤ (나)에서 전류는 전자가 이동하는 방향과 반대인 D에서 C 방향으로 흐른다.

바로 알기 | ①, ② (가)의 회로에는 전류가 흐르지 않으며, 연결된 전지의 극을 알 수 없다.
③ (나)의 C는 전지의 (−)극 쪽에 연결되어 있다.
④ (나)에서 전류는 D에서 C 방향으로 흐르고, 전자는 C에서 D 방향으로 이동한다.

04

(−)단자 중 50 mA에 연결하였으므로 이에 해당하는 눈금을 읽으면 35 mA이다.

05

전기 저항은 전선의 길이가 길수록, 단면적(굵기)이 작을수록 크다.

06

바로 알기 | ㄱ. 전류 − 전압 그래프에서 기울기는 저항의 역수를 의미하므로 기울기가 작을수록 저항이 크다. 따라서 저항의 크기는 A>B>C 순이다.
ㄷ. A~C의 저항이 모두 다르므로 원자의 배열 상태도 모두 다르다.

07

바로 알기 | ① 전류 − 전압 그래프의 기울기는 저항의 역수를 의미한다.
② A의 저항은 $\frac{2\text{ V}}{2\text{ A}}=1\ \Omega$, B의 저항은 $\frac{4\text{ V}}{2\text{ A}}=2\ \Omega$이므로, A와 B의 저항의 비(A : B)는 1 : 2이다.
④ 전류의 세기가 같을 때 B에 걸리는 전압은 A에 걸리는 전압의 2배이다.
⑤ 전압이 같을 때 두 니크롬선에 흐르는 전류의 세기의 비(A : B)는 2 : 1이다.

08

전압이 120 V일 때 500 mA=0.5 A의 전류가 흐르므로 저항 R의 저항 값은 $\frac{120\text{ V}}{0.5\text{ A}}=240\ \Omega$이다.

09

⑤ C에 걸리는 전압은 A의 연결과 관계없이 일정하므로 A가 끊어져도 C의 밝기는 변화가 없다.

바로 알기 | ①, ②, ③ 전구의 밝기와 전구에 걸리는 전압은 A=B<C이고, 저항이 같을 때 전류의 세기는 전압에 비례하므로 전구에 흐르는 전류의 세기도 A=B<C이다.
④ B는 A와 직렬로 연결되어 있으므로 A가 끊어지면 B에도 전류가 흐르지 않아 꺼진다.

10

저항을 직렬연결할수록 길이가 길어지는 효과가 있으므로 전체 저항이 커진다.

O3 전류의 자기 작용

01

자기력선은 N극에서 나와 S극으로 들어간다.

02

① 직선 도선에 전류가 흐르면 동심원 모양의 자기장이 생긴다.

바로 알기 | ⑤ A 지점에 나침반을 놓으면 나침반 바늘의 N극은 동쪽, S극은 서쪽을 가리킨다.

03

C에서 전류는 북쪽으로 흐르므로 나침반 바늘의 N극은 동쪽을 가리킨다.

04

(가)는 북쪽, (나)는 남쪽, (다)는 북쪽을 가리킨다.

05

바로 알기 | ③, ⑤ 코일에 흐르는 전류의 방향과 코일이 감긴 방향은 자기장의 세기와 관계가 없다.

06

코일 내부에서 자기장의 방향은 오른손의 네 손가락을 전류의 방향으로 하고 코일을 감아쥘 때 엄지손가락이 향하는 방향이다. 따라서 코일에 의한 자기장은 코일의 왼쪽에서 나와 오른쪽으로 들어가는 방향으로 형성된다.

07

ㄱ. 오른손의 엄지손가락을 전류의 방향, 나머지 네 손가락을 자기장의 방향으로 향하게 할 때, 손바닥이 향하는 방향이 도선이 받는 힘의 방향이다.

ㄷ. 전류의 방향을 반대로 바꾸거나 자기장의 방향을 반대로 바꾸면 도선이 받는 힘의 방향도 반대가 된다.

바로 알기 | ㄴ. 전류의 방향과 자기장의 방향이 나란할 때에는 도선이 힘을 받지 않는다.

08

자기장의 방향은 N극에서 나와 S극으로 들어가는 D 방향이므로, 화살표 방향으로 전류가 흐를 때 도선은 C 방향으로 힘을 받게 된다. 전류의 방향이 반대로 바뀌면 도선은 A 방향으로 힘을 받게 된다.

09

자기장은 N극에서 나와 S극으로 들어가는 방향으로 형성되므로 자기장 속에서 전류가 흐르는 도선이 받는 힘의 방향은 ㉠이다.

10

자기장은 도선의 왼쪽 방향으로 형성되고, 직선 도선에 흐르는 전류가 종이면에서 수직으로 나오는 방향이므로 도선이 받는 힘의 방향은 말굽자석 안쪽이다.

11

바로 알기 | ① 오른손의 엄지손가락을 전류의 방향, 나머지 네 손가락을 자기장의 방향으로 향하게 하면 손바닥은 말굽자석의 바깥쪽을 향한다. 즉, 자기력이 말굽자석의 바깥쪽으로 작용하기 때문에 도선 그네도 말굽자석 바깥쪽으로 움직인다.

서술형 문제 Ⅱ. 전기와 자기 54~55쪽

01

모범 답안 | 물줄기는 대전체 쪽으로 휘어진다. 물 분자에서 (−) 전하를 띠는 부분이 한쪽으로 쏠리면서 물줄기와 대전체 사이에 인력이 작용하기 때문이다.

채점 기준	배점
물줄기가 대전체 쪽으로 휘며, 물 분자의 (−)전하를 띠는 부분이 한쪽으로 쏠리는 현상까지 서술한 경우	100 %
물줄기가 대전체 쪽으로 휘는 현상만 서술한 경우	50 %

02

모범 답안 | 검전기의 금속박이 벌어지는 것을 통해 물체의 대전 여부를 알 수 있고, 금속박이 벌어지는 정도를 통해 물체에 대전된 전하의 양을 비교할 수 있으며, 대전된 검전기를 이용하면 물체에 대전된 전하의 종류를 판단할 수 있다.

채점 기준	배점
검전기를 이용하여 알 수 있는 것 세 가지를 모두 옳게 서술한 경우	100 %
검전기를 이용하여 알 수 있는 것 두 가지만 옳게 서술한 경우	60 %
검전기를 이용하여 알 수 있는 것 한 가지만 옳게 서술한 경우	30 %

03

모범 답안 | (나), 전류가 흐를 때 전자는 일정한 방향으로 이동하므로 (나)가 전류가 흐르는 전선이다.

채점 기준	배점
(나)를 고르고, 그 까닭을 옳게 서술한 경우	100 %
(나)만 쓴 경우	30 %

04

모범 답안 | (1) (나), 전류계를 회로에 병렬로 연결하면 전류의 세기가 커져서 전류계가 고장날 수 있기 때문이다.
(2) 전류계는 전류를 측정하려는 부분에 직렬로 연결한다.

	채점 기준	배점
(1)	(나)를 고르고, 전류계로 전류가 세게 흐르기 때문이라고 옳게 서술한 경우	70 %
	(나)만 쓴 경우	30 %
(2)	(나)를 옳게 고친 경우	30 %

05

모범 답안 | B는 꺼지고, C는 변화가 없다. A와 B는 직렬연결되어 있기 때문에 A의 필라멘트가 끊어지면 B에 불이 들어오지 않지만, C는 A와 병렬연결되어 있기 때문에 A의 필라멘트가 끊어져도 C는 변화가 없다.

채점 기준	배점
B, C의 밝기 변화를 옳게 쓰고, 그 까닭을 '직렬연결', '병렬 연결'을 모두 포함하여 옳게 서술한 경우	100 %
B, C의 밝기 변화만 옳게 쓴 경우	50 %

06

모범 답안 | 전류계의 바늘이 왼쪽 끝으로 회전하였다면 전류계의 단자를 잘못 연결한 것이므로, 전류계의 (＋)단자를 전지의 (＋)극 쪽에, 전류계의 (－)단자를 전지의 (－)극 쪽에 연결한다.

채점 기준	배점
단자의 잘못된 연결과 해결 방법을 옳게 서술한 경우	100 %
단자의 잘못된 연결만 옳게 서술한 경우	40 %

07

모범 답안 | (1) A>B>C
(2) 물질마다 원자의 배열이 다르기 때문이다.

채점 기준	배점
(1)을 옳게 쓰고, (2)에서 원자의 배열이 다르기 때문이라고 옳게 서술한 경우	100 %
(1)만 옳게 쓰거나, (2)만 옳게 서술한 경우	50 %

08

모범 답안 | 변함이 없다. 모든 전기 기구는 병렬연결되어 있으므로 각 전기 기구에는 항상 일정한 전압이 걸린다. 따라서 전등 B의 스위치를 끄더라도 에어컨에 흐르는 전류의 세기는 변하지 않는다.

채점 기준	배점
전류의 세기 변화와 그 까닭을 옳게 서술한 경우	100 %
전류의 세기 변화만 옳게 쓴 경우	50 %

09

모범 답안 | 가정용 콘센트의 연결은 병렬연결이므로 하나의 콘센트에 여러 개의 플러그를 동시에 꽂아 사용하면 전체 저항이 작아져 전체 전류의 세기가 커지므로 화재의 위험이 커진다.

채점 기준	배점
병렬연결을 언급하여 전체 전류의 세기가 커지기 때문이라고 옳게 서술한 경우	100 %
전체 전류의 세기가 커지기 때문이라고만 서술한 경우	50 %

10

모범 답안 | 왼쪽, 자기장은 N극에서 나와 S극으로 들어가는 방향으로 형성되고, 전류가 종이면에 수직으로 들어가는 방향으로 흐르므로 도선은 왼쪽으로 힘을 받게 된다.

채점 기준	배점
도선이 받는 힘의 방향을 쓰고, 자기장의 방향과 전류의 방향을 언급하여 옳게 서술한 경우	100 %
도선이 받는 힘의 방향만 옳게 쓴 경우	50 %

11

모범 답안 | 자기장 속에서 전류가 흐르는 도선은 힘을 받기 때문이다. 이때 오른손의 엄지손가락을 전류의 방향(C), 나머지 네 손가락을 자기장의 방향(D)으로 향하게 할 때, 손바닥이 향하는 방향은 E이다. 따라서 도선은 E 방향으로 움직인다.

채점 기준	배점
도선이 움직이는 까닭과 방향을 모두 옳게 서술한 경우	100 %
도선이 움직이는 까닭과 방향 중 한 가지만 옳게 서술한 경우	50 %

12

모범 답안 | 전류가 흐르는 도선에 의한 자기장의 세기는 도선으로부터의 거리가 가까울수록 크다. 따라서 도선이 나침반에 가까워지면 더 큰 자기력을 받게 되므로 나침반 바늘의 회전 각도가 커진다.

채점 기준	배점
나침반 바늘의 회전 각도가 커지는 것과 까닭을 모두 옳게 서술한 경우	100 %
나침반 바늘의 회전 각도가 커진다는 것만 옳게 서술한 경우	50 %

Ⅲ. 태양계

01 지구와 달

학교 시험 문제
57~58쪽

01 ⑤	02 ④	03 ②	
04 (1) 서울, 전주 (2) 1.7°, 189 km			05 ③
06 ③	07 ⑤	08 ③	09 ②
10 ③	11 ②		

01
①, ④ 에라토스테네스는 지구의 모양이 완전한 구형이라고 가정하여 원에서 호의 길이는 중심각의 크기에 비례한다는 원의 성질을 이용하였다.

②, ③ 에라토스테네스는 지구로 들어오는 햇빛은 평행하다고 가정하고 엇각의 원리를 이용하여 직접 측정할 수 있는 각의 크기를 측정함으로써 중심각의 크기를 구하였다.

바로 알기 | ⑤ 에라토스테네스는 알렉산드리아와 시에네가 같은 경도 상에 있는 도시라고 생각하여 두 지점의 거리를 측정하였다.

02
두 지역 사이의 중심각은 직접 측정할 수 없다. 에라토스테네스는 이를 대체하기 위해 햇빛은 어디에서나 평행하게 들어온다고 가정한 뒤 막대와 그림자가 이루는 각(θ)과 두 지역 사이의 중심각이 엇각으로 같다는 사실을 이용했다.

ㄴ. 두 지역의 위도 차는 두 지역 사이의 중심각과 같다.

ㄹ. 막대와 그림자가 이루는 각(θ)은 두 지역 사이의 중심각과 엇각으로 같다.

바로 알기 | ㄱ. 태양의 고도는 지평선에서 태양이 높이 떠 있는 정도를 나타내는 각을 말한다. 이 값은 90° − 막대와 그림자가 이루는 각(θ)과 같다.

03
에라토스테네스는 그림자를 통해 알아낸 두 지점 사이의 중심각과 원의 성질을 이용하여 비례식을 세움으로써 지구의 반지름을 측정하였다.

$2\pi R : 360° = 925$ km $: 7.2°$의 식을 지구 반지름(R)에 대한 식으로 변형하면 $R = \dfrac{360° \times 925 \text{ km}}{2\pi \times 7.2°}$로 나타낼 수 있다.

04
(1) 동일한 경도 상에서 위도가 다른 두 지점을 찾아야 한다.

(2) 중심각은 두 지역의 위도 차인 37.5° − 35.8° = 1.7°이고, 호의 길이는 두 지점 사이의 거리인 189 km이다.

05
삼각형의 닮음비 $l : L = d : D$를 이용하여 달의 지름(D)을 구할 수 있다. 따라서 달의 지름(D)을 구하는 식은
$D = \dfrac{38만 \text{ km} \times 0.5 \text{ cm}}{55 \text{ cm}}$이다.

06
지구의 자전, 지구의 공전, 태양의 연주 운동 방향은 모두 서 → 동이다.

07
ㄴ. 우리나라의 북쪽 하늘을 관측한 모습이다.

ㄷ. 별은 한 시간에 약 15°씩 운동하므로 사진기의 노출 시간이 2시간일 때 호의 중심각의 크기는 30°가 된다.

바로 알기 | ㄱ. 별은 북극성을 기준으로 시계 반대 방향으로 회전한다.

08
5월에 태양은 양자리와 함께 뜨고 지므로 5월 자정에 남쪽 하늘에서 보이는 별자리는 지구를 기준으로 태양의 반대편에 위치한 천칭자리이다.

09
ㄷ. 달의 공전 주기와 자전 주기가 같으므로 지구에서 보면 항상 달의 한쪽 면만 지구를 향하고 있다. 따라서 달의 위상이 변하더라도 항상 표면 무늬가 같게 보인다.

바로 알기 | ㄱ. 지구의 자전축이 기울어진 채로 공전하기 때문에 계절 변화가 나타날 뿐 달의 표면 무늬와는 관계없다.

ㄴ. 달의 자전 방향과 공전 방향은 같다.

10
ㄱ. 달은 시계 반대 방향인 서 → 동으로 공전한다.

ㄷ. 보름달은 태양−지구−달 순으로 놓여 있어 지구를 기준으로 태양과 반대편에 위치하는 망일 때 관측할 수 있다.

바로 알기 | ㄴ. 보름달은 저녁 6시경에 떠서 새벽 6시경에 지므로 보름달의 관측 시간이 가장 길다.

11
(가)는 금환 일식, (나)는 부분 일식, (다)는 개기 일식이다.

ㄷ. 관측자가 달의 본그림자 속에 있어 태양의 광구 전체가 달에 가려져 보이지 않는 현상은 개기 일식(다)이다.

바로 알기 | ㄱ. 금환 일식(가)은 지구와 달의 거리가 먼 경우에 발생하는 현상이다.

ㄴ. 달의 일부가 지구의 본그림자 속에 들어가 가려지는 현상은 부분 월식이다.

02 태양계

학교 시험 문제
60~61쪽

01 ④	02 ②	03 ③	04 ②
05 ④	06 ③, ⑤	07 ③	08 ③
09 ②	10 ③, ④	11 ③	

01
(가)는 금성, (나)는 해왕성, (다)는 천왕성, (라)는 화성이다.

금성(가)은 이산화 탄소로 이루어진 두꺼운 대기층을 갖고 있다.

해왕성(나)은 표면에 나타나는 검은색의 큰 점을 갖고 있다.

천왕성(다)은 자전축이 공전 궤도면에 거의 평행하게 누운 채로 자전한다.

화성(라)에 존재하는 극관은 그 크기가 여름에는 작아지고, 겨울에는 커진다.

02

(가)는 수성, (나)는 화성이다.

ㄷ. 수성(가)과 화성(나)은 모두 지구형 행성이지만, 수성(가)은 내행성이고 화성은 외행성이다.

바로 알기 | ㄱ. 과거에 물이 흘렀던 흔적이 존재하는 것은 화성(나)이다.

ㄴ. 이산화 탄소로 이루어진 두꺼운 대기층이 존재하는 것은 금성에 대한 설명이다.

03

목성형 행성은 지구형 행성보다 평균 밀도가 작다.

04

ㄷ. 목성형 행성은 모두 외행성에 속하므로 지구보다 바깥쪽 궤도에서 공전한다.

바로 알기 | ㄱ. 목성형 행성은 행성의 반지름이 크다.

ㄴ. 목성형 행성의 대기는 주로 수소, 헬륨 등의 가벼운 성분으로 구성되어 있다.

05

지구형 행성에 속하면서, 외행성인 행성은 화성이다.

ㄴ. 화성은 자전축의 기울기가 지구와 비슷하다.

ㄷ. 화성의 남극과 북극에는 얼음과 드라이아이스로 이루어진 흰색의 극관이 있다.

바로 알기 | ㄱ. 지구에서 관측할 때 가장 밝게 보이는 행성은 금성이다.

06

A는 흑점, B는 쌀알 무늬이다.

바로 알기 | ③ 개기 일식 때 볼 수 있는 것은 태양의 대기에서 일어나는 현상인 채층, 코로나, 홍염, 플레어 등이다.

⑤ 쌀알 무늬는 광구 아래의 대류 운동 때문에 나타나는 현상으로, 고온의 물질이 상승하는 곳은 밝게 보이고 저온의 물질이 하강하는 곳은 어둡게 보인다.

07

ㄱ. 흑점이 이동하는 모습을 통해 태양이 자전하고 있다는 것을 알 수 있다.

ㄷ. 지구에서 흑점을 관측하면 흑점의 위치가 시간에 따라 변한다는 것을 알 수 있다.

바로 알기 | ㄴ. 지구에서 흑점을 관측하면 동쪽에서 서쪽으로 이동한다.

08

(가)는 흑점, (나)는 홍염, (다)는 코로나이다.

바로 알기 | ㄷ. 태양의 표면인 광구에서 볼 수 있는 현상은 흑점(가)이다.

09

(가)는 쌀알 무늬, (나)는 채층, (다)는 플레어이다.

② 쌀알 무늬(가)의 밝은 부분은 고온의 물질이 상승하는 곳이고, 어두운 부분은 식어서 저온의 물질이 하강하는 곳이다.

바로 알기 | ① 주위보다 온도가 2000 ℃ 정도 낮게 나타나는 것은 흑점이다.

③ 태양 활동이 활발해지면 코로나와 홍염의 크기가 커진다.

④ 채층(나)과 플레어(다)는 광구의 바깥 부분인 태양의 대기에서 일어나는 현상이다.

⑤ 쌀알 무늬(가)는 개기 일식 때 가려지는 부분으로 관측할 수 없다.

10

바로 알기 | ①, ② 코로나의 크기가 커지고, 태양 표면의 흑점 수가 증가하는 것은 태양의 활동이 활발할 때 태양에서 나타나는 현상이다.

⑤ 지구에서는 태양풍에 의해 전리층에 이상이 생겨 무선 통신의 장애가 일어난다.

11

③ C는 보조 망원경으로, 실제 망원경보다 상의 크기는 작지만 시야가 넓어 관측 대상을 쉽게 찾을 수 있다.

바로 알기 | ① A는 대물렌즈로, 볼록 렌즈를 사용하며 천체에서 오는 빛을 모은다.

② B는 경통으로, 대물렌즈와 접안렌즈를 연결한다.

④ D는 접안렌즈로, 천체의 상을 확대하는 역할을 한다. 경통을 지지하고 회전시키는 역할을 하는 가대는 경통과 삼각대를 연결하는 곳이다.

⑤ E는 균형추로, 망원경의 균형을 잡아주는 역할을 한다.

서술형 문제 · Ⅲ. 태양계 · 62~63쪽

01

모범 답안 | 에라토스테네스는 지구는 완전한 구형이고, 지구로 들어오는 햇빛은 평행하다고 가정하였다. 첫 번째 가정은 호의 길이가 중심각의 크기에 비례한다는 원의 성질을 이용하기 위해 필요하고, 두 번째 가정은 엇각 관계를 이용하여 두 지점 사이의 중심각을 알아내기 위해 필요하다.

채점 기준	배점
가정 두 가지와 그 까닭을 모두 옳게 서술한 경우	100 %
가정 두 가지만 옳게 쓴 경우	30 %

02

모범 답안 | 실제 지구가 완전한 구형이 아니기 때문이다. 알렉산드라와 시에네가 같은 경도에 위치하지 않았기 때문이다. 두 지역 사이의 거리가 정확하게 측정되지 않았기 때문이다. 등

채점 기준	배점
에라토스테네스의 실험에서 오차가 발생한 까닭을 두 가지 이상 옳게 서술한 경우	100 %
한 가지만 옳게 서술한 경우	50 %

03

모범 답안 | 닮은 삼각형에서 밑변과 높이의 비는 일정하므로, $l : L = d : D$이다. 따라서 달의 지름$(D) = \dfrac{d \times D}{l}$이다. 이때, 측정해야 하는 값은 동전의 지름(d)과 눈과 동전 사이의 거리(l)이고, 달까지의 거리(L)는 알고 있어야 하는 값이다.

채점 기준	배점
비례식을 세우고, 측정해야 하는 값과 알아야 하는 값을 옳게 서술한 경우	100 %
비례식만 옳게 세운 경우	30 %

04

모범 답안 | 별의 일주 운동, 지구의 자전 때문에 나타나는 현상이다.

채점 기준	배점
지구의 자전 때문에 나타나는 별의 일주 운동이라는 내용을 포함하여 옳게 서술한 경우	100 %

05

모범 답안 | 별의 연주 운동, 지구의 공전 때문에 나타나는 현상이다.

채점 기준	배점
지구의 공전 때문에 나타나는 별의 연주 운동이라는 내용을 포함하여 옳게 서술한 경우	100 %

06

모범 답안 | 달의 공전 주기와 자전 주기가 같기 때문에 달은 지구에서 관측했을 때 항상 같은 면이 보이게 되므로 표면 무늬는 항상 같게 보인다.

채점 기준	배점
달의 공전 주기와 자전 주기가 같다는 내용을 포함하여 옳게 서술한 경우	100 %

07

모범 답안 | 금환 일식, 태양 – 달 – 지구의 순으로 일직선 상에 있어야 하고, 이때 달이 지구에서 상대적으로 멀리 있어야 한다.

채점 기준	배점
금환 일식을 쓰고, 달과 지구의 거리가 멀어야 한다는 내용을 포함하여 옳게 서술한 경우	100 %
금환 일식만 옳게 쓴 경우	30 %

08

모범 답안 | 금성은 수성보다 태양에서 멀리 떨어져 있지만 이산화 탄소로 이루어진 두꺼운 대기층이 만들어 내는 큰 온실 효과로 인해 표면 온도가 더 높게 나타난다.

채점 기준	배점
이산화 탄소로 이루어진 두꺼운 대기층이 만들어 내는 온실 효과 때문이라는 내용을 포함하여 옳게 서술한 경우	100 %
두꺼운 대기층 때문이라고만 서술한 경우	30 %

09

모범 답안 | (가) 지구, (나) 화성 / 지구(가)와 화성(나)은 자전축의 기울기가 비슷하기 때문에 계절의 변화가 나타난다.

채점 기준	배점
두 행성의 이름을 쓰고, 공통적으로 나타나는 현상과 그 까닭을 옳게 서술한 경우	100 %
두 행성의 이름만 옳게 쓴 경우	20 %

10

모범 답안 | 화성 표면이 붉게 보이는 까닭은 화성 표면의 토양에 철 성분이 산화되어 붉은색을 띠는 산화 철이 많이 포함되어 있기 때문이다.

채점 기준	배점
토양 성분에 산화 철이 많이 포함되어 있음을 옳게 서술한 경우	100 %

11

모범 답안 | 흑점, 태양의 활동이 활발해지면 태양 표면의 흑점 수(A)가 증가한다.

채점 기준	배점
A의 명칭을 쓰고, 태양의 활동에 따른 A의 개수 변화에 대해 옳게 서술한 경우	100 %
A의 명칭만 옳게 쓴 경우	20 %

12

모범 답안 | 저배율인 보조 망원경은 시야가 넓어 관측하려는 천체를 쉽게 찾을 수 있다. 천체를 찾으면 천체의 상을 확대하여 자세하게 관측하기 위해 고배율인 접안렌즈로 관측한다.

채점 기준	배점
저배율에서 시야가 넓어 천체를 찾기 쉽다는 내용을 포함하여 옳게 서술한 경우	100 %

Ⅳ. 식물과 에너지

01 광합성

01 ③	02 ③	03 ①	04 ④
05 ②	06 ④, ⑤	07 ⑤	08 ⑤
09 ④, ⑤	10 ④	11 ②	12 ①, ②

01

A는 이산화 탄소, B는 포도당이다.
광합성은 이산화 탄소(A)와 물을 이용하여 포도당(B)과 산소를 생성하는 과정이다.

02

광합성은 빛에너지를 이용하여 물과 이산화 탄소를 원료로 포도당과 산소를 만드는 과정이며, 잎의 엽록체에서 일어난다.
바로 알기 | ③ 광합성은 빛에너지를 이용하여 양분을 합성하는 과정이다. 양분을 분해하여 에너지를 방출하는 과정은 호흡이다.

03

잎을 에탄올에 넣고 물중탕하면 엽록소가 제거되어 잎이 탈색된다. 이 과정을 거쳐야 아이오딘 반응에 의한 색깔 변화를 명확하게 관찰할 수 있다. 물중탕은 물이 담긴 용기에 가열하고자 하는 물체가 담긴 용기를 넣어 간접적으로 가열하는 방식이다. 에탄올과 같은 인화성 물질을 가열할 때 불이 붙는 것을 피하기 위해 물중탕을 사용한다.

04

이 실험은 광합성으로 생성되는 물질이 무엇인지 확인하는 실험으로, 식물이 광합성을 하기 위해서는 빛에너지가 필요하고, 광합성 결과 녹말이 생성된다는 것을 알 수 있다.
④ 광합성 결과 생성된 녹말은 아이오딘 – 아이오딘화 칼륨 용액과 반응하여 청람색을 띤다.
바로 알기 | ①, ②, ⑤ 광합성에 물과 이산화 탄소가 필요하고, 산소가 생성되지만, 이 실험으로 알 수 있는 사실은 아니다.
③ 알루미늄 포일로 빛을 차단한 것과 셀로판지로 빛을 투과시킨 것의 결과를 비교하여 광합성을 하기 위해서는 빛에너지가 필요하다는 것을 알 수 있다.

05

시험관 B는 검정말이 광합성을 하여 이산화 탄소를 소모하므로 BTB 용액이 파란색으로 변하고, 빛이 차단된 시험관 C에서는 검정말이 광합성을 하지 않기 때문에 BTB 용액이 노란색이다.

06

시험관 B의 BTB 용액이 파란색으로 변한 것은 햇빛을 받은 검정말이 광합성을 하여 이산화 탄소를 사용하였기 때문이다. 또, 시험관 C는 햇빛이 차단되어 검정말이 광합성을 하지 않는다. 따라서 이 실험을 통해 식물이 빛을 받아 광합성을 하기 위해서는 이산화 탄소가 필요하다는 것을 알 수 있다.

07

이산화 탄소의 농도가 증가할수록 광합성량도 증가하다가 어느 정도 이상에서는 더 이상 증가하지 않고 일정해진다.

08

ㄱ. 검정말에서 광합성 결과 생성된 기포를 모아 성냥 불씨를 가까이 가져가면 다시 살아나는 것을 통해 산소가 생성되었다는 것을 알 수 있다.
ㄴ. 탄산수소 나트륨에 이산화 탄소가 포함되어 있으므로 같은 실험 결과를 얻을 수 있다.
ㄷ. 표본병과 전등 사이가 가까울수록 빛의 세기가 증가하여 광합성량이 증가하지만 어느 지점 이상에서는 일정해진다.

09

검정말에서 발생하는 기포 수는 광합성량과 비례한다. 따라서 빛의 세기를 강하게 하거나, 온도를 적정 온도(35 ℃ ~ 40 ℃)로 맞춰 주거나, 입김을 불어 넣어 이산화 탄소의 양을 늘려 주면 발생하는 기포 수가 늘어날 것이다.

10

A는 표피 세포, B는 공변세포, C는 기공이다.
바로 알기 | ㄱ. 표피 세포(A)는 엽록체가 존재하지 않아 색깔을 띠지 않고 투명하다. 공변세포(B)는 엽록체가 있어 초록색을 띤다.

11

바로 알기 | ㄱ. (가)는 잎의 기공에서 증산 작용이 활발하게 일어나 비닐봉지 안쪽에 수증기가 많이 맺히기 때문에 뿌옇게 흐려지지만 (나)의 비닐봉지는 변화가 없다.
ㄷ. 사막 지역은 햇빛이 강하게 내리쬐고 건조하기 때문에 증산 작용이 활발히 일어나면 식물체 내에 물이 부족하기 쉬우므로 잎이 작을수록 살아가기에 유리하다.

12

바로 알기 | ① 식물의 잎에 비닐봉지를 씌워 놓으면 습도가 높아져 증산 작용이 잘 일어나지 못한다.
② 증산 작용은 광합성에 필요한 물을 얻는 데 중요한 역할을 한다.

02 식물의 호흡과 에너지

01 ③, ⑤	02 ③	03 ⑤	04 ⑤
05 ①	06 ⑤	07 ①	08 ⑤
09 ②	10 ②	11 ①	12 ①
13 ④			

01

바로 알기 | ①, ④ 광합성은 엽록체가 있는 세포에서 빛이 있을 때만 일어나며, 호흡은 모든 세포에서 항상 일어난다.
② 광합성 결과 생성된 양분은 식물의 에너지원이나 구성 성분으로 쓰이고, 나머지는 녹말이나 단백질, 지방 등의 형태로 저장된다.

02

이 실험은 식물의 호흡 결과 생성된 기체를 알아보는 실험이다. 석회수가 뿌옇게 변하므로 호흡으로 이산화 탄소가 생성됨을 알 수 있다. 만약 암실이 아닌 빛이 잘 드는 곳에 두었다면 이산화 탄소가 사용되어 다른 결과를 얻을 것이다.

바로 알기 | ② 어둠상자에 있던 식물(B)은 호흡으로 이산화 탄소를 생성한다. 이산화 탄소는 석회수와 반응하면 석회수를 뿌옇게 변화시킨다.

03

바로 알기 | ⑤ 시험관 E는 알루미늄 포일에 의해 빛이 가려진 상태이므로 광합성은 일어나지 않고 호흡만 일어난다.

04

광합성에 빛이 필요한지를 알아보기 위해서는 다른 조건은 동일하게 하고 빛의 유무만 다르게 한 D와 E를 비교해야 한다.

05

광합성은 빛이 있는 낮 동안 엽록체에서 물과 이산화 탄소를 사용하여 양분을 만들어 에너지를 저장하는 과정이다. 호흡은 살아 있는 모든 세포에서 항상 일어나며, 양분을 분해하여 생활에 필요한 에너지를 얻는 과정이다.

06

빛이 약한 아침과 저녁에는 광합성량이 호흡량과 같아 외관상으로는 기체 출입이 없는 것처럼 보인다.

07

A는 물, B는 이산화 탄소, C는 포도당, D는 산소이다. 이산화 탄소(B)와 산소(D)는 기공을 통해 식물체 내로 출입한다. 체관을 통해 이동하는 양분의 형태는 설탕이며, 포도당(C)은 물에 잘 녹는다. 쌀이나 감자는 녹말의 형태로 광합성 양분을 저장한다.

08

바로 알기 | ㄱ. 양분은 주로 밤에 설탕으로 바뀌어 운반된다.
ㄴ. 광합성 결과 최초로 만들어진 양분은 포도당이다.

09

최초의 광합성 산물인 포도당은 녹말 형태로 잎의 엽록체에 잠시 저장되어 있다가 주로 밤에 설탕으로 바뀌어 체관을 통해 여러 기관으로 이동한다.

10

광합성으로 만들어진 포도당은 낮 동안 녹말의 형태로 잎에 저장되어 있다가 주로 밤에 설탕으로 바뀌어 줄기를 통해 이동한다. 따라서 오후 2시에는 잎에 녹말이 많이 존재하고, 오후 8시에는 줄기에 설탕이 많이 존재한다.

11

ㄱ. 줄기의 바깥쪽 껍질을 벗겨 내면 체관이 제거되어 양분이 아래쪽으로 이동하지 못하므로 위쪽에 양분이 쌓인다.

바로 알기 | ㄴ. 나무줄기의 바깥쪽 껍질을 벗겨 내면 체관만 제거되며, 물관은 제거되지 않아 물은 위쪽으로 이동 가능하다.

ㄷ. 체관이 제거되어 ㉠ 부분으로 양분이 이동할 수 없다.

12

고구마, 벼, 보리, 감자, 옥수수는 모두 녹말의 형태로 양분을 저장한다. 팥은 주로 단백질, 깨는 지방, 양파와 붓꽃은 포도당, 사탕수수는 설탕의 형태로 양분을 저장한다.

13

고구마, 무, 우엉 등은 주로 뿌리에 양분을 저장한다. 감자는 줄기에, 벼, 보리, 옥수수, 콩은 씨에, 양파는 비늘 잎에 양분을 저장한다.

서술형 문제   IV. 식물과 에너지

01

모범 답안 | 전등 빛이 밝아질수록 빛의 세기가 증가하다가 어느 지점 이상이 되면 일정해진다. 따라서 검정말의 기포 수는 증가하다가 어느 밝기 이상이 되면 더 이상 증가하지 않는다.

채점 기준	배점
전등이 밝아지면 기포 수가 증가하다가 어느 정도 이상의 밝기에서는 일정해진다는 내용을 포함하여 옳게 서술한 경우	100 %

02

모범 답안 | 기포를 모아 꺼져 가는 불씨를 가까이 가져가 본다.

해설 | 검정말의 잎에서 발생하는 기포는 산소이다. 따라서 꺼져 가는 불씨를 기포에 가까이 가져가면 불씨가 다시 살아난다.

채점 기준	배점
꺼져 가는 불씨를 대어 본다는 내용을 포함하여 옳게 서술한 경우	100 %

03

모범 답안 | 1 % 탄산수소 나트륨을 더 첨가한다. 1 % 탄산수소 나트륨 용액의 온도를 37 ℃ 정도로 높여 준다.

채점 기준	배점
기포 수를 증가시키는 방법을 두 가지 모두 옳게 서술한 경우	100 %
한 가지만 옳게 서술한 경우	50 %

04

모범 답안 | 햇빛이 강할 때, 온도가 높을 때, 바람이 잘 불 때, 습도가 낮을 때, 식물체 내 수분량이 많을 때 기공이 열린다.

채점 기준	배점
세 가지 모두 옳게 서술한 경우	100 %
두 가지만 옳게 서술한 경우	70 %
한 가지만 옳게 서술한 경우	30 %

05

모범 답안 | 열대 우림이 줄어들면 그만큼 광합성량이 줄어든다.

그러면 광합성에 필요한 물질인 이산화 탄소의 소모가 줄어들고, 광합성 결과 생성된 산소의 발생도 줄어들게 된다. 따라서 대기 중의 이산화 탄소의 양은 늘어나고, 산소의 양은 줄어들게 될 것이다.

채점 기준	배점
광합성에 필요한 물질인 이산화 탄소와 광합성 산물인 산소를 언급하여 그 까닭을 옳게 서술한 경우	100 %

06

모범 답안 | 광합성과 인공 광합성의 공통점은 빛에너지가 필요하고, 이산화 탄소를 원료로 사용한다는 것이다.
차이점으로는 첫째 광합성은 빛에너지를 엽록체 속의 엽록소가 흡수하지만, 인공 광합성에서는 태양 전지가 빛에너지를 흡수한다는 것이며, 둘째 광합성 결과 생성되는 물질은 포도당과 산소이지만, 인공 광합성은 탄소 함유 연료, 의약품, 플라스틱 원료, 수소 등 다양한 물질을 산물로 생산한다는 것이다.

채점 기준	배점
공통점과 차이점을 모두 옳게 서술한 경우	100 %
공통점이나 차이점 중 한 가지만 옳게 서술한 경우	50 %

07

모범 답안 | (가), 증산 작용은 잎에서 일어나며, 햇빛이 강할 때, 바람이 잘 불 때 활발하게 일어난다. 따라서 잎이 있고, 햇빛이 비치는 곳에 있으며 바람이 잘 부는 (가)에서 증산 작용이 가장 활발하게 일어난다.

채점 기준	배점
물이 가장 적은 것의 기호를 옳게 쓰고, 그 까닭을 옳게 서술한 경우	100 %
기호만 옳게 쓴 경우	30 %

08

모범 답안 | (나), (라) / 증산 작용이 잎에서 일어난다는 것을 알기 위해서는 잎을 제외한 다른 조건이 모두 같아야 하므로 잎이 있는 (나)와 잎이 없는 (라) 실린더를 비교해야 한다.

채점 기준	배점
비교해야 하는 실린더의 기호를 옳게 쓰고, 그 까닭을 옳게 서술한 경우	100 %
기호만 옳게 쓴 경우	30 %

09

모범 답안 | 파란색 BTB 용액에 입김을 불어 넣어 날숨에 포함된 이산화 탄소가 녹아 들어가면 산성이 되어 BTB 용액이 노란색으로 변한다.

채점 기준	배점
입김에 들어 있는 기체인 이산화 탄소에 대한 설명을 포함하여 옳게 서술한 경우	100 %
BTB 용액이 산성으로 변하기 때문이라고만 옳게 서술한 경우	50 %

10

모범 답안 | 파란색, 검정말이 광합성을 할 때 이산화 탄소를 사용하기 때문이다.
해설 | 노란색 BTB 용액에 검정말을 넣고 햇빛을 비추어 주면 검정말의 광합성으로 용액 속의 이산화 탄소가 사용되므로 용액이 파란색으로 변한다.

채점 기준	배점
BTB 용액의 색을 쓰고, 그 까닭을 옳게 서술한 경우	100 %
BTB 용액의 색만 옳게 쓴 경우	30 %

11

모범 답안 | (라), 식물이 햇빛을 받으면 광합성을 하여 쥐의 호흡에 필요한 산소를 공급하기 때문이다.
해설 | 생물이 살기 위해서는 호흡을 위해 산소가 필요하다. 식물이 햇빛을 받아 광합성을 하면 쥐의 호흡 과정에서 발생한 이산화 탄소를 흡수하고, 호흡에 필요한 산소를 방출한다.

채점 기준	배점
기호와 그 까닭을 모두 옳게 서술한 경우	100 %
기호만 옳게 쓴 경우	20 %

12

모범 답안 | B. 석회수를 뿌옇게 흐리게 하는 기체는 이산화 탄소이다. 따라서 식물의 호흡 결과 이산화 탄소가 생성된다는 것을 알 수 있다.

채점 기준	배점
기호를 옳게 쓰고, 이 실험을 통해 알 수 있는 것을 옳게 서술한 경우	100 %
기호만 옳게 쓴 경우	30 %

13

모범 답안 | 낮에는 광합성량이 호흡량보다 많아 호흡으로 발생한 이산화 탄소가 모두 광합성에 사용되므로 이산화 탄소가 식물체 밖으로 나오지 않는다.

채점 기준	배점
광합성량과 호흡량을 비교하여 옳게 서술한 경우	100 %

14

모범 답안 | A, 삶은 콩은 호흡을 하지 않고, 싹튼 콩은 호흡을 하므로 호흡으로 인해 열이 발생하여 온도가 올라간다.

채점 기준	배점
온도계의 눈금이 올라가는 보온병과 그 까닭을 옳게 서술한 경우	100 %
온도계의 눈금이 올라가는 보온병만 옳게 쓴 경우	30 %

시험 직전 최종 점검

Ⅰ. 물질의 구성
72~73쪽

1 ❶ × ❷ ○ ❸ × ❹ ○ ❺ × ❻ ○ ❼ ×

2 ❶ ○ ❷ ○ ❸ ○ ❹ × ❺ ○

3 ❶ 데모크리토스 ❷ 원자설 ❸ 중성 ❹ × ❺ × ❻ ○

4 ❶ 2, 2 ❷ 3 ❸ 6 ❹ 4 ❺ 수소, 산소, 2

5 ❶ × ❷ × ❸ ○ ❹ ○ ❺ C, 염소 ❻ 원자, 원소 기호

6 ❶ 작다 ❷ 전자, 전하 ❸ NH_4^+, 과망가니즈산 이온 ❹ (−),
(+) ❺ × ❻ × ❼ ○ ❽ ○ ❾ ○ ❿ ×

7 ❶ Na^+, K^+, NH_4^+, NO_3^- ❷ 염화 은(AgCl) ❸ 노란 ❹ 탄산
칼슘($CaCO_3$) ❺ 황산 바륨($BaSO_4$) ❻ 연노란색 ❼ 노란색
❽ 흰색 ❾ 흰색 ❿ 노란색 ⑪ 검은색 ⑫ 검은색 ⑬ 노란색 ⑭ 흰색
⑮ 검은색

Ⅱ. 전기와 자기
74~75쪽

1 ❶ 전기력 ❷ 끌어당기는, 밀어내는 ❸ 마찰 전기 ❹ (+) ❺ (−)
❻ 인력

2 ❶ 대전, 양, 종류 ❷ 벌어진다 ❸ 금속박 ❹ 더 벌어진다
❺ 다른, 같은

3 ❶ ○ ❷ × ❸ × ❹ ○ ❺ ○

4 ❶ ○ ❷ × ❸ ×

5 ❶ 비례, 반비례 ❷ 0.3 ❸ 50 ❹ 5 ❺ 클

6 ❶ × ❷ ○ ❸ × ❹ ○ ❺ ○

7 ❶ × ❷ ○ ❸ ○ ❹ ×

8 ❶ 자기장 ❷ 동심원 ❸ 클, 크 ❹ 자기장 ❺ 크 ❻ 전자석
❼ 클, 클 ❽ 큰 ❾ 전동기

Ⅲ. 태양계
76~77쪽

1 ❶ 호의 길이 ❷ 엇각 ❸ 크게 ❹ 360°

2 ❶ ○ ❷ ○ ❸ × ❹ × ❺ ×

3 ❶ ○ ❷ ○ ❸ ○ ❹ × ❺ × ❻ ×

4 ❶ ○ ❷ ○ ❸ × ❹ × ❺ ○ ❻ ○

5 ❶ 달, 지구 ❷ 지구, 달 ❸ 달, 지구

6 ❶ × ❷ × ❸ × ❹ ○ ❺ 토성 ❻ 크 ❼ 이오, 유로파, 가니메데,
칼리스토 ❽ 대흑점

7 ❶ × ❷ × ❸ ○ ❹ ○ ❺ × ❻ ×

8 ❶ 경통 ❷ 보조 망원경 ❸ 접안렌즈 ❹ 태양 필터, 투영판

Ⅳ. 식물과 에너지
78~79쪽

1 ❶ × ❷ × ❸ ○ ❹ ○ ❺ ○ ❻ ○

2 ❶ 이산화 탄소 ❷ 일정해진다 ❸ 감소한다

3 ❶ 기공 ❷ 공변세포, 기체 ❸ 엽록체, 엽록체 ❹ 뒷면 ❺ 낮, 낮

4 ❶ ○ ❷ × ❸ ○ ❹ ○

5 ❶ 산소, 이산화 탄소 ❷ 양분, 에너지 ❸ ○ ❹ × ❺ × ❻ × ❼ ×
❽ ○ ❾ ×

6 ❶ 호흡 ❷ 파란색 ❸ 석회수

7 ❶ × ❷ × ❸ ○ ❹ ○ ❺ ○

8 ❶ × ❷ × ❸ × ❹ ○

메가스터디BOOKS

💻 www.megastudybooks.com

📱 **내용 문의** | 02-6984-6915 **구입 문의** | 02-6984-6868,9